水利水电工程施工技术全书

第四卷　金属结构制作与机电安装工程

第七册

# 水轮发电机组启动试运行

马军领　等　编著

·北京·

## 内 容 提 要

本书是《水利水电工程施工技术全书》第四卷《金属结构制作与机电安装工程》中的第七分册，本书系统阐述了水轮发电机组启动试运行的技术和方法。主要内容包括：概述、机组启动前的设备分部调试试验、启动试运行应具备的条件、机组充水试验、机组启动和空载试验、机组带主变压器与升压站高压配电装置试验、机组并列和负荷试验、可逆式抽水蓄能机组启动试运行、运行操作、试运行监护及不正常运行处理、机组及成套设备的验收和移交等。

本书可作为水利水电工程施工领域的工程技术人员、工程管理人员和高级技术工人的工具书，也可供从事水利水电工程科研、设计、建设及运行管理和相关企事业单位的工程技术人员、工程管理人员使用，并可作为大专院校水利水电工程及机电专业师生教学参考书。

**图书在版编目（CIP）数据**

水轮发电机组启动试运行 / 马军领等编著. -- 北京：中国水利水电出版社，2019.9

（水利水电工程施工技术全书. 第四卷，金属结构制作与机电安装工程 ；第七册）

ISBN 978-7-5170-8092-3

Ⅰ. ①水… Ⅱ. ①马… Ⅲ. ①水轮发电机－发电机组－运行 Ⅳ. ①TM312

中国版本图书馆CIP数据核字(2019)第231319号

| | |
|---|---|
| 书　名 | 水利水电工程施工技术全书<br>**第四卷　金属结构制作与机电安装工程**<br>**第七册　水轮发电机组启动试运行**<br>SHUILUN FADIAN JIZU QIDONG SHIYUNXING |
| 作　者 | 马军领　等 编著 |
| 出版发行 | 中国水利水电出版社<br>（北京市海淀区玉渊潭南路1号D座　100038）<br>网址：www. waterpub. com. cn<br>E-mail：sales@waterpub. com. cn<br>电话：(010) 68367658（营销中心） |
| 经　售 | 北京科水图书销售中心（零售）<br>电话：(010) 88383994、63202643、68545874<br>全国各地新华书店和相关出版物销售网点 |
| 排　版 | 中国水利水电出版社微机排版中心 |
| 印　刷 | 天津嘉恒印务有限公司 |
| 规　格 | 184mm×260mm　16开本　20.75印张　492千字 |
| 版　次 | 2019年9月第1版　2019年9月第1次印刷 |
| 印　数 | 0001—2000册 |
| 定　价 | **95.00**元 |

# 《水利水电工程施工技术全书》
## 编审委员会

# 《水利水电工程施工技术全书》
## 各卷主（组）编单位和主编（审）人员

| 卷序 | 卷名 | 组编单位 | 主编单位 | 主编人 | 主审人 |
|---|---|---|---|---|---|
| 第一卷 | 地基与基础工程 | 中国电力建设集团（股份）有限公司 | 中国电力建设集团（股份）有限公司<br>中国水电基础局有限公司<br>中国葛洲坝集团基础工程有限公司 | 宗敦峰<br>肖恩尚<br>焦家训 | 谭靖夷<br>夏可风 |
| 第二卷 | 土石方工程 | 中国人民武装警察部队水电指挥部 | 中国人民武装警察部队水电指挥部<br>中国水利水电第十四工程局有限公司<br>中国水利水电第五工程局有限公司 | 梅锦煜<br>和孙文<br>吴高见 | 马洪琪<br>梅锦煜 |
| 第三卷 | 混凝土工程 | 中国电力建设集团（股份）有限公司 | 中国水利水电第四工程局有限公司<br>中国葛洲坝集团有限公司<br>中国水利水电第八工程局有限公司 | 席　浩<br>戴志清<br>涂怀健 | 张超然<br>周厚贵 |
| 第四卷 | 金属结构制作与机电安装工程 | 中国能源建设集团（股份）有限公司 | 中国葛洲坝集团有限公司<br>中国电力建设集团（股份）有限公司<br>中国葛洲坝集团机电建设有限公司 | 江小兵<br>付元初<br>张　晔 | 付元初<br>杨浩忠 |
| 第五卷 | 施工导（截）流与度汛工程 | 中国能源建设集团（股份）有限公司 | 中国能源建设集团(股份)有限公司<br>中国葛洲坝集团有限公司<br>中国水利水电第八工程局有限公司 | 周厚贵<br>郭光文<br>涂怀健 | 郑守仁 |

# 《水利水电工程施工技术全书》
# 第四卷《金属结构制作与机电安装工程》
# 编委会

# 《水利水电工程施工技术全书》
# 第四卷《金属结构制作与机电安装工程》
# 第七册《水轮发电机组启动试运行》
## 编写人员名单


**主编单位：** 中国水利水电第四工程局有限公司

中国葛洲坝集团机电建设有限公司

**主　　编：** 马军领　范于军

**审　　稿：** 付元初　杨浩忠　徐鸣琴　王家强


**编　写　人　员**

| 序号 | 章 | 名　称 | 编写单位 | 编写人 |
|---|---|---|---|---|
| 1 | 第1章 | 概述 | 中国水利水电第四工程局有限公司 | 马军领 |
| 2 | 第2章 | 机组启动前的设备分部调试试验 | 中国水利水电第四工程局有限公司 | 吉振伟　胡　波　潘青文 |
| 3 | 第3章 | 启动试运行应具备的条件 | 中国水利水电第四工程局有限公司 | 马军领　张永胜 |
| 4 | 第4章 | 机组充水试验 | 中国水利水电第四工程局有限公司 | 郑少平　潘青文 |
| 5 | 第5章 | 机组启动和空载试验 | 中国水利水电第四工程局有限公司 | 郑少平　胡　波　张国华 |
| 6 | 第6章 | 机组带主变压器与升压站高压配电装置试验 | 中国水利水电第四工程局有限公司 | 马军领　吉振伟 |
| 7 | 第7章 | 机组并列和负荷试验 | 中国水利水电第四工程局有限公司 | 郑少平　胡　波 |
| 8 | 第8章 | 可逆式抽水蓄能机组启动试运行 | 中国水利水电第四工程局有限公司 | 胡　波　吉振伟 |

续表

| 序号 | 章 | 名　称 | 编写单位 | 编写人 |
|---|---|---|---|---|
| 9 | 第9章 | 运行操作 | 中国葛洲坝集团机电建设有限公司 | 范于军　莫文华　徐海林　丁元才　王新利　陈　强　赵　华　吴建洪　李　炤　朱建波　徐文杰 |
| 10 | 第10章 | 试运行监护及不正常运行处理 | 中国葛洲坝集团机电建设有限公司 | 范于军　陈友兵　段少军　张红海　陈　强　赵　华　吴建洪　李志宏　徐文杰　徐海林　王新利　丁元才　莫文华　朱建波 |
| 11 | 第11章 | 机组及成套设备的验收和移交 | 中国葛洲坝集团机电建设有限公司 | 徐海林　陈　强　王新利　刘兴文 |

# 序 一

水利水电工程建设在我国作为一项基础建设事业，已经走过了近百年的历程，这是一条不平凡而又伟大的创业之路。

新中国成立66年来，党和国家领导一直高度重视水利水电工程建设，水电在我国已经成为了一种不可替代的清洁能源。我国已经成为世界上水电装机容量第一位的大国，水利水电工程建设不论是规模还是技术水平，都处于国际领先或先进水平，这是几代水利水电工程建设者长期艰苦奋斗所创造出来的。

改革开放以来，特别是进入21世纪以后，我国的水利水电工程建设又进入了一个前所未有的高速发展时期。到2014年，我国水电总装机容量突破3亿kW，占全国电力装机容量的23%。发电量也历史性地突破31万亿kW·h。水电作为我国当前重要的可再生能源，为我国能源电力结构调整、温室气体减排和气候环境改善做出了重大贡献。

我国水利水电工程建设在新技术、新工艺、新材料、新设备等方面都取得了突破性的进展，无论是技术、工艺，还是在材料、设备等方面，都取得了令人瞩目的成就，它不仅推动了技术创新市场的活跃和发展，也推动了水利水电工程建设的前进步伐。

为了对当今水利水电工程施工技术进展进行科学的总结，及时形成我国水利水电工程施工技术的自主知识产权和满足水利水电建设事业的工作需要，全国水利水电施工技术信息网组织编撰了《水利水电工程施工技术全书》。该全书编撰历时5年，在编撰过程中组织了一大批长期工作在工程建设一线的中青年技术负责人和技术骨干执笔，并得到了有关领导、知名专家的悉心指导和审定，遵循"简明、实用、求新"的编撰原则，立足于满足广大水利水电工程技术人员的实际工作需要，并注重参考和指导价值。该全书内容涵盖了水利水电工程建设地基与基础工程、土石方工程、混凝土工程、金属结构制作与机电安装工程、施工导（截）流与度汛工程等内容的目标任务、原理方法及工程实例，既有理论阐述，又有实例介绍，重点突出，图文并茂，针对性及可操作性强，对今后的水利水电工程建设施工具有重要指导作用。

《水利水电工程施工技术全书》是对水利水电施工技术实践的总结和理论提炼，是一套具有权威性、实用性的大型工具书，为水利水电工程施工"四新"技术成果的推广、应用、继承、创新提供了一个有效载体。为大力推动水利水电技术进步和创新，推进中国水利水电事业又好又快地发展，具有十分重要的现实意义和深远的科技意义。

水利水电工程是人类文明进步的共同成果，是现代社会发展对保障水资源供给和可再生能源供应的基本需求，水利水电工程施工技术在近代水利水电工程建设中起到了重要的推动作用。人类应对全球气候变化的共识之一是低碳减排，尽可能多地利用绿色能源就成为重要选择，太阳能、风能及水能等成为首选，其中水能蕴藏丰富、可再生性、技术成熟、调度灵活等特点成为最优的绿色能源。随着水利水电工程建设与管理技术的不断发展，水利水电工程，特别是一些高坝大库能有效利用自然条件、降低开发运行成本、提高水库综合效能，高坝大库的（高度、库容）记录不断被刷新。特别是随着三峡、拉西瓦、小湾、溪洛渡、锦屏、向家坝等一批大型、特大型水利水电工程相继建成并投入运行，标志着我国水利水电工程技术已跨入世界领先行列。

近年来，我国水利水电工程施工企业积极实施走出去战略，海外市场开拓业绩突出。目前，我国水利水电工程施工企业在亚洲、非洲、南美洲多个国家承建了上百个水利水电工程项目，如尼罗河上的苏丹麦洛维水电站、号称"东南亚三峡工程"的马来西亚巴贡水电站、巨型碾压混凝土坝泰国科隆泰丹水利工程、位居非洲第一水利枢纽工程的埃塞俄比亚泰克泽水电站等，"中国水电"的品牌价值已被全球业内所认可。

《水利水电工程施工技术全书》对我国水利水电施工技术进行了全面阐述。特别是在众多国内外大型水利水电工程成功建设后，我国水利水电工程施工人员创造出一大批新技术、新工法、新经验，对这些内容及时总结并公开出版，与全体水利水电工作者分享，这不仅能促进我国水利水电行业的快速发展，提高水利水电工程施工质量，保障施工安全，规范水利水电施工行业发展，而且有助于我国水利水电行业走进更多国际市场，展示我国水利水电行业的国际形象和实力，提高我国水利水电行业在国际上的影响力。

该全书的出版不仅能提高水利水电工程施工的技术水平，而且有助于提高我国水利水电行业在国内、国际上的影响力，我在此向广大水利水电工程建设者、工程技术人员、勘测设计人员和在校的水利水电专业师生推荐此书。

孙洪水

2015 年 4 月 8 日

# 序　二

《水利水电工程施工技术全书》作为我国水利水电工程技术综合性大型工具书之一，与广大读者见面了！

这是一套非常好的工具书，它也是在《水利水电工程施工手册》基础上的传承、修订和创新。集中介绍了进入21世纪以来我国在水利水电施工领域从施工地基与基础工程、土石方工程、混凝土工程、金属结构制作与机电安装工程、施工导（截）流与度汛工程等方面采用的各类创新技术，如信息化技术的运用：在施工过程模拟仿真技术、混凝土温控防裂技术与工艺智能化等关键技术，应用了数字信息技术、施工仿真技术和云计算技术，实现工程施工全过程实时监控，使现代信息技术与传统筑坝施工技术相结合，提高了混凝土施工质量，简化了施工工艺，降低了施工成本，达到了混凝土坝快速施工的目的；再如碾压混凝土技术在国内大规模运用：节省了水泥，降低了能耗，简化了施工工艺，降低了工程造价和成本；还有，在科研、勘察设计和施工一体化方面，数字化设计研究面向设计施工一体化的三维施工总布置、水工结构、钢筋配置、金属结构设计技术，推广复杂结构三维技施设计技术和前期项目三维枢纽设计技术，形成建筑工程信息模型的协同设计能力，推进建筑工程三维数字化设计移交标准工程化应用，也有了长足的进步。因此，在当前形势下，编撰出一部新的水利水电施工技术大型工具书非常必要和及时。

随着水利水电工程施工技术的不断推进，必然会给水利水电施工带来新的发展机遇。同时，也会出现更多值得研究的新课题，相信这些都将对水利水电工程建设事业起到积极的促进作用。该全书是当今反映水利水电工程施工技术最全、最新的系列图书，体现了当前水利水电最先进的施工技术，其中多项工程实例都是曾经创造了水利水电工程的世界纪录。该全书总结的施工技术具有先进性、前瞻性，可读性强。该全书的编者们都是参加过我国大型水利水电工程的建设者，有着非常丰富的各专业施工经验。他们以高度的社会责任感和使命感、饱满的工作热情和扎实的工作作风，大力发展和创新水电科学技术，为推进我国水利水电事业又好又快地发展，做出了新的贡献！

近年来，我国水利水电工程建设快速发展，各类施工技术日臻成熟，相继建成了三峡、龙滩、水布垭等具有代表性的水电工程，又有拉西瓦、小湾、溪洛渡、锦屏、糯扎渡、向家坝等一批大型、特大型水电工程，在施工过程中总结和积累了大量新的施工技术，尤其是混凝土温控防裂的施工方法在三峡水利枢纽工程的成功应用，高寒地区高拱坝冬季施工综合技术在拉西瓦等多座水电站工程中的应用……，其中的多项施工技术获得过国家发明专利，达到了国际领先水平，为今后水利水电工程施工提供了参考与借鉴。

目前，我国水利水电工程施工技术已经走在了世界的前列，该全书的出版，是对我国水利水电工程建设领域的一大贡献，为后续在水利水电开发，例如金沙江上游、长江上游、通天河、黄河上游的水电开发、南水北调西线工程等建设提供借鉴。该全书可作为工具书，为广大工程建设者们提供一个完整的水利水电工程施工理论体系及工程实例，对今后水利水电工程建设具有指导、传承和促进发展的显著作用。

《水利水电工程施工技术全书》的编撰、出版是一项浩繁辛苦的工作，也是一个具有创造性的劳动过程，凝聚了几百位编、审人员近5年的辛勤劳动，克服了各种困难。值此该全书出版之际，谨向所有为该全书的编撰给予关心、支持以及为此付出了辛勤劳动的领导、专家和同志们表示衷心的感谢！

马洪琪

2015年4月18日

# 本卷序

《水利水电工程施工技术全书》第四卷《金属结构制作与机电安装工程》作为一部全面介绍水利水电工程在金属结构制作与机电安装领域内施工新技术、新工艺、新材料的大型工具书，经本卷各册、各章编审技术人员的多年辛勤劳动和不懈努力，至今得以出版与读者见面。

水电机电设备安装在中国作为一个特定的施工技术行业伴随着新中国水力发电建设事业的发展已经走过了65年的历程，这是一条平凡而伟大的创业之路。

65年多来，通过包括水电机电设备安装在内的几代工程建设者的开发和奋斗，水电在中国已经成为一种重要的不可替代的清洁能源。至今，中国已是世界上第一位的水电装机容量大国，不论其已投运机组设备的技术水平和数量，还是在建水电工程的规模，在世界上均遥遥领先。回顾、总结几代水电机电安装人的事业成果和经验，编撰反映中国水电机电安装施工技术的全书，既是我国水力发电建设事业可持续发展的需要，也是一个国家工匠文化建设和技术知识传承的需要。新中国水电机电安装事业的发展和技术进步是史无前例的，它是在中国优越的水力资源条件下，水力发电建设事业发展的结果，归根结底，是国家工业化发展和技术进步的产物。

一个水电站的建设，不论其投资多么巨大，规模多么宏伟，涉及的地质条件多么复杂，施工多么艰巨、其最终的目标必定是安装发电设备并让其安全稳定地运行，以电量送出的多少和电站调洪、调峰能力大小来衡量工程最终的经济与社会效益，而不是建造一座以改变自然资源面貌为代价的“建筑丰碑”。我们必须以最小的环境代价建成最有效益的清洁能源，这也是我们水电机电工程建设者们共同的基本宿愿。

作为水电站建设的一个环节，水电机电安装起着将电站建设投资转化为现实收益的重要桥梁作用。而机电安装企业也是在中国特色经济条件下形成的一个特定的专业施工技术群体，半个多世纪以来它承担了中国几乎全部的大中型水电机组的安装工程，向中国水力发电建设的方方面面培养和输送了大量有实践知识、有理论水平的工程师，它的存在和发展同样是中国水力发电事业蒸蒸日上的一个方面。我们将不断总结发展过程中的经验和教训，在建设中国水电工程的同时，实现走出国门，创建世界水电建设顶级品牌的目标。

本卷的编撰工作量巨大，大部分编撰任务都是由中国水电机电安装老一辈的技术干部们承担；他们参加了新中国所有的水电机电建设，见证了中国水电的发展历程，为中国的水电机电安装技术迈上世界领先地位奉献了他们的聪明和智慧。在以三峡为代表的一大批世界最大容量的机组安装期间，他们大多数人虽然已经退休，但是他们仍在设计、制造、管理、安装各层面对安装技术的创新和发展起着核心推动作用，为本卷内容注入了新的知识和技术。

本卷在以下的章节，将通过众多有丰富实践经验、有相当理论知识水平的工程师们的总结和归纳，向读者全面展开介绍我国水利水电建设金属结构制作与机电安装工程的博大、丰富的知识和经验，展示其规范合理的施工程序、精湛细致的施工工艺和大量丰富的工程实例，并期望以此书，告谢社会各界，尤其是国内外从事水电建设的各方，其长期以来对我国水电机电安装行业和安装技术的关心、关爱、支持和帮助，我们将终身不忘。

2016年6月

# 前言

由全国水利水电施工技术信息网组织编写的《水利水电工程施工技术全书》第四卷《金属结构制作与机电安装工程》共分七册，《水轮发电机组启动试运行》为第七册，由中国水利水电第四工程局有限公司和中国葛洲坝集团机电建设有限公司编写。

自20世纪80年代以来，我国水电建设速度空前提高，水电发电装机总容量由1977年的1576.5万kW，迅速增长为1987年的3019.3万kW、1997年的5972.6万kW、2007年的14823.2万kW、2013年的28002万kW，截至2017年年底为34358.7万kW。

通过技术引进、消化与吸收，国产各类水轮发电机组的单机容量取得重大突破，混流式机组的单机容量从1987年的32万kW提高到2007年的70万kW，再提高到2012年的80万kW。贯流式机组和冲击式机组的单机容量也显著增长。可逆式抽水蓄能机组从无到有，从引进吸收到有所创新，逐步掌握了抽水蓄能电站的启动方式、工况转换等关键试验技术，并在河南宝泉抽水蓄能电站实现机组首次以水泵工况启动抽水的创新。

通过数量繁多的各种类型机组启动试运行的大量实践，我国水电机组启动调试技术取得了质的飞跃，启动程序更为合理，试验周期显著缩短，工程经济效益更加明显。在工程实践中，《水轮发电机组安装技术规范》(GB/T 8564)、《水轮发电机组启动试验规程》(DL/T 507)、《可逆式抽水蓄能机组启动试运行规程》(GB/T 18482)、《灯泡贯流式水轮发电机组启动试验规程》(DL/T 827) 等标准对机组启动试运行工作起到了重要的指导作用，而现场各方丰富的实践经验，又有力地带动了上述国家标准、行业标准的修订与完善。

本书由中国水利水电第四工程局有限公司编写第1章至第8章，中国葛洲坝集团机电建设有限公司编写第 9 章至第 11 章。

本书稿承蒙中国葛洲坝集团有限公司杨浩忠等专家进行逐字逐句的审核，并由中国电力建设集团有限公司付元初最终审定，在此深表感谢。

书中若有不当之处，欢迎读者提出批评指导意见。

**作者**

2018 年 8 月

# 目　录

# 1 概　述

水电工程的每一台水轮发电机组（简称机组）及相应附属设备在完成安装与静态无水调试后、移交生产单位投入商业运行前，应进行启动试运行试验，在通过启动试运行并确认合格后，方可交接验收，投入商业运行。

水轮发电机组启动试运行以水轮发电机组启动调试为中心，在机组动态情况下全面检查水电站设备的设计、制造与安装质量，全面考核水工建筑物、金属结构、水轮发电机组、辅助设备、电气设备的安全性与可靠性，通过对机电设备在真实试运行状态下的调整和整定，使其最终达到安全、经济、稳定地生产电能的目的，并为机组及相关设备能否投入商业运行做出结论。作为水电站机电设备安装调试工程的最后一环，机组启动试运行对水电站质量、长期安全运行及经济效益具有极为重要的意义。

水轮发电机组启动试运行包括启动试运行前的组织与准备、启动试运行条件、机组充水试验、机组空载试运行试验、机组带主变压器（主变）及高压配电装置试验、机组并列及负载试验、机组 72h 带负荷试运行、机组验收移交等各项程序。对于抽水蓄能机组，除需完成水轮机工况的全部试验外，还应完成水泵工况的全部试验内容，包括引水系统充水及系统倒送电试验、机组 SFC 工况启动及动平衡试验、机组水泵工况调相试验及瓦温考核试验、机组分步抽水试验、机组自动抽水试验、机组连续抽水和连续发电试验、机组工况转换试验、机组动水关进出水口球阀试验、机组背靠背试验等。

机组启动试运行是综合性的机电联合调试工程，必须成立专门的启动试运行组织机构，按照国家标准、行业标准和厂家技术文件要求进行试验，所依据的标准主要包括《水轮发电机组安装技术规范》（GB/T 8564）、《水轮发电机组启动试验规程》（DL/T 507）、《可逆式抽水蓄能机组启动试运行规程》（GB/T 18482）、《灯泡贯流式水轮发电机组启动试验规程》（DL/T 827）、《水电站基本建设工程验收规程》（DL/T 5123）、《工程建设标准强制性条文》（电力工程部分）等。

机组启动试运行进度应根据水电站具体情况与高压配电装置的规模综合考虑。首台机组启动试运行试验时，由于公用设备较多，且高压配电装置试验项目多，所以首台机组试运行时间较后续机组要长一些。近年来，在机组进入 72h 连续试运行前，电网公司要求完成励磁系统 PSS、调速器一次调频、机组进相、AGC、AVC 等试验，因此涉网试验需另行安排一定的时间。

## 1.1　启动试运行组织机构形式

水电站首台机组安装工作完成后、机组启动试运行开始前，由建设单位项目法人会同电网经营管理单位共同组成启动验收委员会，组织启动验收工作。启动试运行组织机构形式见图 1-1。

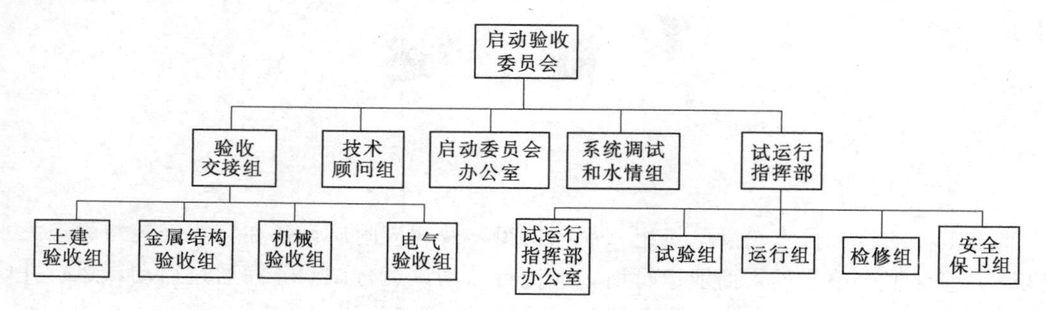


图 1-1　启动试运行组织机构形式图

启动验收委员会组成一般应包括项目法人、电网公司、设计单位、各施工单位、监理单位、生产运行单位、设备制造厂代表、质量监督单位、工程投资方等。

启动验收委员会下设试运行指挥部和验收交接组，试运行指挥部和验收交接组在启动验收委员会的领导下工作。

验收交接组由项目法人的成员担任组长，主要施工单位、生产单位和监理单位的成员担任副组长，负责土建验收组、金属结构验收组、机械验收组、电气验收组等工程项目完成情况和质量检查，以及技术文件和图纸资料及随机机电设备备品、备件、专用工具等的交接工作。

根据需要，可由项目法人聘请专家组成技术顾问组，以解决启动试运行工作中的重大技术问题。

试运行指挥部一般由安装机组的施工单位负责人担任总指挥，生产运行单位负责人担任副总指挥。试运行指挥部负责编制机组设备启动试运行试验文件，组织进行机组设备启动试运行和检修等工作。在实际工作中，有的水电站为便于现场协调，试运行指挥部总指挥由业主单位担任，施工单位负责人担任常务副总指挥，全面负责现场的启动试运行工作。试运行指挥部一般由试运行指挥部办公室、试验组、运行组、检修组、安全保卫组等组成，每组设组长和副组长各 1 名。近年来，抽水蓄能电站也有将试运行指挥部分为分部试运行组、整组试运组、生产和试生产组、验收交接组、综合组等。具体分工，在不影响机组正常试运行情况下可灵活掌握。

## 1.2　启动试运行机构的职责和分工

### 1.2.1　启动验收委员会

听取建设单位对工程总体建设情况的汇报；听取监理单位对工程的检查报告；听取设计、施工、生产单位报告，以及试运行指挥部和验收交接组的汇报。检查机组、附属设备、电气设备和水工建筑物、金属结构的工程形象和质量是否符合合同文件规定的标准，是否满足机组启动的要求。

确定验收交接组的工程项目清单。

通过现场检查和审查文件资料，确认机组是否具备启动条件；对尚未达到要求的项目和存在的问题提出处理意见，限期解决。审查并批准机组设备启动试运行程序大纲和试运行计划。

依据检查结果，做出机组能否启动的结论，提出机组启动前必须完成的工作和注意事项，确定机组首次启动时间。

组织研究并解决启动试运行中的重大技术问题。

### 1.2.2 验收交接组

（1）协助启动验收委员会掌握启动试运行具体事宜，草拟完工工程移交报告，召集有关方面研究解决验收交接中所发生的问题。

（2）土建、金属结构、机械、电气等验收交接专业组分别负责本专业范围内全部工程的质量检查工作，并对完工工程做全面的质量鉴定，审查施工单位的安装和试验记录，审查工程完工资料，并向启动验收委员会提交报告。

（3）协助审查与补充试运行规程和试验程序的有关部分。

### 1.2.3 技术顾问组

技术顾问组主要由水工、机械、电气、电力系统等方面的专家组成，受启动委员会委托，主要负责解决设备试运行过程中的重大技术问题和对重大试验方案的审查。

### 1.2.4 启动验收委员会办公室

（1）办理启动验收委员会的日常事务，如会议记录、资料文件的复制及分发，资料保管以及其他秘书性事宜。

（2）负责启动验收委员会各部门之间的协调及启动验收委员会文件的起草，向上级及启动验收委员会发送设备试运行情况简报。

（3）负责编写水电站建设宣传材料，接待有关宣传单位，进行广泛宣传工作。

### 1.2.5 系统调试和水情预报组

（1）负责系统调试方案的编制及有关的系统试验工作。

（2）负责机组联合试运行中所需的水情预报，水工建筑物闸门运行的调度指挥工作。

### 1.2.6 试运行指挥部

编写试运行试验大纲上报启动验收委员会，具体负责机组启动试运行的领导指挥，直接掌握机组启动、停机、试验及检修工作，对试验数据做出判断，下设办事机构负责处理日常事务。

（1）试运行指挥部办公室。负责完成试验过程中各项试验措施的编制、文件的发送、技术资料的整理和翻译、试运行简报的编辑工作；监督参与试验单位的安全管理工作，并准备必要的安全操作工器具，维护试运行安全秩序，对参与试验的人员进行安全教育和安全操作规程的培训。

（2）试验组。主要负责完成机电设备的所有试验、水轮发电机组的启动试运行、配合电网所要求的试验，协助运行人员掌握设备性能，记录并将试验数据报试运行指挥部。

（3）运行组。负责机组启动试运行期间的值班、设备运行操作、运行数据的记录、设备的运行安全和维护，并事先做好保证安全试运行的有效措施。

（4）检修组。负责调试期间的临时设施的安装与拆除、试验的过程监视、数据记录，以及缺陷的应急处理。

（5）安全保卫组。负责试运行设备的安全保障和消防工作，编制和检查执行试运行现场保卫及消防规定，印发参加试运行人员的特殊证件，维护试验现场的正常工作秩序。

## 1.3 启动试运行及验收工作程序

机组启动试运行及验收工作程序见图1-2。

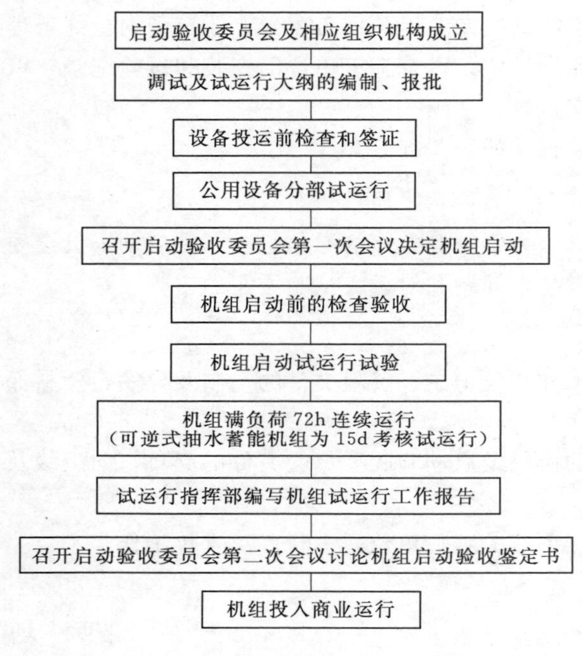


图1-2 机组启动试运行及验收工作程序图

除首批及最后投运的机组外，每台机组启动验收均应按本工作程序的要求进行，中间过程的各台机组的启动验收，可由启动验收委员会授权在现场工作的正、副主任或委员代行启动验收工作。

启动试运行及验收工作程序如下：

（1）启动验收委员会及相应组织机构成立。由项目法人会同电网管理单位成立启动验收委员会及相应组织机构，并报其上级主管部门批准。

（2）调试及试运行大纲的编制、报批由建设单位报请启动验收委员会成立相应机构，并由试运行指挥部编写试运行大纲和试运行方案报请启动验收委员会批准。

（3）设备投运前检查和签证。交接验收组要对设备进行投运前的检查和签证。

（4）公用设备分部试运行。召开启动验收委员会会议，听取各方的汇报，由启动验收委员会决定机组能否启动，并确定机组启动时间。

（5）召开启动验收委员会第一次会议决定机组启动。在试运行指挥部和验收交接组领导下，进行机组启动前的检查和验收。

（6）机组启动前的检查验收。在试运行指挥部的组织下，进行机电设备分部试运行和机组启动试运行。机组启动试运行应按照《水轮发电机组安装技术规范》（GB/T 8564）、《水轮发电机组启动试验规程》（DL/T 507）、《可逆式抽水蓄能机组启动试运行规程》（GB/T 18482）、《灯泡贯流式水轮发电机组启动试验规程》（DL/T 827）和机组启动验收委员会批准的机组启动试运行试验程序进行。

（7）机组启动试运行试验。机组启动试运行过程中，试验组每天应编写启动试验日报，交试运行指挥部例会讨论审核，并决定是否进行下一项试验。

（8）机组满负荷72h连续运行。在机组开始72h带负荷连续试运行之前（对于可逆式抽水蓄能机组，在机组开始15d考核试运行前)，启动验收委员会听取试运行指挥部和监理单位的汇报，审查试运行工作报告，研究试运行中出现的主要问题，决定机组是否能进入72h带负荷连续试运行（或15d考核试运行)。

(9) 试运行指挥部编写机组试运行工作报告。全部规定的试验完成后，试运行指挥部编写机组启动试运行工作报告和测试记录，分送机组启动验收委员会主任和副主任单位。

(10) 召开启动验收委员会第二次会议讨论机组启动验收鉴定书。在机组完成72h带负荷连续运行试验后（抽水蓄能机组为15d考核试运行)，启动验收委员会组织签认《启动验收鉴定书》。验收鉴定证书主要包括：验收委员会审查情况，对存在主要问题的分析意见，少量尾工的完成日期，并附机组启动试运行工作报告和验收移交工程项目、设备清单。验收鉴定书正本一式8份，由验收委员会正、副主任委员签字并附验收委员会全体委员签名名单，由项目法人报上级主管部门和主要出资方备案。副本若干份，分送地方政府、电网经营管理单位、参加验收的有关单位。机组启动验收鉴定书式样见图1-3。

(11) 机组投入商业运行。

×××××× 工程

**机组启动阶段验收**

**鉴　定　书**

××××工程机组启动验收委员会（工作组）

年　月　日

验收主持单位：
法人验收监督管理机构：
项目法人：
代建机构：（如有时）
设计单位：
监理单位：
主要施工单位：
主要设备制造（供应）商单位：
质量和安全监督机构：
运行管理单位：

验收时间：　　年　月　日
验收地点：

前言（包括验收依据、组织机构、验收过程等）
一、工程概况
（一）引水、尾水系统、厂房
（二）机组设备和附属、辅助设备
（三）电工一次设备、送出工程
（四）电工二次设备
二、验收范围和内容
三、工程质量评定
四、验收前已完成的工作（试运行、带负荷连续运行情况）
五、技术预验收情况
六、存在的主要问题及处理意见
七、建议
八、结论
九、验收委员会（工作组）成员签字表
十、附件：技术预验收工作报告

图1-3　机组启动验收鉴定书式样图

## 1.4 启动试运行前的准备

机组启动试运行前的准备主要为安装资料检查、运行环境检查、编写试运行大纲和试运行方案、试运行设备编号和标识、试运行工器具准备、建立试运行规章制度、制定试运行安全管理制度等。

### 1.4.1 安装资料检查

机组启动前，由建设单位邀请质量监督中心（站）对机组安装调试资料和机组单元质量评定表进行检查。

由监理单位组织，业主、设计、施工单位、制造厂家等参加，依照设计对机组启动前的要求，编制检查表格，在机组充水前对设备状态进行检查签认。

### 1.4.2 运行环境检查

运行区间通道情况，不安全因素的防护情况；运行部位的照明及疏散指示；通信及指挥、信号系统；设备标识；运行区间与施工区间安全隔离检查等。

### 1.4.3 编写试运行大纲和试运行方案

由试运行指挥部编写试运行大纲及系统调试内容、试运行方案，汇总审定后，报启动验收委员会批准后实施。

### 1.4.4 试运行设备编号和标识

依据设计的各系统图，由生产运行单位对现场设备进行编号挂牌，并做设备状态标识，以便试运行人员操作；涉及电力系统主接线的一次设备编号由系统下达。

### 1.4.5 试运行工器具准备

根据试验项目，各专业试验人员准备数据测试和电气调试的试验设备，检修人员准备检修专用工器具，并检测合格，设备处于良好状态。

按要求配备好绝缘棒、验电器、绝缘手套、绝缘鞋、接地线等。

### 1.4.6 建立试运行规章制度

（1）试运行人员挂牌上岗，纪律严明，工作中必须服从命令听指挥。

（2）各值工作的交接在岗位上进行，当班进行的工作，其进展情况与注意事项必须做出书面交代。

（3）试运行人员须明确各自的工作职责，了解和掌握各自所辖运行设备的用途、性能、主要参数、操作方法及事故处理办法。

（4）试运行人员要详细记录各项试验的有关数据、设备缺陷及处理结果。

（5）试运行人员要定时巡检所辖设备的运行情况，发现异常立即报告。

（6）试运行的手动操作命令，由试运行指挥部下达给运行值长，再由运行值长下达给指定操作人员，其他人的命令均不予受理。

（7）试运行的检修，由总指挥根据机组运行安排，下达给检修负责人，并通知值长可以检修。检修人员严格执行工作票制度，各项检修须由两人及两人以上进行，一人检修，一人监护。

(8) 机组排水检修前，检修排水廊道进人孔盖板盖严（防溢水），其他各机组的检修排水阀关闭。

(9) 多台机组共用一条引水钢管的电站，建设期间所有机组的蜗壳和尾水进人孔门的运行状态由专人负责管理，防止疏漏失控。

(10) 开机前，由总指挥询问运行值长，确认工作票工作内容已全部完成，机组内无关人员已全部撤出，监视人员已全部到位，才能决定开机。

### 1.4.7 制定试运行安全管理制度

(1) 运行组在试验开始前，在设备、孔洞、吊物孔等危险地段挂好标示牌，围好安全遮拦。运行区域严禁烟火，消防设施应落实到位，机组和建筑消防系统运行正常，并有专人检查监督。

(2) 机组启动试验，由试运行指挥部确定专人负责指挥试验，各组人员必须听从指挥进行试验、操作、检修工作。

(3) 每项试验开始前，必须由有关各方对试验条件进行联合检查，确认满足试验大纲要求后，各方签字，方可开始试验。

(4) 试验中进行设备操作时，必须严格执行工作票与操作票制度。所有操作必须有人监护，禁止无人监护和无票操作。

(5) 机组电气检修工作前必须做好下列措施：停电—验无电—装设接地线—悬挂标示牌和装设遮拦。在旋转、导水机构部件上检修，必须关调速器主供油阀、关进水阀或进水闸门；设备在检修状态，不得进行动作试验。

(6) 每项工作完毕后，工作票负责人对运行人员详细交代目前设备状态。

(7) 参加试验的各级人员应做好发生事故的应急预案。

(8) 充水前，调试机组与运行机组、运行的公用设备之间需要可靠隔离。非本期投运部位的供排水管路、油管路、气管路接头封堵必须完善。做好电气一次、电气二次设备的隔离，包括操作权的限制（如调试阶段的机组控制台可以查看运行机组及公用设备，但不能操作运行机组和公用设备）。

(9) 试验大纲中对试验项目的安排顺序，根据现场实际情况，允许有一定的调整，但对于有顺序要求的项目，必须按程序进行，如过速试验一般在扰动试验前进行，升压试验必须在升流试验后进行等。

(10) 顶盖排水系统必须自动运行可靠。当首台机组不能确定顶盖、主轴密封漏水量时，为确保水车室安全，配备两台专用潜水泵，作为备用。

(11) 检修排水与渗漏排水系统必须运行可靠。

(12) 交、直流供电必须可靠，大型机组的交、直流电源需由双路供电。

(13) 过速试验时，必须做好安全预案，在导叶关闭失败时，立即关闭前一级闸门或阀门。

(14) 升电流回路中的断路器操作电源应切除，防止误跳。

(15) 电流回路的端子必须紧固无松动，严防开路，暂时不用的 TA 二次侧应可靠短接。

（16）试验时，必须做好试验设备与非试验设备、运行设备之间隔离保护工作。

（17）涉及电力系统的试验（如高压配电装置受电、机组带甩负荷试验等）时，必须按照系统调度的命令逐步进行，严禁擅自操作。

（18）执行送电操作，按照从电源向受电端方向逐步操作。

（19）试运行期间，参与各方应严格按照安全规定进行工作，严格执行操作票、动火工作票制度，认真履行各项安全措施、隔离措施，工作前应进行安全技术交底。

（20）试运行期间，严格执行通行证制度，无关人员不得进入运行区域。

（21）试运行期间，若进入风洞、水车室、母线洞、开关站、主变等区域应做好记录。记录包括姓名、进入时间、所带工器具、离开时间等。

（22）试运行区域的通道、栏杆、照明应安装完成并验收合格，通信可靠。

# 2 机组启动前的设备分部调试试验

## 2.1 设备分部试验内容

设备分部试验是指水电站具有独立功能的各子系统在安装完成之后，通过试验、调整，验证其功能达到设计要求，满足正常运行的需要。

公用系统包括：排水系统、空气压缩系统、厂用电系统、公用油压装置系统等，因系统独立性高，分部系统调试完成，基本相当于联动调试完成；通风空调系统、消防系统的分部调试完成后，还存在关联调试；绝缘油、透平油系统也为分部系统，但没有自动控制系统，满足正常接收来油、供油、排油、油处理、监视即可。

水轮发电机组分部系统包括：进水快速闸门、进水阀、筒形阀、调速器、励磁、技术供水、附属设备、继电保护、水机保护、机组监控、机组状态监测、水电站及机组水力测量等。机组附属设备细分为：轴承高压油顶起装置、轴承油外循环冷却、机组温度监测、油雾吸收、制动闸与制动粉尘吸收、滑环粉尘吸收、气隙监测、局放测量、机组火灾报警及消防、顶盖排水、调相和水泵启动压水（抽水蓄能机组）、主轴密封供水、检修密封、剪断销监测、贯流式机组的冷却风机等。

主变以外分部系统包括：进出线的高压电缆、高压管母或架空线路、高压配电装置、出线设备、继电保护装置等。

一次设备控制和保护包括：发电机断路器控制、封母微正压控制、主变冷却控制、发电机保护、主变保护、励磁变和厂用高压变压器保护、GIS控制、高压电缆保护、母线保护、断路器保护、短引线保护、线路保护、安稳装置等，分部系统调试完成后，还须进行相关联动动作试验。

监控系统与分部设备对点与调试后，还需与机组自动开机、停机、事故停机、并网、调相等流程联动。机组同期、电气测量也须在分部调试中完成调试。

抽水蓄能电站还包括：SFC系统分部调试、SFC与励磁、机组监控的联合调试；机组工况转换调试；水淹厂房信号与逃生报警系统的联动试验。

## 2.2 水电站厂用电系统受电试验

在机组启动前需要有两段独立的电源，以保证机组启动试运行阶段厂用电的可靠性。大型水电站首台机组试运行阶段，要求两段电源都来自独立的供电系统。后续机组试运行阶段一路由厂用电源供电；另外一路来自施工用电或临时电源。可逆式抽水蓄能电站机组如果首次采用 SFC 方式启动，启动前主用厂用电源由系统经主变倒送；另外一路可以来自施工电源。

### 2.2.1 厂用电系统受电应具备的条件

高、低压侧控制系统安装、调试完毕，各开关现地、远方操作正确。闭锁及备用电源自动投入系统模拟试验动作准确可靠，保护定值输入正确，保护传动动作正确，监控系统对设备状态、故障显示正确。从距一次设备最近的端子箱模拟输入电压、电流，检查交流采样装置和各处显示数据准确，有关厂用电开关柜安装调试完成。

### 2.2.2 带电前安全检查

带电前安全检查应有下列要求。

(1) 厂用电运行区域环境已清理干净，运行通行无障碍物；各部位和通道的照明良好；运行区通风良好。

(2) 厂用电系统各设备连接紧固，已按设计要求可靠接地。

(3) 变压器、高压盘柜、低压盘柜清理干净，永久标识已经安装完成。

(4) 各盘柜保护定值整定完毕，传动试验合格；各开关闭锁试验合格，联动试验合格。

(5) 高压、低压厂用变压器温度显示、温度保护整定正确，报警、跳闸逻辑动作正确。

(6) 厂用电设备控制电源供应正常。

(7) 与厂用电系统带电相关的图纸、资料配备完整。

(8) 运行设备应有相应的安全标志。

(9) 永久或临时消防设备准备完毕。

(10) 联络、指挥信号正常。

(11) 小电流接地系统电源有可能出现 TV 二次谐波过电压问题，应采取措施加以解决。

### 2.2.3 高压厂用电系统带电试验

在设有高压厂用电和低压厂用电的大型水电站，高压厂用电先于低压厂用电带电，一般带电试验过程如下。

(1) 确认高压厂用电系统进线开关、联络开关在分闸、退出位置，待带电母线段各馈线开关在分闸、退出位置，备自投退出。

(2) 外来电源投入，进线间隔电压检查正常（如有进线 TV)，带电显示装置工作正常。

(3) 将进线开关推至工作位置，合进线开关，检查带电母线电压正常，相序正确，保护装置显示正确，LCU 显示正常。

(4) 依次将各联络开关推至工作位置，合各段联络开关，检查各段电压、相序正确，核对各母线 TV 二次同名相电压差，应接近为零。

(5) 退出第二路电源进线母线段两侧的联络开关，投入第二路电源，检查第二路电源电压、相序符合要求，并核对与第一路电源的相位差，应与理论差一致。

（6）在10kV（6kV）备自投、各保护装置及LCU盘柜检查二次回路电压相位及幅值应正确。

（7）启动备自投功能，分别模拟各路电源失电，检查备自投动作逻辑符合设计要求，监控信号显示正确。

（8）试验完成后高压厂用电投入运行，各段运行方式以保证机组启动试运行各部位设备有两路独立电源为原则。

（9）在首台机组投入运行后，正式投入永久电源厂用电源，视厂用电的可靠性决定临时电源退出与否。

### 2.2.4 低压厂用电系统带电试验

低压厂用电包括：全厂公用、检修、机组自用、照明、坝顶启闭机、船闸或升船机、泄洪闸、大坝排水、尾水闸等，每套电源多为两段，特大型水电站或水利枢纽可能有多套公用、检修、照明、大坝用电等。

低压厂用电盘柜带电方式与高压厂用电系统带电准备、过程、检查、试验方式相似，不同的是，要对低压厂用变进行3次冲击，并观察冲击过程中低压厂用变有无异常。有载调压的低压厂用变，还应进行手动、自动有载调压试验，检查动作过程和结果正确。

## 2.3 机组及其附属设备分部调试

### 2.3.1 水轮机附属设备调试

（1）水导轴承油外循环系统调试。部分水电站机组水轮机导轴承和冷却器直接浸没在油槽内，不需要外循环冷却；部分水电站机组水轮机导轴承因结构空间限制，将冷却器设在外部，油润滑冷却轴承后，漏回下油箱，再用泵加压，经过滤器和冷却器后，注入油箱。水导油外循环的调试主要过程如下：

1）水导油槽已注油，静态时油位符合设计要求；油位计整定完毕，信号显示正确。

2）油循环系统常开阀门已打开，启动油泵，油泵出口压力、流量正常，轴承油槽油位正常，油泵进油口淹没深度满足要求。

3）油循环泵的现地/远方启动可靠。在与机组联动试验中，开机流程启动，水导油循环泵自动启动；停机过程完成，循环泵自动停止。

4）模拟机组在运行状态，循环泵在自动方式，停运行泵交流电源，另外一台泵能自动启动；模拟一台泵故障，另一台泵能自动启动；模拟轴承油槽液位低，双泵启动。

5）模拟机组在运行状态，关闭双泵，应能发出事故停机信号；模拟轴承液位过低，能延时发出事故停机信号。

6）技术供水充水后，启动技术供水系统，调整水导冷却水手阀开度，使冷却水流量、压力符合设计要求。

（2）顶盖排水泵调试。顶盖排水泵，其功能是排除顶盖周边、导叶轴套、主轴密封水箱等部位漏水，保证水轮机顶盖不被过深的水淹没。顶盖排水泵主要调试方法有如下要求。

1）点动检查排水泵转向正确。

2）调整顶盖水位浮子信号器，顶盖排水泵在自动控制方式，模拟水位上升、下降，顶盖泵能自动启、停。模拟水位超高，能起双泵、报警，并能在正常水位停泵。

3）尾水充水后，退出主轴检修密封，排水泵能够根据水位变化自动启动。

4）无水时，水泵不可长时间运转。

（3）主轴密封调试。设置在水轮机主轴与顶盖间防止漏水的密封装置，分工作密封与检修密封两种。工作密封使用清洁的水，检修密封使用低压压缩空气，调试方法有如下要求。

1）主轴工作密封管路接入前，已用清洁水源对工作密封管道进行4h排水冲洗，确保管路内无杂质；管路接入后继续用清洁水源对旋流过滤器进行冲洗，确保旋流器内无杂质。

2）打开一路供水阀门，启动工作密封增压泵或减压阀，调整手阀开度使冷却水流量、压力符合设计要求。实际测量轴向密封环抬升量，满足设计要求。

3）关闭第一路水源，打开第二路水源，调整供水流量和压力基本一致。

4）在现地和远方进行两路水源之间的切换试验。

5）关闭工作密封，现地手动给检修密封充气、排气，检查检修密封正常。

6）调整检修密封压力开关闭锁开机流程接点。

7）远方投入、切除检修密封，并在机组监控系统检查压力接点动作情况，并在开机流程试验过程中验证。

（4）自动化元件调试。水轮机自动化元件，起监视水轮机状况、执行操作、保护机组设备等功能，调试过程有如下要求。

1）校验轴承温度、油温、冷却水温度监视仪表，设定轴承报警、停机温度，并用精密电阻箱校验，检查送至监控和水机保护的信号正确，在机组开停机流程中检验轴承温度过高保护动作逻辑正确。

2）用一定深度的容器，装已知含水比例的透平油，校验轴承油混水传感器和显示仪表，报警信号能送至机组监控，试验后吹干传感器并回装。

3）依次模拟各剪断销剪断，监控系统能正确显示；同时模拟机组事故信号，能关闭进水阀或进水口快速闸门。

4）导叶全关后，现地、远方能正确投入、拔出锁锭，监控系统显示正确；锁锭投入，调速器不能自动开导水叶。

5）事故配压阀远方操作动作可靠，信号反馈正确。

6）机械过速装置安装完毕，整定已确认，导叶全开后，动作机械过速装置，导叶能够可靠关闭。

7）导叶行程传感器安装整定完毕，打开导叶，检查位置信号反馈正确。

8）齿盘测速、蠕动探头安装完毕，间隙调整符合设计要求，机组转动后检查转速信号显示正确。

9）接力器（导水叶）位置开关安装调整完毕，全关、空载以下、空载以上、全开位置信号能在监控系统正确反映，并与开、停机流程和机组状态显示正确联动。

（5）抽水蓄能机组水轮机设备试验。

1）上下止漏环安装完毕，启动技术供水，检查迷宫环冷却水压力、流量符合设计要求。

2）锥管进人门口水淹厂房信号计安装完毕，将信号计浸入水中，监控系统显示正确，相应的动作逻辑正确。

3）锥管水位计安装、整定完毕，尾水充水过程中检查水位信号显示正确。

4）关闭压水系统进气手阀，启动压水流程，检查各阀门组动作正确、信号反馈正确；模拟水位升高信号，补气阀能够自动打开；退出压水流程，检查各阀门组动作正确、信号反馈正确。

### 2.3.2 调速系统调试

调速系统，在机组空转、空载时，调节机组转速；在机组并网后，调节机组输出有功功率。调速器调试过程主要有以下内容。

（1）调速系统关机时间调整。

1）手动操作液压机构，开启、关闭导水叶，动作过程平稳，无卡阻。

2）水轮机导叶最大开度、压紧行程、导叶立面间隙、端部间隙调整，符合设计要求。

3）模拟断路器合闸，调节参数的微分置零、比例和积分参数设置最大，永态转差系数设置为6%，录制导叶开度与频率关系曲线，即静特性，计算转速死区、线性度符合规程要求，标定的永态转差系数与实测一致。

4）导叶关闭时间调整：在导叶全开状态下，通过调整主配压阀限位或主回路节流阀孔径、分段关闭阀位置，使导叶关闭时间、分段关闭拐点满足设计要求。

（2）调速系统开机规律调整。

1）调速系统以自动方式进行开机。

2）对于设置第一、第二启动开度的机组，在调速器自动开机过程中，录波检查开机规律符合设计要求。

3）对配有非同步导叶的机组，应按照先开非同步小导叶、再开同步导叶的方式开机。

（3）协联关系曲线调试。

1）调整导叶开度和桨叶开度传感器符合要求，输入轴流式和贯流式水轮机的协联关系曲线。

2）桨叶在自动协联模式，输入水头值，记录导叶不同开度对应的桨叶开度，与输入协联关系曲线相符；输入不同水头值，记录、验证桨叶的协联关系曲线。

3）测量上、下游水位传感器安装高程，使调速器正确显示实时水头。

4）设定停机过程协联关系破坏转速，结合实际停机过程观察的机组上抬量、前窜量进行调整。停机过程完成，桨叶回复到自动协联关系。

5）模拟机组在并网状态，冲击式水轮机喷针行程大于空载行程，断开发电机断路器，冲击式水轮机折向器动作。给调速器输入不同的有功信号，调速器投入的喷针数量随机组功率变化。

（4）调速系统与机组LCU联合调试。

1）检查调速器、油压装置、转速信号装置状态和故障显示。下列状态和故障应能在监控系统正确显示。

A. 调速器控制方式。

B. 机组有功功率、导水叶开限、导水叶开度、机组转速等。

C. 有功控制方式、给定方式。

D. 油压装置控制方式和主供油阀状态，回油箱油位、油温，压力油罐油位和压力等。

E. 液压系统电源状态和液压系统报警。

F. 转速信号装置电源状态和转速信号接点动作状态。

G. 调速器电源状态和故障报警。

H. 一次调频功能状态和频率死区状态。

2）进行I/O回路的点对点测试，由监控系统发出的指令应能使调速系统可靠动作，调速系统的各种状态信号应能正确反馈回监控系统。

3）进行调速系统与监控系统之间的串行通信接口检查，通信规约应符合设计要求，数据传输定义正确。

4）进行监控系统操作开、停机及事故停机试验，调速器动作正确。

### 2.3.3 水轮机主阀调试

水轮机主阀的作用是当机组检修或机组出现重大事故、调速器拒动的情况下，主阀关闭，保障检修安全和机组安全。主阀的调试过程有下列内容（以蝶阀为例）。

（1）试验准备。

1）主阀安装验收完毕，压油装置验收完毕，充油调试正常，油压装置能自动运行。

2）主阀接力器锁锭在投入状态。

3）进水阀前压力钢管保压试验完成，主阀漏水量符合设计要求。

（2）现地手动操作。

1）拔出接力器锁锭。

2）打开旁通阀，检查旁通阀全开位置信号正确。

3）调整蝶阀慢开拐点，给蝶阀差压开关平压信号，手动操作蝶阀开启，全开后，检查全开信号正确。手动关闭旁通阀，检查旁通阀全关信号收到。

4）整定蝶阀慢关拐点，手动关闭蝶阀，观察到慢关点时速度减慢。

（3）现地自动开启、关闭蝶阀。

1）蝶阀控制开关切换至“现地、自动”位置。

2）启动蝶阀“打开”程序。

3）旁通阀自动打开。

4）给蝶阀差压开关平压信号，蝶阀接力器锁锭自动退出，蝶阀自动开启，记录蝶阀开启时间。

5）蝶阀全开后自动关闭旁通阀。

6）启动蝶阀“关闭”程序，蝶阀接力器回复到关闭位置，记录蝶阀关闭时间与设计相符。

（4）蝶阀远方自动开启、关闭。

1）蝶阀控制开关在“远方、自动”位置。

2）由机组监控系统启动“打开”程序。

3）检查现地设备动作顺序正确，信号反馈正确。

4）机组监控系统启动“关闭”程序。

5）蝶阀接力器回复到关闭位置。

6）蝶阀与机组开机流程联动，检查开机过程中主阀动作正确；与紧急事故停机流程联动，检查蝶阀关闭动作正确；分别在机组监控盘、中控室控制台按紧急关蝶阀按钮，蝶阀动作正确。

7）当水轮机主阀为球阀，开阀前退出上游密封，开阀后，投入下游密封；关阀前退出下游密封，关阀后，投入上游密封。

### 2.3.4 技术供水调试

机组技术供水的作用是润滑主轴密封，冷却机组轴承的润滑油和主变绝缘油，供发电机空冷器等。连续运转的油压装置回油箱，也需技术供水水冷却。

机组技术供水方式有：压力钢管或蜗壳取水，经滤水器后减压供水或不减压供水；尾水取水，经过加压供水，排水至尾水渠；水泵加压循环封闭供水系统，在尾水渠设水/水冷却器冷却循环水；水井取水至蓄水池，再加压或自流至供水管路。有些贯流式机组的发电机空冷器，采用密闭的循环水冷却，而密闭的循环水，在冷却锥里采用流道流水冷却；水内冷发电机的定子绕组，每根线棒内有几根空心导体，通有循环纯水冷却，循环纯水采用技术供水（又称生水）在热交换器冷却；定子绕组蒸发冷却机组，每根线棒也有几根空心导体，通有蒸发介质，蒸发介质吸热后变成气体上行，再用冷却水将气体冷却形成液体下行，流回定子线圈下端。无论何种方式供水，在安装时要保证管路的清洁和供水池的清洁。

抽水蓄能电站水头高，压力钢管单位质量的水能量较大，取钢管水经过减压做主供用水能量损失较大，长期使用经济上不合算。一般设有两种取水方式：自下库取水自流作为机组空转、主变空载供水，负载时通过增压泵供水，排水至渗漏井；以蜗壳取水通过多级减压阀作为负载备用供水。

（1）调试准备。技术供水管路已进行水压试验，埋管部分已进行冲洗，管路已回装，取水口已打开；检查各干管上通往其他机组隔断阀已关闭，各手动阀门已按照设计要求开启或关闭；机组各部进出水口冷却水阀门已开启；全厂渗漏排水系统自动运行。

（2）现地手动操作。

1）控制方式切到手动，模拟开机令，现地启动技术供水，检查各阀门组开启顺序正确、增压泵启动正常。

2）检查滤水器、减压阀、增压泵工作正常。

3）手动打开排污阀进行排污，正常后关闭，并切回自动。

4）检查机组各部冷却水流量、压力正常，水流平稳、各指针表无急剧抖动现象，必要时在表计处加装稳压器，或改变指针表的安装位置，或换用耐振型指示仪表。

5）模拟加压工作泵故障，能自动切换到备用泵。

6）临时调整工作、备用泵轮换时间，工作、备用泵轮能够自动轮换，恢复正常轮换时间。

7）临时调整滤水器排污时间，观察排污阀自动打开，试验后恢复正常排污时间。滤水器排污时，可能报压力低或流量低信号，冷却水中断延时停机时间应长于报压力低或流量低的持续时间，以免机组运行中因滤水器正常排污而停机。

8）依次关闭各部冷却水，监控系统显示正确。

9）现地停供水，增压泵正常停机、各阀门组关闭顺序正确。

10）切换供水方向（反向供水），再次启动技术供水，对比各部冷却水流量、压力与之前一致。

11）进行主用/备用供水方式切换，在比较两种供水方式下，各部冷却水流量、压力正常。

12）冲洗主轴密封水源管路，并恢复正常连接。

13）停止、启动主轴密封加压泵，比较主轴密封漏水情况。

14）进行主轴密封清洁水主、备回路切换试验。

15）抽水蓄能机组模拟机组空载状态，检查机组各部、主变冷却水空载流量、压力正常。

16）模拟负荷状态，增压泵自动启动，检查机组各部、主变冷却水流量、压力正常。

17）检查监控系统显示各部压力、流量、阀门等信号与现地一致。

（3）远方自动操作。

1）控制方式切至远方，监控系统发开机令，技术供水系统自动启动，各部冷却水流量、压力正常。

2）抽水蓄能电站模拟主变高压侧断路器合闸，主变空载供水启动；模拟机组负载状态（发电机断路器合闸），增压泵自动启动，机组各部、主变冷却水流量、压力正常。

3）监控系统发停机令，技术供水自动停机，连接在电网上的主变空载供水不停。

### 2.3.5 发电机附属设备调试

（1）高压油顶起装置调试。高压油顶起装置的作用，是当机组在开机或停机的低速过程中，向承受机组重量的轴承注入压力油，避免机组在低转速下因润滑不足而烧损轴承。大型机组高压油顶起设两台油泵互为备用，有黑启动要求的机组设交流、直流油泵，互为备用。高压油顶起装置正常调试过程主要有下列内容。

1）现地手动启动高压油顶起装置，检查油压、流量符合设计要求。

2）控制方式切换至远方，监控系统远方启动，装置启动正常；模拟油泵故障，备用泵能够自动启动；监控系统远方停止，装置可靠停止，所有信号显示正确。

3）在自动控制方式下，模拟开机接点动作，高压油顶起装置能自动启动，并发出油压建立、油流正常信号，模拟90%转速接点动作，装置能停止工作；模拟停机信号动作，且转速低于90%，高压油顶起装置能启动，在停机过程完成后，高压油顶起装置停止工作。

4）远方启动高压油顶起装置，切除工作泵电源，备用泵能自动启动；恢复工作泵电源，备用泵保持运转；切备用泵电源，工作泵投入，恢复备用泵电源，工作泵运行正常。

5）远方启动高压油顶起装置，模拟工作泵故障，备用泵启动。

6）在任何情况下，避免同时开启两台高压油顶起油泵，以免管路过压损坏；在机组手动/自动运行的任何转速下，高压油顶起装置可现地/远方方式下开启一台油泵。

（2）机械制动装置调试。机械制动装置的第一个作用是在机组停机转速降到设定转速时加闸，避免机组长时间在低转速下运转对轴承的不利影响。第二个作用是在机组检查时，防止导水叶漏水造成机组低速转动。第三个作用是通过阀门切换，在制动闸下腔注入高压油，顶升机组转动部分整体。立式机组机械制动安装在转子下部，贯流式机组制动闸安装在转子前部。有些可逆式抽水蓄能机组在上端轴上还设有液压制动闸，调试方法与气压制动装置相同。机械制动装置正常调试过程主要有下列内容。

1）现地手动投入制动，制动闸能够可靠顶起，信号反馈正确；手动复归制动，检查所有制动闸块可靠落下，信号反馈正确。模拟转速信号大于制动转速，制动闸不能投入。模拟导叶不在全关位置，制动闸不能自动/远方投入。

2）监控系统远方操作动作正确，信号反馈正确；模拟机组蠕动信号，高压油顶起投入，制动闸应能自动顶起；蠕动信号消除，制动闸自动落下；反复有蠕动信号时，制动闸则保持在顶起状态，直至开机。

3）自动停机、事故停机过程中，转速降至设定转速（小型机组 30%，中型机组 25%，大型机组 20%，特大型机组 15%），制动闸自动投入；转速低于 1%并经过延时（或锁锭投入后），制动闸复归。

4）制动闸动作时，粉尘吸收装置应能联动动作。

（3）机组消防装置调试。机组消防的作用，是当探测到发电机发生火灾，在定子、转子无电的情况下，向定子下端和上端喷水雾灭火。

机组消防分全自动和半自动两种方式。全自动的动作条件是：机坑有感烟/感温元件动作；发电机差动保护动作；灭磁开关、发电机断路器或主变高压断路器跳闸；机组消防控制阀在自动方式，手阀打开。半自动的动作条件是：有感烟/感温元件动作；发电机差动保护动作；灭磁开关、发电机断路器或主变高压断路器跳闸；机组消防控制阀在手动方式，机坑外进水第一个手阀关闭。机组消防调试过程有如下内容。

1）在无消防水的情况下，分别在自动、半自动情况下模拟消防动作，检查信号报警动作正确。自动方式下能自动打开控制阀，半自动方式下能手动打开控制阀。有条件时，通低压压缩空气，检查每个喷嘴能喷出气流。

2）控制阀在关闭的情况下，消防装置的排漏阀打开，防止主回路阀门漏水进入发电机上下端部；控制阀打开的情况下，排漏阀关闭。

3）为防止误动，机组消防一般放在半自动方式。

（4）轴承油外循环调试。有些机组，将推力轴承的油冷却器设在机组外部，通过油泵将推力轴承热油抽出，经过冷却器后，再注回轴承油槽。调试方法参照第 2.3.1 条的（1）“水导轴承油外循环系统调试”。

（5）自动化系统调试。发电机自动化元件和系统，实现监视、控制、保护发电机的功能，调试主要有下列内容。

1）各部位测温电阻和显示仪表经过校验，在测量范围内的误差符合标准的规定。轴承温度的偏高、过高信号能送至机组监控系统，过高信号能作用于机组事故停机。

2）滑环碳粉收集装置现地手动启、停动作正确，在远方控制方式下，随开、停机流程动作正确，控制方式、运行、停止、电源故障、堵塞等信号在监控系统反馈正确。

3）油雾吸收装置现地手动启、停动作正确，在远方控制方式下，随开、停机流程动作正确，控制方式、运行/停止、电源故障、集油盒油位等信号在监控系统反馈正确。

4）机坑加热装置、除湿装置能够根据环境温度和湿度、机组启/停状态自动控制。

5）发电机各部冷却水流量信号能送至机组监控系统，冷却水中断信号延时能作用于机组事故停机。

6）采用定子绕组水内冷发电机，纯水系统的手动、自动启/停试验，双泵的切换试验，纯水泄漏报警等试验符合设计要求，纯水流量、进出水管压力、进出水管温度、纯水电导率、运行方式、运行状态、膨胀水箱水位、纯水的流量、压力、温度等在监控系统显示正确。在任何情况下，纯水系统不能启动双泵，以免压力过大导致漏水。

7）采用定子绕组蒸发冷却的发电机，冷凝器的压力、静态液位、流量、压力、温度等在监控系统显示正常。

8）当安装有顶转子限位开关时，转子顶到限位开关动作后，油泵自动停止，防止转子顶得过高，损坏机组部件。

9）抽水蓄能电站转子位置传感器安装完毕，模拟磁极旋转，SFC系统能够收到脉冲信号。

10）检查上导、下导、推力轴承油位传感器及监控显示，调整显示值与实际相符。整定油位高、油位低信号接点，分别移动油位信号开关接点位置，监控报警正确，试验后恢复至整定位置。

11）检查、整定油混水信号器，模拟信号动作，监控报警显示正确。

### 2.3.6 励磁系统试验

励磁系统，在机组空载时，起调节发电机电压作用；在机组并网后，起调节机组输出无功功率和电压作用。励磁系统调试过程主要有下列内容。

（1）功率柜试验。

1）分别拔掉各个功率柜的温度检测线，功率柜门显示面板（如有）显示报警，调节柜控制器显示对应功率柜故障信号。

2）在多功率柜系统中，当同时拔掉两个或更多柜的温度检测线，调节柜控制器显示对应功率柜故障信号；检查“整流桥一桥故障”“整流桥二桥故障”“整流桥三桥故障”等信号是否正常输出到监控系统。

3）分别模拟各功率柜快速熔断器熔断，功率柜及调节柜控制器应显示报警信号。

4）分别拉开阻容保护装置的开关，功率柜及调节柜控制器应显示报警信号。

5）断开功率柜1号回风机电源开关，1号风机停止运行，2号风机投入运行。

6）2组风机停运，功率柜退出。

（2）逻辑功能试验。

1）灭磁开关操作试验。

A. 操作检验灭磁开关分合闸动作是否正常。检查灭磁开关主常开、常闭触头切换过程的同步开、闭时间及接触行程应符合设计要求。

B. 检查测量灭磁开关辅助接点切换状态。

C. 分别断开1路操作直流电源和2路操作直流电源，进行灭磁开关分闸，检验灭磁开关两路跳闸回路工作是否正常。

D. 调节柜控制器处于远控状态，分别模拟远方保护跳闸信号输入，灭磁开关应能正常分闸。

2）调节柜控制器操作检验。在调节柜控制器上进行通道切换、远方/现地操作切换、自/手动方式切换、增减磁、开停机、给定上下限制等操作，检查是否正常执行并检验相关信号是否正常输出。

3）检查每一路内部报警信号及是否在调节柜控制器上显示。

4）修改抽水蓄能机组背靠背方式启动电流参数为最小，模拟背靠背工况启动，检查转子电流正常，工作方式正确。

5）黑启动方式检查，断路器在合闸位置，选择黑启动方式启动励磁系统，工作方式正确。

（3）他励大电流开环试验。他励大电流开环试验，是机组升流、升压前，综合检验他励电源、转子回路、手动调节通道正常与否的一种方法。按现行规程规定，发电机短路特性和空载特性试验的励磁必须使用他励方式。

1）检查定、转子气隙已清扫干净，定子、转子绝缘合格，碳刷已研磨好，与转子滑环接触良好。

2）将励磁变高压侧与发电机主回路断开，从高压厂用电源引接至励磁变高压侧，励磁变至功率柜的电缆不变。恢复灭磁开关至转子引线，以转子为负载。

3）模拟发电机TV电压，两路TV开关断开，下端并接，灭磁开关输出端接衰减器及示波器。接入示波器的转子电压宜用电阻分压器衰减，示波器的交流工作电源宜用隔离变隔离。

4）调节器置“手动”，使系统处于手动、电流控制方式。

5）修改调节器参数使得机组励磁变副边电压值，按接施工高压电源后的实际值设定。

6）修改参数，闭锁“辅助电源故障”报警信号。

7）逐步修改触发角，核实输出电压线性度和六相波头。记录参数控制信号给定、移相角及励磁电压。

8）修改触发角限制，检验限制情况。

9）分别检验各功率柜输出波形。

10）检查极性，校准励磁直流电流、励磁交流电流。

11）模拟两通道同时故障时，励磁系统能正确退出。

（4）发电机停机过程的电制动试验。电气制动，是机组正常停机和机械事故停机过程中，转速降到一定数值，将发电机出口三相短接，在转子中通入直流，使机组动能的一部分消耗在定子绕组上，并在较低的转速下投入机械制动，减少机组停机过程时间，减少机械制动闸磨损。电制动转子励磁电源取自机组自用电或厂用电400V。电气制动试验过程有如下内容。

1）检查电制动开关在远方位置，电制动电源开关在远方、试验位置。

2）设定电制动电流，模拟停机、投电制动转速接点信号，检测发电机差动保护未动作，发电机电压在5%$U_N$以下，合电制动开关，励磁系统电制动方式启动，检查电制动动作过程符合设计要求。

3）在机组启动试运行的励磁空载试验调试完成后，实际进行电制动试验，记录投与不投电制动两种过程的停机流程时间，计算投电制动节省的停机时间。

### 2.3.7 抽水蓄能机组 SFC 系统调试

SFC 是静止变频器的英文缩写，用在抽水蓄能机组电动启动过程中，它主要是根据电机转速及位置信号控制晶闸管，从而产生从零到额定频率值的变频电源，将机组拖动到同步转速。SFC 系统试验过程主要有下列内容。

（1）定子通流试验。在转子进行通流试验前，须进行定子通流试验，检查 SFC 启动回路正确性。

1）定子各部位检查完毕，绝缘良好；SFC 系统、机组保护系统静态调试完毕；投入 SFC 系统各保护；发电电动机中性点及出口 TA 二次回路接线正确、无开路。

2）确认发电电动机出口断路器、电制动开关在分闸位置，切除其控制电源，合机组启动开关。

3）SFC 系统手动方式启动向定子注入 5%额定电流，检查通流范围内各 TA 二次回路无开路。

4）继续升流至 25%额定电流，检查 SFC 强迫换向功能正常，检查各组 TA 二次回路三相电流幅值及相位；检查发电电动机、SFC 输入输出变压器保护和故障录波及测量回路的电流幅值和相位。

5）降电流、跳 SFC 输出断路器，短接 SFC 输出变压器一组差动保护 TA 二次侧，升流至差动保护动作，记录差动动作值，跳灭磁开关后，恢复 TA 二次接线；同样方法检查第二组差动保护。

6）通流过程中检查发电电动机主回路、SFC 输入输出变压器等各部位运行情况，如有异常现象，立即跳 SFC 输出断路器。

（2）转子最初位置判断。转子最初位置判断是 SFC 方式启动转向正确的保证。

1）机组在停机状态，励磁系统选择 SFC/背靠背方式，由 SFC 系统发出启动命令，励磁系统以 ECR 方式启动，向转子通入励磁电流；SFC 系统根据定子感应电压估算出转子最初位置，励磁系统退出。

2）盘车旋转机组 1/4 圈，再次重复上述步骤，确认转子最初位置。

（3）通信接口检查：励磁与 SFC 系统通信规约一致，数据传输定义正确。

（4）开关量信号检查：依次模拟开关输入信号动作，检查 SFC、机组监控收到的开关输入信号正确；依次模拟 SFC 和机组监控开关输出量动作，检查励磁和执行设备收到信号，动作过程正确。

## 2.4 高、低压电气设备及控制设备分部调试

### 2.4.1 发电电压装置试验

发电电压装置是指发电机出口端子到主变低压端子之间的一次设备，常规水电站有：

封闭母线或共箱母线、高压电缆；发电机电压互感器、电流互感器；断路器和隔离刀闸；电制动开关；厂用变高压负荷开关；励磁变和高压厂用变；主变低压侧电压互感器和避雷器；多台机组共用一台主变的高压配电盘等。抽水蓄能电站除上述部分设备外，还包括启动刀闸、拖动刀闸、换相刀闸、启动母线、拖动母线、换相母线、SFC 输入输出变、SFC 输入输出断路器、SFC 设备等，主回路带电前应完成分部操作试验。

（1）发电机出口断路器、电制动断路器试验。

1）断路器置现地位置，操作隔离刀、接地刀、断路器分合闸，动作正确，监控系统、保护系统显示正确。

2）闭锁试验：接地刀在合闸位置，断路器、隔离刀不能合闸；隔离刀在合闸位置，断路器现地不能合闸；主变高压侧接地刀在合闸位置，发电机出口隔离开关不能合闸；发电机断路器在合闸位置，电制动断路器不能合闸。

3）发电机断路器切换至远方，监控系统模拟同期合断路器，动作正确，反馈正确；监控系统无压合断路器，动作正确。

4）模拟机组停机，导叶全关，转速小于 50%额定转速，电制动断路器合闸；转速小于 10%额定转速，机械制动投入，电制动开关分闸。

5）断路器在合闸位置，模拟保护事故跳断路器，动作正确。

（2）高压负荷断路器试验。

1）高压负荷断路器置现地位置，操作断路器分合闸，动作正确，监控系统、保护系统显示正确。

2）高压厂变低压侧接地刀在合闸位置，高压负荷断路器不能合闸；高压负荷断路器分闸，厂变低压侧断路器不能合闸。

3）模拟高压厂变电气事故，应能分主变高压侧和发电机断路器，受容量限制，高压负荷断路器不分闸；模拟负荷断路器的高压熔断器熔断，监控系统能正确反应。

（3）高压厂变有载调压试验。

1）调压装置切手动，全范围内操作调压，动作可靠，监控显示挡位正确。

2）调压装置切自动，设定厂变低压电压，检查调压装置动作正确，监控显示正确。

（4）抽水蓄能电站启动刀闸试验。

1）启动刀闸置现地位置，手动操作启动刀闸分、接地刀分合闸，动作正确，监控系统显示正确。

2）启动刀闸切换至远方，监控系统分、合启动刀闸，动作正确，反馈正确。

（5）抽水蓄能电站拖动刀闸试验。

1）拖动刀闸置现地位置，手动操作拖动刀闸分、合闸，动作可靠，监控系统显示正确。

2）拖动刀闸切换至远方，监控系统分、合拖动刀闸，动作可靠，监控系统显示正确。

（6）抽水蓄能各组开关闭锁试验。

1）断路器合闸位置闭锁启动刀闸、拖动刀闸、电制动开关、换相刀闸分合闸。

2）电制动开关合闸位置闭锁断路器、启动刀闸、拖动刀闸、换相刀闸合闸。

3）启动刀闸、拖动刀闸相互闭锁。

4）SFC 输出断路器合闸位置闭锁启动母线隔离刀分、合闸。

5）启动母线隔离刀合闸闭锁 SFC 输出断路器合闸。

6）各机组拖动刀闸相互闭锁。

7）各机组启动刀闸相互闭锁。

**2.4.2　SFC 启动回路设备试验**

（1）启动母线隔离刀闸试验。

1）隔离刀闸置“现地”位置，手动操作隔离刀闸分、合闸，动作正确，监控系统显示正确。

2）隔离刀闸切换至“远方”，监控系统分、合隔离刀闸，动作正确，监控系统显示正确。

（2）SFC 输出断路器试验。

1）输出断路器置“现地”位置，手动操作断路器分、合闸，动作正确，监控系统显示正确。

2）输出断路器切换至“远方”，监控系统分、合断路器，动作正确，监控系统显示正确。

3）模拟 SFC 事故，输出断路器分闸；模拟发电/电动机事故，输出断路器分闸。

**2.4.3　GIS 设备调试**

（1）试验条件。

1）GIS 设备安装调试完毕，各部位 $SF_6$ 气体压力正常。

2）现地操作、设备闭锁试验完毕，结果符合设计要求。

（2）远方操作试验。

1）控制方式切至远方，监控系统依次操作各隔离刀、断路器（无压合闸方式）、快速接地刀，现地设备动作正确、信号反馈正确。

2）按照设计的软件闭锁逻辑检查各隔离刀、断路器闭锁逻辑符合设计要求。

3）模拟各事故、报警信号，监控系统显示正确。

4）按照设计的逻辑进行电压切换模拟试验（如果有）。

**2.4.4　无水联合调试**

无水联合调试是设备带电或机组充水前最后的二次控制、保护系统检验，各分部试验主要有下列内容。

（1）保护传动试验。

1）GIS 设备保护传动试验。

A. GIS 监控系统依次合各断路器。

B. 依次模拟各保护动作，跳相关断路器，保护、故障录波、监控记录事件正确。

2）发电机断路器和灭磁开关保护传动试验。

A. 机组监控系统操作合闸断路器。

B. 依次模拟机组、主变各保护动作，跳发电机断路器和灭磁开关，保护动作正确，机组监控、机组保护、机组故障录波记录事件正确。

(2) 机组LCU分步开机流程试验。

1) 开机条件满足后在监控系统发出“开辅机”指令。

2) 开启辅机，监控系统执行下列操作。

A. 投入主轴密封润滑水。

B. 空气围带排气。退出机组蠕动检测装置。

C. 退出机坑加热器，投入机组冷却水、定子绕组循环水泵。

D. 投入水导和推力外循环油泵。

E. 投入调速器油压装置，启动压油泵。

F. 拔出接力器锁锭。

G. 投入机组高压油顶起装置。

H. 开启机组排油雾装置。

I. 投入滑环碳粉吸收装置。

3) 现地设备检查下列信号。

A. 确定主轴密封电磁阀/电动阀已开启，检查主轴密封水压力、流量信号正常。

B. 空气围带已排气，蠕动检测装置已退出。

C. 确认机组技术供水电动阀打开，检查机组各部位冷却水压力、流量正常信号；确认定子绕组循环水泵已开启，循环水压力、流量正常。

D. 确认水导和推力外循环油泵已启动，压力、流量正常。

E. 确认油压装置已启动，机组压油装置压力正常，接力器锁锭已拔出。

F. 高压油装置投入，压力、流量正常。

G. 滑环碳粉吸收装置已投入，机坑加热器已退出。

H. 机组各部油槽油位正常。

I. 机组调速系统无故障，机组励磁系统无故障。

4) 监控系统检查并确认反馈信号与现地一致。

5) 监控系统发出“空转开机”指令。

6) 现地设备做下列检查及信号模拟。

A. 确认调速器已收到开机令。

B. 确认导叶已开启，检查导叶位置信号与监控系统显示一致。

C. 在导叶开启的同时调节频率信号发生器，将频率从0Hz上升到50Hz。

D. 模拟频率达到45Hz时，高压油顶起装置自动退出，在现地检查并确认。

E. 模拟转速信号大于95%，画面显示机组在“空转”状态。

7) 在监控系统发出“空转—空载”指令。

8) 检查并确认励磁系统收到开机令、灭磁开关已合、冷却风机已启动、控制脉冲正常。

9) 用继电保护测试仪分别模拟发电机电压和系统电压，加于同期装置端子排，注意不使电压信号送至TV或其他回路。

10) 将同期装置切为“手准”，模拟发电机出口隔离开关在合闸位置。

11) 分别按“增速”“减速”按钮，确认调速器收到“增速”“减速”命令。

12）分别按“增磁”“减磁”按钮，确认励磁系统收到“增磁”“减磁”指令。

13）短接同步继电器闭锁接点，按下同期合闸按钮。

A. 检查发电机出口断路器在合闸位置。

B. 检查导叶开度在空载以上。

C. 监控画面显示“发电”状态。

14）在机组 LCU 触摸屏上发出“发电—空载”指令。

A. 检查发电机出口断路器已分闸。

B. 机组 LCU 画面显示“空载”态。

15）将同期装置切回“自准”，取消短接的同步继电器闭锁接点。用继电保护测试仪接入同期电压回路，模拟机端电压及电网电压。

16）在监控系统发出“空载—发电”指令。

A. 同期装置投入工作，断路器合闸。

B. 监控画面显示“发电”状态。

C. 检查主变冷却系统切换至负载供水或增加冷却器数量。

（3）机组 LCU 分步停机流程试验。

1）在机组 LCU 触摸屏上发出“发电—空载”指令。

A. 检查导叶在空载以下位置。

B. 检查发电机出口断路器已分闸。

C. 机组 LCU 画面显示“空载”状态。

2）在机组 LCU 触摸屏上发出“空载—停机”指令。

在调速器确认收到“停机”指令，检查导叶关闭，检查并确认导叶实际位置与监控显示一致。

A. 确认励磁收到“停机”指令，励磁装置动作。

B. 将频率信号发生器调回 0Hz。

C. 检查大于 95%转速信号返回。

D. 检查大于 90%转速信号返回，检查并确认高压油顶起装置自动投入。

E. 检查小于 20%转速信号收到，检查并确认机械制动装置、制动吸尘装置自动投入，反馈信号正确。

3）检查小于 1%转速信号收到，并做下列检查。

A. 主轴密封电动阀关闭，主轴密封水压力、流量正常信号复归。

B. 接力器锁锭已投入。

C. 空气围带已充气。

D. 机组技术供水系统收到停机令，关闭进水电动阀。

E. 高压油顶起装置已退出。

F. 机组排油雾装置已切除。

G. 水导和推力外循环泵已切除。

H. 调速器油压装置停止运行。

I. 限时切除机组制动吸尘装置。

J. 机坑加热器投入自动。

4）停机态检查。

A. 检查机械制动已复归，锁锭已投入，导叶已全关。

B. 检查机组蠕动监测装置已投入。

C. 画面显示停机状态。

（4）机组 LCU 顺控开机、停机流程试验。

1）在机组 LCU 上，分步发出“开机至空转”“开机至空载”“开机至并网”指令。

2）检查机组动作逻辑正确。

3）在机组 LCU 上，分步发出“停机至空载”“停机至空转”“停机至冷却水”指令。

4）检查机组动作逻辑正确。

（5）中控室顺控开机、停机流程试验。

1）将机组 LCU 置为远方位。

2）在中控室上位机上发出“开机至并网”指令。

3）检查步骤同上，同时检查上位机画面是否完善，检查上位机信号与语音报警是否一致。

4）检查监控系统对开机过程中设备状态的数据采集。

5）远程进行无功调整，现地励磁系统能够收到相应的信号。

6）远程进行有功调整，现地调速系统能够收到相应的信号。

7）在中控室上位机上发出“停机至冷却水”指令。

8）检查步骤同上，同时检查上位机画面是否完善，检查上位机信号与语音报警是否一致。

9）检查监控系统对停机过程中设备状态的数据采集。

（6）电气事故停机流程试验。

1）检查监控系统跳灭磁开关、跳断路器、调速器紧急停机等回路已接入，电气保护、水机保护压板已投入，监控系统的保护软压板已投入。

2）模拟机组开到发电状态。

3）在机组 A 套保护系统模拟“定子单相接地”事故。启动电气事故停机流程。

4）检查水机常规保护回路事故停机继电器动作；发电机断路器跳闸；灭磁开关跳闸；调速器紧急停机电磁阀动作。

5）转入正常停机流程，机组停机。

6）复归电气事故，复归调速器紧急停机电磁阀。

7）再次模拟开机至发电状态。

8）在 B 套保护系统模拟“差动保护”事故，再次启动电气事故停机流程。

9）检查发电机断路器跳闸；灭磁开关跳闸；调速器紧急停机电磁阀动作。

10）转入正常停机流程，机组停机。

11）复归电气事故，复归调速器紧急停机电磁阀。

（7）机械事故停机流程试验。

1）投入水机保护电源和压板，模拟开机到空载状态。

2）模拟电气过速115%信号，同时模拟主配拒动信号；动作事故配压阀，同时启动停机流程。

3）检查并确认事故配压阀已动作，其他检查项目同上。

4）停机后复归事故信号、复归事故配压阀及调速器紧急停机电磁阀。

5）将机组开到空载状态。

6）模拟机组瓦温过高启动机械事故停机流程。

7）检查调速器紧急停机电磁阀动作，检查水机常规保护回路事故停机继电器动作。

8）转入正常停机流程，机组停机。

9）复归瓦温过高信号，复归保护回路，复归调速器紧急停机电磁阀。

10）再次模拟开机至空载，模拟下列机械事故启动机械事故停机流程。

A. 调速器油压装置事故低油压停机。

B. 主轴密封润滑水中断（时限）停机。

（8）紧急事故停机流程试验。

1）模拟机组开到发电状态。

2）模拟剪断销剪断信号，同时在保护系统模拟"励磁变过流"信号。启动电气事故紧急停机流程。

3）检查水机常规保护回路事故紧急停机继电器动作，确认快速门或进水阀控制盘收到关闭信号；断路器跳闸；灭磁开关跳闸；调速器紧急停机电磁阀动作。

4）转入正常停机流程，机组停机。

5）复归调速器事故停机电磁阀、水机常规保护回路。

6）再次模拟开机到发电状态。

7）按下紧急停机按钮，重复上述检查。

8）复归事故配压阀、调速器紧急停机电磁阀、水机常规保护回路电源。

9）模拟机组开机到空载状态。

10）模拟机械过速信号，动作事故配压阀，同时启动落快速闸门/关进水阀流程。

11）检查事故配压阀动作，检查调速器事故停机电磁阀动作。

12）转入正常停机流程，机组停机。

13）复归过速信号、事故配压阀。

14）模拟电气过速140%信号，启动机械事故紧急停机流程。

15）检查调速器事故停机电磁阀动作。

16）转入正常停机流程，机组停机。

17）复归过速信号、复归速器事故停机电磁阀动作。

18）拆除所有模拟信号，恢复永久接线。

## 2.5 系统对水电站的要求

为满足电力系统对水电站的安全性评价和事故反措施要求，在调试各阶段，完成、提交下列报告。

(1) 计量系统试验报告。

(2) 高压电气设备特殊试验报告。

(3) 水轮发电机组试验报告。

(4) 控制保护系统试验报告等。

# 3 启动试运行应具备的条件

## 3.1 简述

水轮发电机组启动试运行是水电站基本建设工程的重要环节，它以水轮发电机组启动试运行为中心，在动态情况下对机组引水建筑物和金属结构、机电设备进行全面的考验，检查水工建筑物、金属结构、机电设备的设计、制造、施工质量，是一项涉及水电站各个环节的系统工程。

机组启动试运行应具备以下基本条件。

（1）水电站土建工程及相关金属结构工程检查验收合格。

（2）大坝已经蓄水验收，水库蓄水水位已达到机组运行的最低水位以上。

（3）机组的引水、过流和尾水工程验收合格，满足机组启动要求。

（4）机组及其附属设备验收合格，满足机组发电的要求。

（5）电气设备和高压配电装置验收合格，满足机组启动的要求。

（6）送出工程验收合格，具备带电条件。

（7）首台机组发电投用的水电站永久设备已按设计规划施工完成。

（8）生产单位已准备就绪，运行操作规程已制定。

（9）验收文件和验收资料齐全。

（10）安全措施已制定，安全设施已按设计要求布置到位。

## 3.2 水工建筑物检查

（1）大坝及其他挡水建筑物、引水和尾水系统已按设计要求基本建成，安全鉴定已通过，土建工程的形象面貌已能满足机组初期发电的要求，且水库水位已蓄至最低发电水位，上游的引水口及取水、测压管口均有安全封堵措施。

（2）尾水围堰和下游积渣已按照设计要求清理干净，尾水相关取水口、测压管口均有安全封堵措施。

（3）厂房土建工程已按设计要求基本完成，机组段、中控室、配电室、副厂房等部位装修工作基本完成，门窗齐全、环境洁净，能满足机组试运行期间对土建环境的要求。

（4）升压站、开关站、出线场等部位土建工程已完成，能满足高压设备带电的环境要求。

（5）抽水蓄能电站上水库及其辅助工程已按设计要求基本建成，安全鉴定已通过，满足充、蓄水的要求，上游的引水口及取水、测压管口均有安全封堵措施；对于首次采用水轮机方式启动的水电站，上水库水位已蓄至最低发电水位。

(6) 抽水蓄能电站下水库及其配套工程已按设计要求建成，且水库水位已蓄至机组最低启动水位。

(7) 输水系统，地下厂房系统及辅助洞室，已按设计要求基本建成，安全鉴定已通过，能满足机组启动试运行的要求。

## 3.3 金属结构及机组过流系统检查

(1) 机组进水口拦污栅已安装调试完工并清理干净验收合格，拦污栅差压传感器与测量仪表已安装完工调试合格，运行正常。

(2) 机组进水口闸门门槽已清理干净，验收合格。检修闸门、工作闸门、充水阀、闸门启闭装置已安装完工，无水情况下，闸门启闭正常，启闭时间符合设计要求。工作闸门开度和下滑能在监控系统上正确显示，联动试验结果符合设计要求。检修闸门、工作闸门处于关闭状态。

(3) 机组压力钢管通气孔畅通。若钢管设计有伸缩节监测装置，装置应投入工作，且运行正常。

(4) 压力管道、调压井及通气孔、蜗壳、尾水管等过水通流部件均已检验合格，清理干净，灌浆孔已封堵，测压头已装好，测压管阀门、测量表计均已安装。压力管道上如有测流量装置，无水调试应合格。临时试验用测压管路已按要求接引完毕。

(5) 对于贯流式机组，进水流道、导流板、转轮室、尾水管等过水通流部件均已施工安装完工、清理干净并检验合格。所有安装用的临时吊耳、吊环、支撑等均已拆除，混凝土浇筑孔、灌浆孔、排气孔等已封堵。测压头已装好，测压管阀门、测量表计均已安装，发电机盖板与框架已把合严密，所有进人孔（门）均已封盖严密。

(6) 蜗壳排水阀、尾水管排水阀、排沙孔盘形阀操作灵活可靠，启闭情况良好，并处于关闭状态。排沙孔工作门落到关闭位置。

(7) 对于贯流式机组，进水流道排水阀、尾水管排水阀启闭情况良好并处于关闭位置。

(8) 进水口阀油压装置及操作系统已安装完工检验合格，油泵运转正常，并投入自动运行方式。进水阀安装调试完成，无水启闭时间符合设计要求，与相关设备联锁试验正确，并处于关闭状态。

(9) 蜗壳进人门已封闭完成。

(10) 尾水闸门门槽已清理干净，验收合格。尾水闸门启闭装置及抓梁已安装完工，检验合格，启闭情况良好，尾水闸门处于关闭状态。充水阀工作正常，处于关闭状态，尾水闸门、充水阀开度显示正确。

(11) 对于抽水蓄能电站，上库进出水口闸门、尾水事故闸门、下库进出水口闸门启闭装置已安装调试完毕并投入运行，闸门处于关闭状态；下库进水口拦污栅已安装完工并验收合格，拦污栅差压、水位测量仪表已安装调试完成并运行正常；下库溢洪门系统安装调试完毕，现地远方动作正常。

（12）一洞多机的引水流道所有进水主阀安装调试完成，主阀处于关闭状态，检修密封和工作密封投入，阀门机械锁锭投入。

## 3.4 机组及其附属设备检查

### 3.4.1 水轮机（含水泵水轮机）

（1）水轮机转轮及所有部件已安装完工检验合格，各紧固件均应牢固可靠，尤其转动部件各连接螺栓螺母均应有可靠防松措施。施工记录完整。锥管工作平台拆除前检查转轮上、下止漏环间隙无杂物，调整转轮的垫块已撤出。锥管内杂物已清出，临时焊接支点已割除，并磨平补漆。锥管工作平台拆除后，检查锥管内无杂物，封闭尾水管（锥管和肘管）进人门。

（2）真空破坏阀已安装完工，经严密性试验渗漏试验及设计压力下动作试验合格。顶盖平压管法兰连接严密。

（3）水轮机室通风和照明工作已完成，顶盖内已清扫干净，设备及机坑油漆完整。

（4）顶盖自流排水孔畅通无阻；顶盖排水泵已安装调试完成，可以投入自动运行。为确保机组试运行的安全，建议在顶盖内临时安装两台潜水泵。

（5）主轴工作密封和检修密封已安装完成，检修密封充排气正常，压力试验合格，无漏气现象，气压闭锁开机回路正确。工作密封充水前，先用清洁水源对主轴密封管道进行充分排水冲洗，正常后，恢复主轴密封的管道连接。

（6）贯流式机组各过流部件之间（包括转轮室与外导环、外导环与外壳体、内锥体与内导环、内导环与内壳体等）的密封均已检验合格，无渗漏情况。所有分瓣部件的结合面法兰均已把合严密，符合规定要求。

（7）冲击式机组的分流管和岔管水压试验合格，机壳密封检查合格，喷针投入数量与机组有功功率的关系符合设计要求，折向器动作逻辑正确。

（8）水导轴承润滑冷却系统已检验合格，油位、温度传感器及冷却水水压及流量已调试合格，各整定值符合设计要求。水导油外循环的控制设备已调试完成，符合设计要求。

（9）导水机构安装完成，导叶最大开度、压紧行程、导叶立面间隙、端部间隙符合设计要求；接力器压紧行程符合要求；剪断销信号及其他导叶保护装置检查试验合格。导叶抗磨块的间隙已检查、记录。各部检验合格后关闭导叶，投入接力器锁锭。

（10）水轮机筒形阀及操作系统已安装调试完毕，操作系统油压和油位正常，各传感器及阀门均已整定符合要求，筒形阀无水启闭工作正常，各接力器同步偏差符合要求，关闭和开启时间符合设计要求，现地和远方操作试验动作灵活可靠。

（11）设计有大轴中心补气系统的机组，大轴中心补气阀安装完毕，补气阀、补气管与排水室间隙检查合格，补气阀锁紧螺帽拆除，严密性试验及设计压力下动作试验合格，在确认尾水不会倒灌的前提下，处于自动状态，补气阀的进气口消声器已安装完成，并装有保护网。顶盖、底环、尾水管补气管路和阀门已安装完工，阀门处于全开状态，

（12）水轮机的自动化元件及测量仪表已校验、整定，安装位置正确，电路连接良好，

元件可靠接地，绝缘测试合格。

(13) 水轮机油、气、水管路连接整齐美观，压力试验合格，内、外已经清扫干净，管路表面已按要求刷漆，并标明流向。阀门及控制元件均已挂牌，标明名称及系统编号。

(14) 控制回路与机组监控联动试验正常，信号正确。

### 3.4.2 调速系统及压油装置

(1) 调速系统及其设备已安装完工，并调试合格。各部表计、阀门、自动化元件均已整定符合要求。卸载阀按规程要求已调整合格，且动作可靠，压力表、压力开关已校验整定。压力油罐安全阀已由当地安全监督部门检验和标定。

(2) 油压装置的泵组安装完成；集油箱、油罐油位正常。油压和油位传感器工作正常，过滤器、加热及冷却装置、组合阀等均能正常工作，均按要求整定。透平油的含水量、油中的微粒直径等指标化验符合要求。手动、自动、PLC 操作正常。回油箱冷却器供水调试合格。

(3) 50%额定压力下由手动操作将油压装置的压力油通入调速系统，再逐步升压至额定，检查各油压管路、阀门、接头及部件等均无渗油现象。

(4) 油压装置油泵及电机在工作压力下运行正常，无异常振动和发热，补气装置手动、自动动作可靠。压油装置投入自动运行状态。

(5) 调速器的静特性和脉冲响应试验已进行，空载调节参数已经测定并初步整定。调节阀、位移传感器、位置开关等设备已整定，功率反馈回路正确。

(6) 导叶开度、接力器行程、调速器开度显示三者关系曲线已经录制；监控和调速器柜显示的导叶开度一致；事故配压阀和分段关闭装置等均已调试合格。用紧急关闭方法初步检查导叶全开到全关所需时间，符合设计要求。

(7) 对于转桨式水轮机，检查桨叶转动指示器和实际开度的一致性。模拟各种水头，录制桨叶与导叶协联关系曲线，与设计相符。

(8) 调速器以手动、自动方式模拟开、停机操作（包括事故停机），试验结果正确。

(9) 对于采用单导叶接力器的抽水蓄能机组，检查导叶同步性符合设计要求；对非同步导叶，检查其开启、关闭规律符合设计要求。

(10) 对于抽水蓄能机组，调速器以手动、自动发电方式、抽水方式模拟开、停机操作（包括事故紧急停机），试验结果正确。用紧急关闭方法初步检查导叶全开到全关所需时间符合设计要求。

(11) 模拟机频、测速信号、接力器反馈、功率反馈等故障及电源消失，调速器能正确处理。检查伺服阀防卡、防振、断线等功能符合设计要求。

(12) 接力器手、自动锁锭装置调试完毕，锁锭拔出、投入灵活，信号反馈正确。

(13) 调速器与监控系统通信已建立，联动试验完成，各种工况及报警、事故信号能在机组监控正确反映。

(14) 机组测速装置和过速保护装置已经调试，转速接点输出正确，模拟机械过速保护装置动作，能可靠关机、关进水口工作门或进水阀。

(15) 对于装有事故油罐的调速器，事故油罐安装调试完毕，并投入运行。

(16) 设计有漏油装置的机组，漏油装置已调试完成，投入自动运行状态。

### 3.4.3 主进水阀

蝶阀（球阀）油压装置的泵组安装完成；集油箱、压油罐油位正常。油压和油位传感器工作正常，过滤器、加热及冷却装置、组合阀等均能正常工作，并均按要求整定。透平油的含水量、油中的微粒直径等化验指标符合要求。蝶阀（球阀）的手动、自动、PLC操作正常，卸载阀、安全阀动作值符合要求，主阀的开闭时间满足设计要求，与相关设备的联锁动作正确可靠。

### 3.4.4 发电机（含发电电动机）

（1）发电机整体已安装完工，验收合格，盘车检查机组轴线符合要求，记录完整。发电机内部已彻底清理，定、转子气隙内无任何杂物遗留。

（2）集电环、碳刷、碳刷架已安装完毕，集电环清洗干净，毛刺已打磨，碳刷与集电环接触良好，接触压力已测试并符合设计要求；刷架与滑环间隙调整符合设计要求；滑环碳粉收集装置工作正常。

（3）发电机的空气冷却器已安装、检验合格；风路、水路畅通；压力表、温度计、流量传感器均已安装调试；阀门、管路无渗漏，压力、流量整定合适；冷却器排水、排气管应远离定子绕组。机组首次启动时，为了监听发电机声音，或使定子和转子能得到充分干燥，可暂不投入空冷水。

（4）机械制动系统已安装完毕，气源压力正常，手动、自动操作可靠，投入、退出位置信号正确。制动粉尘收集设备与制动器联动正确，能吸出制动粉尘。顶转子压力油管道和停泵位置接点已用标准接头引至机坑外，能与移动油压车连接，且做过顶转子试验。在撤除顶起位置锁锭及解除油压时，制动器的活塞能可靠全部落下。机组充水前，制动系统处于手动制动状态。

（5）机组消防设备已安装完成，发电机内灭火管路、火灾探测器、水喷雾灭火喷嘴已检验合格。消防水源已供至消防机械控制柜，机械控制柜内除排漏阀外，所有闸阀均已关闭，机械控制柜已经加锁，消防管路无渗漏。系统模拟试验手动、半自动和自动均能可靠动作。

（6）导轴承和推力轴承的安装已经完成，油、水管路均无渗漏。上导、下导和推力轴承油槽的油位正确，油质符合要求。轴承、油槽温度指示正确。冷却水流量、温度监视和油流监视正常，保护和控制回路调试已经完成。推导和上导油雾吸收系统安装完毕，工作正常。

（7）对于灯泡式机组，正反向推力轴承及各导轴承已安装调试完工，检验合格；各过流部件之间（包括定子机座与管形座内壳体、定子机座与冷却套等）和各分瓣部件的法兰面的密封均已检验合格，符合规定要求。

（8）对于定子绕组水内冷的机组，纯水系统已安装完成，管路、阀门无渗漏。二次冷却水的供水管路已连接，调试合格。控制、保护已按设计整定，自动调温功能已检查，主、备用泵自动切换可靠。纯水水质达到设备制造厂的标准，循环泵可投入自动运行，二次冷却水回路已形成。

（9）对于蒸发冷却的发电机，蒸发冷却系统已检查、调试合格，冷却介质检验合格，接头无渗漏现象，回路严密性试验合格，二次冷却水回路已形成。

（10）发电机各部位测温电阻和装置已安装、调试完毕，仪表盘和机组监控能正确监视机组各部温度。

（11）机组的振动、摆度、气隙、局部放电系统已安装完毕，调试、率定符合合同规定，与水电站的监视分析站通信正常，具备投入使用条件。

（12）推力轴承高压油润滑设备已安装、调试完成，手动、自动工作正常，与开、停机联动试验正确。推力轴承油外循环冷却回路已安装调试完毕，现地操作、与监控系统开停机联动试验已完成，冷却水回路已形成。

（13）发电机的所有自动化元件、传感器、表计、阀门、电磁阀等均已调试合格。其电缆、导线、端子板均已检查正确无误，端子连接牢靠，元件外壳可靠接地。机组监控与各子系统进行联动调试，结果正确。

（14）对于灯泡式机组，发电机灯泡体内所有阀门、管路、接头、电磁阀、变送器等均已检验合格，处于正常工作状态。灯泡体内外所有母线、电缆、辅助线、端子板、端子箱均已检查正确无误。发电机水平支撑和垂直支撑已检验合格。灯泡体内已清扫干净，设备的补漆工作已完成并检查合格。

（15）机组的动力、控制交直流电源、照明、加温防潮设施能正常投入使用。

### 3.4.5 励磁系统

（1）励磁变、励磁盘、灭磁开关、励磁电缆等已安装完成，高压试验合格，接线正确。

（2）两套自动电压调节器的切换、现地和远方操作的切换符合设计要求。

（3）励磁的动力电源切换、控制电源切换符合规范要求。

（4）交流灭磁开关、直流灭磁开关操作可靠，性能良好。

（5）励磁变及励磁盘室的通风冷却设备投入使用，励磁功率柜风冷回路正常，主、备用风机工作正常，排风管道投入运行。

（6）通过调压器加三相电压至功率柜进线回路，励磁装置手动递升加电压，外接小电流负载，检查励磁系统的静特性，情况良好。

（7）励磁装置带转子的大电流试验已完成，电流调节过程平稳。

（8）励磁的过励、欠励、强励等已初步设置，转子正负过电压保护已整定，非线性电阻检查正常。

（9）模拟电制动与机械制动联合工作，动作过程符合设计要求。机组 LCU 能正确反映电制动系统的状况，电制动能闭锁发电机差动保护动作。

（10）起励电源经检验符合要求，起励回路动作正确。

（11）各报警及事故信号正确；与机组监控联动已做试验，机组监控能正确反映机组励磁系统状况。

（12）对于抽水蓄能机组，励磁系统与 SFC 系统联动、配合逻辑试验已完成并符合设计要求。

（13）机组启动前，如未带转子做励磁大电流试验，建议用低压直流电源给转子充磁，以提高机组首次启动时的残压值。

### 3.4.6 SFC系统检查

（1）SFC输入输出变压器、SFC盘柜、输入输出断路器、电抗器、高压电缆等已安装完成，高压试验合格，接线正确。

（2）SFC输入输出变压器冷却系统安装调试完毕，运行状态能正确反馈至监控系统。

（3）整流器冷却系统调试完毕，纯水冷却水质达到设备制造厂的要求。

（4）外接临时电源，检查整流桥、逆变桥波形完整，检查变频器脉冲控制程序和换流逻辑功能符合设计要求，电压、频率调节平滑，并初步检查脉冲参数正常。

（5）在自动模式下分步检查辅助系统启动、SFC启动准备、SFC启动、SFC等待以及停辅助系统流程，符合设计要求。

（6）与监控系统、励磁系统联动、配合试验符合设计要求。

## 3.5 油、气、水系统检查

（1）全厂透平油、绝缘油系统已部分投入运行，能满足待运行机组供油、用油和排油的需要，油质经化验合格。全厂公用油压装置已调试检验合格，并投入运行。

（2）对于灯泡贯流式机组，轴承高位油箱、轮毂高位油箱、轴承回油箱、漏油箱各液位信号器已调整，油位接点整定值符合设计要求。各油泵电动机已做带电动作试验，油泵运转正常，主、备用切换及手动、自动控制工作正常，电加热器检验合格。

（3）中压空气压缩系统安装调试完毕，储气罐压力值正常，中压空气压缩系统投入自动方式运行。中压空气压缩气已通入机组调速器系统、筒形阀、水轮机主阀的油压装置。

（4）低压空气压缩系统安装调试完毕，储气罐压力值正常，低压空气压缩系统各管路阀门无渗漏，系统投入自动运行方式。低压空气压缩气已供入机组制动柜、机组检修主轴密封用气、机组检修风动工具用气、吹扫用气等部位。

（5）机组调相运行供气系统满足自动工作要求，自动化元件及系统均已检查合格，动作正确无误。储气量能满足压水启动和调相运行的要求，自动补气装置工作正常，排气阀工作可靠。

（6）空气压缩系统各管路、附属设备已涂漆，标明流向，各阀门已标明开关方向，挂牌编号，通向未投用机组的管路已可靠封堵。

（7）冷却水供水方式包括稳压水池供水、射流泵供水、蜗壳取水经减压阀供水、坝前取水供水、取尾水加压供水、顶盖取水供水、水井取水供水以及备用水及清洁水系统等，已调试合格，满足正常工作要求。

（8）采用减压供水的机组技术供水系统已安装完毕。各管路均经冲洗合格，主、备减压阀及安全阀已调整，设备工作可靠。主、备减压阀及电动阀切换正常。滤水器切换动作正确，排污按设定方式运行。主变冷却减压阀及备用减压阀、安全阀整定正确。机组、主变冷却水流量、压力按要求整定。至定子绕组冷却介质的二次冷却水、调速器集油箱的冷却水水压、水量符合要求。技术供水系统现地/远方操作正常，与机组监控系统联动试验符合设计要求。

（9）对设计有循环水池的冷却水系统，在洪水时期，以水泵循环为机组各部供应冷却水为主，以蜗壳取水为辅，冷却水水质应符合设计要求。

（10）供排水管路、设备已按要求涂漆，管道已表明了流向，阀门、设备已挂牌编号。

（11）机组检修排水设备安装调试完毕投入使用，系统运行可靠。

（12）厂内渗漏排水、坝内渗漏排水设备安装调试完毕投入使用，系统运行可靠。排水泵可根据集水井水位高低自动运行，可满足运行中的排水要求。

（13）水力监视系统（含上、下游水位计）、在线监测装置调试完毕，并投入正常运行的状态。

## 3.6　电气一次系统检查

（1）发电机主引出线及其设备已安装完毕，试验合格；机端的电流互感器等设备已安装完工检验合格。中性点引出线及电流互感器、中性点消弧线圈（或中性点接地变压器、电阻）均已安装并调试合格；设备接地符合设计要求。

（2）对于灯泡式机组，发电机主引出线、机端引出线出口处及灯泡体内的电压、电流互感器等设备已安装完工并检验合格。中性点引出线及电流互感器、中性点消弧线圈或避雷器均已安装完毕并试验合格。

（3）发电机断路器、隔离开关、电制动开关等已安装检验合格。

（4）封闭母线及其他设备已全部安装并试验合格，具备带电试验条件。封闭母线的微正压装置或热风保养装置（如有设计）安装调试合格，封闭母线密封性能符合要求，充气压力整定符合设计要求，各设备按要求接地。

（5）主变压器本体及附件安装结束，试验合格。主变压器中性点设备已安装调试完毕、试验合格。主变压器油位正常，油化验合格，瓦斯继电器已放气，分接开关已置系统要求档位，事故排油系统及周围安全保护措施符合设计要求。局部放电及交流耐压试验合格，绕组变形特征已测试。变压器在线气体分析装置已安装。主变控制PLC已调试，与机组监控系统联动试验已做，机组监控系统能正确反映变压器运行状态。

（6）与机组发电及送出有关高压配电装置已安装完工并检验调试合格，具备带电条件。

（7）相关厂用电设备已安装完工检验并试验合格，已投入正常工作，并至少有两路独立电源供电。备用电自动投入装置已检验合格，工作正常。

（8）机组自用电设备已受电，备自投工作正常，母线已正常供电。

（9）机组主要工作场所、交通道和楼梯间照明、疏散指示灯已检查合格，事故照明已检查合格。

（10）全厂接地网和设备接地已检验，接地连接良好，接地测试井已检查。总接地网接地电阻和升压站的接触电位差、跨步电位差已测试，符合规定值的要求。

## 3.7　电气二次系统检查

（1）交直流控制电源系统安装调试完毕，电池容量、绝缘监测、电池巡检等符合设计要求，充电机工作正常。整个系统投入运行，工作正常。

（2）机组电气控制和保护设备及盘柜均已安装完工，检查合格，电缆接线正确无误，连接可靠。

（3）计算机监控系统主控机设备厂级计算机系统、各图形工作站、打印处理系统、各通信服务器、语音报警系统、供主控机计算机使用的UPS系统已安装调试完毕，满足对初期发电运行控制的需要。UPS电源投入运行检验合格。

（4）机组LCU、开关站LCU、厂用LCU、公用LCU、泄洪闸LCU、进水口LCU等安装调试完毕，与现地控制设备PLC、站级主控机的通信建立，对现地设备的逻辑控制符合设计要求，模拟/开关量输入输出正确，与现地设备通信正常。

（5）发电机和变压器保护、厂用变压器保护、励磁变保护、备用变压器保护、高压配电装置保护、线路保护等电气保护装置调试工作结束，各装置动作值已按系统保护定值进行整定，并模拟动作至相关出口设备。下列继电保护回路应进行模拟试验，验证动作的准确性。

1）发电机继电保护。

2）主变压器继电保护。

3）高压配电装置继电保护回路。

4）送电线路继电保护。

5）厂用电继电保护回路。

6）其他继电保护回路。

7）仪表测量回路。

（6）安全自动装置、同期装置、机组和线路故障录波系统安装调试结束，并投入运行。

（7）机组自动控制与水机保护回路正确，自动开停机、事故停机等试验已模拟完毕，并实际动作至导水叶，流程正确，动作可靠。

（8）测量、信号、综合在线监测等系统安装调试完成，具备投运条件。

（9）主变冷却器控制柜、升压站设备汇控柜安装调试结束。

（10）励磁系统安装调试完成，各项试验合格，具备投入条件。

（11）引水流道二次控制回路调试结束，与监控系统通信正常。

（12）机组充水前，需再次验证下列电气操作回路已检查并通过模拟试验，已验证其动作的正确性、可靠性与准确性。

1）进水口闸门自动操作回路。

2）进水阀（或筒形阀）自动操作回路。

3）机组自动操作与水力机械保护回路。

4）发电机励磁操作回路。

5）发电机断路器、电制动开关操作回路。

6）直流及中央音响信号回路。

7）全厂公用设备操作回路。

8）同期操作回路。

9）备用电源自动投入回路。

10）各高压断路器、隔离开关和接地刀闸的自动操作与电气闭锁回路。

11）厂用电设备操作回路。

（13）机组无水开、停机流程逻辑正确，各系统能按设计要求正确动作。

## 3.8 消防及火灾报警系统

（1）机组消防及火灾报警设备已安装完成，灭火管路、灭火喷嘴、火灾探测器已检验合格，灭火装置经模拟试验合格，可以投入使用。

（2）主变压器的消防及报警设备已安装完成，水喷雾或充氮排油试验完毕，符合设计要求，随时可以投入使用。

（3）气体灭火装置安装调试完成并通过模拟试验，气体灭火系统工作正常。

（4）火灾、感烟、感温探头模拟动作可靠，报警动作正确，全厂火灾报警与联动控制系统安装调试合格，并通过消防部门验收。

（5）全厂消防供水水源可靠，管道畅通，压力满足设计要求。

（6）电缆已敷设完工的部位，电缆防火堵料、涂料、防火隔板等安装完工，电缆穿越楼板、墙壁、竖井、盘柜的孔洞及电缆管口已可靠封堵。

（7）移动式灭火器具已按设计要求配置已完成。

## 3.9 通风空调设备

（1）机组段励磁变压器室、单元控制室、蓄电池室、计算机房、电气盘柜室、水轮机室的空调、通风设备安装、调试完成。

（2）GIS室、副厂房相关部位，通风设备安装、调试完成。

（3）地下厂房及主变压器室送、排风系统已安装调试完成，并投入正常使用。电气设备间的除湿装置已投运。

（4）厂房临时排风能满足事故排烟的要求。

## 3.10 通信系统

（1）光纤、微波、载波和卫星通信设施已安装完毕，厂内通信、系统通信及对外通信系统等均已调试完毕，测试指标检查合格，能够满足数据通信、远动、继电保护、厂内生产调度和行政管理的需要。

（2）通信系统主机与相应机组段投运部位的通信功能实现，与梯级调度、地区调度、网调通信形成。调度自动化远传系统满足调度部门要求。

## 3.11 充水条件检查示例

机组充水试验，标志着机组启动过程的开始。为使工作责任到人，避免检查漏项，相关施工、安装调试检查项目应统计清楚，列出充水前检查验收单，各施工、安装调试、监理等责任方负责人和专业人员分别在验收汇总表和项目清单签字，未完成且不影响充水的检查项在备注栏标明。

水电站机组启动试运行前各项检查验收项目汇总（清单）见表3-1～表3-11。

**表3-1　机组启动试运行前检查验收项目汇总表**

| 序号 | 表号 | 项目名称 | 检查情况 | 备注 | 承包人签字 | 厂家签字 | 监理签字 |
|---|---|---|---|---|---|---|---|
| 1 | 表3-2 | 引水系统 | | | | | |
| 2 | 表3-3 | 水轮机 | | | | | |
| 3 | 表3-4 | 调速系统 | | | | | |
| 4 | 表3-5 | 发电机 | | | | | |
| 5 | 表3-6 | 励磁系统 | | | | | |
| 6 | 表3-7 | 电气一次系统 | | | | | |
| 7 | 表3-8 | 电气二次系统 | | | | | |
| 8 | 表3-9 | 油、水、气系统 | | | | | |
| 9 | 表3-10 | 消防及消防报警系统 | | | | | |
| 10 | 表3-11 | 厂房照明、暖通、空调系统 | | | | | |

时间：________年____月____日

**表3-2　机组启动试运行前引水系统检查验收项目清单**

| 序号 | 项　目　内　容 | 检查情况 | 备注 | 承包人签字 | 厂家签字 | 监理签字 |
|---|---|---|---|---|---|---|
| 1 | 进水口拦污栅安装调试并清理检验 | | | | | |
| 2 | 进水口拦污栅差压测量系统安装调试 | | | | | |
| 3 | 进水口工作门无水调试 | | | | | |
| 4 | 压力钢管通流系统、通气孔检查清理 | | | | | |
| 5 | 蜗壳、尾水管通流系统检验清理 | | | | | |
| 6 | 过水通流系统测压头、测压管阀门、测量表计安装 | | | | | |
| 7 | 蜗壳、尾水管排水阀启闭情况检查（关闭严密，锁锭投入） | | | | | |
| 8 | 尾水闸门、启闭机可随时投入工作，闸门处于关闭状态 | | | | | |
| 9 | 水电站上、下游水位测量系统已安装并调试合格 | | | | | |
| 10 | 尾水平台已拆除，蜗壳、锥管、肘水管进人门已封闭，试水阀已安装 | | | | | |

表 3-3　机组启动试运行前水轮机检查验收项目清单

| 序号 | 项 目 内 容 | 检查情况 | 备注 | 承包人签字 | 厂家签字 | 监理签字 |
|---|---|---|---|---|---|---|
| 1 | 水轮机所有部件安装完成检验合格，安装记录完整 | | | | | |
| 2 | 上、下止漏环间隙已检查无遗留物，转轮楔子板已拆除 | | | | | |
| 3 | 顶盖排水泵已安装，手/自动操作回路正常，自流排水畅通 | | | | | |
| 4 | 主轴检修密封，工作密封安装调试完成 | | | | | |
| 5 | 水导轴承润滑冷却系统已检查合格，油位、温度传感器及水压已调试，各整定值符合要求 | | | | | |
| 6 | 导水机构已安装检验合格并关闭，接力器锁锭已投入 | | | | | |
| 7 | 导叶最大开度、严密性、压紧行程符合要求，剪断销剪断信号等导叶保护装置检查试验合格 | | | | | |
| 8 | 各测压表计、示流器、流量计、摆度、振动传感器及各种变送器安装完成 | | | | | |
| 9 | 主轴中心补气系统安装完成，各部间隙检查合格，严密性及动作试验合格，进气管路上阀门全开 | | | | | |
| 10 | 压缩空气补气管路及阀门已安装，阀门处于关闭状态 | | | | | |
| 11 | 水车室已清理干净，水车室油漆完成 | | | | | |

表 3-4　机组启动试运行前调速系统检查验收项目清单

| 序号 | 项 目 内 容 | 检查情况 | 备注 | 承包人签字 | 厂家签字 | 监理签字 |
|---|---|---|---|---|---|---|
| 1 | 调速系统设备已安装完成并调试合格，各项记录完整 | | | | | |
| 2 | 油压装置油压、油位正常，油化验合格。各部表计、阀门、自动化元件已整定符合要求，动作正常 | | | | | |
| 3 | 调速系统各管路、阀门、表计、自动化元件接头无渗漏，各阀门处于正确位置 | | | | | |
| 4 | 油压装置自动补气设备手动、自动操作工作正常，并投入工作 | | | | | |
| 5 | 调速器的静特性和空载调节参数已测定并初步整定。调节阀、功率传感器、位移传感器、行程开关等设备已整定 | | | | | |
| 6 | 调速系统经全行程开、关检验、调试，功能符合要求。控制系统符合要求并投入工作 | | | | | |

续表

| 序号 | 项 目 内 容 | 检查情况 | 备注 | 承包人签字 | 厂家签字 | 监理签字 |
|---|---|---|---|---|---|---|
| 7 | 调速器、导叶开度与接力器的行程一致，导叶开度与接力器关系曲线已经录制，导叶开启、关闭时间（包括分段关闭）符合设计要求 | | | | | |
| 8 | 调速器已经模拟手/自动开/停机操作（包括事故紧急停机） | | | | | |
| 9 | 已模拟调速系统故障情况下的保护功能 | | | | | |
| 10 | 各种报警、事故信号及调速系统的工况已与机组 LCU 做过联动试验 | | | | | |
| 11 | 机组测速装置和过速保护装置已经调试，符合设计要求 | | | | | |

**表 3-5　　机组启动试运行前发电机检查验收项目清单**

| 序号 | 项 目 内 容 | 检查情况 | 备注 | 承包人签字 | 厂家签字 | 监理签字 |
|---|---|---|---|---|---|---|
| 1 | 发电机整体安装完成，试验和检验合格，记录完整。机坑内已清理，定子、转子气隙内无任何杂物；机坑内、发电机上、下盖板及设备上（内）已没有任何未固定的杂物，螺栓已锁定，无遗漏 | | | | | |
| 2 | 碳刷与集电环接触良好，验收合格。碳刷已拔出。碳粉收集装置安装调试完成 | | | | | |
| 3 | 发电机的空气冷却器已安装，检验合格；压力表、温度计、示流信号器已整定合格；各管路、阀门、表计接头无渗漏 | | | | | |
| 4 | 机械制动系统已安装完毕，供气系统正常，且可手、自动操作。制动器落下位置信号正确，且处于手动制动状态。粉尘收集装置调试完成 | | | | | |
| 5 | 机组消防设备安装调试完成，符合设计要求 | | | | | |
| 6 | 下导轴承和推力轴承的安装已经完成，油管路、水管路均无渗漏，监视、控制可靠，可以投入运行。下导和推力轴承油槽油位正确，油质符合要求，水导轴承外循环油冷却系统可正常工作 | | | | | |
| 7 | 上导轴承及其油冷却系统已安装完成，油位正常 | | | | | |
| 8 | 纯水系统已安装完成，管路、阀门无渗漏。二次冷却水的供水管路已连接，调试合格。控制保护已按设计整定。系统带负荷的自动调温功能已检查。纯水水质达到设备制造厂要求。该系统已投入自动运行 | | | | | |

续表

| 序号 | 项目内容 | 检查情况 | 备注 | 承包人签字 | 厂家签字 | 监理签字 |
| --- | --- | --- | --- | --- | --- | --- |
| 9 | 机组的振动、摆度检测系统已安装完成，经调试率定符合合同规定 | | | | | |
| 10 | 机组高压油顶转子设备已安装，调试完成。压力油管道和停泵位置信号已用接头引至机坑外，移动设备已准备就绪 | | | | | |
| 11 | 推力轴承的高压油顶起装置已调试合格，压力继电器工作正常，单向阀及管路系统无渗漏 | | | | | |
| 12 | 机组气隙测量系统已安装调试完成，与水电站的气隙分析站通信良好，具备投入条件 | | | | | |
| 13 | 机坑内供电、照明已完成，机组设备已可靠接地 | | | | | |
| 14 | 发电机的所有自动化元件、表计、阀门、管路等均已调试，处于正常状态各线路检查正确无误，与机组 LCU 做过联动试验，结果正确 | | | | | |
| 15 | 机坑内各孔洞已封堵 | | | | | |

**表 3-6　　机组启动试运行前励磁系统检查验收项目清单**

| 序号 | 项目内容 | 检查情况 | 备注 | 承包人签字 | 厂家签字 | 监理签字 |
| --- | --- | --- | --- | --- | --- | --- |
| 1 | 励磁系统设备已安装并检查合格，电气接线正确，励磁变压器设备已安装并检查合格 | | | | | |
| 2 | 励磁设备的性能已检查，符合要求 | | | | | |
| 3 | 工作调节器和备用调节器切换、现地和远方操作切换，符合要求 | | | | | |
| 4 | 交流灭磁开关、直流灭磁开关操作正常，性能良好 | | | | | |
| 5 | 励磁变室制冷设备、励磁整流功率柜等的风机运行正常并投入运行 | | | | | |
| 6 | 制动变和可控硅整流器录制了励磁系统的静特性，情况良好 | | | | | |
| 7 | 起励回路，符合要求 | | | | | |
| 8 | 励磁系统已与机组 LCU 进行了联动试验，符合设计要求 | | | | | |

表 3-7　　机组启动试运行前电气一次系统检查验收项目清单

| 序号 | 项目内容 | 检查情况 | 备注 | 承包人签字 | 监理签字 |
| --- | --- | --- | --- | --- | --- |
| 1 | 发电机电压设备：发电机主引出线、封闭母线及微正压装置、发电机PT及CT、励磁变及CT、发电机中性点设备及CT发电机制动断路器、厂用变及CT、避雷器及附属设备等已安装调试完成，接地良好 | | | | |
| 2 | 电制动用断路器及其操作机构经调试整定，操作可靠。电制动系统已与机组LCU作联动试验，符合要求 | | | | |
| 3 | 主变压器及中性点设备已安装调试完成。油化验合格，油冷却器及其系统调试完成；主变与机组LCU已作联动试验，具备带电条件 | | | | |
| 4 | 出线线路500kV并联电抗器及中性点，所有设备安装试验合格，具备带电条件 | | | | |
| 5 | 厂用变及其相关设备已按规定试验，其相序、相位正确 | | | | |
| 6 | GIS所有设备安装调试完成，具备带电条件。且与开关站LCU和机组LCU联动试验结束，符合设计要求 | | | | |
| 7 | 500kV出线敞开式设备安装试验完成，具备带电条件 | | | | |
| 8 | 相关厂用电设备已安装调试完成，已投入正常工作，且有两路以上的独立电源供电。备用电源自动投入装置已调试合格，工作正常 | | | | |
| 9 | 水电站接地电阻测量完成，符合设计要求。所有参与试运行的设备接地良好 | | | | |

表 3-8　　机组启动试运行前电气二次系统检查验收项目清单

| 序号 | 项目内容 | 检查情况 | 备注 | 承包人签字 | 监理签字 |
| --- | --- | --- | --- | --- | --- |
| 1 | 机组及与机组启动有关的水电站其他设备的控制、保护设备及盘、柜安装完成，检查合格。电缆、光缆的接线正确无误，连接可靠 | | | | |
| 2 | 发变组继电保护（含励磁和厂用变）、机组故障录波设备安装及与机组LCU的联动试验结果正确 | | | | |
| 3 | GIS设备继电保护、并联电抗器保护、故障录波装置的安装调试完成，且与开关站LCU及机组LCU联动试验 | | | | |
| 4 | 全厂公用设备与公用LCU的联调操作回路已检查，符合设计要求 | | | | |
| 5 | 水力机械保护、主变及GIS各断路器、隔离及接地开关、电制动开关操作与安全闭锁等回路已检查并通过模拟试验 | | | | |
| 6 | 水电站计算机监控系统光缆、主站设备安装完成并初步调试；机组LCU、公用LCU、开关站LCU、厂用电LCU等安装调试完成。计算机监控系统经过了与所有被控设备的联动试验 | | | | |

续表

| 序号 | 项　目　内　容 | 检查情况 | 备注 | 承包人签字 | 监理签字 |
| --- | --- | --- | --- | --- | --- |
| 7 | 全厂交流操作电源、机组直流电源、公用直流电源、500kV直流电源、水电站监控系统UPS等电源系统设备安装与调试完成，供电可靠 | | | | |
| 8 | 站内、站外通信系统经过了安装与调试，符合设计要求 | | | | |

表3-9　　机组启动试运行前油、水、气系统检查验收项目清单

| 序号 | 项　目　内　容 | 检查情况 | 备注 | 承包人签字 | 监理签字 |
| --- | --- | --- | --- | --- | --- |
| 1 | 厂内透平油库及油处理设备已安装试运转并已投入运行，供油干管具备对机组进行充油和换油条件 | | | | |
| 2 | 高、低压压缩空气系统安装、调试完成，并投入运行，且已向机组供气，公用LCU已与气系统进行了联动试验，符合设计要求 | | | | |
| 3 | 机组强制补气及封闭母线微正压装置用气系统设备安装调试完成 | | | | |
| 4 | 机组（含主变）技术供水系统安装、预调试完成。与机组LCU进行了联动试验，符合设计要求 | | | | |
| 5 | 主轴密封清洁水系统安装、调试完成，水源可靠 | | | | |
| 6 | 参与启动试运行的油、气、水系统的设备、管路、阀门等已进行了介质流向标识、编号和挂牌 | | | | |
| 7 | 厂房渗漏及检修排水廊道及其集水井已清理检查合格；抽排水系统及其设备已验收并投入运行，供电系统可靠 | | | | |

表3-10　　机组启动试运行前消防及消防报警系统检查验收项目清单

| 序号 | 项　目　内　容 | 检查情况 | 备注 | 承包人签字 | 监理签字 |
| --- | --- | --- | --- | --- | --- |
| 1 | 发电机组消防及消防报警设备安装完成 | 已完成 | | | |
| 2 | 主变、并联电抗器、透平油库、电缆廊道消防及报警设备安装完成，水喷雾设施经过喷雾试验或模拟试验，符合设计要求 | 已完成 | | | |
| 3 | 防火堵料、防火隔板已安装，电缆孔洞、管口已可靠封堵 | 已完成 | | | |
| 4 | 中控室、电缆室气体消防及报警设备安装完成，模拟试验，符合设计要求 | 已完成 | | | |
| 5 | 水电站消防报警系统安装完成，传感器已调试。系统信号采集、报警、消防联动试验动作正确。消防报警系统已与水电站计算机监控系统进行通信 | 已完成 | | | |
| 6 | 厂内消防环管及支管管网形成，与外部供水管网连通，消防水源可靠 | 已完成 | | | |
| 7 | 厂内消火栓、各部位灭火器安装、配置及调试完成 | 已完成 | | | |
| 8 | 副厂房楼梯间及厂房其他部位防排烟系统设备安装调试完成 | 已完成 | | | |
| 9 | 主变事故油池及排油系统设备安装完成，排油畅通 | 已完成 | | | |
| 10 | 消防报警及联动控制系统安装调试 | 已完成 | | | |

表 3-11　　机组启动试运行前厂房照明、暖通、空调系统检查验收项目清单

| 序号 | 项目内容 | 检查情况 | 备注 | 承包人签字 | 监理签字 |
| --- | --- | --- | --- | --- | --- |
| 1 | 与机组启动试运行有关的所有部位的照明已完成 | 已完成 | | | |
| 2 | 中央空调系统、机组段励磁变室、单元控制室、中控室、保护盘室、通信设备室等的空调设备安装调试完成，具备投入条件 | 已完成 | | | |
| 3 | 上游副厂房送风机、水车室轴流风机、下游副厂房排风机、GIS室、蓄电池室、透平油库等排风系统设备安装调试完成 | 已完成 | | | |

# 4 机组充水试验

## 4.1 简述

机组充水试验的目的，在于检查流道、与流道相连的测压管路和表计、与流道相关的混凝土结构有无漏水现象，检查水力测量元件工作情况，检查流道混凝土或压力钢管、蜗壳等测压、应变元件工作情况。机组充水试验在水库蓄水验收、进水道验收、尾水渠验收和安全鉴定完成后进行。各类形式水电站的充水特点如下。

（1）引水式水电站。引水式水电站的特点是水库小、引水流道长。引水流道可能是明渠、隧洞、压力钢管或是混合方式，并在厂房前设有前池或调压井。其充水特点是：依据流道上设计的分段点（闸门或阀门），从水源方向起，分段充水，观察有无渗漏。承压较高的流道段：充水时除要观察渗漏外，还要分阶段停留，每阶段要检测流道应变、流道渗漏压传感器；排水时也要分阶段停留，以适应流道的应变恢复。

进水流道每段充水完毕后，应对该段前部的控制闸门或阀门进行静水下的开启、关闭试验，正常后，进行下一段的充水试验。

多台机组共用一洞的引水式水电站，充水前，各机组前的主阀、旁通阀、排水阀须安装调试完成，并处于关闭状态。

机组压力钢管虹吸式取水的水电站，先用引水前池水面下的旁通管道对压力钢管充水，充水与上游水面平压后，再开启真空泵对高出水面的钢管部分抽真空，真空度符合要求后，关闭旁通阀，停真空泵。

尾水渠没有水源的引水式水电站，机组尾水管充水可放在蜗壳充水之后。先提起进口闸门，完成蜗壳充水后，用导水叶漏水或压力钢管、蜗壳排水阀对机组尾水管和尾水渠充水。

冲击式机组水斗高于尾水水面，有条件时，可进行尾水充水，检查水斗室、尾水测量表计和管路有无渗漏。

（2）河床式水电站。河床式水电站主要安装贯流式和轴流式机组，进水流道短。

尾水充水可操作的方式有：开启尾水闸门上的充水阀；或开启机组尾水管与尾水渠相通的平压阀；或开启尾水渠至密闭检修排水廊道的阀门和机组尾水排水阀，进行尾水充水。

上游流道充水操作方式有：开启进水检修闸门或快速闸门上的充水阀；或在尾水充水后直接提起上节叠梁门，进行上游流道充水。

（3）坝后式水电站。坝后式水电站主要安装不设进水阀的混流式和轴流式机组。

尾水充水方式：操作尾水闸门的充水阀，或操作机组尾水管至尾水渠的平压阀对尾水充水。

蜗壳充水方式：操作进水口工作闸门上的充水阀对压力钢管和蜗壳充水。

## 4.2 尾水管充水

### 4.2.1 充水程序

（1）水电站尾水渠已充水，满足最低运行尾水位要求。尾水管充水前应投入水轮机检修密封，尾水闸门启闭机或门机运行正常。对于冲击式机组，有条件时可进行尾水管充水。

（2）几台机组共用一套尾水闸门，尾水闸门落在第一台机组，第一台机组尾水管充水按正常方式充水。第二台机组尾水管充水前，尾水闸门落于第二台机组，排去尾水管内积水，割去尾水锥管内封水闷头，按要求打磨锥管焊疤，并进行防腐处理，再关锥管进人门和蜗壳进人门，按正常尾水管充水方法充水。第三台机组尾水管充水与第二台相同。

（3）2台机组共用一条尾水洞，尾水洞有闸门与尾水渠隔开，而两台机组只有一套尾水管闸门，则机组尾水管闸门落于暂不充水机组尾水管，待充水的机组尾水管与尾水洞一起充水。第二台机组则通过尾水闸门充水阀充水。3台机组共用一条尾水洞，机组尾水闸门2套，尾水管充水方式与2台机组共用一条尾水洞相似。

（4）混流式机组和轴流式机组，尾水管充水时可将水轮机导叶打开5％～6％开度排气；设有筒形阀的机组，筒形阀全开；尾水管充水时，不得进行导水叶操作试验，以防尾水管空气压缩后、导叶突然打开，气流冲出，伤害通气口处的人和设备。

（5）尾水管充水的方式有多种：或用尾水门机打开尾水门上充水阀；或打开安装在厂房内尾水充水阀；有密闭排水廊道的贯流式水电站，可将尾水与排水廊道的联通阀打开，再开机组尾水排水阀反充，同时打开流道上、下游连通阀、流道盖板上的排气阀，加快充水速度，记录开始充水时间及尾水位。

（6）从现地压力表和监控显示的水力测量表上监视机组尾水、转轮室、蜗壳内水压。在尾水管进人门和蜗壳进人门处设有验水阀时，也可在该处观察大致水位。

（7）检查尾水位以下混凝土结构及各部位进人门、顶盖周边、主轴密封、平压管、导叶轴密封、测压管、大轴补气管路等，各部位不应漏水漏气。对于贯流式机组，检查机组转轮室、配水环、管型座、发电机定子、冷却锥、灯泡头、流道盖板、进人竖井等各组合面无漏水现象，导叶轴内支点无漏水，外轴套的少量漏水有疏导措施，使其不影响下部设备。

（8）检查机组尾水管排水阀、蜗壳排水阀漏水情况，厂内检修排水泵和渗漏排水泵的启动频次应无明显增加。

（9）发现漏水漏气等异常现象时，应立即停止充水进行处理，必要时将尾水管排空。

（10）根据蜗壳或转轮室压力表安装高程、尾水水位，计算与尾水平压时的压力值，当压力表指示到平压值后，再次检查各部位正常，提起尾水门，锁在门槽顶部，关闭充水阀。记录充水时间和提门时间。对于贯流式机组，关闭上、下游连通阀，流道盖板上的排气阀出水后关闭。

（11）根据现场情况，可在尾水管充水后，在静水下现地操作导水叶全开、全关一次，导叶全关后，投入接力器锁锭，关闭调速器供油阀。对有筒形阀的机组，关闭、开启筒形阀一次，检查其全开、全关行程与无水时一致。

（12）尾水管充水平压后，核对尾水管、转轮室、蜗壳压力表、传感器监控显示是否准确。

（13）抽水蓄能电站尾水充水平压后模拟水淹厂房接点动作，联动尾水事故闸门、进水阀、快速门关闭。

### 4.2.2 尾水管充水异常现象处理实例

（1）某水电站尾水管充水时，水轮机层地面与下游边墙之间的排水沟出现冒泡现象，未处理，尾水管充水平压后，有少量渗漏。原因可能是分块结构缝之间止水带失效。

（2）某水电站机组尾水管充水过程中，顶盖平压管法兰接头出现漏气现象，当时有人建议拆开处理。该建议被否决，因为尾水水位比水车室高，漏气之后接着会漏水，拆开平压管会导致水淹水车室和厂房的事故。后停止尾水管充水，将水排至尾水锥管进人门（该处有验水阀门）以下，处理平压管连接法兰，漏气现象消除。

（3）某贯流式水电站机组尾水管充水时，发现上游流道进人门漏水。原因是进人门升高筒与流道外锥未焊满。后停止充水，排水后，打磨焊缝，重新焊接完毕，漏水现象消除。

（4）尾水管充水过程中进行导水叶开关试验，在充水过程中，尾水管内空气被压缩，导叶突然打开后，压缩的空气会顺钢管排气孔快速冲出，可将排气孔上的防护格栅冲起，伤害人或设备，造成事故。

（5）某水电站尾水渠充水前，未对各台机组尾水闸门密封面做最后的检查，尾水渠充水后，尾水闸门漏水，经尾水管、尾水排水阀进入厂房，检修排水排不及，造成未完工机组的蜗壳层以下淹没。后靠上游水电站截断来水、该水电站不泄水、尾水重筑围堰排水，将尾水渠水位控制在较低水平，提尾水闸门取出门槽底部的小木块。

（6）某水电站尾水管排水阀未全关，提尾水闸门，检修排水排不及，重落尾水闸门已不能完全止漏，造成未完工机组蜗壳层下全淹没，运行机组的调速器漏油箱淹没。后调潜水工下水关闭尾水管排水阀，方才排水完毕。

### 4.2.3 尾水管充水实例

混流式机组尾水管充水操作票、检查和记录项分别见表4－1～表4－3。

表4－1 混流式机组尾水管充水操作票表

| 操作任务 | ××号机组尾水管充水操作 | | | | |
|---|---|---|---|---|---|
| 时间 | 记号 | 序号 | 操作内容 | 操作人 | 监护人 |
| | | 1 | 启动压油泵运行、调速系统隔离阀全开 | | |
| | | 2 | 接力器自动锁锭拔出 | | |
| | | 3 | 调速器切手动，导叶开至5% | | |
| | | 4 | 投入水轮机检修密封 | | |
| | | 5 | 开启机组尾水门左/右充水阀充水，记录充水时间 | | |
| | | 6 | 检查尾水位以下混凝土及进人门、排水阀、顶盖平压管、导叶轴密封、主轴密封、测压管路漏水、漏气情况 | | |
| | | 7 | 尾水平压且各部正常后，提三扇尾水门锁在门槽顶部 | | |
| | | 8 | 记录水机仪表盘/监控显示压力 | | |
| | | 9 | 静水中全开、全关导水叶 | | |
| | | 10 | 投入接力器自动锁锭，停压油泵，关调速器隔离阀 | | |
| 操作批准： | | | | | |

表 4-2　　混流式机组尾水管充水检查表

| 任务 | ××号机组尾水管充水过程中检查部位 | | | | |
|---|---|---|---|---|---|
| 时间 | 记号 | 序号 | 操　作　内　容 | 操作人 | 监护人 |
| | | 1 | 各部进人门不应有漏水漏气现象 | | |
| | | 2 | 顶盖周边各部位不应有漏水漏气现象 | | |
| | | 3 | 主轴密封、平压管各部位不应有漏水漏气现象 | | |
| | | 4 | 导叶轴密封、测压管路等部位不应有漏水漏气现象 | | |
| | | 5 | 尾水管盘形阀、蜗壳盘形阀无渗漏水现象 | | |
| | | 6 | 检修和渗漏集水井水位应无明显增加现象 | | |
| | | 7 | 压力钢管伸缩节无渗、漏水情况 | | |
| | | 8 | 各部水压传感器显示正常 | | |
| | | 9 | 大轴补气管下端无漏水现象 | | |
| | | 10 | 尾水位高程以下的混凝土墙面、地面、接缝无渗漏情况 | | |

记录：

表 4-3　　混流式机组尾水管充水记录表

| 记　录　项　目 | | | 记录数据 | |
|---|---|---|---|---|
| 尾水管充水 | 水位/m | 上游水位 | | |
| | | 下游水位 | | |
| | 压力/MPa | 尾水管压力 | 机组监控显示 | |
| | | | 现地表计显示 | |
| | | 蜗壳压力（监控） | | |
| | | 顶盖压力（监控） | | |
| | 充水期间 | 开始时间/(h：min：s) | | |
| | | 结束时间/(h：min：s) | | |
| | | 尾水锥管进人门 | | |
| | | 尾水肘管进人门 | | |
| | | 平压管接头处 | | |
| | | 尾水管盘形阀 | | |
| | | 蜗壳盘形阀 | | |
| | | 蜗壳进人孔 | | |
| | | 水轮机顶盖 | | |
| | | 导叶轴密封 | | |
| | | 测压仪表及管路 | | |
| | | 检修、渗漏集水井水位 | | |
| | | 主轴密封检查 | | |
| | | 大轴内补气管 | | |
| | | 尾水管充水时间/(h：min：s) | | |
| | 尾水三扇门提门 | 提至全开时间/(h：min) | | |

记录：

## 4.3 机组上游充水

### 4.3.1 引水隧洞和调压井充水

（1）此充水方法适用于有引水隧洞和调压井的引水工程，且进水口设有检修闸门和工作闸门、调压井设有检修闸门。进水口只设检修闸门的水电站，以检修闸门代替工作闸门控制隧洞充水；调压井不设检修闸门的，充水、检查范围延伸至压力钢管、机组进水阀。

（2）取水口的拦污栅、检修闸门、工作闸门的杂物已清理干净，检修闸门、工作闸门经过实际开启、关闭操作，动作灵活。隧洞充水前，检修闸门、工作闸门处于关闭状态。

（3）引水隧洞和调压井浇筑、灌浆施工已完成，浇筑模板、支架已全部清理干净，灌浆孔已封堵，全部垃圾已清理完毕，土建验收工作已完成。

（4）调压井事故闸门及启闭设备在无水情况下，已检查闸门的密封性能和启闭试验，试验结果符合设计要求，充水前调压井事故闸门关闭。

（5）调压井水位/压力信号传感器信号可远传至中控室。

（6）同一隧洞的各机组的进水阀全部安装调试完毕，并处于关闭状态。

（7）调压井、隧洞沿线的监视人员到位，通信联络畅通。

（8）提起进水口检修闸门，对检修闸门与工作闸门间的流道充水，检查工作闸门的漏水情况。如果密封良好，全提检修闸门，并锁锭，进行下一步充水操作。

（9）根据流道容积、设定的调压井第一阶段充水压力、提门开度及进水水位，计算第一阶段充水时间。提起工作门至设定开度，到达设定时间后关闭。检查调压井检修闸门漏水情况（在进水阀前压力表处检查压力），检查调压井及引水隧道渗漏情况。

（10）如果达到规定的保压时间且各方面正常，按设定的第二阶段充水压力，控制进水口工作门启闭开度及启闭时间进行充水，检查调压井、检修闸门及隧道沿线渗漏情况。

（11）各阶段充水压力保压时间到后，如果各方面检查正常，进行压力钢管充水。

（12）如果充水出现隧洞和调压井渗漏、检修闸门大量漏水，应停止充水，排水后检查处理。

### 4.3.2 压力钢管充水

（1）引水隧洞和调压井充水后，对压力钢管充水。先检查确认钢岔管下游所接各机组进水阀全关，全关锁锭投入，有密封要求的进水阀已准备加压泵对上游密封加压。要充分考虑进水阀漏水对施工未完机组的安全影响，待运机组尾水闸门提起，锥管进人门关闭，蜗壳进人门可随时封闭，其余机组蜗壳排水阀打开。

（2）保证调压井与厂房蜗壳处通信联络畅通。提起调压井检修闸门到一定开度，或提起检修闸门充水阀，对压力钢管充水，对于落差较大的压力钢管，需按设计要求进行分段充水及保压试验；充水过程中监视压力钢管水压，随时调整进水阀水封水压以适应钢管水压。未完工机组进水阀漏水量大、影响后续工作时，需停止压力钢管充水，排水处理漏水部位。

（3）压力钢管充水平压后，调压井检修闸门在静水中全开、全关一次，最后提起检修闸门，并锁锭。

### 4.3.3 蜗壳充水

（1）有进水阀的机组，压力钢管充水后，进行蜗壳充水；坝后式或河床式水电站，蜗壳与压力钢管中间无进水阀隔离的，蜗壳充水等同于压力钢管充水。

（2）待充水机组已做全面检查，允许随时开机和故障情况下排除压力钢管、蜗壳内的水。

（3）机组进水口检修闸门已提起，检查工作闸门漏水量符合要求。对有筒形阀的机组，可关闭筒形阀，减少漏水，加快充水速度。

（4）调速器处于手动关机位置，导叶全关，对冲击式水轮机，关闭喷针；接力器锁锭装置投入。

（5）手动投入发电机机械制动。

（6）从蜗壳或压力钢管取水的技术供水总供水阀关闭，其他机组从本机取水的技术供水备用连通阀关闭。

（7）投入水轮机主轴检修密封。

（8）打开进水口工作门充水阀向压力钢管充水；对于有进水球阀/蝶阀的机组，开启旁通阀对蜗壳充水；对于贯流式机组，提起上节闸门约10cm距离，用节间间隙对机组上游流道充水，也可用上游闸门上的充水阀充水。监视蜗壳、上游流道水压变化。

（9）在蜗壳充水过程中，检查蜗壳排水管是否漏水，检查压力钢管伸缩节变形情况，检查压力钢管通气孔、蝶阀/球阀后排气阀通畅，检查蜗壳进人门、主轴密封处、水轮机顶盖、导叶轴密封、各测压表计及管路应不漏水，顶盖排水阀应畅通。对于贯流式机组，检查各组合面、流道盖板周边及发电机进人竖井、上游流道进人门不应漏水，监视并记录水力测量系统中各压力表计的读数。

（10）在蜗壳充水过程中，检查平压继电器动作值，平压后提起工作闸门。对于有进水阀的机组，阀后排气阀/补气阀不再排气即为平压，打开进水阀。对于贯流式机组，节间间隙短时即可充水平压，提起闸门各节。

（11）现地进行快速闸门、进水阀、筒形阀在静水中的启闭、开关试验，启闭、开关时间应符合设计时间要求，记录启闭、开关时间。

（12）记录钢管、蜗壳或上游流道充水时间，上、下游水位。

（13）在机组旁和中控室开、关进水口工作闸门或进水阀/筒形阀，动作应可靠。

（14）液压全开快速闸门后，记录闸门在一定时间内的下滑距离。

（15）压力钢管、蜗壳充水后，对压力钢管、蜗壳的混凝土结构等水工建筑进行全面检查，观察是否有渗漏、裂缝和变形。

（16）蜗壳充水后观察压力钢管伸缩节情况。有钢管、蜗壳应变测量要求的水电站，比较充水前、后应变值的变化，应在设计范围之内。对混凝土隧洞与压力钢管结合部的地方，还应检查充水前后渗透压力变化情况。

（17）设有超声测流的机组，检查流量指示应正常；对于冲击式机组，观察各喷针的漏水情况。

（18）观察厂房内渗漏水情况，检查渗漏排水泵启动周期不应有明显变化。

（19）投水轮机轴工作密封，解除检修密封气压，检查主轴漏水情况；解除机组制动闸，检查机组有无蠕动现象，如有蠕动，投高压润滑油泵、加机组制动闸。

### 4.3.4 抽水蓄能电站压力钢管充水试验

首台机组首次以SFC方式启动时最低要求压力钢管充满水，上库最低水位（极低扬程抽水）。后续机组的充水方式和常规水电站相同。上库充水泵取水口位于下水库。由于压力钢管充水时间较长，在下库水位满足充水条件、球阀调试完毕（同流道的球阀全部调试完毕）后即可通过充水泵按照设计要求的速率对压力钢管进行充水。以下充水过程以1号机组为例，2台机组共用一条上游隧洞。

（1）充水前检查。

1）球阀上游引水流道、通气孔清理干净；补气孔有防护，有明显警戒标志。

2）尾水进人门已可靠封闭，蜗壳进人门可靠封闭。

3）1号球阀无水调试工作结束，密封水源具备，液压系统工作正常。

4）同一流道的机组球阀无水调试工作结束，密封水源具备，液压系统工作正常，同一上游流道的球阀处于关闭位置，检修密封投入，机械锁锭可靠投入，工作密封投入。

5）球阀压油罐压力显示正常，油压操作系统主配压阀关闭，接力器机械锁锭投入。

6）同一流道球阀上游排水管阀门在关闭状态，下游蜗壳排水管阀门在关闭状态。

7）充水泵调试完成，充水管路中各阀门位置正确，具备充水条件。

8）测压系统测压头、测压管阀门、测量表计检查，位置正确；测压系统测压头、测压管阀门、测量表计检查，位置正确。

9）采用万用表等效监测1号球阀前压力变送器模拟量，或适合量程的高精度指针压力表，监视上引水系统水压变化。

10）尾水闸门和启闭机调试工作完成，尾水闸门处于开启状态并投入锁锭。

11）连通压力钢管的各支路管口均做有效封堵。

12）厂房渗漏排水系统安装、调试完毕、投入自动运行。

13）检查水系统各部阀门均处于工作状态。

14）系统经联合验收完成，经总指挥下令后可进行充水试验。

（2）充水程序。

1）机组引水系统充水前项目检查经联合验收后，汇报总指挥，总指挥下达《充水指令单》（见表4-4）。

表4-4　　1号钢管充水指令单

| 充水开始（停止）时间 | | | |
|---|---|---|---|
| 下达充水（停止）指令人签字 | | 时间 | |
| 上库标段负责人签字 | | 时间 | |
| 隧洞及压力钢管标段负责人签字 | | 时间 | |
| 监理签字 | | 时间 | |

2）接《充水指令单》后，由运行值长下达充水系统阀门操作票（见表4－5）。

表4－5　　1号钢管充水操作票表

| 接到充水指令时间 | | 充水指令发布人 | |
|---|---|---|---|
| 本次计划充水水位 | | 充水形式 | |
| 充水开始时间 | | 操　作　员 | |
| 停止充水时间 | | 操　作　员 | |
| 操作内容 | | | |
| 充水历时 | | 实际充水水位 | |
| 本次充水量 | | 累计充水量 | |

3）取水管充水完成后，进行机组上引水系统充水，首先进行自流水充水，通过上库充水管路的旁通管充水，调节旁通管路上阀门开度控制引水系统水位上升速度在10m/h以内，充水直至上引水系统与尾水平压。

4）引水系统充水平压后，切除自流充水方式，关闭充水泵出口阀门，启动充水泵，在充水泵出口压力达到设定值时打开阀门开始充水，通过调节阀门开度，控制水位上升速度。

5）水位上升速度按设计要求控制，并根据设计要求在不同水位进行保压试验。通过在一定时间内测定球阀前的压力下降判断其漏水量。

6）当有异常情况需要排水时，打开球阀前排水阀排水。

7）当压力钢管水位上升到上库取水口底坎时，停充水泵。

8）在充水过程中，若充水系统的设备、管路及其附件出现故障，应立即关闭相应阀门，待故障处理结束后，恢复正常充水。

9）在充水过程中监测水位上升速度，每30min记录充水水位，填写记录表（见表4－6）。

表4－6　　1号引水钢管压力变送器毫安量记录表

| 序号 | 记录时间 | 万用表读数/mA | 水位/m | 水位变化量/(m/h) | 操作人 |
|---|---|---|---|---|---|
| 1 | | | | | |
| 2 | | | | | |
| 3 | | | | | |
| 4 | | | | | |
| 压力传感器量程： | | | | | |

10）充水过程中监测充水泵的出口压力及电机的各项电气指标，填写记录表（见表4－7）。

表 4-7　　充水泵电机运行电流记录表

| 序号 | 测量时间 | A 相电流/A | B 相电流/A | C 相电流/A | 测量人 |
| --- | --- | --- | --- | --- | --- |
| 1 | | | | | |
| 2 | | | | | |
| 3 | | | | | |
| 4 | | | | | |

11）充水过程中填写渗漏排水泵排水记录表（见表 4-8）。

表 4-8　　渗漏排水系统排水记录表

| 序号 | 自动/手动 | 开始排水时间 | 停止排水时间 | 运行台数 | 操作人 |
| --- | --- | --- | --- | --- | --- |
| 1 | | | | | |
| 2 | | | | | |
| 3 | | | | | |
| 4 | | | | | |

12）充水过程中，各部位安全监护人员，应巡回检查相关部位的安全情况，并及时反馈信息至总指挥处。

13）在完成压力钢管充水及球阀漏水量检查后，全关导叶、全开球阀，通过在一定时间内记录蜗壳压力下降计算导叶漏水量。

（3）安全措施。

1）上库进水口闸门处于开启状态，并可靠锁锭，电源切除。

2）全厂取水总管除主变压器空载冷却取水管外，其余旁通管路有效隔断。

3）严格按程序执行阀门开启顺序。

4）上游引水系统充水过程中，无关人员撤离现场。

（4）压水试验。在 SFC 方式启动之前，为减小启动力矩，实现空载启动，先要进行压水试验。压水系统见图 4-1。

1）检查球阀、导叶全关、蜗壳和转轮排气阀处于关闭状态，尾水闸门全开。

2）打开锥管主压水阀将高压气注入尾水管，将转轮室水位压至转轮以下一定距离，关闭主压水阀；机组运行时根据安装在锥管的液位计及液位开关控制压水补气阀的开启，保持锥管液位，直至达到压水要求。

3）取消压水时关闭压水阀，打开蜗壳排气阀、转轮排气阀，对转轮室及蜗壳排气。排气完成后关闭蜗壳平压阀、蜗壳排气阀、转轮排气阀。

压水试验的成功取决于两个条件：主轴密封、球阀密封的严密性；压水气罐的容量。

试验时应在水轮机坑外围、压水气罐旁分别设专人看护。正常状态下压水时间小于 10s，时间过长时应首先检查主轴密封是否漏水（通过观察水轮机室是否有大量水窜出），其次通过观察气罐压力是否降低的过快，空压机是否全部启动。

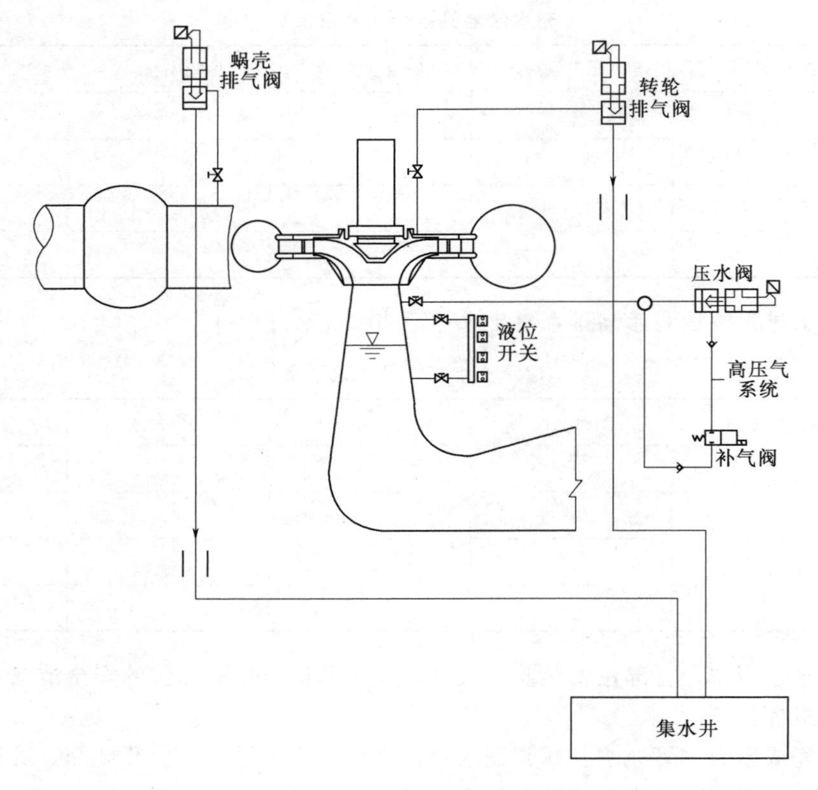


图 4-1　压水系统图

(5) 模拟水淹厂房试验。根据抽水蓄能电站特点，为了保证在水淹厂房事故发生时，现场运行人员能够快速、有效的组织抢险及必要时组织施工现场人员迅速、安全地撤离到安全地带，最大限度地保证人身安全，减少经济损失。同时，提高所有人员在事故时的自救能力。

1) 模拟水淹厂房试验基本条件。

A. 上库进出水闸门已调试完毕，处于开启状态。

B. 待启动机组及同一流道机组的进口球阀安装、调试完毕，具备挡水条件，检修密封、工作密封投入，导叶接力器锁锭投入。

C. 尾水事故闸门调试结束，处于开启状态。

D. 下库进出水检修闸门调试完毕，处于开启状态。

E. 水淹厂房浮子动作信号调试完毕。

2) 水淹厂房的应急预案。

A. 水淹厂房事故处理原则：第一保人身安全；第二保设备，将设备损失降至最小。

B. 处理要点：隔离水源、启动一切可能的排水设施。

C. 水淹厂房的事故等级：分为红、橙、黄三个等级。红色为最高级（最危险）、橙色为次级、黄色为最低级。

D. 任何人发现水淹厂房险情后，应立即通知中控室运行值班人员。

E. 运行值班人员对事故情况具体故障部位进行确认，若属红色、橙色级水淹厂房事故，运行当值运行值班负责人应立即发出水淹厂房警报，同时汇报事故处理试运指挥部；若属黄色级，应立即汇报试运指挥部，按试运指挥部命令进行处理。

F. 试运指挥部在得到水淹厂房的报告后，应立即启动水淹厂房应急预案。按预案要求成立相应的工作小组，并明确任务，各工作小组按各自的职责和试运指挥部的布置迅速展开事故处理及救援工作。

G. 在生产现场的各单位的各级领导及安全人员，应就近指挥现场人员向两个逃生通道迅速撤离。

H. 技术组应根据现场实际，从技术方面分析提出故障设备的处理（如设备抢救、故障设备临时堵漏措施）方案，并组织相关单位实施，尽量减少水的泄漏量及设备损失。

I. 设备抢救组应根据水位上升情况及设备抢救所需时间，做出正确判断，组织人力对设备进行抢救，抢救中一定要注意个人保护，确保抢救过程中的人身安全，各层设备抢救时间。

J. 安全组迅速赶到事故现场（事故处理第一线，但应保证自身安全），对各进入地下厂房的洞口进行隔离，严禁除救援人员以外一切人员进入洞内，并做好治安保卫工作，必要时求援于当地公安机关前来协助治安保卫工作；组织人员撤离，严禁乘坐电梯逃生。对撤离到安全地带的人员进行清点。撤离出的人数与打卡机记录人数进行对照核实，应做到对每一个进洞人员的下落得到证实，并向试运指挥部汇报。

K. 医疗救护及后勤保障组应根据试运指挥部的命令，求援于地方医疗救护机构（拨打 120 救护车），救护车与救护人员在各逃生出口等候，对伤员进行现场或及时送达医院实施救护，最大可能的减少人员伤亡。根据试运指挥部的安排及抢救现场的需求，组织好各种救援物资，及时运至现场，保证抢救工作的需要。

L. 交通车辆保障组负责合理调度车辆，保证抢救工作的用车。

M. 事故处理结束后，各工作小组向试运指挥部汇报，试运指挥部根据处理后的实际情况，部署事故的善后工作，尽快恢复生产。

3）模拟水淹厂房试验顺序（设 3 个报警点，布置在厂房蜗壳层，为防止误报，两点应同时动作报警）。

A. 检查相关设备运行正常。

B. 模拟水淹厂房 1 号、3 号测点动作，启动事故流程，全厂声光报警系统启动。

C. 机组启动闭锁，上库闸门紧急关闭，尾水事故闸门紧急关闭。

D. 复位水淹厂房事故信号，提升上库闸门，尾水事故闸门。

E. 模拟水淹厂房 2 号、3 号测点动作，启动事故流程，全厂声光报警系统启动。

F. 机组启动闭锁，上库闸门紧急关闭，尾水事故闸门紧急关闭。

G. 复位水淹厂房事故信号，提升上库闸门，尾水事故闸门。

H. 模拟水淹厂房 1 号、2 号测点动作，启动事故流程，全厂声光报警系统启动。

I. 机组启动闭锁，上库闸门紧急关闭，尾水事故闸门紧急关闭。

J. 复位水淹厂房事故信号，提升上库闸门，尾水事故闸门，试验结束。

4）模拟水淹厂房试验的作用。

A. 模拟水淹厂房试验完成后，可以最大限度地保证厂房的安全性：抽水蓄能电站厂房一般设在地下，一旦发生水淹厂房事故，如果上库闸门和尾水事故闸门不能正确动作，会给人身和设备安全带来很大的危险。在机组调试期间，人员较多，有必要进行水淹厂房的试验，以提高员工安全意识，保证现场人员的安全。

B. 验证上库闸门和尾水事故闸门的动作正确性；上库、下库闸门在正常运行时是全开的，除了定期手动关闸门试验外，远控操作闸门次数并不多，有必要对闸门的远控动作可靠性进行验证。

### 4.3.5 压力钢管、蜗壳充水中异常情况处理实例

（1）水电站机组在蜗壳排水时，出现异常声响。排水完毕，进入蜗壳检查，发现盘形阀阀盘与阀杆断开。因阀盘直径大于蜗壳进人门，只能将阀杆拿出加工后，返回蜗壳，在蜗壳内重新将阀杆与蜗壳焊接修复。经验总结：如果排水阀按设计压力操作而在充水中漏水，应停止充水，排空后检查、处理排水阀。不可盲目加大操作压力，以免损坏操作杆或阀盘。

（2）水电站机组蜗壳充水过程中同时进行技术供水调试，导致蜗壳充水长时间不能平压。经验总结：进水工作闸门上蜗壳/压力钢管充水阀口径有限，只能满足蜗壳充水时导叶漏水和充水平压，不能同时满足技术供水充水要求，故要等进水口闸门提起后，再进行技术供水调试。

（3）水电站机组检修后蜗壳充水，发现蜗壳进人门漏水。该蜗壳进人门为外开门，采用高强度螺栓紧固。检修人员盲目加大螺栓紧固力矩，以减少漏水量。结果运行中发现蜗壳进人门螺栓有崩断现象，采用落闸门的办法关机，避免了水淹厂房事故。经验总结：如果进人门是按对称顺序和规定的力矩封闭的，漏水原因可能是密封圈的问题，不应盲目加大力量打紧螺栓，对高强度螺栓是绝不允许的，会造成蜗壳进人门在运行中崩开，危及全厂安全。应该停止充水，排空后检查、处理密封圈。鉴于外开门的危险性，一些厂家已将蜗壳进人门由外开式改为内开式。

（4）水电站引水隧洞充水时，蝶阀前技术供水取水管与压力钢管连接处漏水，原因是漏焊。因进水口检修门漏水量大，开钢管排水阀，不能将钢管水位降到漏点以下。后用开机排水的方法，将钢管水位降到漏点以下，处理焊接。

（5）导叶漏水量过大，会造成：①停机时间过长，对推力轴承润滑冷却不利，加速了制动闸磨损；②如果停机降不到制动转速以下，操作进水阀或进水闸门关机，增加了进水阀或进水闸门损耗，增加了下次开机时间，影响机组调度灵活性；③停机状态下漏水大造成水能损耗加大；④停机状态下，风闸一旦落下，机组即有自转的可能，易造成设备和人身事故。处理办法：停止充水，排干蜗壳和尾水管水，重新测量、处理导叶端面和立面间隙，调整导水机构，在大修时对不合格的导叶进行更换。对压力钢管装有超声波测流的机组，可以在钢管充水平压、提门后，测导叶漏水量，一般来说，导叶的漏水量是额定流量的千分之三以下，筒形阀的标准是万分之一以下。

（6）钢管伸缩节漏水，长时间流水，会造成钢材和密封件的气蚀，使漏水量增大，损失电能和加大排水负担。应停止充水，排出钢管水，按伸缩节要求的压紧量重新调整或更

换新密封条。

(7) 水电站机组运行若干年后，发现机组在尾水充水后，机坑混凝土结构漏水量较大，而在压力钢管及蜗壳充水后，漏水量减少。经过多次排查后，确定是测压管路与蜗壳接头处断裂造成漏水。原来蜗壳是采用保压浇筑的，蜗壳排水后，蜗壳收缩，对处于弹性垫层的一段测压管路产生拉伸作用，经过多次排水、充水，某些测压管路被拉断，造成测压管漏水。

### 4.3.6 压力钢管和蜗壳充水实例

水电站压力钢管和蜗壳充水检查、操作票和记录（见表4-9～表4-11）。

表4-9　机组蜗壳充水前检查表

| 操作任务 | ××号机组蜗壳充水前检查和操作 | | | | |
|---|---|---|---|---|---|
| 时间 | 记号 | 序号 | 操　作　内　容 | 检查人 | 监护人 |
| | | 1 | 机组已全面检查，可以随时开机排水 | | |
| | | 2 | 检查导叶全关，接力器锁锭投入，开启总供油阀 | | |
| | | 3 | 尾水管已充水，尾水闸门已提起 | | |
| | | 4 | 检查机组机械制动已手动投入 | | |
| | | 5 | 检查蜗壳进人门确已关闭 | | |
| | | 6 | 检查蜗壳排水阀、尾水排水阀确已关闭并锁锭 | | |
| | | 7 | 检查进水口工作门处于关闭状态 | | |
| | | 8 | 已完成水力管路、水压监视仪表、传感器的检查验收 | | |
| | | 9 | 机组冷却供水总管连通本机组的电动阀和手阀，连通下一台机组的电动阀和手阀，坝前取水的液控阀和手阀已关闭 | | |
| | | 10 | 检查蜗壳取水口阀电动阀和手阀全关 | | |
| | | 11 | 检查主轴检修密封处于充气状态 | | |
| | | 12 | 检查机组检修排水系统自动工作正常 | | |
| | | 13 | 检查厂房渗漏排水系统自动工作正常 | | |
| | | 14 | 检查顶盖排水泵状态正常 | | |
| | | 15 | 检查运行场地、楼梯照明充足 | | |
| | | 16 | 检查通信设施完备，通信畅通 | | |
| | | 17 | 检查通道和安全通道畅通 | | |
| | | 18 | 检查运行人员、监护人员已上岗 | | |
| | | 19 | 检查运行区域隔离措施已完成 | | |

检查签字：

表 4-10　　压力钢管和蜗壳充水操作票表

| 操作任务 | ××号机组钢管及蜗壳充水操作 | | | | |
|---|---|---|---|---|---|
| 时间 | 记号 | 序号 | 操 作 内 容 | 操作人 | 监护人 |
| | | 1 | 提起上游检修闸门充水阀，检查工作闸门漏水 | | |
| | | 2 | 平压下提起上游检修闸门 | | |
| | | 3 | 开进水口工作门充水阀，向压力钢管充水 | | |
| | | 4 | 记录充水时间，监视各部漏水情况、压力显示 | | |
| | | 5 | 平压后，提起进水口工作门 | | |
| | | 6 | 进水口工作门现地静水中的启闭试验 | | |
| | | 7 | 中控室操作快速闸门落下、提起各 1 次 | | |
| | | 8 | 机旁操作紧急关快速闸门按钮 1 次 | | |
| | | 9 | 中控室操作紧急关快速闸门按钮 1 次 | | |
| | | 10 | 检查主轴漏水情况，检查顶盖水位变化 | | |
| | | 11 | 解除机组制动闸，检查机组有无蠕动现象 | | |
| | | 12 | 监视工作门在 8h 内的下滑距离 | | |
| | | 13 | 进行技术供水系统充水 | | |
| 记录： | | | | | |

表 4-11　　水电站××号机组压力钢管及蜗壳充水记录表

| 记 录 项 目 | | | 记录数据 |
|---|---|---|---|
| 压力钢管及蜗壳充水 | 水 位/m | 上游水位 | |
| | | 下游水位 | |
| | 压 力/MPa | 现地蜗壳压力显示 | |
| | | 监控蜗壳压力显示 | |
| | 充水时间/(h：min：s) | 开始时间 | |
| | | 结束时间 | |
| | 提门/关门时间/(h：min：s) | 全开时间 | |
| | | 快关时间 | |
| | 检查项目 | 蜗壳进人门 | |
| | | 蜗壳放空阀 | |
| | | 水轮机顶盖 | |
| | | 导叶轴密封 | |
| | | 测压仪表及管路 | |
| | | 检修、渗漏集水井水位 | |
| | | 蜗壳取水管 DF2 总阀 | |
| | | 蜗壳取水管联通阀 DF1 | |
| | | 混凝土结构 | |
| | | 钢管伸缩节漏水、变形 | |
| | | 大坝操作廊道测压传感器 | |
| 记录： | | | |

## 4.4 快速闸门、进水阀及筒形阀的静水试验

快速闸门、进水阀及筒形阀，在机组重大事故时的关断进水水流，为机组安全的最后保护手段，一般在以下几种情况下使用。

(1) 电气过速145%以上或机械过速150%以上。

(2) 调速器失控，比如事故低油压。

(3) 机组事故停机，且剪断销剪断。

(4) 长时间停机，或机组流道检查、检修。

俄罗斯萨扬—舒申斯克水电站在顶盖螺栓断裂后，不能远方、手动落进口闸门，造成了事故扩大和抢救延误。

快速闸门、进水阀及筒形阀的静水试验要点如下。

(1) 快速闸门、进水阀及筒形阀的关闭控制回路有两路时，应分别试验每路关闭回路(断开另一路)；快速闸门、进水阀及筒形阀的关闭控制回路有两路控制电源时，应分别试验单路控制电源下（关闭另一路电源）的控制关闭回路。

(2) 现地操作、机组 LCU 操作、中控室操作、保护动作应分别在单路控制电源、单个关闭回路下试验。

(3) 关闭回路启动后，不能复归，全关后才能复归关闭回路。

(4) 快速闸门、进水阀及筒形阀控制的各种类型故障均应试验到位。

(5) 每次试验，快速闸门、进水阀及筒形阀可不全开，以节省试验时间，减少设备磨损。

(6) 试验中，有一次全开、全关操作，记录全开、全关时间，与设计相符。

(7) 试验后，恢复正常状态，即两路控制电源投入、两个关闭回路接线恢复。

## 4.5 技术供水系统充水

机组技术供水的作用，是冷却机组及附属设备发热部件，给水轮机主轴工作密封提供润滑水，冷却主变压器发热等。本书第 2.3.4 条已对技术供水做了描述，这里主要叙述从钢管或蜗壳取水的技术供水调试方法。

### 4.5.1 充水程序

(1) 采用压力钢管或蜗壳取水的电站，有条件时，先用临时水源对各部供水管路预先充水检漏、调试，节省开机前的调试时间。

(2) 压力钢管或蜗壳充水前，将供水管路切换至非正常供水方式，例如改用正反向切换阀将各供水支路旁路，来水经过滤水器、减压阀及切换阀后，直接排水，时间约 5min，再启动滤水器排污。如果能听到有较大的杂物在滤水器内产生撞击声，关闭取水阀，拆开滤水器，取出杂物。

(3) 恢复正反向阀正常状态，先将发电机空冷器分支进出水手阀全开，调整减压阀后压力值，使其流量、压力符合设计要求；再按设计流量大小，逐步投入各支路冷却水，检

查记录各分支流量和水压，如果不能满足流量要求，适当调高减压阀阀后压力。

（4）在各分支手阀全开、流量满足设计要求的情况下，再适当调高减压阀压力，使各分支流量有一定的余量，这样当取水口有堵塞时，仍能满足各部冷却供水流量。正常情况下，适当减小各支路出水手阀开度，使其满足正常供水流量。

（5）关闭发电机空冷器进出水手动阀门，观察总流量变化，调整安全阀使其动作。空冷器进出水手阀打开，安全阀应能复归。

（6）按上述相同的步骤调整技术供水第二路减压阀和安全阀。

（7）进行第二路减压阀、各电动阀的远方操作试验；进行机组和主变压器正反向供水的切换试验。检查各部流量符合设计要求。

（8）进行主轴密封清洁水主备用回路切换试验。

（9）进行备用水源对机组技术供水试验。

### 4.5.2 技术供水调试可能出现的问题及解决办法

（1）压力表、传感器接头渗漏，更换接头或按正确工艺安装。

（2）连接法兰渗漏，有些电站的预埋供水管路与振动部位的冷却器（例如空气冷却器）之间连接空间距离短，且没有设计弹性接头，易造成法兰连接处漏水。少量渗漏可紧螺栓处理。漏水量大时，要考虑割开法兰，重新配焊。

（3）供水管路的卡箍式接头崩开。当卡箍连接的管路两端存在向外扩张的自由度时，如果卡箍不牢，存在管路从卡箍脱出的可能。解决办法是消除管路向外扩张的自由度，或在卡箍两端另设加固卡子，防止管路从卡箍脱出。

（4）水系统充水运行中有撞击声。异物进入冷却系统，会导致滤水器发卡、阀门关不严、冷却效果差。可能的异物有：焊条、混凝土块、螺栓、螺帽等。如果是在分支管路，可加大流量或倒换方向，试着能否冲出。不能冲出时，要关断水源，在发声部位拆开管路取出。如果在滤水器内，且启动排污不能冲出，应关断水源，拆开设备取出异物。

### 4.5.3 机组技术供水各部运行流量压力值实例

大型机组带750MW负荷时运行中供水流量和压力记录见表4-12。

**表4-12 大型机组带750MW负荷时运行中供水流量和压力记录表**

| 序号 | 检查项目 | | 实测值 |
|---|---|---|---|
| 1 | 蜗壳取水管压力/MPa | | 0.97 |
| 2 | 滤水器 | 进口压力/MPa | 0.97 |
| | | 出口压力/MPa | 0.97 |
| 3 | 机组供水减压阀2号 | 进口压力/MPa | 0.97 |
| | | 出口压力/MPa | 0.46 |
| | | 出口流量/($m^3$/h) | 1711.50 |
| 4 | 主变供水 | 进口压力/MPa | 0.12 |
| | | 流量/($m^3$/h) | 406.80 |

续表

| 序号 | 检查项目 | | 实测值 |
| --- | --- | --- | --- |
| 5 | 上导轴承油冷却器 | 进口压力/MPa | 0.43 |
| | | 出口流量/($m^3$/h) | 0.38 |
| 6 | 发电机空冷器 | 进口压力/MPa | 0.46 |
| | | 出口流量/($m^3$/h) | 1297.80 |
| 7 | 水导轴承油冷却器 | 出口流量/($m^3$/h) | 24.10 |
| 8 | 主轴密封水（清洁水） | 压力/MPa | 0.21 |
| | | 流量/($m^3$/h) | 25.50 |
| 9 | 推导冷却器 | 供水管流量/($m^3$/h) | 362.60 |
| | | 供水管压力/MPa | 0.34 |

# 5 机组启动和空载试验

## 5.1 启动前的检查准备

（1）机组各层场地已清理干净，吊物孔盖板已盖好，通道畅通，照明充足，各部位操作监测人员已到位，机组在线监测的振动、摆度、转速及水压参数的测量仪器仪表显示正常。

（2）临时消防设备已布置就绪，相关部位的消防和火灾报警系统已投入，人员已按消防要求做好分工和组织工作。

（3）尾水管、压力钢管和蜗壳已充水，进水口工作门和尾水门处于全开状态；确认机组充水试验中出现的影响安全运行的问题已处理完毕并验收。

（4）推力、下导、上导、水导轴承测温装置工作正常，油位正常，油质合格；各部轴承冷却水手动阀打开；外循环油冷却系统工作正常，供油量、油质、油位整定符合要求；对于贯流式机组，油循环冷却系统手动、自动工作正常，供油阀自动操作正常，水导轴承和发导轴承油流显示正常；空气冷却器充冷却水后手动阀关闭。并准备足量的合格透平油，为机组检修做准备。

（5）厂房渗漏排水系统、厂房廊道排水系统、高低压空气压缩系统、厂用电系统运行正常。

（6）上、下游水位，机组各部位原始温度等已记录。

（7）做转子动平衡测量准备，安装临时振动、摆度、水压测量探头，准备配重用平衡块及固定工具。

（8）机组的相关设备应符合下列要求。

1）发电机出口与封闭母线/共箱母线/电缆已连接；发电机断路器、出口接地开关已断开，电制动开关断开。发电机中性点已连接，接地装置已投入。

2）励磁系统灭磁开关断开。励磁变与发电机电压回路断开，机端 TV 投入，TV 二次开关合闸。如果另有他励电源装置，升流、升压的临时励磁电源不经过励磁变时，励磁变与发电机电压回路可不断开。

3）集电环碳刷已磨好，碳刷拔出。

4）水力机械保护、电气过速保护和测温保护投入；机组振动、摆度装置投入监测状态但不作用于停机。

5）转动部分已检查完毕，具备开机条件。

6）拆除所有试验用的短接线和接地线。

7）从发电机一次侧外接频率表监视发电机转速。该项准备是为防止第一次开机时，因测速探头未调整好而转速无法测量。

8）现地控制单元已处于监视状态，已具备检测、报警的功能，可对机组各部位主要的运行参数进行监视和记录。

9）顶盖排水设备投入自动运行，对贯流式机组，灯泡头、水车室自流排水畅通。

10）大轴接地碳刷已投入。

（9）在机组相关部位安装常规测振、测摆仪表。

（10）在水车室、风洞口安装临时紧急停机按钮，接至调速器停机回路。该项措施是为水车室和风洞内出现紧急情况，监视人员可不经请示，直接关机而设，避免事故扩大。

（11）机组段的联络信号和对内对外通信已完善，运行值班人员已正式上岗行使职责。

## 5.2 机组首次现地启动和轴承温升试验

首次启动的试验目的在于：考核机组各部轴承稳定运行温度；考核机组额定转速运行的振动、摆度；考核调速器手动操作的稳定性；考核机组有无油、气、水渗漏情况；动态考核机组轴承油位合适与否；考核机组辅助设备、自动化元件的可靠性，以及整定值的合理性等。启动过程如下。

### 5.2.1 首次启动及轴承温升试验

（1）退出机坑加热器。

（2）投入技术供水，检查除空冷器以外各部冷却水流量正常。暂时不投空冷器冷却水，以便监听首次和第二次机组启动的异常声响。对于贯流式机组，先不开空冷器轴流风机，但要采取措施，使监控系统不致判断机组在运行且风机未投入而发出停机令。

（3）水轮机主轴工作密封水投入，检修密封排气。

（4）手动落下机械制动闸，检查制动器活塞全部落下，信号反映正确，机组不应蠕动。

（5）启动水导/推力轴承外循环油泵（如果有），检查油槽油位、油流量、油压正常；对于贯流式机组，打开水导、发导冷却/润滑供油阀，检查油流正常，启动上位油箱供油泵。

（6）顶盖排水泵置自动位置。

（7）检查进水口快速闸门/进水蝶阀/球阀/筒形阀全开，打开调速器主供油阀，检查调速器油压正常。对于轴流式或贯流式机组，检查桨叶的起始角度。

（8）投入调速器油压装置，拔出接力器锁锭。

（9）投入高压油减载装置（如果有）；没有高压油减载的机组，在此前用高压油泵和风闸顶转子一次，落下后恢复正常控制气路，检查压力正常。

（10）打开开机电磁阀。

（11）调速器置手动模式，手动缓慢开导叶/喷针，机组启动后立即关机，机组滑行，检查并确认机组转动部分与静止部分无碰撞、摩擦和异常声响；如有异常，立即手动加制动闸。

（12）确认机组各部正常，重新开机。手动缓慢开机升速到10%额定转速，监听机组无异常声响，运行1min后再按紧停按钮停机，手动加闸。机组全停后，落制动闸，检查机组不应有蠕动。

（13）投入发电机上导、推力、下导油雾吸收装置。再次手动开机，机组在50%转速以下，尽量减少停留时间。机组分别在50%和75%额定转速下运行1～5min，检查各部轴承温度均衡，再增速至100%额定转速运行。在各转速停留阶段测量机组振动、摆度，观察转速信号接点动作情况。机组达到额定转速后停高压油减载装置，投入空冷器冷却水，对于贯流式机组，投入轴流风机。

（14）在启动过程中监视机组各部位，如发现金属碰撞声、水轮机窜水、轴承温度突然升高、油槽甩油、机组摆度过大等异常现象应立即停机。

（15）升速中如大轴摆度超过导轴承间隙或出现异常振动时，停机检查，查明原因后再进行试验。

（16）记录机组在当前水头下的启动开度和空载开度。在额定转速时，校验各部转速表指示的一致性。

（17）在机组升速过程中，密切监视各部运转情况。监视各部位轴承温度，不应有急剧升高现象。自机组启动至到达额定转速后的半小时内，严密监视推力瓦和导轴瓦的温度，每隔5min左右记录一次瓦温，以后可适当延长记录时间间隔，并绘制瓦温的温升曲线，观察轴承油面的变化。

（18）监视水轮机主轴密封温度及各部位水温、水压、水流量及水压差。监视顶盖自流排水和顶盖排水泵工作是否正常。记录水库上、下游水位；记录尾水及顶盖压力值。

（19）检查轴流式、贯流式机组受油器有无漏油。

（20）记录全部水力测量系统表计读数和机组附加监测装置的表计读数。

1）测量、记录机组各轴承处的主轴运行摆度（双幅值），其值应小于规程规定值。

2）测量、记录机组各部机架及顶盖振动，其值应符合规程规定。

3）测量发电机残压及相序，检查调速器残压测频电压幅值。

（21）当各部轴承温度趋于稳定时（判定标准，温升速率小于1K/h或更小，且未接近报警温度），如果调速器齿盘测速和残压测速满足调速器自动运行要求，可进行调速器手动、自动切换试验，观察调速器能否稳定控制转速。再切回手动，投入高压油减载装置，关导叶/喷针停机。

（22）如果运行中某部轴承温度差较大（例如大于10K），则在停机后，结合运行中记录的该轴承处大轴摆度，重新调整轴承间隙或受力。

（23）机组转速下降至15%～20%时手动投机械制动直至全停，记录加闸至停稳时间。

（24）停机过程中注意下列事项。

1）校对转速继电器的整定值。

2）监视各部轴承温度变化情况。

3）检查各部轴承油槽油面的变化情况。

（25）机组停稳后，投入接力器锁锭和检修密封，停高压油顶起系统；关调速器主供油阀，制动闸保持顶起位置，停制动粉尘吸收装置，停油雾吸收装置，停外循环泵，限时停技术供水。对于贯流式机组，关上位油箱供油泵，关水导、发电机组合轴承供油阀。

（26）停机后做好安全措施，进行下列检查和调整。

1）检查各部位螺栓、销钉、锁片是否松动或脱落。

2）检查转动部分的焊缝是否有开裂现象。

3）检查发电机上、下挡风圈是否有松动或断裂。

4）检查制动闸瓦的磨损情况及基础有无松动，检查粉尘收集装置的吸收效果。

5）检查各油槽、油管路、水管路有无渗漏现象；必要时调整各油槽油位信号整定值。

6）检查各部监测元件是否松动。

（27）当某部轴承的油冷却器有细过滤网时，拆除该细过滤网，恢复正常状态。例如ALSTOM公司机组的推力下导轴承油冷却器安装有细过滤网，细过滤网在首次开机起过滤油中杂质作用，但影响油流冷却效果，第一次开机约2.5h或推力瓦温接近80℃时机组应停机，检查机组，拆下推力油冷器细过滤网，再次开机进行温升试验，时间约4h。

### 5.2.2 首次开机中可能出现的问题及处理

（1）转子上、下挡风圈摩擦。停机，重新调整挡风圈间隙。

（2）大轴或轴领与油槽密封盖摩擦。这会造成大轴或轴领局部发热，随时间延长，大轴摆度加大。解决办法是重新调整密封盖的中心，或刮削摩擦部分。

（3）大轴自然补气阀固定部分与转动部分摩擦：重新调整固定部分中心，或加大间隙。

（4）定子、转子之间有异常声响。气隙内有异物，取下挡风圈，检查有无异物落下。看不清铁芯表面受伤情况时，拔出1～2个磁极，盘车检查、处理铁芯受伤部位，查找异物。

（5）中、小型机组转速有持续下降趋势。如果在调速器在手动控制，导叶/喷针、桨叶开度和上、下游水位没有变化的情况下，需要增大导叶/喷针开度维持额定转速，这也属于异常现象，说明机组摩擦损耗增大，也应停机，结合其他观察现象检查、处理轴承、主轴密封或检修密封。

（6）某部轴承瓦温温差值偏大，重新调整后，瓦温值达不到预期的效果。可能测温电阻号与轴瓦编号不对应，应核对测温电阻与瓦的实际对应关系，并改正。如果个别瓦在运行中温度一直不变，可能测温通道或测温表有问题，可用电阻箱校核该点测温显示。

（7）机组摆度随空转运行时间的延长而增大。因温升的原因，可能有轴领松动、悬吊式机组推力头卡环松动，造成摆度增加。对悬吊机组的卡环，可重新加工或电镀加厚；对轴领松动，可在停机状态下，加热轴领，让轴领落回设计位置，在轴上对称位置焊8个止动块，防止轴领受热上窜。

（8）贯流式机组，高位油箱溢油现象经常发生。如果高位油箱油温过低，油黏性大，在开机令下达后，供给轴承的油流速度将低于油泵上油速度，会造成高位油箱溢油。解决办法是加热上位油箱温度。如果开机先开供油泵，后开轴承供油阀，当机组开机不成功时也易造成溢油。可改启动程序为先开供油阀，再开供油泵；停机时，先停供油泵，后关轴承供油阀。

(9) 某水电站首台机组在分步升速过程中，机组转速升至70%以上时，发电机内有摩擦声，且有烟雾产生，转速越高，摩擦声越大。停机检查，发现磁极间软连接线头过长未截去，在离心力作用下与上挡风板摩擦所致。拆除上挡风板，在膛内处理接头连接后正常。

(10) 机组额定转速运行中有油雾产生，污染定子绕组、转子绕组和定子铁芯，影响通风冷却效果，长期将影响发电机寿命，或造成轴承油位不够，出现烧瓦事故。该现象多出在转子下面的轴承上，通过转子的离心风扇作用将油雾吹向定子。分析原因：油槽油位过高；油槽内油流过于紊乱；内挡油圈不够高及密封设计不合理；油槽内气压异常；油雾吸收装置未投入，应根据结构和观察到的现象进行处理。

### 5.2.3 首次启动实例

贯流式机组首次启动开机操作见表5-1，贯流式机组轴承温升试验中各部温度记录见表5-2，贯流式机组额定转速空转振动摆度记录见表5-3，贯流式机组空载运行状态记录见表5-4，发电机残压相序记录见表5-5，转速接点检查见表5-6。

**表5-1　　贯流式机组首次启动开机操作表**

| 时间 | 记号 | 序号 | 操作内容 | 操作人 | 监护 |
|---|---|---|---|---|---|
| | | 1 | 拔出转子锁锭 | | |
| | | 2 | 退出机坑加热器 | | |
| | | 3 | 全关空冷器冷却风机动力电源，关空冷循环水 | | |
| | | 4 | 开轴承冷却加压水泵 | | |
| | | 5 | 检查油冷器水流量正常 | | |
| | | 6 | 主轴工作密封投入，检修密封撤出 | | |
| | | 7 | 落下（机械制动）风闸 | | |
| | | 8 | 检查风闸全部落下，信号反映正确 | | |
| | | 9 | 开启水导、发导轴承供油阀，检查油流正常 | | |
| | | 10 | 启动轴承循环油泵，检查上位油箱油位正常 | | |
| | | 11 | 投高压油顶起装置，检查压力正常 | | |
| | | 12 | 调速器供油阀全开，油泵在自动控制方式 | | |
| | | 13 | 拔出接力器锁锭 | | |
| | | 14 | 调速器切至“手动”方式，桨叶“自动”方式 | | |
| | | 15 | 开导叶至3%开度，机组启动后立即全关导叶 | | |
| | | 16 | 机组滑行、监听声音 | | |
| | | 17 | 如有碰撞、摩擦声响，立即停机、手动加制动闸 | | |
| | | 18 | 再次手动开机到10%额定转速 | | |
| | | 19 | 运行1min后按紧急停机按钮，手动加闸 | | |
| | | 20 | 机组全停后，落制动闸，检查机组不应有蠕动 | | |

续表

| 时间 | 记号 | 序号 | 操 作 内 容 | 操作人 | 监护 |
|---|---|---|---|---|---|
| | | 21 | 再次手动开机，在50%转速下运行约2min | | |
| | | 22 | 检查机组声音正常，轴承、主轴密封正常 | | |
| | | 23 | 在75%额定转速下运行2min | | |
| | | 24 | 检查无异常后，增速至100%额定转速运行 | | |
| | | 25 | 达到额定转速后停高压油顶起装置 | | |
| | | 26 | 投入发电机发导油雾吸收装置 | | |
| | | 27 | 启动空冷器循环水、开4个空冷风机 | | |
| | | 28 | 连续监视轴承温度、主轴密封温度 | | |
| | | 29 | 检查轴承有无甩油、机组振动摆度过大等异常现象 | | |
| | | 30 | 在额定转速时，校验各部位转速表指示的一致性 | | |
| | | 31 | 检查主轴密封漏水情况 | | |
| | | 32 | 测量机组振动、摆度 | | |
| | | 33 | 测量发电机残压及相序 | | |
| | | 34 | 定时记录轴承温度 | | |
| | | 35 | 轴承温度稳定后投入高压油顶起装置，关导叶停机 | | |
| | | 36 | 机组转速下降至20%时手动投机械制动 | | |
| | | 37 | 机组停稳后，投入接力器锁锭，停技术供水 | | |
| | | 38 | 停高压油顶起系统，停油循环泵，停风机、冷却水 | | |
| | | 39 | 停油压装置，关供油阀，制动闸保持顶起 | | |
| | | 40 | 停油雾吸收装置 | | |
| | | 41 | 检查各部位螺栓、销钉、锁片是否松动或脱落 | | |
| | | 42 | 检查转动部分的焊缝是否有开裂现象 | | |
| | | 43 | 检查发电机前挡风圈是否有松动或断裂 | | |
| | | 44 | 检查制动闸瓦的磨损情况及基础有无松动 | | |
| | | 45 | 检查各部有无漏油、漏水 | | |
| | | 46 | 检查完毕，汇报运行指挥部 | | |
| 操作批准： | | | | 时间： | |

**表5-2　　贯流式机组轴承温升试验中各部温度记录表**

| 时间/(h：min) | | | | | | | | | | | |
|---|---|---|---|---|---|---|---|---|---|---|---|
| 正推力瓦/℃ | Z1 | | | | | | | | | | |
| | Z2 | | | | | | | | | | |
| | Z3 | | | | | | | | | | |
| | Z4 | | | | | | | | | | |
| | ⋮ | | | | | | | | | | |

续表

| 时间/(h：min) | | | | | | | | | | | |
|---|---|---|---|---|---|---|---|---|---|---|---|
| 反推力瓦/℃ | Z13 | | | | | | | | | | |
| | Z14 | | | | | | | | | | |
| | Z15 | | | | | | | | | | |
| | ⋮ | | | | | | | | | | |
| 发电机导轴承/℃ | Z19 | | | | | | | | | | |
| | Z20 | | | | | | | | | | |
| | Z21 | | | | | | | | | | |
| | ⋮ | | | | | | | | | | |
| 水导瓦/℃ | 1 | | | | | | | | | | |
| | 2 | | | | | | | | | | |
| 上位油箱油温/℃ | 上 | | | | | | | | | | |
| | 下 | | | | | | | | | | |
| 主轴密封温度/℃ | 1 | | | | | | | | | | |
| | 2 | | | | | | | | | | |
| 下位油箱油温/℃ | | | | | | | | | | | |
| | | | | | | | | | | | |
| 记录： | | | | | | | | 时间： | | | |

**表 5-3　　贯流式机组额定转速空转振动摆度记录表**

| 时间/(h：min) | | | | |
|---|---|---|---|---|
| 受油器摆度/μm | | | | |
| 集电环摆度/μm | | | | |
| 发导轴摆度/μm | | | | |
| 水导轴摆度/μm | | | | |
| 发导轴支架径向振动/μm | | | | |
| 发导轴支架轴向振动/μm | | | | |
| 水导轴支架径向振动/μm | | | | |
| 水导轴支架轴向振动/μm | | | | |
| 记录： | | | 时间： | |

**表 5-4　　贯流式机组空载运行状态记录表**

| 记　录　项　目 | | 记录数据 |
|---|---|---|
| 水位 | 上游水位/m | |
| | 下游水位/m | |
| 额定转速时油箱油位 | 上油箱油位/mm | |
| | 下油箱油位/mm | |

续表

| 记 录 项 目 | | 记录数据 |
|---|---|---|
| 导叶开度 | 启动开度/% | |
| | 空载开度/% | |
| 桨叶角度 | 起始角度/% | |
| | 空载角度/% | |
| 压力 | 尾水管压力/MPa | |
| | 进水压力/MPa | |
| 最高瓦温<br>最大温差 | 发导最高瓦温/℃ | |
| | 发导最大温差/K | |
| | 正推力最高瓦温/℃ | |
| | 正推力最大温差/K | |
| | 水导最高瓦温/℃ | |
| | 水导最大温差/K | |
| 记录： | | 时间： |

**表 5-5　　发电机残压相序记录表（瓦温稳定时，在发电机开关柜处测量）**

| 测试点 | 一次电压/V | 频率/Hz | 相序 | 备注 |
|---|---|---|---|---|
| AB | | | A、B、C<br>为相序 | |
| BC | | | | |
| CA | | | | |
| 记录： | | | 时间： | |

**表 5-6　　转速接点检查表**

| 转速接点 | 整定值 | 接点转换 | 动作正确性 |
|---|---|---|---|
| 1% | | | |
| 10% | | | |
| 20% | | | |
| 50% | | | |
| 90% | | | |
| 95% | | | |
| 额定转速时外接频率表、齿盘测速偏差不大于　　% | | | |
| 记录： | | | 时间： |

## 5.3　动平衡试验

通过运转测量转子偏心方位，在转子偏心方位的对侧加配重，减小机组摆度、振动，改善机组运行状态，达到长期稳定运行的目的。

（1）不平衡故障的机理。转子不平衡是由于转子部件质量偏心或转子部件出现缺损造成的故障，它是旋转机械最常见的故障。

设转子的质量为 $M$，偏心质量为 $m$，偏心距为 $e$，如果转子的质心到两轴承连心线的垂直距离不为零，具有挠度为 $a$，转子力学模型见图 5-1。

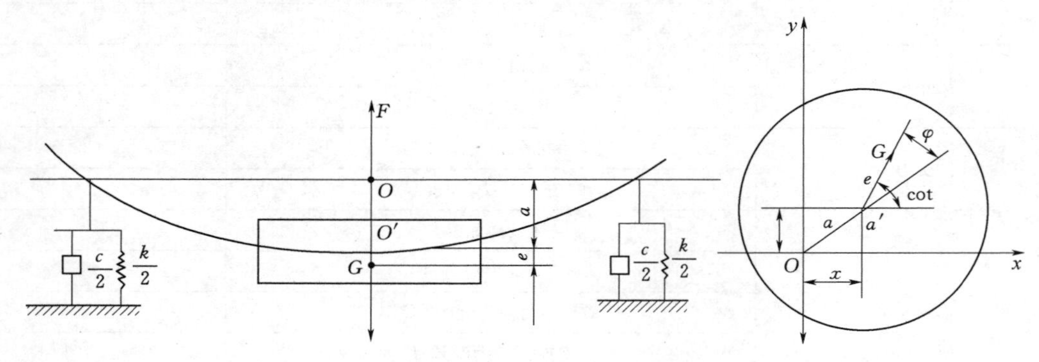


图 5-1　转子力学模型示意图

由于有偏心质量 $m$ 和偏心距 $e$ 的存在，当转子转动时将产生离心力、离心力矩或兼而有之。离心力 $F$ 的大小与偏心质量 $m$、偏心距 $e$ 及旋转角速度 $\omega$ 有关，即

$$F=me\omega^2$$

众所周知，交变的力（方向、大小均周期性变化）会引起振动，这就是不平衡引起振动的原因。转子旋转一周，离心力方向改变一次，因此不平衡振动的频率与转频一致。

（2）不平衡相位的求取。在上导、下导与水导的 $+X$ 与 $+Y$ 向各布置一个涡流位移传感器，在水导的 $+Y$ 向布置一个键相涡流位移传感器，在主轴上贴一金属键相块，用来获取基准键相信号。当不平衡质量点（高点）旋转至摆度涡流传感器时，涡流位移传感器测得的距离变小，因此，摆度时域波形转频分量的波谷与键相脉冲的相位差即为高点落后键相块的角度，不平衡相位求取见图 5-2。上导、下导与水导摆度与键相涡流位移传感器安装角度不一致的需要考虑安装角度差。

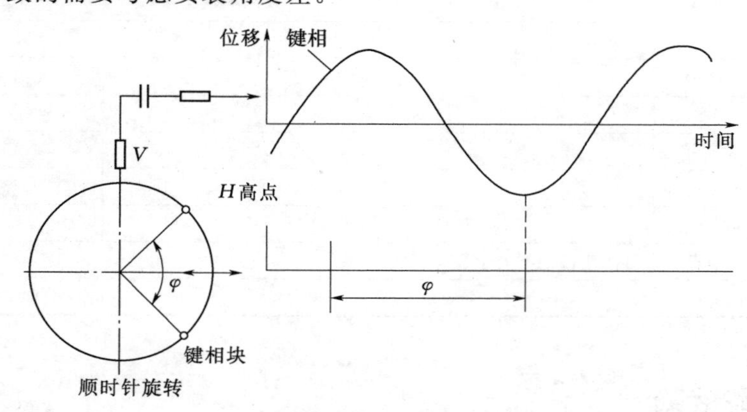


图 5-2　不平衡相位求取示意图

（3）幅相影响系数法。

1）单面法。配重前测得初始振动矢量 $A_0$，然后停机加上试加重量 $P$，再次开机后测得由 $P$ 和不平衡重量的合成重量引起的振动矢量为 $A_{01}$，则试加重量 $P$ 引起的振动为

$$A_1 = A_{01} - A_0$$

由此可得出幅相影响系数为

$$K = A_1/P = (A_{01} - A_0)/P$$

根据 $A_0$ 即可计算出应配重量 $M$：

$MK + A_0 = 0$ 推出：

$$M = -A_0/K$$

2）双面法。测出转子两侧轴承的初始振动矢量 $A_0$、$B_0$，在 $A$ 侧试加重量 $P_a$ 后测出两侧轴承振动矢量为 $A_{01}$、$B_{01}$；在 $B$ 侧试加重量 $P_b$ 后测出两轴承振动矢量为 $A_{02}$、$B_{02}$。

由试加重量 $P_a$ 引起的振动：

转子的 $A$ 侧：$A_1 = A_{01} - A_0$

转子的 $B$ 侧：$B_1 = B_{01} - B_0$

由试加重量 $P_b$ 引起的振动：

转子的 $A$ 侧：$A_2 = A_{02} - A_0$

转子的 $B$ 侧：$B_2 = B_{02} - A_0$

在 $A$ 侧加试重 $P_a$ 的幅相影响系数：

$A$ 侧：$K_{a1} = A_1/P_a$

$B$ 侧：$K_{b1} = B_1/P_a$

在 $B$ 侧加试重 $P_b$ 的幅相影响系数：

$A$ 侧：$K_{a2} = A_2/P_b$

$B$ 侧：$K_{b2} = B_2/P_b$

测出转子 $A$、$B$ 两侧的初始振动 $A_0$、$B_0$，则配重重量大小及方位可由下式计算得出：

$A$ 侧：$M_a = -(A_0 K_{b2} - B_0 K_{a2})/(K_{a1} K_{b2} - K_{b1} K_{b2})$

$B$ 侧：$M_b = -(B_0 K_{a1} - A_0 K_{b1})/(K_{a1} K_{b2} - K_{b1} K_{a2})$

综合考虑机组的转速、转子直径与转子磁轭高度，机组动平衡试验采用单面法。

（4）动平衡实例一。试验机组参数：

1）水轮机。

型号：HLA696 - LJ - 130　　额定功率：10360kW

额定水头：84.5m　　额定流量：13.456m$^3$/s

额定转速：500r/min　　飞逸转速：1044r/min

2）水轮发电机。

型号：SF10 - 12/2860　　额定容量：11764.7kVA

额定电压：10500V　　额定励磁电压：94V

额定电流：646.9A　　额定励磁电流：679A

额定转速：500r/min　　额定频率：50Hz

试验内容与试验工况：

1）变转速试验：改变机组转速依次为 40%$n_r$、60%$n_r$、80%$n_r$ 与 100%$n_r$，同步采集机组摆度与上机架振动等信号。

2）动平衡配重试验：在 100%$n_r$ 工况，找出机组转动部件不平衡质量相位，对机组转子进行配重，以减小机组转动部件不平衡质量。

3）试验测试点和对应传感器：以1号机组为例，机组振动与摆度等测点共12点，试验测点统计见表5-7。

表5-7 试验测点统计表

| 序号 | 测量内容 | 传感器类型 | 数据采集通道编号 |
|---|---|---|---|
| 1 | 上导+X | 涡流位移传感器 | LDS A1 |
| 2 | 上导-Y | 涡流位移传感器 | LDS A2 |
| 3 | 下导+X | 涡流位移传感器 | LDS A3 |
| 4 | 下导-Y | 涡流位移传感器 | LDS A5 |
| 5 | 水导+X | 涡流位移传感器 | LDS A6 |
| 6 | 水导+X | 涡流位移传感器 | LDS A7 |
| 7 | 上机架水平+X | 涡流位移传感器 | LDS A8 |
| 8 | 上机架垂直+X | 涡流位移传感器 | LDS A9 |
| 9 | 上机架水平-Y | 涡流位移传感器 | LDS A10 |
| 10 | 上机架垂直-Y | 涡流位移传感器 | LDS A11 |
| 11 | 键相 | 涡流位移传感器 | LDS A14 |
| 12 | 转速 | 转速激光数字转速表 | LDS A64 |

4）混频幅值与分频幅值取值方法：机组振动与摆度的混频幅值取值方法采用97%置信度的混频峰峰幅值进行取值，即对计算机采集来的时域波形图进行分区，将每个分区的点数统计出来，求出每个分区的点数概率，剔除3%不可信区域内的数据，求出混频峰峰幅值。试验结果给出的振动与摆度时频域分析中，时域混频幅值示值方法采用97%置信度的取值方法，频域分析中分频幅值以峰—峰值表示。

5）试验结果。1号机组与2号机组40%$n_r$、60%$n_r$、80%$n_r$与100%$n_r$工况，1号机组变转速摆度与上机架振动混频幅值及转频幅值统计见表5-8，1号机组摆度与上机架振动混频幅值与转速平方关系曲线见图5-3，1号机组摆度与上机架振动转频幅值及转速平方关系曲线见图5-4。

表5-8 1号机组变转速摆度与上机架振动混频幅值及转频幅值统计表 单位：μm

| 测点 \ 转速 | 40%$n_r$ | | 60%$n_r$ | | 80%$n_r$ | | 100%$n_r$ | |
|---|---|---|---|---|---|---|---|---|
| | 混频幅值 | 转频幅值 | 混频幅值 | 转频幅值 | 混频幅值 | 转频幅值 | 混频幅值 | 转频幅值 |
| 上导+X | 41.4 | 21.0 | 50.2 | 27.6 | 56.6 | 31.7 | 66.6 | 38.7 |
| 上导-Y | 43.2 | 21.1 | 52.7 | 28.8 | 61.3 | 33.8 | 72.0 | 42.7 |
| 下导+X | 73.5 | 40.8 | 97.0 | 71.4 | 137.3 | 109.6 | 197.9 | 160.3 |
| 下导-Y | 67.7 | 39.6 | 90.2 | 72.2 | 132.6 | 111.9 | 196.7 | 163.4 |
| 水导+X | 31.0 | 7.8 | 40.2 | 12.3 | 45.7 | 19.7 | 51.1 | 25.9 |
| 水导+Y | 31.9 | 9.0 | 40.6 | 14.1 | 46.0 | 22.3 | 51.4 | 27.7 |
| 上机架水平+X | 13.6 | 8.3 | 32.0 | 28.7 | 65.2 | 61.3 | 122.7 | 107.8 |
| 上机架水平-Y | 15.0 | 8.9 | 34.2 | 31.1 | 68.3 | 66.6 | 133.2 | 118.8 |
| 上机架垂直+X | 4.2 | 1.7 | 7.4 | 5.1 | 13.3 | 10.1 | 23.6 | 17.0 |
| 上机架垂直-Y | 3.9 | 1.5 | 7.1 | 4.7 | 12.4 | 9.5 | 28.4 | 16.4 |

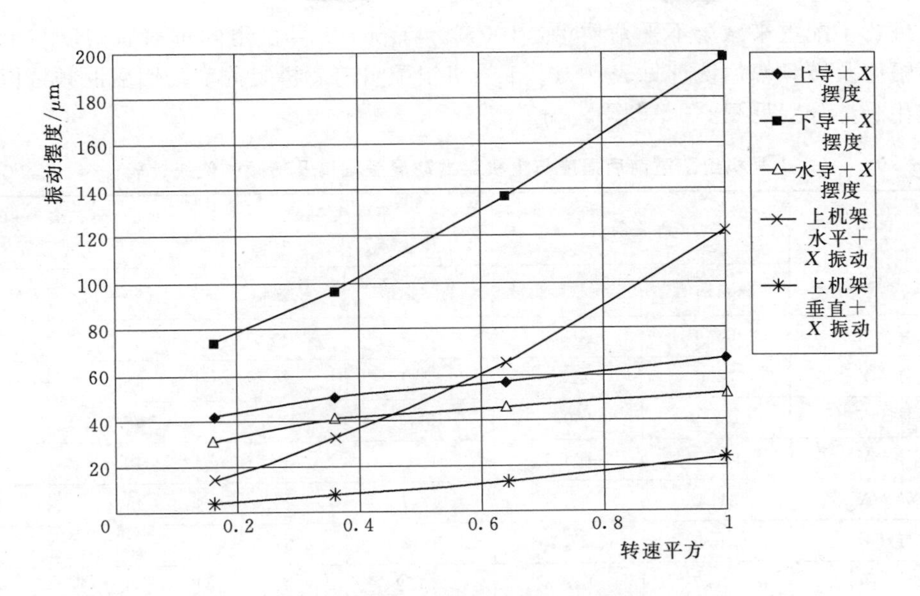


图 5-3　1号机组摆度与上机架振动混频幅值与转速平方关系曲线图

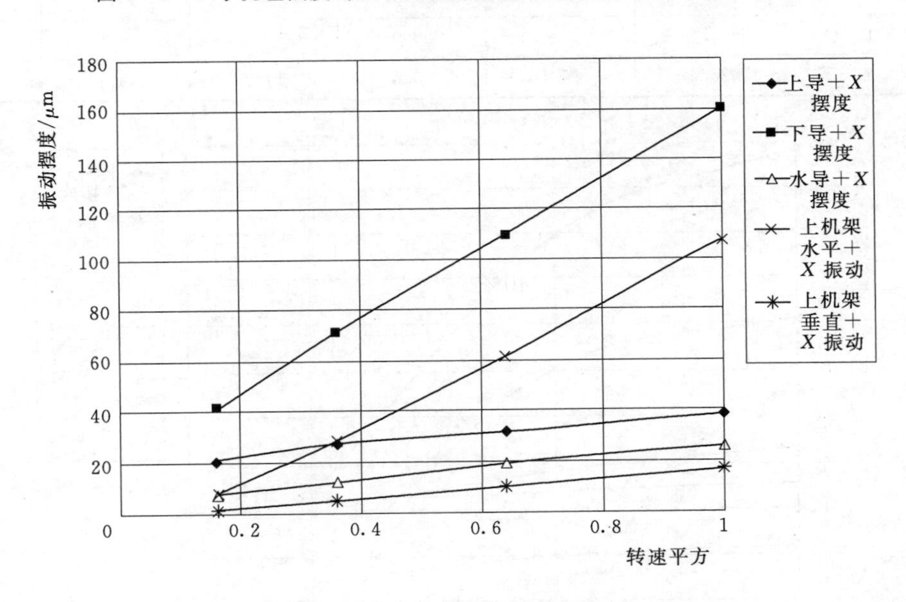


图 5-4　1号机组摆度与上机架振动转频幅值及转速平方关系曲线图

根据试验结果可知，1号机组摆度与上机架振动幅值随着转速的增加明显增大，且机组摆度、上机架振动幅值与转速平方基本呈线性关系，这说明机组转动部件明显存在不平衡质量，需要进行动平衡配重。

1号机组摆度与上机架振动幅值随着转速的增加明显增大，且机组摆度、上机架振动幅值与转速平方基本呈线性关系机组转动部件明显存在不平衡质量。

根据变转速试验结果可知，机组转动部分明显存在不平衡质量，在100%$n_r$工况对1

号机组进行了配重来减小不平衡质量，100%$n_r$ 工况，1 号机组配重前后摆度与上机架振动混频幅值及转频幅值统计见表 5-9。1 号机组配重前后机组振动与摆度混频幅值及转频幅值变化趋势分别见图 5-5、图 5-6。

**表 5-9　1 号机组配重前后摆度与上机架振动混频幅值及转频幅值统计表**　单位：μm

| 测点 \ 配重情况 | 配重前 | | 第一次 5kg 6 号与 7 号磁极中间 | | 第二次 19kg 7 号磁极 | |
|---|---|---|---|---|---|---|
| | 混频幅值 | 转频幅值 | 混频幅值 | 转频幅值 | 混频幅值 | 转频幅值 |
| 上导 +X | 66.6 | 38.7 | 56.7 | 30.7 | 39.5 | 14.2 |
| 上导 −Y | 72.0 | 42.7 | 68.1 | 36.2 | 46.3 | 15.4 |
| 下导 +X | 197.9 | 160.3 | 159.8 | 131.5 | 46.5 | 26.3 |
| 下导 −Y | 196.7 | 163.4 | 162.1 | 135.7 | 40.3 | 27.9 |
| 水导 +X | 51.1 | 25.9 | 47.7 | 29.6 | 44.6 | 21.1 |
| 水导 +Y | 51.4 | 27.7 | 51.8 | 31.7 | 42.7 | 22.2 |
| 上机架水平 +X | 122.7 | 107.8 | 101.2 | 91.5 | 10.8 | 6.9 |
| 上机架水平 −Y | 133.2 | 118.8 | 110.0 | 100.3 | 11.7 | 7.4 |
| 上机架垂直 +X | 23.6 | 17.0 | 20.0 | 15.2 | 8.7 | 2.0 |
| 上机架垂直 −Y | 28.4 | 16.4 | 26.0 | 14.3 | 11.9 | 1.6 |

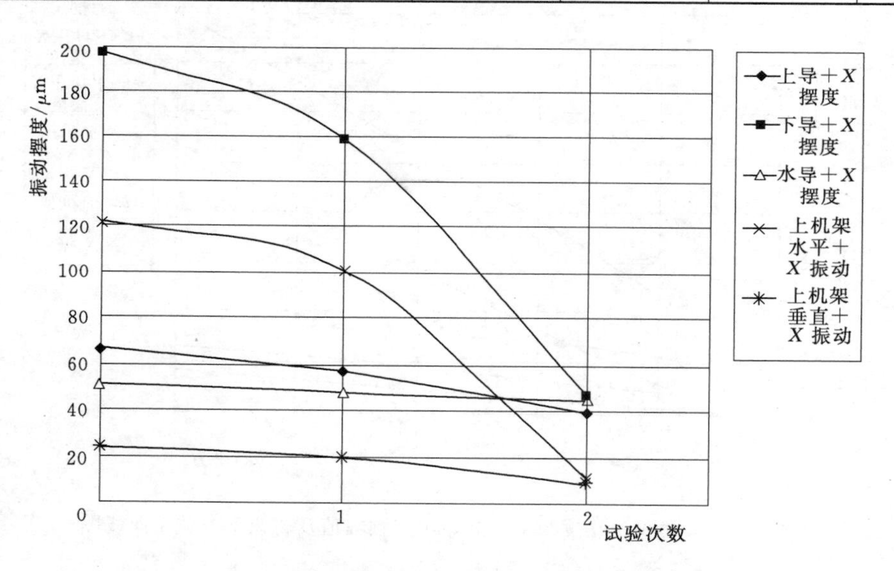


图 5-5　1 号机组配重前后机组振动与摆度混频幅值变化趋势图

根据试验结果可知，1 号机组经过配重后，机组摆度与上机架振动幅值明显变小。其中 1 号机上机架水平 +X 振动混频幅为 10.8μm，上机架水平 −Y 振动混频幅为 11.7μm，1 号机组通过配重达到了减小机组转动部件不平衡质量的目的。

以另一水电站的试验数据为例，说明配重方位的确定。机组的变转速试验和变励磁试验数据见表 5-10。

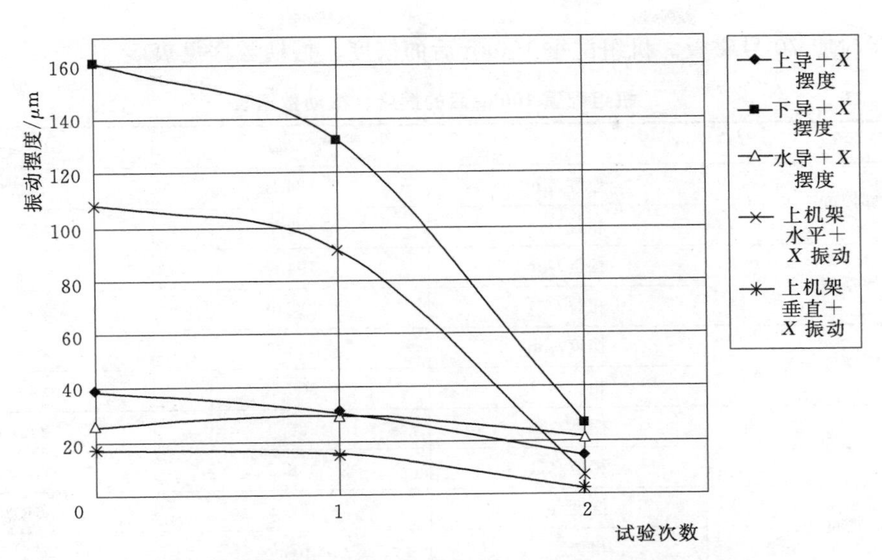


图 5-6　1号机组配重前后机组振动与摆度转频幅值变化趋势图

**表 5-10　机组的变转速试验和变励磁试验数据表**

| 测点 | | 35% $n_r$ | 65% $n_r$ | 85% $n_r$ | 100% $n_r$ | 100% $U_r$ |
|---|---|---|---|---|---|---|
| 上导摆度+X | 摆度/μm | 52.0 | 197.3 | 280.4 | 272.7 | 205.3 |
| | 相位/(°) | 332.8 | 339.7 | 331.4 | 335.9 | 343.6 |
| 上导摆度+Y | 摆度/μm | 49.1 | 214.9 | 325.1 | 363.5 | 266.0 |
| | 相位/(°) | 258.6 | 268.7 | 250.7 | 248.9 | 264.0 |
| 下导摆度+X | 摆度/μm | 25.4 | 153.8 | 309.0 | 387.0 | 431.7 |
| | 相位/(°) | 274.2 | 309.5 | 304.6 | 314.5 | 340.3 |
| 下导摆度+Y | 摆度/μm | 22.8 | 136.6 | 322.1 | 390.9 | 405.9 |
| | 相位/(°) | 115.9 | 245.9 | 222.4 | 225.9 | 251.6 |
| 水导摆度+X | 摆度/μm | 42.4 | 204.1 | 205.5 | 136.7 | 72.6 |
| | 相位/(°) | 264.7 | 221.2 | 226.2 | 250.6 | 313.4 |
| 水导摆度+Y | 摆度/μm | 45.6 | 128.3 | 199.5 | 162.3 | 72.6 |
| | 相位/(°) | 121.9 | 131.2 | 164.4 | 149.5 | 220.2 |
| 上机架径向振动+X | 摆度/μm | 1.9 | 15.2 | 28.8 | 38.0 | 49.7 |
| | 相位/(°) | 340.0 | 352.7 | 338.4 | 338.1 | 355.4 |

**注**　表中摆度值均为转频幅值。

由于机组最终是在有压状态下运行，因此配重相位应以100%额定电压。从主分析传感器（+$X$方向）测得的相位看，上导相位是343.6°，下导相位是340.3°，水导相位是313.4°。上下差30°，相差不太大，配重可同时改善上导摆度、下导摆度、水导摆度。由于配重的重点在上导摆度和下导摆度，比较两者相位后认定相位为340°。该相位是机组的偏重位，配重位在其对面，即160°，从机组上的键相片位置开始逆时针旋转160°。配重量是按经验公式 $G_i=(0.0001\sim0.0002)G$。该机组转子质量达到1700t，先选100kg，相位160°对应70号磁极。机组配重100kg后的摆度、振动数据见表5-11。

表5-11　　机组配重100kg后的摆度、振动数据表

| 测点 | | $100\%n_r$ | $100\%U_r$ |
|---|---|---|---|
| 上导摆度+X | 摆度/μm | 134.3 | 161.6 |
| | 相位/(°) | 302.3 | 327.0 |
| 上导摆度+Y | 摆度/μm | 194.7 | 190.5 |
| | 相位/(°) | 222.0 | 245.0 |
| 下导摆度+X | 摆度/μm | 223.9 | 273.2 |
| | 相位/(°) | 306.3 | 323.2 |
| 下导摆度+Y | 摆度/μm | 226.4 | 243.5 |
| | 相位/(°) | 323.2 | 231.3 |
| 水导摆度+X | 摆度/μm | 467.8 | 61.8 |
| | 相位/(°) | 265.0 | 271.6 |
| 水导摆度+Y | 摆度/μm | 51.7 | 72.0 |
| | 相位/(°) | 150.9 | 174.8 |
| 上机架径向振动+X | 摆度/μm | 28.3 | 35.7 |
| | 相位/(°) | 315.1 | 336.8 |

(5) 动平衡实例二。某水电站2号机组在有水调试过程中，监测到上机架振动值超标(水平振动0.17mm，垂直振动0.04mm)，根据国家标准必须现场进行动平衡试验。目前，国内有多家公司有专业仪器进行机组振动测量，可方便快速的明确需要增加配重的位置及重量。但由于地处偏远以及进度、费用考虑，业主委托承包人进行动平衡试验。

根据现场条件，优先选用百分表测振法，用厂房桥机吊着静止重物，重物上吸一只带有磁力表座的百分表，表的量杆垂直顶在被测物上。首先在机组运行至额定转速时监测原始振动值，并计算出试重块的重量。用三次试加重法测振动值，就是将试重块加装在转子同一半径同一平面互成120°的任意三点A、B、C上，分别记录3次加装试重块后的振动值，再根据公式计算出配重块的大小和角度，试重块的选择根据公式进行计算得出。

1) 试重块重量。

$$P=\frac{(0.5\sim2.5)Gg}{Rn_r^2}$$

式中　$P$——试重块质量，kg；

$G$——转子质量，kg；

$g$——重力加速度，980cm/s²；

$R$——试重块固定半径，cm；

$n_r$——机组额定转速。

对低转速机组，式中数值0.5%～2.5%取小值；对高转速机组，取大值。根据现场数据利用公式计算，最终得出试重块质量为：

$$P=\frac{(0.5\sim2.5)Gg}{Rn_r^2}=\frac{2.5\times68000\times980}{132\times333.33^2}=11.35932\text{kg}\approx11.4\text{kg}$$

未加试重块及加装试重块前后上机架振动值数据见表 5－12。

表 5－12　　未加试重块及加装试重块前后上机架振动值数据表

| 转子质量/kg | 额定转速/(r/min) | 试重块质量/kg | 试重块固定半径/cm | 原始振动值/mm | 第一次试加水平振动值 $U_1$/mm | 第二次试加水平振动值 $U_2$/mm | 第三次试加水平振动值 $U_3$/mm |
|---|---|---|---|---|---|---|---|
| 68000 | 333.33 | 11.4 | 132 | 0.17 | 0.14 | 0.22 | 0.27 |

2）配重块质量。加装完 3 次试重块后，根据 3 次的监测记录，计算出配重块加装角度及质量。配重块计算公式如下：

$$W=\frac{u_0}{U_p}P$$

式中　$W$——配重块质量，kg；

$P$——试重块质量，kg；

$u_0$——不加试重块时最大振动值，mm；

$U_p$——试加配重块时产生的振动值，mm。

在三个试重点上，设定振动值最大点为 $U_1$，振动值最小点为 $U_3$，中间为 $U_2$；即 $U_1>U_2>U_3$。

$$U_p=\sqrt{\frac{U_1^2+U_2^2+U_3^2-\sqrt{6(U_1^2U_2^2+U_1^2U_3^2+U_2^2U_3^2)-3(U_1^4+U_2^4+U_3^4)}}{6}}$$

表 5－12 中，$U_1$、$U_2$、$U_3$ 分别为 0.14mm、0.22mm、0.27mm，将其代入公式得

$$U_p=0.07588\text{mm}$$

根据以上公式计算得

$$W=\frac{u_0}{U_p}P=25.55\text{kg}$$

3）夹角计算。夹角 $\alpha$ 即从最小振动值点向中间振动值点偏移的夹角：

$$\alpha=\arctan\left[\frac{\sqrt{3}(U_1^2-U_2^2)}{U_1^2+U_2^2-2U_3^2}\right]$$

把表 5－12 中数据代入公式得

$$\alpha=22.64877877°\approx 23°$$

根据计算所得配重块重量和角度，对配重块进行加装，上机架水平振动值从原来的 0.17mm 降至 0.09mm，还超出国家标准。根据经验，在原有重量上增加了 8kg，再进行动平衡试验，测得水平振动值 0.02mm，配重效果明显，达到了预期的结果。

在实际情况中，机组振动不可能由单一的动平衡所引起，电磁和水力不平衡影响也或多或少地起作用，是一种综合性的因素。无论采取哪种方法，都会产生计算误差，其值与其他方面干扰的大小及所测数值的精确度有很大关系，也不可能完全消除振动现象。此种动平衡试验方法，虽然有些偏离理论计算，但是依据充分，简单实用，是许多中小型水电站值得借鉴的方法，相比大中型水电站而言，中小型水电站现场条件的限制，实地测试条件相对较差，虽然试验测试中可能次数多一点，但是仍然能够有效地解决运行中的发电机转子不平衡问题。

动平衡试验在带负荷下还应进一步试验，保证负荷下、空载下和空转都能达到理想的振摆值。

## 5.4 过速试验及停机检查

过速试验的目的是在一定的过速值下考核机组的机械强度；校核各级过速保护的动作值；考核机组在过速中有无异常现象；记录机组过速中的振动、摆度及在关机过程中的水力参数等。

### 5.4.1 试验程序

（1）机组各部按开机要求手动投入运行，也可分步自动开辅助设备。

（2）辅机均开启后，调速器手动开机至额定转速运行。

（3）轴承温度基本达到稳定，记录各部轴瓦的稳定温度和轴承的运行油位。

（4）过速试验前机组摆度和振动值应满足规程和合同要求，否则应进行动平衡试验。

（5）做临时措施，使115%$n_r$转速接点和电气过速接点（比如148%$n_r$）不动作事故停机，保留机械过速（比如152%$n_r$）接点和手动按钮落门回路，115%和148%转速接点动作用其他办法监视，有条件时，记录过转速接点、导叶开度、机组转速过程曲线。在线监测装置负责监测机组振动、摆度、水压脉动、蜗壳水压等与机组转速的关系。其他水机事故作用于停机回路。对于冲击式机组，还须在调速器解除空载状态下转速偏高动作折向器回路，或解除多个喷针的同步回路，仅用1～2个喷针做过速试验。

（6）各部监测人员到位，高压油减载装置随时准备投入。手动增大导叶开度，机组升速至115%，发信号记录各部振动、摆度，校核115%转速接点整定值，立即返回额定转速运行。检查额定转速下机组振动、摆度比过速前无明显增大，轴承温度无明显上升。

（7）假设机械过速整定值为152%额定转速。增大导叶开度使机组升速，连续记录机组状态参数。记录电气、机械过速接点动作值。如升至155%转速机械过速装置未动作关机，手动按紧急停机按钮（不落进水口闸门的按钮）关机。机械过速装置的动作值不在152%～155%之间时，应重新调整动作值。对于贯流式机组，机械过速定值可能在160%以上。转速上升的时间约40s，较为合适。

（8）停机过程中投入高压油减载装置（如有），转速降至15%转速后投机械制动。

（9）过速试验过程中设专人连续监视并记录各部轴瓦温度、蜗壳压力、机组振动和轴系摆度、压力钢管伸缩节变形、导叶两段（或三段）关闭规律。

（10）过速试验停机后，做好安全措施，全面检查机组各部分状况，当需要再次打紧磁极键时，按要求进行。

### 5.4.2 过速试验可能出现的问题

有些水电站首批机组投运时，可能存在库水位较低的情况，在该水位下，导叶即使全开，过速值也达不到机械过速开关动作值的要求。解决办法：导叶全开后，紧急关机，利用蜗壳水压的上升，使机组转速再上升一定数值。

过速试验可能会出现一些机械方面的问题：上、下机架基础松动；转子磁极、铁轭松动；转子与定子气隙减小；局部地方摩擦；焊缝开裂或螺栓松动等现象。出现这些现象须设备制造厂、监理、施工方共同讨论处理方法。

混流式机组过速试验实例人工监测记录见表 5－13，过速试验导叶开度和转速曲线见图 5－7。

**表 5－13　　　　混流式机组过速试验实例人工监测记录表**

| 机组转速 | | | 过速前 | 115% | 150% |
|---|---|---|---|---|---|
| 测量参数 | 导叶开度/% | | 13 | 22 | 82 |
| | 接力器行程/mm | | 207 | 355 | 1010 |
| | 上导轴承摆度/mm | | 0.13 | 0.17 | 0.19 |
| | 水导轴承摆度/mm | | 0.15 | 0.18 | 0.32 |
| | 调速环跳动/mm | | 0.08 | 0.12 | 0.70 |
| | 顶盖振动/mm | 垂直 | 0.04 | 0.18 | 0.80 |
| | | 水平 | 0.05 | 0.12 | 0.60 |
| | 上机架振动/mm | 垂直 | 0.06 | 0.10 | 0.15 |
| | | 水平 | 0.04 | 0.06 | 0.15 |
| | 下机架振动/mm | 垂直 | 0.02 | 0.02 | 0.19 |
| | | 水平 | 0.02 | 0.02 | 0.22 |
| | 定子振动/mm | 垂直 | 0 | 0 | 0.10 |
| | | 水平 | 0.01 | 0.02 | 0.20 |
| | 蜗壳进人门振动/mm | | 0.05 | 0.10 | 0.25 |
| | 尾水锥管进人门振动/mm | 上游 | 0.02 | 0.05 | 0.15 |
| | | 下游 | 0.02 | 0.05 | 0.15 |
| | 蜗壳压力/MPa | | 0.755 | 0.743 | 0.901 |
| | 顶盖压力/MPa | | 0.077 | 0.085 | 0.108 |
| | 尾水管压力/MPa | | 0.157 | 0.158 | 0.161 |
| 水位/m | | | 上游 139.00 | | |
| | | | 下游 66.70 | | |

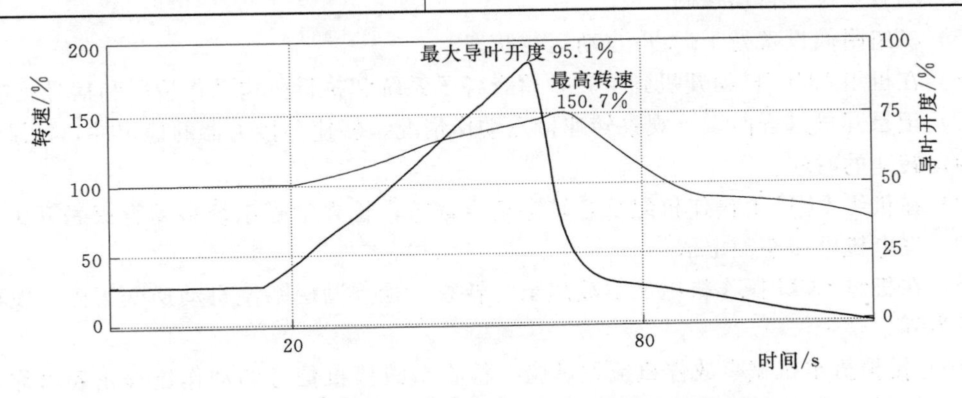


图 5－7　混流式机组过速试验导叶开度和转速曲线图

## 5.5 机组自动开停机试验

自动开/停机试验的目的是考核机组控制流程的正确性、自动化元件及辅助设备动作的可靠性，以及机组保护是否可靠、完备，记录机组开机、停机时间参数，自动开停机试验可穿插在机组各项试验中进行。

### 5.5.1 分步流程开机

（1）机组尾水闸门、进水口闸门、进水阀、筒形阀已开启。

（2）励磁系统在自动方式，发电机断路器在远方控制方式，断路器的隔离开关合闸（断路器在工作位置或试验位置），电制动开关（如果有）在自动位置，电制动电源开关在工作位置，控制方式为远方/自动。

（3）调速器置远方/自动方式，桨叶、折向器置自动方式。

（4）机组辅助设备控制置于远方/自动运行。

（5）机组 LCU 控制方式为：现地控制、单机模式、分步开机。

（6）在机组 LCU 上按自动开机流程顺序，逐点操作各子系统和执行机构，并检查动作情况和信号反馈，确认正常后，进行下一步操作。

（7）最后给调速器开机令，手动开机到100%额定转速。

（8）在转速信号正常条件下进行调速器手动—自动切换，观察机组转速的稳定性。

（9）监控给停机令，机组自动停机，监视自动停机过程，特别是高压油顶起装置启动的转速，观察轴流式机组桨叶协联关系破坏现象，录制停机过程曲线，机组停稳后，观察桨叶回复到全开位置。记录停机至加闸时间、加闸至停稳时间。

### 5.5.2 自动开、停机

（1）机组各部分按自动开机准备，调速器控制方式为自动/远方。

（2）所有水力机械保护回路均已投入，机组冷却系统投入运行。

（3）确认接力器锁锭及制动器实际位置与信号相符；检修密封排气，主轴工作密封正常。

（4）励磁系统置自动控制方式。

（5）机组附属设备处于远方/自动运行状态。

（6）在机组 LCU 自动开机到空转，检查各子系统和执行机构动作情况和信号反馈。

（7）记录开机过程曲线。观察转速接点动作情况、转速和接力器的稳定性，记录从开机至额定转速的时间。

（8）在机组 LCU 上操作机组从空转态至空载态，检查励磁系统自动合灭磁开关，自动起励，发电机电压至额定值。

（9）在机组 LCU 操作机组从空载态至空转态，检查励磁系统自动逆变灭磁，发电机电压降为零。

（10）模拟机组机械事故停机流程试验，检查事故停机信号的动作流程正确可靠，机组停稳后复归事故信号和事故配压阀。

（11）在机组 LCU 操作机组从停机态至空载态，观察机组转速上升过程和电压上升过程。

（12）模拟机组电气事故信号，进行事故流程停机试验，观察停机过程符合设计逻辑。

（13）机组远方开机至空载，观察机组转速上升过程和电压上升过程，模拟各类事故停机试验。

（14）对有电制动的机组，停机时进行电制动试验，注意观察电制动动作过程，电制动电流，以及保护、定子测温有无误发信号。当正常停机和机械事故停机时，电制动投入；电气事故停机时，电制动不投入。

（15）在励磁空载试验、同期试验完成后，分别进行自动开机至空载、空载自动停机（含电制动）试验，以及自动开机至并网、并网负荷下自动停机试验。

机组自动开机过程导叶开度与转速曲线见图 5－8，机组自动停机过程曲线见图 5－9。

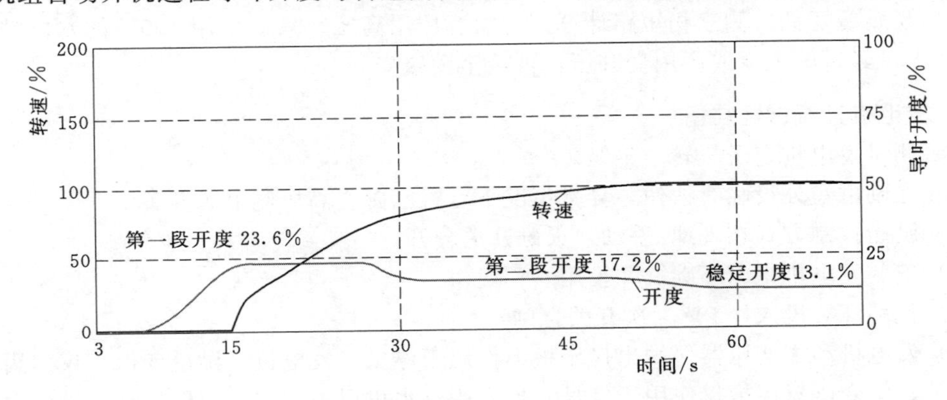


图 5－8　机组自动开机过程导叶开度与转速曲线图

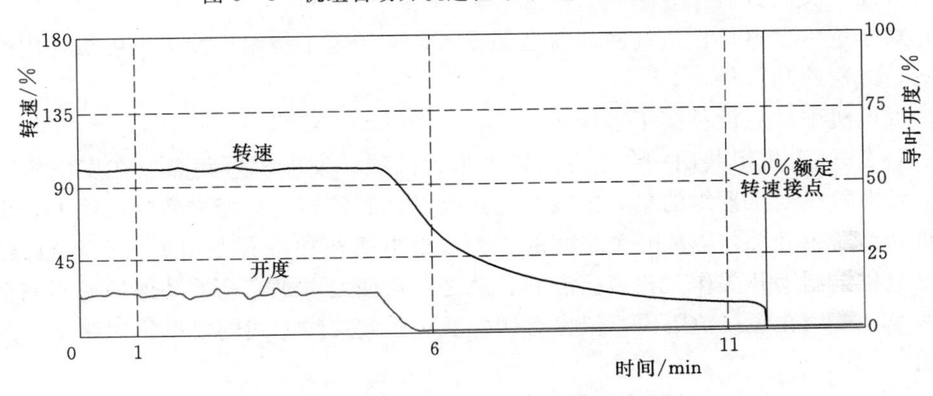


图 5－9　机组自动停机过程曲线图

注：转速信号最后直线下降是因转速信号装置在低速时不灵敏，判为零转速，实际有转速。

## 5.6　机组升流试验

水轮发电机组升流试验的目的，在于检查发电机主回路载流情况，检查发电机电流测量回路的正确性，检查发电机保护电流二次回路的正确性及动作的可靠性，检查励磁手动控制的可靠性，测量发电机短路特性。因发电机的保护以电流保护为主，故发电机升流试验应在其升压试验之前完成。

同步发电机一般采用静止可控硅自并励方式，全厂设一套备用励磁装置或机组设励磁机的方式已很难见到。发电机升流、短路特性、发电机升压、发电机空载特性、主变压器及高压配电装置升流升压试验须用他励电源进行。改接线方式如下：断开励磁变高压侧与主母线的连接，从厂用电高压盘柜备用开关（开关柜 CT 电流满足励磁变达到额定电流需要）接入高压电缆，引至励磁变高压侧。要求厂用高压电压小于等于励磁变额定电压。高压电缆的规格，按励磁变短时达到额定励磁电流考虑（做发电机空载特性时）。根据励磁变额定电流和开关柜电流互感器变比，整定开关柜的过流（或过负荷）保护、瞬时过电流保护。过流保护可整定为额定电流的 1.05 倍，延时 0.5～2s，瞬时保护按励磁变接高压厂用电出现励磁变低压侧三相短路计算。对没有厂用高压、只有厂用 400V 的水电站，可以用 400V，经过施工变或厂用变升压，再接至励磁变。

### 5.6.1 发电机升流试验准备

（1）测量发电机定子、转子绝缘。

（2）在励磁盘处设临时按钮，异常情况下可跳励磁变高压侧电源开关。

（3）励磁控制方式在现地/手动，灭磁开关分开。

（4）安装发电机集电环碳刷并投用。

（5）机端 TV 投入，TV 二次开关合闸。

（6）发电机和主变压器保护出口压板不作用于停机，发电机、励磁变保护仅作用于跳灭磁开关，主变压器保护仅作用于信号，投入所有水机保护。在模拟保护动作试验中，尽量减少跳灭磁开关次数。

（7）对全空冷发电机，空气冷却器全部投入；对于定子绕组内冷的发电机，内冷介质循环运行，二次冷却水投入。

（8）发电机中性点设备按正常接入。

（9）对 2～3 台机组共用一台主变的扩大单元接线，发电机短路点设在发电机隔离刀内侧；对发电机—变压器组的单元接线，短路点设在断路器与主变之间的母线上，也有设在发电机断路器主开关与隔离开关之间的。大型发电机往往备有专用短接点和短路装置；也有用发电机电制动开关作三相短接点的。总之尽量使发电机完全差动保护或不完全差动保护的两组 TA 均在短接范围内，但也有例外的。不同接线方式的发电机短路试验短路点设置见图 5-10。

（10）当在封闭母线上用短接板做三相短接时，要用导体将三相短路点处的母线外壳相互连接起来，给外壳电流提供通道。

（11）如果用电制动开关作短接点或在发电机断路器外做短接点，要断开电制动开关或发电机断路器操作电源，以免开关误分闸，使升流过程变成升压过程。当电制动开关额定电流比发电机额定电流小时，要限制超过电制动开关额定电流的持续时间。

（12）检查升流范围内所有 TA 二次侧无开路，短接不用的 TA 二次侧。

（13）当励磁变或励磁盘设在较小的空间室内时，该部位的通风空调设备投入运行。

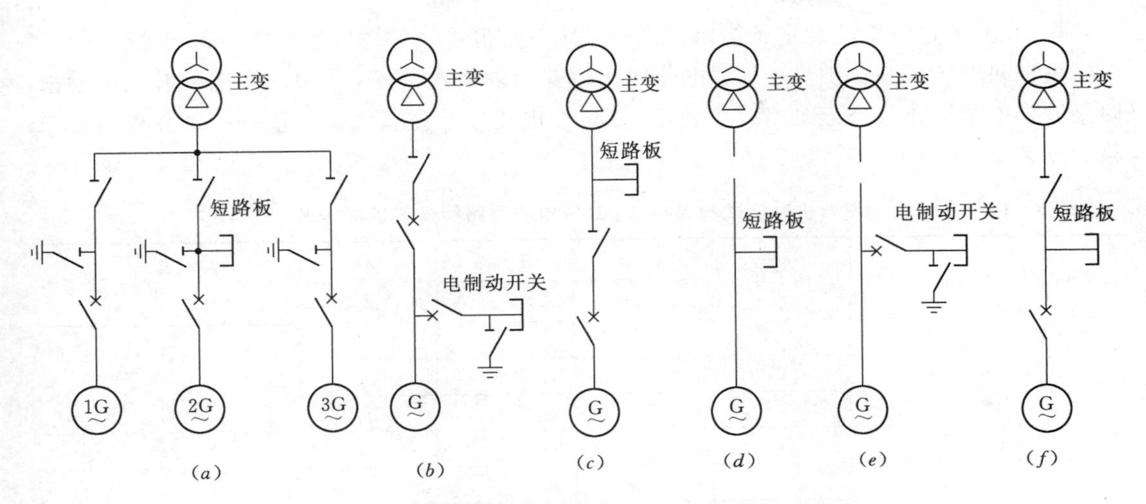


图 5-10　不同接线方式的发电机短路试验短路点设置示意图

(14) 在上端轴合适部位安装临时碳刷，用于测量轴电压。

### 5.6.2　发电机升流试验步骤

(1) 手动开机至额定转速，机组各部运行正常。

(2) 励磁整流柜风机运行正常。

(3) 检查短路范围内的 TA 二次残余电流，不得有开路现象。

(4) 励磁升流采用手动电流控制，设定电流最小输出状态，投入他励电源。注意大型机组不能直接测量励磁变低压侧电压和相序。例如某水电站机组励磁变变比为 20kV/1243V，即使接 10.5kV 厂用电源，二次侧也有 652.6V，达到或超过电压表、相序表的测量上限。可以从励磁风机电源变压器（原边接于励磁变低压侧）输出端测量电压和相序。

(5) 合交流灭磁开关（如果有）、直流灭磁开关，缓慢升流至 5%额定电流，检查升流范围内各 CT 二次无开路。继续升流至 30%额定电流，检查各组 TA 二次三相电流幅值及相位；检查发电机、主变压器、励磁变保护和故障录波及测量回路的电流幅值和相位。

(6) 降电流跳直流灭磁开关，短接发电机 A 套差动保护一侧 TA 二次侧，升流至完全纵差、不完全纵差保护动作，记录差动保护动作值，跳灭磁开关后，恢复 TA 二次接线；同样方法检查 B 套差动保护。发电机差动保护检查后，再检查励磁变差动保护电流极性，模拟励磁变差动保护动作，检查信号正确。

(7) 如果发电机升流的短路范围内还有主变差动保护的 TA，除检查回路正确性外，升流过程中还应检查主变差动保护动作值和事故信号。

(8) 通过降低定值的办法，实际升流检查发电机过流、过负荷、复合低压过流等保护动作信号，试验正确后，恢复保护定值。

(9) 通过颠倒负序过流保护 TA 二次接线的方法，升流检查负序过流保护动作逻辑。试验后降电流至零，恢复正常接线。

(10) 升流过程中检查发电机主回路、励磁变、三相短路点等各部位运行情况，如有异常现象，立即跳灭磁开关。

（11）升流过程中注意定子绕组及内冷系统各部温度，注意发电机空冷器温度。

发电机升流试验保护 A、B 屏电流回路检查记录格式见表 5－14，发电机升流试验故障录波屏电流回路检查记录格式见表 5－15，发电机短路试验降低定值保护动作检查记录格式见表 5－16。

**表 5－14　发电机升流试验保护 A、B 屏电流回路检查记录格式表**

| TA 编号 | 端子排号 | 端子号 | 电流幅值 | | | 相位 | $I_n$ |
|---|---|---|---|---|---|---|---|
| | | | 5% $I_n$/mA | 30% $I_n$/mA | 100% $I_n$/mA | | |
| TAx | | 1 | | | | | |
| | | 2 | | | | | |
| | | 3 | | | | | |
| | | 4 | | | | — | — |
| ⋮ | | 1 | | | | | |
| | | 2 | | | | | |
| | | 3 | | | | | |
| | | 4 | | | | — | — |

注　一组 TA 二次相位测量以 A 相电流为准，测 B、C 相二次电流相位；不同组的同名相 TA 二次电流相位一致为正确。

**表 5－15　发电机升流试验故障录波屏电流回路检查记录格式表**

| TA 编号 | 端子排号 | 端子号 | 电流幅值 | | | 相位 | $I_n$ |
|---|---|---|---|---|---|---|---|
| | | | 5% $I_n$/mA | 30% $I_n$/mA | 100% $I_n$/mA | | |
| TAx | | 1 | | | | | |
| | | 3 | | | | | |
| | | 5 | | | | | |
| | | 7 | | | | — | — |
| ⋮ | | 1 | | | | | |
| | | 3 | | | | | |
| | | 5 | | | | | |
| | | 7 | | | | — | — |

注　一组 TA 二次相位测量以 A 相电流为准，测 B、C 相二次电流相位；不同组的同名相 TA 二次电流相位一致为正确。

**表 5－16　发电机短路试验降低定值保护动作检查记录格式表**

| 保护功能 | 整定值 | 动作值 | 试验结果 | 定值恢复标记 |
|---|---|---|---|---|
| 发电机差动保护 87G－A | $0.2I_n$ | | | |
| 发电机差动保护 87G－B | $0.2I_n$ | | | |
| 发电机裂相保护 87GUP－A | $0.2I_n$ | | | |
| 发电机负序电流保护 51GR－B | $0.08I_n$ | | | |
| 发电机后备负序过流保护 11G－1－A | $0.3I_n$ | | | |
| 发电机后备负序过流保护 11G－1－B | $0.3I_n$ | | | |

续表

| 保　护　功　能 | 整定值 | 动作值 | 试验结果 | 定值恢复标记 |
| --- | --- | --- | --- | --- |
| 发电机后备低压过流保护 11G－2－A | $0.5I_n$ | | | |
| 发电机后备低压过流保护 11G－2－B | $0.5I_n$ | | | |
| 低阻抗保护 21G－A | $0.05I_n$ | | | |
| 发电机定子过负荷保护 51G－A | $0.5I_n$ | | | |
| 主变差动保护 87T－A | $0.3I_n$ | | | |
| 主变差动保护 87T－B | $0.3I_n$ | | | |

### 5.6.3　录制发电机短路特性

（1）发电机逐步升流至 $1.1I_n$，然后按10％逐级下降电流，记录定子三相电流、励磁电流和励磁电压，录制发电机短路特性曲线，计算额定电流时的相电流的不平衡值。

（2）如果用电制动开关做短路试验，要核对电制动开关额定电流及允许超额定电流运行的数值与时间的关系，不得在超过额定电流下长期运行。

（3）手动启动故障录波，录取50％、75％、100％额定电流的波形，测定额定电流时横差保护TA二次电流幅值，测量差动保护的差流。记录横差电流波形，分析3次谐波电流。

（4）测量不同电流下发电机的轴电压。

（5）录制在发电机额定电流下跳灭磁开关的灭磁曲线。

（6）测量额定电流下的机组振动与摆度，检查碳刷与集电环工作情况。

（7）升流过程中检查短路点发热情况并测量封闭母线/共箱母线/电缆的温升。试验完毕后将发电机电流降为零，跳灭磁开关，跳开他励电源开关。

（8）当发电机与短路点之间无可断开点，可模拟机械事故停机，拆除短路板；当短路点与发电机之间有可断开点，并能形成安全距离时，可不停发电机，分开断路器，挂接地线，拆除短接板。

（9）投入经过检验的各电流保护，拆除保护临时短接线，恢复发电机正常电流保护定值。

（10）升流试验完成后，在无短路点存在的情况下，额定转速运行的发电机残压应能满足调速器自动运行需要，进行调速器手动/自动切换试验，检查自动控制下的转速稳定性。

某水电站发电机短路特性试验数据见表5－17，特性曲线见图5－11。

### 5.6.4　发电机升流可能出现的故障及处理

（1）电流回路开路，烧坏端子，烧坏交流测量回路，如端子排、功率表、交流采样装置等。处理办法：跳灭磁开关；如果短路点与发电机之间有断路器时分发电机断路器；如果发电机与短路点之间没有断路器，则停机处理。

（2）封闭母线外壳电流回流回路不通：例如某水电站发电机升流短路点设在发电机断路器成套装置主开关与隔离开关之间，断路器至主变之间的封闭母线因耐压未通过而未连接。发电机升流后，发现断路器下边的接地扁铁油漆烧黑，封闭母线的支撑钢件发热。

表 5－17　　　　　　　　　　某水电站发电机短路特性试验数据表

| 励磁电流/A | A 相电流/kA | B 相电流/kA | C 相电流/kA |
|---|---|---|---|
| 2012.5 | 24.79 | 24.67 | 24.79 |
| 1821.2 | 22.59 | 22.59 | 22.53 |
| 1630.6 | 20.24 | 20.30 | 20.24 |
| 1443.8 | 18.02 | 18.08 | 18.02 |
| 1260.6 | 15.79 | 15.85 | 15.79 |
| 1075.0 | 13.51 | 13.56 | 13.51 |
| 895.2 | 11.28 | 11.34 | 11.28 |
| 713.8 | 9.02 | 9.08 | 9.02 |
| 531.2 | 6.74 | 6.80 | 6.74 |
| 353.1 | 4.51 | 4.54 | 4.51 |
| 174.4 | 2.26 | 2.29 | 2.26 |
| 0 | 0 | 0 | 0 |
| 额定电流时的相电流不平衡率/% | | 0.27 | |

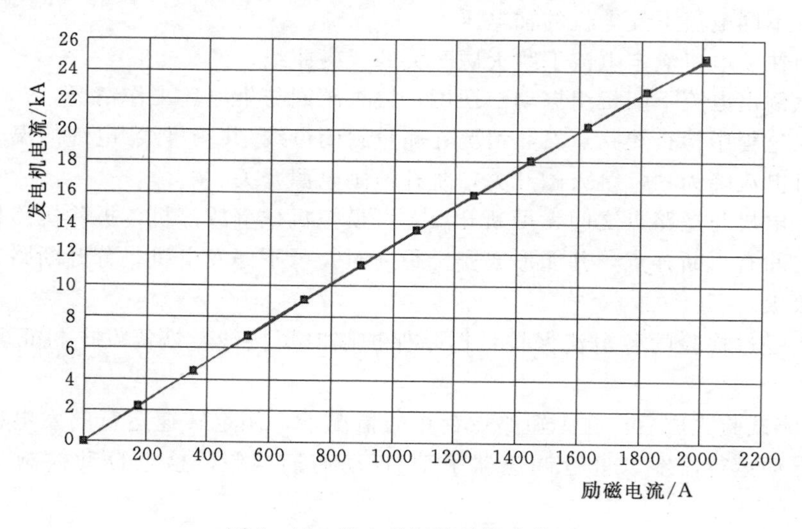


图 5－11　发电机短路特性曲线图

（3）多点接地的封闭母线的接地线过热：接地线分担了应从外壳中回流的电流。解决办法：在保证封闭母线有可靠接地点的情况下，取掉发热的接地线。

（4）发电机出线电缆所经过的电缆架、电缆托盘发热：原因是发电机出线电缆为单芯电缆，安装时每相集中布置在一起，形成很大的交流感应磁场，使周围钢质电缆架发热。解决办法，每相取一根电缆，成品字形扎在一起，使电流磁场互相抵消。

（5）发电机出口混凝土墙屏蔽板固定螺丝发热烧红：原因是固定螺丝与屏蔽板之间的绝缘损坏，造成屏蔽板多点接地，与混凝土钢筋形成多个感应电流环路，使感应电流烧热螺栓。

(6) 用电制动开关做发电机升流的短接点，其接地刀闸也投入，接地刀闸过热。原因为接地刀闸投入后与三相短接母线成并联关系，共同承担短路电流，但接地刀闸容量小，故发热严重。

(7) 发电机刚开始升流时，调速器发过速信号停机。检查结果为：送至调速器的残压测频电压为相电压，短路中基波相互抵消了，剩下三次谐波电压为主，故导致过速信号出现。改线电压测频，不含三次谐波，问题消除。

(8) 发电机大电流回路路径附件的钢结构或电流互感器发热。解决办法是支撑件换用不锈钢构件，电流互感器移位或加屏蔽。

(9) 极性错误检查。如果是单相电流的极性反了，改错相电流极性即可，使三相电流的相位对称，并为正相序。如果是一组电流互感器的极性全反了，改正的原则：应使极性与设计图纸一致；应使各台机组的引出极性一致；相邻的主变差动保护 TA 和发电机差动保护 TA 的极性应一致；虽然某些差动保护可以从软件上改极性，但为保证软件在各机组、主变上的通用性，应从接线上改。如果要从 TA 根部改线，必须停机；如果从端子箱改线，跳开灭磁开关，用短接线将 TA 侧线三相短接，再改引出线和短接线，确认无开路后，拔掉短接线即可，不必停机。

## 5.7 机组升压试验

水轮发电机组升压试验目的：检查发电机在额定电压下的工作情况；检查发电机电压互感器二次回路的正确性；检查发电机过电压保护的可靠性；录制发电机空载特性；测量机组在不同电压下的振动、摆度；测量发电机在不同电压下的轴电压。

### 5.7.1 升压前准备工作

(1) 试验前测量定子、转子绝缘电阻，符合要求。

(2) 投发电机过压保护（定值暂改为 1.05 倍）、差动保护、后备保护和励磁变保护，投入经过检验的电流保护。

(3) 投入所有水机保护及自动控制回路。

(4) 发电机中性点接地变投入；当发电机与主变压器之间没有断路器或隔离开关时，主变低压侧与发电机母线不连。

### 5.7.2 发电机定子单相接地试验

以图 5-12 为例，说明发电机定子接地保护试验。

(1) 机组在额定转速稳定运行，调速器切自动方式。

(2) 注入式接地保护，也称为 100% 接地保护或注入式接地保护，其作用是从发电机中性点到发电机出口、主变低压侧的任一点接地，不论发电机电压高低，保护均能动作。试验方法是退出发电机接地保护跳闸出口，在不加励磁的空转情况下，在发电机中性点接地变上端接接地电阻箱，合 20207 刀闸，调节电阻箱，使接地电阻低于设定值时接地信号动作。试验后，断开 20207 刀闸，取下接地变所接电阻箱，复归保护信号，合 20207

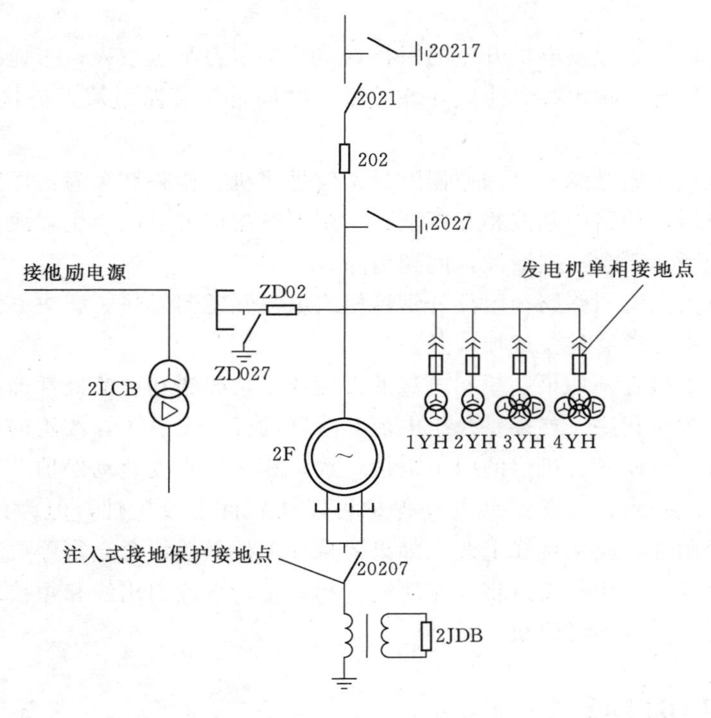


图 5-12　发电机定子接地保护试验示意图

刀闸。

(3) 95%接地保护，其作用：在100%定子电压下，从发电机出口（含到主变低压侧的母线）到中性点95%的绕组接地均能保护，仅中性点5%的绕组不能保护，其判据是发电机出口的开口三角电压。也可以说，在发电机出口做单相接地，升5%的额定电压，保护即能动作。试验方法：中性点接地变投入，在发电机电压互感器处做单相接地点，注意不使接地电流流过TV高压熔断器，投励磁电源，合灭磁开关，用ECR缓慢升压至定子额定电压约5%，95%接地保护动作。动作正常后降励磁至零，分灭磁开关，拆除临时接地线，投入发电机接地保护。

(4) 发电机中性点消弧线圈方式，允许发电机在单相接地时运行，要求接地电流小于2.5A，且呈容性。试验方法：发电机中性点与消弧线圈断开，在发电机出口做单相接地线，线中串电流互感器（一次侧电流约为15A以下），机组在额定转速下运行，加励磁升压到50%额定电压，记录接地电流；退励磁至零，换算100%额定电流下的接地电流，该电流为容性；根据补偿要求接地电流小于2.5A，且呈容性，得出消弧线圈应通过的电流，将消弧线圈调至接近该电流的挡位，合中性点消弧线圈刀闸，保持出口单相接地，再给励磁，升压到50%额定电压，记录单相接地电流和消弧线圈电流，换算100%额定电压下的接地电流；如果换算的接地电流大于2.5A，再降励磁至零、分中性点隔离刀闸的情况下，调整消弧线圈挡位，重新进行补偿试验直至符合（欠补偿）要求。主机带主变后升压试验后，重新安排机组带主变的发电机单相试验，校核单相接地的补偿电流是否符合要求。定子接地保护试验结果见表5-18。

表 5-18　　定子接地保护试验结果表

| 保护功能 | 整定值 | 动作值 | 试验结果 |
| --- | --- | --- | --- |
| 100%定子接地保护 | — | — | 正确 |
| 95%定子接地保护 | $0.05U_n$ | $0.05U_n$ | 正确 |
| 95%定子接地保护 | $0.05U_n$ | $0.05U_n$ | 正确 |
| 90%定子接地保护 | $0.1U_n$ | $0.1U_n$ | 正确 |
| 90%定子接地保护 | $0.1U_n$ | $0.1U_n$ | 正确 |

### 5.7.3　单相接地试验可能出现的问题及处理

（1）当发电机中性点采用消弧线圈接地方式，用50%额定电压下的试验接地电流推算100%的接地电流，可能将消弧线圈每一档都试验过了，得不出补偿后接地电流小于2.5A的要求。问题可能出在消弧线圈上，它不是一个线性元件，以50%电压下的电流推算100%电压下的电流存在偏差。解决办法是提高试验电压，再推算100%电压下的接地电流，直至符合要求。

（2）采用注入式接地保护的发电机，测速装置和调速器测频回路不能取相电压，以免在电压较低时，注入的20Hz电压信号干扰测速和测频回路。取线电压时，两相中的干扰电压正好抵消。

### 5.7.4　发电机零起升压步骤

（1）机组在空转下运行，调速器自动控制。

（2）励磁给定在零位，检查发电机的残压正常。

（3）发电机过电压保护暂整定$1.05U_n$，延时0.5s，投发电机过电压保护；投校验过的各电流保护和单相接地保护。

（4）合交、直流灭磁开关，手动逐渐升压至25%额定电压，检查发电机及升压范围内一次设备是否正常。

（5）测量发电机TV二次侧电压幅值，测量TV二次开口三角电压值。

（6）按$50\%U_n$、$75\%U_n$、$100\%U_n$分级升压，升压过程中监视一次设备运行情况，每阶段停留期间测量发电机振动、摆度值，测量横差保护的横差电流，并记录波形。

（7）降低过压、过激磁保护定值（如1.05倍），升压至保护动作，跳灭磁开关，不停机，检查保护动作逻辑。试验后恢复过电压保护定值，投过电压保护。

（8）额定电压下检查发电机各组TV二次电压相序、幅值正确；测量TV开口三角电压值。测量各组TV二次同名相电压差，检查各测量、保护的电压回路正确。

（9）记录定子铁芯、上下压指温度和铁芯振动值。测量额定电压时的发电机轴电压。

（10）在50%额定电压、100%额定电压下跳灭磁开关灭磁，灭磁后测量发电机残压。

发电机升压试验电压回路检查记录格式见表5-19，降低定值保护动作检查记录格式见表5-20。发电机组升压时振动、摆度关系见表5-21。

**表 5-19　　　　发电机升压试验电压回路检查记录格式表**

<table>
<tr><th rowspan="2">TV 编号</th><th rowspan="2">端子排号</th><th rowspan="2">端子号</th><th colspan="3">电　压　值</th><th rowspan="2">相位</th><th rowspan="2">$U_n$</th></tr>
<tr><th>25%$U_n$</th><th>50%$U_n$</th><th>100%$U_n$</th></tr>
<tr><td rowspan="3">TV1</td><td rowspan="3"></td><td></td><td></td><td></td><td></td><td rowspan="3"></td><td rowspan="3"></td></tr>
<tr><td></td><td></td><td></td><td></td></tr>
<tr><td></td><td></td><td></td><td></td></tr>
<tr><td rowspan="3">⋮</td><td rowspan="3"></td><td></td><td></td><td></td><td></td><td rowspan="3"></td><td rowspan="3"></td></tr>
<tr><td></td><td></td><td></td><td></td></tr>
<tr><td></td><td></td><td></td><td></td></tr>
</table>

**表 5-20　　　　降低定值保护动作检查记录格式表**

| 保　护　功　能 | 整定值 | 动作值 | 试验结果 |
|---|---|---|---|
| 过电压保护 59G-A | $1.1U_n$ | $1.09U_n$ | 正确 |
| 过电压保护 59G-B | $1.1U_n$ | $1.07U_n$ | 正确 |
| 过激磁保护 24G-B | $1U_n/f$ | $1.02U_n/f$ | 正确 |

**表 5-21　　　　发电机组升压时振动、摆度关系表**

| 机端电压/% | 0 | 25 | 50 | 75 | 100 |
|---|---|---|---|---|---|
| 定子铁芯振动/(mm/s) | 0.60 | 0.55 | 0.52 | 0.50 | 0.50 |
| 上机架振动/(mm/s) | 0.65 | 0.75 | 0.75 | 0.75 | 0.62 |
| 上导摆度/μm | 202.00 | 186.00 | 207.00 | 159.00 | 228.00 |
| 下机架振动/(mm/s) | 0.33 | 0.35 | 0.36 | 0.32 | 0.33 |
| 下导摆度/μm | 212.60 | 198.50 | 246.30 | 240.00 | 253.00 |

振动、摆度与发电机电压的关系并不明显。

### 5.7.5　发电机空载特性试验

空载特性曲线是发电机最基本的特性曲线，是决定发电机参数及运行特性的重要指标之一。在进行发电机空载特性试验的同时，还可以兼顾定子绕组匝间耐压试验、检查定子三相电压的对称性、测定定子绕组残压，它与以后的试验结果比较，能反映转子绕组严重的匝间短路故障。

(1) 在没有明确要求时，上升、下降的空载特性均录制。

(2) 调速器切自动，以免电压高时转速降低，导致过激磁动作。励磁采用他励方式，取掉励磁限制。发电机过电压保护暂整定 $1.35U_n$，延时 0.5s。

(3) 80%以下电压，每隔 10%定子电压记录一点；80%以上电压，每隔 5%定子电压记录一点。最高点以不超过 1.3 倍额定电压为限（或额定励磁电流）。记录励磁电流、定子三线电压值及机组频率值。录制过程中电流不得反复调节，必须是单向调节，每调一个电流，要等待几秒钟，因为转子电流有惯性延迟。计算额定电压下的线电压的不平衡率，换算 100%转速下的空载特性，做空载特性曲线图。

(4) 试验完成后断灭磁开关，将转子回路经过电阻接地，合灭磁开关，初步整定转子一点接地保护。恢复发电机过电压保护定值。

发电机组空载特性试验数据见表 5-22，空载特性曲线见图 5-13。

**表 5-22　发电机组空载特性试验数据表**

| 定子电压 $U_{AB}$/kV | 定子电压 $U_{BC}$/kV | 定子电压 $U_{AC}$/kV | 转子电流 $I_F$/A |
|---|---|---|---|
| 27.435 | 27.526 | 27.482 | 3610 |
| 26.330 | 26.410 | 26.352 | 3055 |
| 25.154 | 25.250 | 25.208 | 2672 |
| 24.032 | 24.080 | 24.036 | 2385 |
| 22.880 | 22.952 | 22.928 | 2166 |
| 21.714 | 21.754 | 21.710 | 1968 |
| 20.630 | 20.654 | 20.608 | 1805 |
| 19.434 | 19.504 | 19.456 | 1660 |
| 18.285 | 18.330 | 18.285 | 1532 |
| 15.962 | 16.006 | 15.986 | 1305 |
| 13.732 | 13.776 | 13.748 | 1106 |
| 11.430 | 11.454 | 11.452 | 906 |
| 9.037 | 9.060 | 9.039 | 705 |
| 6.898 | 6.916 | 6.908 | 526 |
| 4.594 | 4.616 | 4.606 | 336 |
| 2.296 | 2.306 | 2.302 | 151 |
| 0.276 | 0.281 | 0.278 | 0 |
| 额定电压时线电压不平衡率/% | | | 0.31 |

### 5.7.6 发电机升压和空载特性中可能出现的问题

(1) 发电机残压线电压平衡，相对地电压不平衡：在空转情况下，将中性点直接接地，检查残压各相是否均衡，如果是，则原因为发电机定子绕组及母线回路各相对地电容不均衡，可查阅发电机各相绕组电容值测试报告，不需处理。

(2) 转子与定子之间的挡风板固定件发热：可能的原因是固定件为钢质，受转子旋转的交变磁场感应发热或受定子端部漏磁的影响，须更换为不锈钢构件。

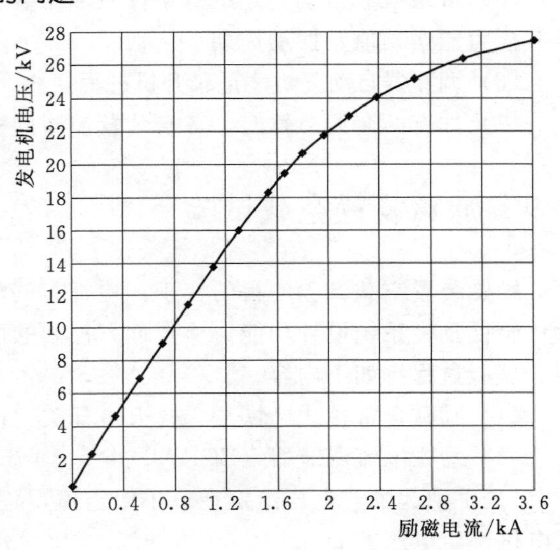

图 5-13　发电机组空载特性曲线图

(3) 机组在升流、升压试验中，一直存在转子一点接地信号：检查励磁直流回路，无论是停机态还是空转态，未见绝缘异常。后查交流回路，绝缘低。原来在励磁变低压侧安装有电压互感器，接于机组故障录波装置，电压互感器一次侧的中性点直接接地了。后将励磁变低压侧电压互感器拆除，转子接地信号消除。

（4）发电机轴电压偏高：多数水电站发电机额定电压时轴电压在10V以下。某水电站发电机在额定电压时，轴电压为36V，波形为6次谐波。在保证轴承绝缘良好及绝缘监测装置工作正常的情况下，未处理。

## 5.8 调速器空载试验

调速器空载试验的作用：检查、调整调速器调节过程的速动性和调节的稳定性；检查调速器控制方式切换的稳定性；检查调速器故障时转速的稳定性；检查远方控制的可靠性，以及监控采集调速器信号的正确性。试验过程主要有下列内容。

（1）调速器在自动控制下空转，选择多组调速器参数进行调节器的空载扰动试验，扰动试验应满足下列要求：

1）扰动量按±1%、±2%、±4%、±8%额定转速逐步增加。例如±8%的扰动为48Hz→52Hz→48Hz。

2）转速最大超调量不应超过扰动量的30%；超调次数不超过2次；从扰动开始到不超过机组转速摆动规定值（±0.25%）为止的调节时间应符合规程规定。

3）选取优选调节参数，供自动空载运行使用，在优选参数下，大型机组3min转速相对摆动值不应超过额定转速的±0.15%，接力器不应有明显的周期性抽动。

（2）调速器手动控制下运行，观察导叶、桨叶开度不应漂移，机组转速稳定。

（3）在自动、手动之间切换，观察转速、接力器不应有明显波动。

（4）进行调速器故障模拟试验，包括控制电源中断、测频信号中断、导叶（针阀）反馈故障等。检查其作用于停机、发信号的动作逻辑正确，监控系统反应正确。

（5）记录空载自动稳定运行条件下油压装置油泵向油罐补油的时间及工作周期，记录导叶接力器摆动值及摆动周期。

（6）调速器自动开机，记录开机过程曲线，检查转速超调量、调节次数、开机时间等。

（7）如有两套调节器时，各套装置应作同样检查调试。

## 5.9 励磁装置空载试验

励磁装置空载试验的目的在于：检查、调整励磁系统调节过程的速动性和调节的稳定性；验证励磁系统设计功能；检查远方控制的可靠性，以及监控采集励磁系统信号的正确性。试验过程有如下内容。

（1）励磁正常接线已恢复，合灭磁开关，机组自动开机到空转稳定运行。

（2）励磁电流调节器（ECR）试验。

1）手动起励，电压给定在最小给定值，逐步调节励磁，检查调节范围，下限不高于发电机额定电压的20%。

2）手动升压、降压过程平稳，调节速率适中。

3）升至50%额定电压下，逆变灭磁；在升至100%额定电压，逆变灭磁，录制逆变波形。

4）检查手动调节电压上限不低于发电机额定电压的110%。

（3）自动调节器（AVR）试验。

1）发电机转速在95%～100%，AVR控制下自动起励，机端电压从零上升到额定值，电压超调量不大于10%，超调次数不超过3次，调节时间符合要求。

2）设定电压调节范围并测定，自动电压调节范围不小于70%～110%额定电压。自动升压、降压过程平稳，调节速率适中。

3）分别在50%、100%额定电压下，自动逆变灭磁，录制逆变波形。

4）两套装置分别进行上述试验。

（4）幅频特性试验：AVR投入，在47～52Hz范围内改变机组转速，测定机端电压变化，符合规范规定。

（5）切换试验：自动/手动切换、两套自动调节通道切换，检查发电机电压无明显波动。

（6）阶跃响应试验：在发电机90%额定电压状态下，人工加入±3%、±5%、±10%阶跃干扰，录制给定信号、机端电压、励磁电流电压波形，计算超调量、摆动次数、调节时间和励磁系统延迟时间，应满足规程要求。

（7）空载励磁电流限制试验。

（8）进行功率柜风机主用、备用切换试验。

（9）在冷却风机全投的情况下，测定励磁盘前、后噪声，符合规程规定。

（10）在额定工况下，跳灭磁开关灭磁，记录机端电压、励磁电流、励磁电压和开关断口电压波形。

（11）测定励磁系统顶值电压及电压响应时间。

（12）机组LCU、同期装置和中控室对励磁系统调节电压试验。

（13）进行空载条件下的励磁系统故障模拟试验。

（14）转子一点接地保护校验。

（15）励磁试验波形图。

1）10%阶跃试验。励磁10%阶跃试验实例见图5-14，逆变灭磁试验实例见图5-15，励磁自动起励试验实例见图5-16，空载跳开关灭磁实例见图5-17。

分析意见：超调量为扰动量的6%，调节时间1.4s，波动1次。

2）AVR逆变灭磁。

分析意见：电压降至3%以下为6.6s。

3）AVR起励。

分析意见：起励至95%电压约9.5s，超调量约5%，调节时间2.5s。

4）跳开关灭磁。

分析意见：电压降至3%以下5.5s，灭磁时间常数为2.5s。

（16）励磁录波安全注意事项。

1）转子电流、电压经过变送器后，成为4～20mA的模拟量，可以直接进入录波仪。

2）对额定励磁电压在100V以下的机组，转子电压相对安全，可以直接将转子电压

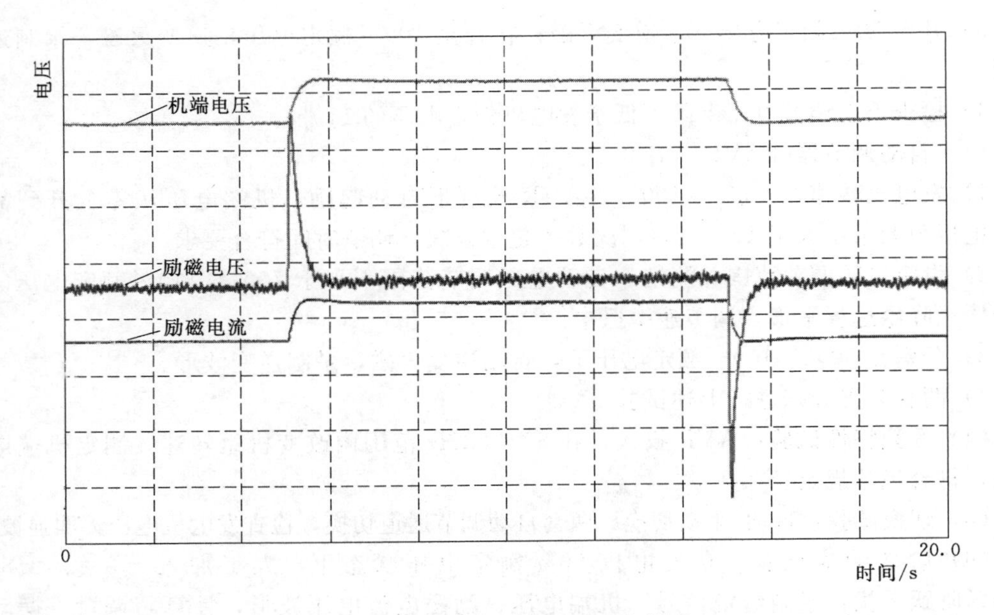


图 5-14　励磁 10%阶跃试验实例图

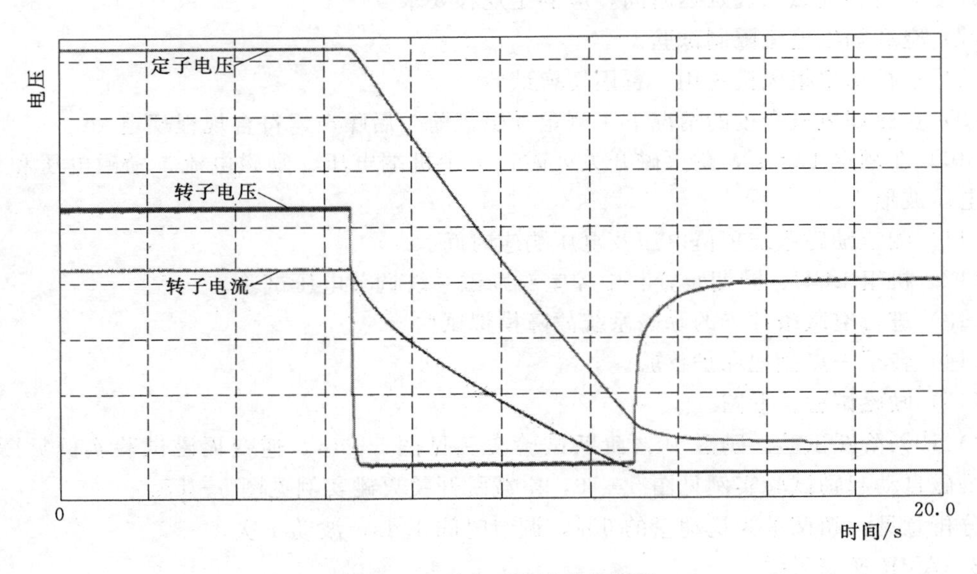


图 5-15　逆变灭磁试验实例图

接入录波仪。

3）对额定励磁电压在 100V 以上的机组，转子电压比较危险，如果要将转子电压直接接入录波仪，就需将录波仪的交流工作电源进行隔离，隔离变两侧绕组应能承受 2000V 的交流耐压，而且转子电压要用串联电阻分压衰减后再接入录波仪。当转子电压和转子电流均经过变送器后接入录波仪，就比较安全。

4）当机组额定励磁电压达到 200V 以上时，不要试图用万用表直接测量转子电压。与采用励磁机励磁的转子电压不同，可控硅励磁的转子电压含高次谐波，峰值电压约是显

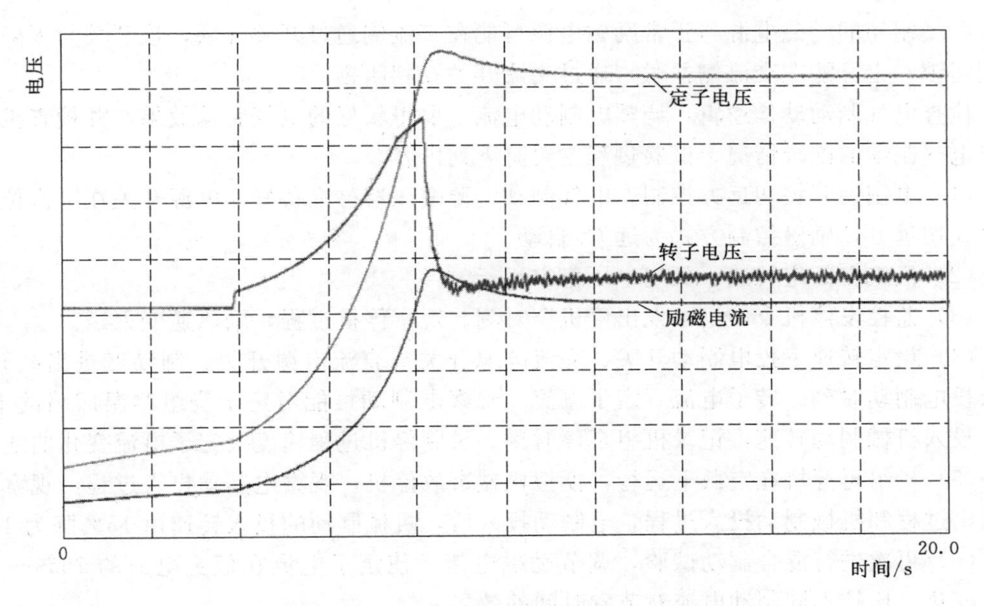


图 5-16　励磁自动起励试验实例图

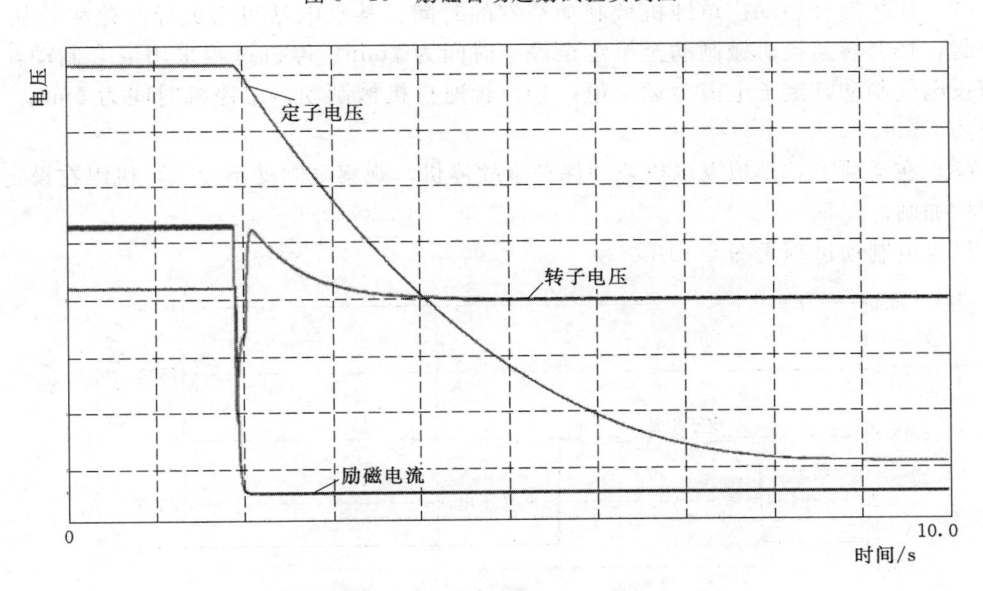


图 5-17　空载跳开关灭磁实例图

示直流电压的 3 倍以上，易造成表计损坏、人员伤害。

## 5.10　机组混合制动试验

混合制动是先投电气制动、后投机械制动。电气制动是为加快停机过程、减少轴承在低转速下运行时间。在进行电制动试验前，励磁的空载试验已完成，机组自动开、停机试验正常。

电气制动的励磁电源与正常励磁电源可能在直流侧通过开关并联，该开关与灭磁开关互相闭锁；也可能在交流侧并联，通过交流开关互相闭锁。

检查电气制动动作逻辑，调整电制动电流，取得较好的电气制动效果，并检查机械制动与电气制动的配合情况。试验过程主要有下列内容。

（1）电制动开关切远方控制，电气制动电源变压器已准备好，电源开关在工作位，控制方式切远方，励磁控制方式为远方/自动。

（2）机组在额定转速、额定电压稳定运行。

（3）监控发停机令，记录发出停机令时刻。观察停机过程，励磁逆变灭磁。

（4）设定转速下投电制动开关、交流电源开关或直流电源开关、制动变进出线开关，记录投电制动时刻、转子电流、定子电流，观察电制动可能对定子绕组测温回路的干扰，记录投入机械制动转速，记录机组全停时刻，录制停机过程速度及定子电流变化曲线。

（5）机组再开机在空载下运行，模拟机械事故停机，观察电制动投入过程，观察电制动退出过程和机械制动投入过程，电制动投入后，机械制动的投入转速由15%降为10%。

（6）再次进行混合制动试验，调节励磁电流，使定子电流在额定电流的75%～95%之间变化，比较不同制动电流对节省时间的效果。

（7）比较混合制动比单纯机械制动节省的时间。某水电站机组关导叶停机，从50%转速起，15%转速投机械制动至机组全停，时间为7min。停机过程采用混合制动，50%转速投电气制动，定子电流为额定值，10%转速投机械制动，总停机时间为5min，节省时间约2min。

（8）在空载下，模拟发电机差动保护事故停机，观察电制动不投入，机组在设定转速下机械加闸。

机组电制动过程见图5-18。

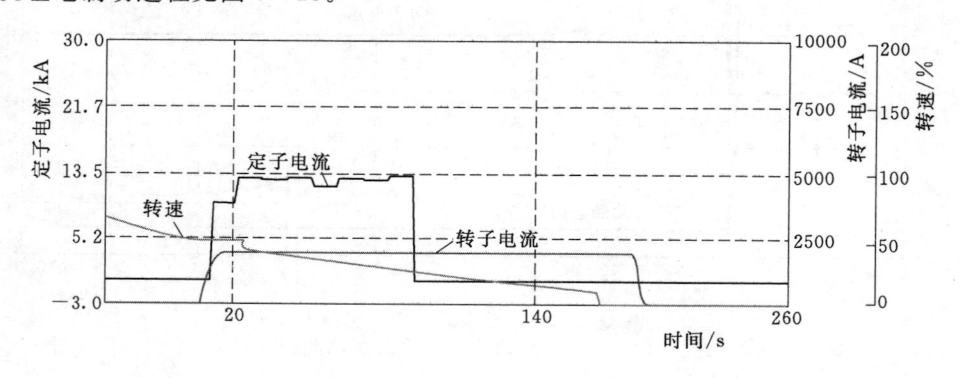


图5-18　机组电制动过程图

注：图中投电制动转速为49.2%，开始时间5min45s，结束时间8min38s，制动电流12.9kA。定子电流在低频时测不出，转子电流在8min38s时退出。

# 参　考　文　献

［1］ 敖建平，等．水轮发电机组的动平衡试验方法．水电站机电技术，2005，28（2）．

# 机组带主变压器与升压站高压配电装置试验

## 6.1 简述

机组空载试验之后、并网之前，需对主变压器与高压配电装置、继电保护等电气一次、二次设备进行带电调试试验完成后水电站即具备系统电源倒送条件，高压配电装置、主变可受电投入运行，机组具备并网条件。对于主变与高压配电装置试验，一般利用水轮发电机组作为试验电源，励磁利用他励电源 ECR 手动方式，分别以升流、升压的方式分段检查电流与电压回路正确性及可靠性。

升流试验是在水电站出线设备处根据出线的数量设置一处或者多处短路点，用一次电流检查主变、GIL、高压电缆、升压站设备等一次回路连接的可靠性及所有 TA 二次回路的完整性、正确性、对称性；校验升流范围内主变保护、断路器保护、母线保护、线路保护及故障录波装置等保护装置的启动及动作情况，检查电流回路接线及极性正确。用降低定值的方法进行保护动作模拟试验，检查主变零序保护、主变差动保护、线路保护等各种保护的动作逻辑。主变单相接地试验利用利用主变高压侧接地刀闸作为单相接地试验的短路点，检查记录发电机负序、变压器零序电流，并用降低定值的方法检查动作的可靠性。

升压试验是用发电机做试验电源零起分段逐步上升到额定电压，升压试验需分段进行，并投入主变和高压配电装置所有保护，每次加带一组 TV，以便在升压过程中发生故障时能尽快发现故障位置，在真实状态下检查一次回路各部绝缘及 TV 二次回路的正确性和完整性。检查一次设备在额定电压下的运行情况，观察主变、高压厂用变压器（厂高变）、高压配电装置、GIL、电抗器及一次出线设备的升压情况，检查线路电抗器 TA 回路，并在额定电压下核对发电机断路器同期点的比较电压满足同期条件；完成开关站 TV 切换试验，验证 TV 切换逻辑，核对 GIS 各断路器同期点的电压满足同期条件。

升压试验完毕后利用系统电压对主变和厂高变进行五次全电压冲击合闸。检查主变在冲击合闸情况下的绝缘性能。检查主变差动保护、厂变保护对励磁涌流的闭锁情况，录制主变、电抗器冲击波形。对于设计有带线路零起升压要求的水电站，机组需具备对空载线路零起升压的能力并进行验证，检查线路工作情况。特殊情况下，高压配电装置与主变压器也可不经零起升流升压而直接倒送受电，例如大多数抽水蓄能电站，其试验方案上应考虑全面以确保试验安全。

## 6.2 机组对主变压器及高压配电装置短路升流试验

用一次电流检查主变与 GIS 系统所有 TA 二次回路的完整性、正确性和对称性；检查主变差动、母线差动等 GIS 设备保护的电流方向和工作情况；观察主变压器、高压电缆、GIS 及 GIL 等一次设备在额定电流下的运行情况；校验升流范围内主变保护、断路器保护、母线保护、线路保护及故障录波装置的启动动作情况，在真实状态下检查主变零序保护、主变差动保护动作逻辑，检查高压电缆温升。

### 6.2.1 GIS 升流试验实例

大型水电站 GIS 常见接线方式为 3/2 或 4/3 断路器接线。

3/2 断路器接线就是在每串有 3 个断路器，进出回路 2 个，一般用于 750kV、500kV、330kV（或重要 220kV）电网的母线主接线，4/3 断路器接线方式相似。

GIS 设备升流时接地点通常设在每条出线最外侧，包含出线电流互感器；接地点一般选用靠近线路侧快速接地刀，试验前应校核接地刀容量。对有特殊要求的水电站也可采用断开出线钢芯铝绞线，并用足够面积的铜线在出线 TA 外侧可靠短接。

某水电站 1 号、2 号机组（首批两台机组同时调试）带主变升流短路点设置。主接线为 330kV 一级电压接入系统，330kV 侧为 3/2 接线（见图 6-1），330kV 超高压设备采用

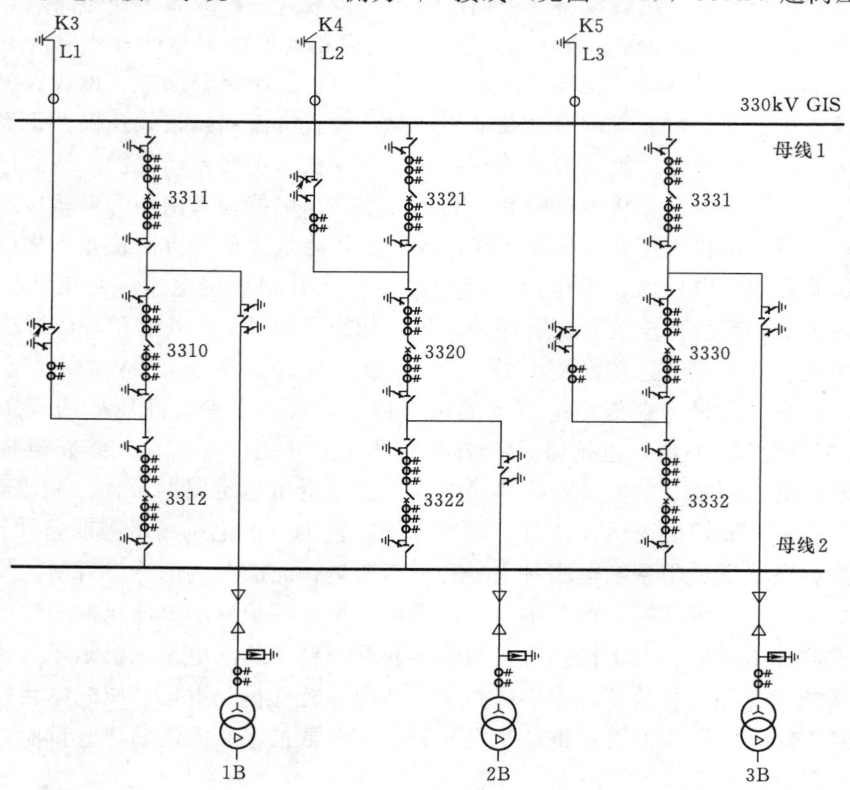


图 6-1 某水电站 3/2 接线方式升流图

气体绝缘金属封闭开关设备（GIS）。开关站进线 3 回，出线 3 回。升压变压器与 330kV GIS 开关站的连接采用交联聚乙烯电力电缆。升压变压器 330kV 高压侧出线为油-$SF_6$ 气体套管，采用 $SF_6$ 气体管道过渡与高压电缆连接，变压器高压侧装设封闭式氧化锌避雷器。

分别在 3 回出线侧设短路点，通过开关切换 6 次升流，基本满足了前期水电站投入所需，为以后设备接入提供了方便。双机同时做试验时可用一台机组完成两个短路点的升流试验；另一台机组完成剩余短路点的试验，节省了试验时间，同时完整的校验了所有的保护。

如只能投一台机对本串出线 TA 二次回路检查，可在低负荷下补充检查未检查到的 TA 二次回路。

### 6.2.2 试验条件和准备

（1）机组手动、自动开机/停机试验已完成。

（2）动平衡试验完成，配重调整完毕。

（3）机组过速试验完成。调速器空载试验完成。

（4）发电机升流试验完成，发电机升压试验完成。

（5）主变、GIL、电缆、GIS 等一次设备检查无异常，绝缘电阻合格。

（6）投入已检验的发电机保护，并按定值整定保护装置。

（7）发电机保护跳灭磁开关，水机保护投停机，退主变电气保护出口。

（8）主变非电量保护、主变过激磁保护作用于跳灭磁开关。

（9）母线差动、线路保护投信号，断路器失灵保护退出。

（10）未校核的保护装置，出口压板退出，短接升流范围所有不用的 TA 二次侧。

（11）检查主变低压侧与封闭母线连接线，检查主变油位正常，主变冷却器投入自动运行，主变挡位于正常运行挡。

（12）检查主变中性点直接接地。

（13）在出线套管处断开与外线路，并可靠隔离。分别在开关站线路 L1 高压套管处设置 K3 短路点，在线路 L2 高压套管处设置 K4 短路点，在线路 L3 高压套管处设置 K5 短路点，短接线截面不小于 240$mm^2$ 的铜线，或者直接用出线间隔的快速接地刀闸作为三相短路点。

（14）断开至调速器、励磁系统的并网信号接点。

（15）在发电机封闭母线、主变、330kV 电缆、GIS、出线设备各点设监护人员，并用红外线测试仪测试各部位温度。

（16）升流采用的励磁他励电源正常。

### 6.2.3 GIS 升流试验过程

K4 点路径 1：1B 经 3311 断路器、母线 1、第 3 串、母线 2、3322 断路器和 3320 断路器，到 K4。

K4 点路径 2：1B 经 3310 断路器和 3312 断路器、母线 2、第 3 串、母线 1、3321 断路器，到 K4。

K5点路径1：1B经3311断路器、母线1、第2串、母线2、3332断路器，到K5。

K5点路径2：1B经3310断路器和3312断路器、母线2、第2串、母线1、3331断路器和3330断路器，到K5。

K5点路径3：2B经3320断路器和3321断路器、母线1、第1串、母线2、3332断路器，到K5。

K3点路径：2B经3322断路器、母线2、3312断路器，到K3。

每次升流路径上各隔离开关、断路器合闸，接地刀闸断开，断路器合闸后操作电源断开。

每条路径的升流过程主要有下列内容。

(1) 合发电机出口隔离刀、断路器，切断其操作电源。

(2) 先在残流下检查升流路径上的TA无开路。

(3) 用他励电源ECR手动方式，升流至5%发电机额定电流，检查一次电流所经过的主变和GIS所有的TA二次回路，确认无开路存在。

(4) 继续升流至30%的发电机额定电流，检查一次设备工作情况，校验升流范围内主变保护、母线保护、短引线保护差流极性，检查各组TA相位正确。

(5) 升流至50%的发电机额定电流，进行主变、母线保护、线路保护、短线差动等保护模拟动作试验，试验不出口。检查故障录波装置、测量回路。检查升流路径上的一次设备有无异常。

(6) 无异常后继续升流至75%的发电机额定电流时，检查所有TA二次回路的正确性，核对相位，同时检查主变、母线保护、短引线、线路保护装置差流值，检查一次设备无异常。

(7) 继续升流至发电机额定电流，检查一次设备的运行情况，检查表计指示状况，再次检查所有TA二次回路的正确性，核对相位，同时检查主变、母线保护、短引线保护装置工作情况。

(8) 手动降流至零，跳开灭磁开关，倒换下一条路径升流。

高压配电装置TA检查见表6-1。

**表6-1　　高压配电装置TA检查表**

| TA编号 | 盘柜号/端子排 | 端子号 | 相别 | 相位/(°) | 幅值/A |
|---|---|---|---|---|---|
| CTx | | | A | | |
| | | | B | | |
| | | | C | | |
| | | | N | | |
| ⋮ | | | A | | |
| | | | B | | |
| | | | C | | |
| | | | N | | |

### 6.2.4　发变组短路热稳定试验

特大型水轮发电机组或合同有要求时，应进行该项试验。热稳定试验主要考查在额定

电流下，发电机空冷器、主变冷却器达到设计冷却水流量时，发电机和主变的温升设计余量，同时考核一次回路及其附近的钢结构、屏蔽板、接地线等在大电流情况下有无过热现象。

短路热稳定试验与高压配电装置升流方式一样，每套发变组只进行一次，时间约 5～6h，发电机以额定电流运行，励磁采用他励。

温度记录尽量采用已安装的测温设备，没有安装测温元件的部位，用红外点温计和成像仪测量，不易观测到的发热部位，可提前贴不可逆的示温片，待停机后观察。定时巡检、记录一次设备的温度，直至发电机绕组、主变绕组、发电机空冷器冷热风温度稳定。

### 6.2.5 厂高变升流试验

用一次电流检查厂高变 TA 二次回路的完好性、正确性和对称性；检查厂高变差动保护的电流方向和工作情况；在真实状态下检查厂高变差动、过流、过负荷动保护作逻辑；观察厂高变升流情况。

检查厂高变低压侧至厂用进线开关的电缆已连接，开关置检修位置。在厂用开关进线端 TA 内侧设置厂高变低压侧短路点。如果开关柜制造厂可供三相短路插头，将进线开关拉出，在开关下固定插头插入三相短路插头即可。

由于厂高变电流较小，以机组升流方式会造成过流现象，所以一般用残流检查。如果残流不足以检查差动保护极性和使保护动作，可采用厂高变和主变同时短路的办法，让主变分担大部分的短路电流，从而使励磁装置容易控制。

机组开机在额定转速下空转，手动合发电机出口隔离刀、断路器，如果厂高变高压侧有负荷开关，合负荷开关。测量厂高变各 TA 二次电流幅值和相位关系，检查差动保护电流极性和差流。在满足测量精度的电流下，测量厂高变各 TA 二次电流幅值和相位关系，检查差动保护电流极性和差流，差动保护的电流方向和工作情况；检查厂高变差动、过流、过负荷动保护作逻辑。

试验后，分发电机断路器和厂高变高压负荷开关，拆除厂用进线开关柜短路线。

后续机组升流时，如果线路不许退出，可用高压配电装置内的接地刀闸做试验短接点（试验前应确认接地刀容量），尽量包含主变差动保护的高压侧 TA，如果不能包含，则在并网后，小负荷下校验主变差动保护。

## 6.3 主变压器单相接地试验

试验目的是在真实状态下检查主变压器接地保护动作的准确性及可靠性，为确保设备的安全，试验时间安排在主变升流之后。

采用户外敞开式高压配电装置的水电站，可在主变高压侧任意一点挂单相接地线，只需操作开关，联通主变高压侧套管到接地线的回路，直接在主变高压套管挂单相接地线，是最简单的方法；采用 GIS 高压配电装置的水电站，首台主变的单相接地，可在线路出线端挂接地线，操作开关，联通主变高压套管到单相接地点回路；后续主变，也可解开主变高压侧接地刀闸三相联动机构，只合一相地刀。

做主变单相接地时，主变中性点的接地方式有两种：一种是主变中性点直接接地，零序过流保护也称高压侧接地后备保护；另一种是主变中性点经过电抗器或放电间隙接地，零序过流保护也称高压侧间隙后备保护。

退出主变零序保护跳闸出口。合主变中性点接地开关。合发电机出口隔离开关、断路器，断路器应采取防跳措施。

为防止差动保护动作，以及主变中性点经电抗器接地时中性点电压过高，试验时应退出主变差动保护，降低零序保护定值，使保护动作时发电机电压不超过15%。

发电机组与主变连通后，手动逐步增加发电机电压，直到主变零序保护动作，记录保护动作值和相应的零序电流、发电机电压值。

高压侧接地后备保护试验做完后，做高压侧间隙后备保护试验。

试验完毕，降电流，灭磁，断开发电机出口断路器，断开主变高压侧、高压配电装置的接地点，恢复拆开的主变高压侧接地刀闸联动机构，并断开接地刀闸。恢复控制回路联锁接线，恢复保护定值，投入主变零序保护。

## 6.4 水轮发电机组对主变压器及高压配电装置升压试验

试验目的是用一次电压检查PT二次回路的正确性和完好性，检查一次设备在额定电压下的运行情况；观察主变、厂高变、GIS、GIL、高压电缆及出线设备的升压情况；检查发电机出口断路器同期回路；检查GIS所有断路器同期回路。

### 6.4.1 一般要求

按保护定值单整定投入所有发电机保护、主变及厂用变保护、开关站保护，投入发电机中性点接接地开关。投入主变冷却系统，排除瓦斯继电器残余气体，主变分接开关置于系统要求挡位。与其他机组相关部位已采取隔离措施；升压范围内接地刀闸处于分闸位置，隔离刀闸和断路器均处于合闸位置。

对于主变高压侧设有TV的水电站，第一次升压到主变高压侧；第二次升压到母线(双母线接线方式分两次进行)；第三次依次升压到各线路（需断开与外线的连接）和线路电抗器、避雷器。

后续机组主变升压：对于主变高压侧设有电压互感器的机组，升压到主变高压侧互感器；其他方式接线均需升压至母线。

观察主变、厂高变、GIS、GIL、电抗器及一次出线设备的升压情况，在升压试验过程中要对以下几个部位做严密监护。

避雷器：监护放电记录器的动作次数和电流，并做好记录工作。避雷器内部无异常响声。

电力电缆和GIL：电缆终端头应无放电、闪络现象，电缆接头接触良好，无过热现象。

GIS监护：试运行监护人员应在接班前后核实监控画面的设备状态指示与实际位置相符，无异常报警。监护人员还应每1～2h查视监控画面，包括GIS气室画面、状态画面、电压和电流及报警画面等。如有情况及时向试运行指挥部报告。监护断路器、隔离开关、地刀运行中的信号灯指示开关的分、合位置与当时实际运行工况应相符，监护 GIS 的控制、保护、监控等电气盘柜指示、信号、运行方式与实际运行方式一致。机械指示与运行工况相符，开关在合闸后应“已储能”。

试运行期间监护开关站应无可疑的噪声、气味及其他异常情况。

### 6.4.2 应具备的条件

检查主变、电抗器冷却系统投入自动，排除气体继电器残余气体，主变各阀门处于正常运行位置，分接开关置于系统要求挡位。带电主变和高压配电装置与施工部位之间已采取隔离措施，运行警示标识已布置。

(1) 检查主变、厂高变、GIS、GIL、电抗器及一次出线设备等设备无异常，绝缘电阻合格。

(2) 检查主变高压侧和低压侧 TV、避雷器投入，发电机出口 TV 投入。

(3) 检查厂高变低压侧开关在断开/试验位置。

(4) 试验前并联电抗器 TA 极性已经检查并核对正确。

(5) 发电机、主变、厂高变、母线保护全部投入，作用于跳灭磁开关和发电机断路器，并联电抗器保护出口退出。投入发变组和高压配电装置故障录波装置，发电机中性点接地装置投入。

(6) 接入调速器、励磁装置的发电机并网信号解除。

(7) 升压范围内接地开关处于分闸位置，隔离开关和断路器均处于合闸位置。

(8) 对即将带电设备要设置安全围栏，悬挂安全警示标识牌，试验及运行人员要与带电设备保持足够的安全距离。

(9) 在试验区域内要布置足够的消防器材。

(10) 试验所需的各类检查、记录仪器仪表已准备好。

(11) 升压范围内的带电设备巡视人员就位，试验过程中发现异常立即向试验指挥报告。

(12) 试验各监视部位要保持通信和道路畅通。

### 6.4.3 水电站 GIS 升压试验实例

水电站 3/2 接线方式 GIS 升压试验范围见图 6-2。

对首台主变压器和机组（6 号），因主变高压侧无电压互感器，计划分三次对主变和高压配电装置升压，试验过程有如下内容。

(1) 出线站跳线与外线路断开，保持出线套管与出线 TV、避雷器连接。

(2) 按上述“应具备的条件”检查准备工作。

(3) 操作开关，6 号主变与母线 1 连通。

(4) 6 号机组在空转运行，调速器在自动方式，合发电机隔离刀闸和断路器。

(5) 在残压下检查母线 1 和主变低压侧 TV 二次电压幅值正确。合灭磁开关，手动递升加压，分别在发电机额定电压值的 25%、50%、75%、100%等情况下，检查升压范围内一次设备的工作情况，检查二次电压回路和同期回路的电压相序和相位应正确。检查发电机出口开关同期电压回路正确，检查送至各保护、测量、录波盘的电压回路正确。

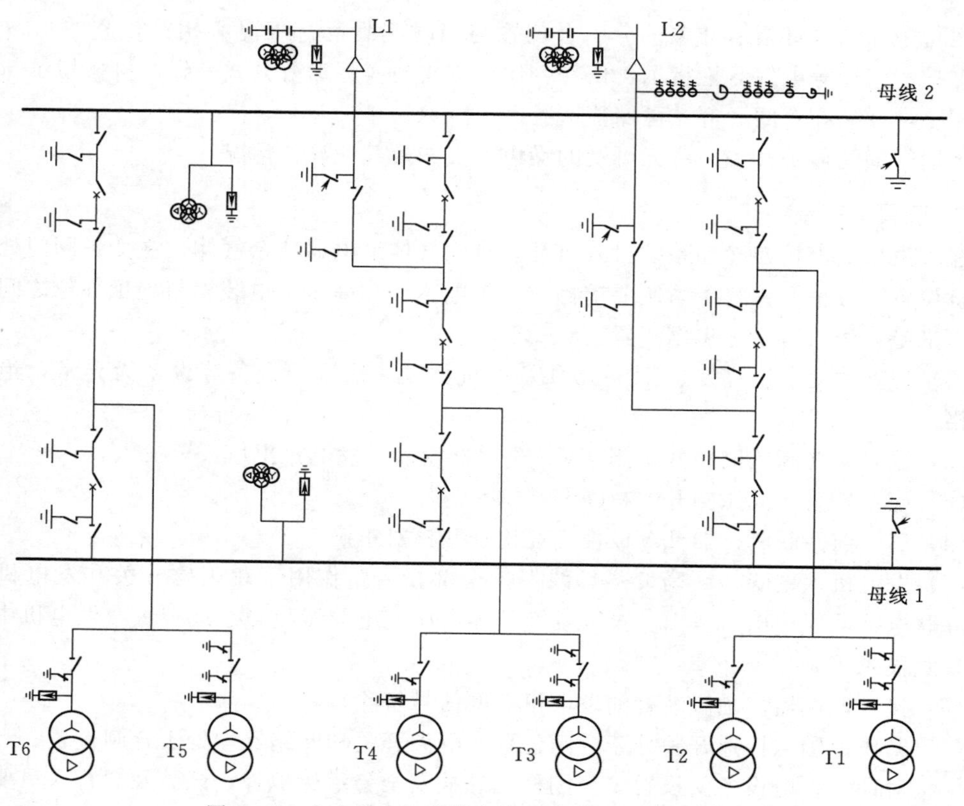


图 6-2　水电站 3/2 接线方式 GIS 升压试验范围图

(6) 降电压至零，操作开关，6 号主变接至母线 1 和母线 2，同样进行第 (5) 项操作和检查，同时核对母线 1、母线 2 的 TV 电压相位关系正确，增加检查 GIS 各开关同期电压选择正确。

(7) 第三次升压范围，带至 2 条线路 TV。增加线路 TV 的电压和相位检查、与母线同名相核相外，检查 GIS 各开关同期电压选择正确，还要在 25%电压下检查线路电抗器的电流互感器回路和差动保护电流极性。正确后，逐步升压到 50%、75%、100%电压，检查一次设备带电工作正常。

(8) 试验完成后，分灭磁开关，分发电机断路器和隔离刀闸，分 GIS 各断路器和隔离刀闸。在出线线路侧挂接地线，恢复出线设备与外线的连接，检查无误后，取下接地线。

对后续投运的主变压器，如果系统不许退出运行设备，则主变只能升压至高压侧隔离刀闸内侧。

当 GIS 进线和出线 T 接点有 TV 时，第一次升压至 T 接点，再分别带母线、各 T 接点 TV，最后带线路 TV。如果时间充裕，为防止不同组 TV 的二次回路混淆，可一次只增加一组 TV 升压。在同一个额定电压下，核对各 TV 同名相的电压差，在 TV 误差叠加的允许范围内；测试过程中，避免出现 TV 二次短路。

升压站 TV 二次检查记录见表 6-2。

**表 6-2　　　　升压站 TV 二次检查记录表**

| TV 编号 | 盘柜号/端子排 | 端子号 | 相别 | 相位/(°) | 幅值/V |
|---|---|---|---|---|---|
| TVx | | | A | | |
| | | | B | | |
| | | | C | | |
| | | | N | | |
| ⋮ | | | A | | |
| | | | B | | |
| | | | C | | |
| | | | N | | |

## 6.5　GIS 开关站 TV 切换试验

电压切换试验不是每个升压站所必须做的项目，一般用于早期建设的升压站，而且电压互感器设置较少的情况，为满足同期、保护、测量的电压选择，需要进行电压切换，切换依据是断路器的状态。试验目的是验证切换逻辑、回路的正确性。

近年来新建的升压站在进出线的 T 接点设置了 TV，避免了电压选择切换，提高了可靠性。

水电站 3/2（含 2/1）接线方式电压切换位置点见图 6-3，只在两条线路、母线及各

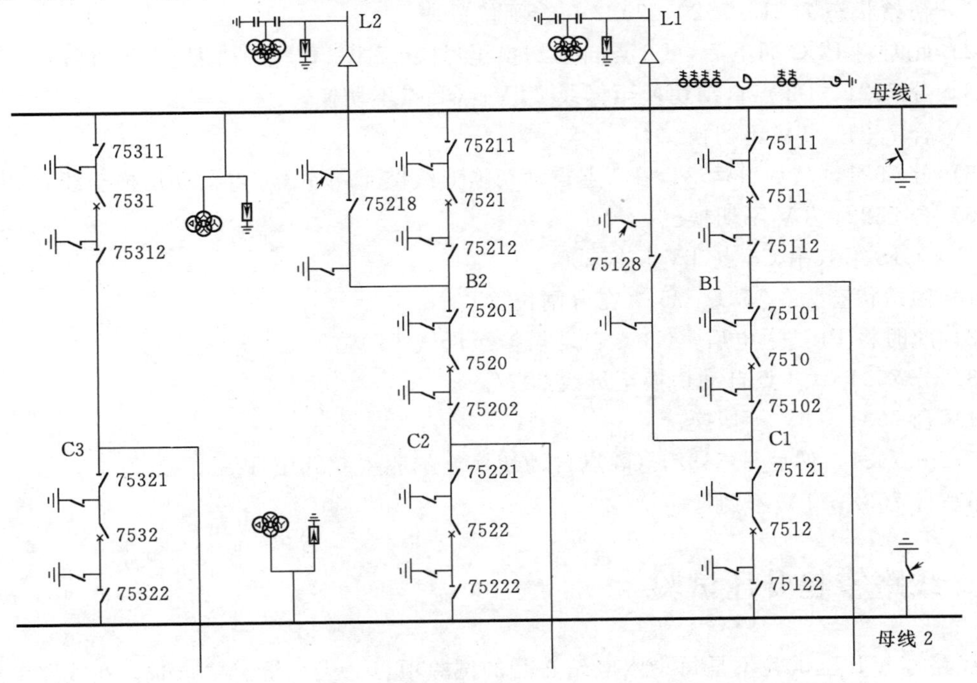


图 6-3　水电站 3/2（含 2/1）接线方式电压切换位置点图

台主变低压侧设有电压互感器。为满足各种方式下GIS断路器同期合闸的需要，在B1、B2、C1、C2、C3点设同期电压切换点。根据不同倒闸方式，可选择线路、母线、机组电压为切换点电压。

机组侧电压选择在主变低压侧，须经转角隔离变接入电压切换装置，由于GIS系统电压一般为标定值的110%，机组侧电压为100%，转角隔离变同时应具有电压补偿作用。

主变为单元接线方式时，主变高压侧隔离刀参与切换逻辑。

（1）试验应具备条件。TV切换模拟试验在启动试运行前已完成，试验结果符合设计要求。GIS升流、升压试验完成，试验结果正确。

（2）TV切换优先顺序。

1）TV切换系统中，电压切换顺序为：母线、线路、机组。

2）当原有TV电压回路能保证输出点正常获取TV电压的情况下，不进行TV切换，只有在输出点无法获取TV电压时，才按照优先级进行TV切换。

（3）GIS第一串B1、C1点TV切换试验。

1）初始状态7511、7510、7512在合闸位置。

2）此时将PLC通电，B1点自动切换至母线1PT；C1点自动切换至母线2。

3）分7511，B1点自动切换至母线2PT；C1点不切换。

4）合7511，不切换。

5）分7511，然后分7512：B1点自动切换至线路1TV；C1点自动切换至线路2TV。

6）合7512，TV不切换。

（4）GIS第二串B2、C2点TV切换试验。

1）初始状态7521、7520、7522在合闸位置。

2）此时将PLC通电后，B2点自动切换至母线1TV；C2点自动切换至母线2。

3）分7521，B2点自动切换至母线2TV；C2点不切换。

4）合7521，TV不切换。

5）分7521，然后分7522，B2点自动切换至线路1TV；C2点自动切换至线路2TV。

6）合7522，TV不切换。

（5）GIS第三串C3点TV切换试验。

1）初始状态为：7531、7532在合闸位置。

2）此时将PLC通电后，C3点自动切换至母线1TV。

3）分7531，C3点自动切换至母线2TV。

4）合7531，TV不切换。

5）分7531，然后分7532，C3点自动切换至本侧主变低压TV。

6）合7532，TV不切换。

## 6.6 线路零起升压试验

线路零起升压试验不是每个水电站必需的试验项目。当系统有要求时，在线路参数测量完成后，对新建输电线路进行发变组带空载线路零起升压试验或投切空载线路试验，在实际运行电压下测量线路参数，检查线路电抗器保护接线和电抗器运行情况，测量电抗器伏安特性。为检查线路是否存在故障，以及防止全电压投入到故障线路上引起系统过大的冲击和稳定性破坏，宜对线路进行零起升压试验。

零起升压所用发变组应有足够容量，对长线路零起升压时，根据线路参数计算，线路容抗与感抗不应发生谐振，以免线路电容、电感及主变电感自励磁升压，造成设备过电压。

### 6.6.1 应具备的条件

（1）相位核定：将线路某相一端接地，在其另一端测量对地绝缘电阻，如绝缘电阻为零，则为同相；反之则为异相。

（2）工频参数测定：使用专用仪器测量完成，工频参数一般包括直流电阻、正序阻抗、相间电容、正序电容、零序电容以及多回平行输电线路间的耦合电容和互感阻抗。

（3）零起升压前，线路开关自动重合闸退出。

（4）主变及升压站、出线设备升压试验完成，试验结果正确。

（5）待升压的所有设备的继电保护投入。

（6）零起升压所用发电机升压变压器中性点须直接接地。

（7）线路有并联电抗器时，应投入。

（8）与对端变电所的通信联系正常。

### 6.6.2 试验步骤

（1）增加监视回路，励磁操作人员能直接观测到线路电压。

（2）操作开关，主变压器与线路连接。

（3）合发电机灭磁开关，先不起励，合发电机出口隔离刀闸和断路器，观察线路电压有无自动升压现象。如有自动升压现象，立即跳发电机断路器。

（4）如无自动升压现象，手动增磁至发电机电压为25%额定电压，检查、记录主变低压电压、线路TV二次电压、线路对端电压，核算容升效应。测量线路电抗器电流幅值、相位，检查电抗器差动保护电流极性。

（5）如无异常按50%、75%额定电压分级递升加压，在各级电压分别停留，测量发电机端、母线、线路TV、线路对端TV电压，对端还需测量相序，测量发电机定子电流、励磁电流和线路电流，如果某点电压或电流超过额定值，立即减磁，直至各点电压均不超过额定值。

（6）根据容升效应推算线路达到允许最高电压时的发电机电压，升励磁达到线路允许电压，检查一次设备有无异常，记录各点电压值和发电机电流、励磁电流、线路电流、线路电抗器电流。

（7）升压过程中线路对端核相。

（8）如果在停留阶段母线或线路电压有自激上升现象，立即跳发电机断路器。

（9）试验完成后，电压降到最低值，跳发电机断路器、灭磁开关。

### 6.6.3 试验要点

（1）应控制线路电压最高点不超过系统额定电压。

（2）试验中应防止自励磁现象的发生，励磁系统应采用手动控制方式，升压过程中密切监视系统电压，当电压有自激升高趋势时应跳开发电机断路器。

## 6.7 高压配电装置受电试验

高压配电装置升流、升压完成后，进行线路受电试验。线路受电由系统侧送电，发电厂升压站线路侧开关断开。系统或线路侧设有电抗器时须三相同时受电，受电前检查线路一次回路正确；无电抗器的线路可采用先单相受电，再三相受电。具体方式根据系统要求进行。

为确保线路两端相别对应正确，有时电网调度要求采用先单相受电，再三相受电，以便从一次侧核对线路两端相别一致。将系统侧线路断路器操作改为分相操作，先送 A 相，再 B 相。从线路本侧电压互感器二次侧测量各相对地电压，检查另外两相无电压，确定本侧 A 相、B 相与对端一致。最后 A 相、B 相、C 相三相送电，测量 C 相对地电压正确，线电压和相序正确。该方式对有不易断开的并联电抗器线路不适用。

三相受电：从系统侧给线路送电，冲击合闸 3 次，每次带电时间和间隔时间 15min 左右。

线路带电期间，检查相应二次回路的正确性，检查二次回路的相位、相序，检查二次电压的幅值。受电正常后，保持线路运行状态。

升压站受电实例：1B 即将投运，L1、L2 线路即将带电，L3 线路暂不投运，其主接线见图 6-4。

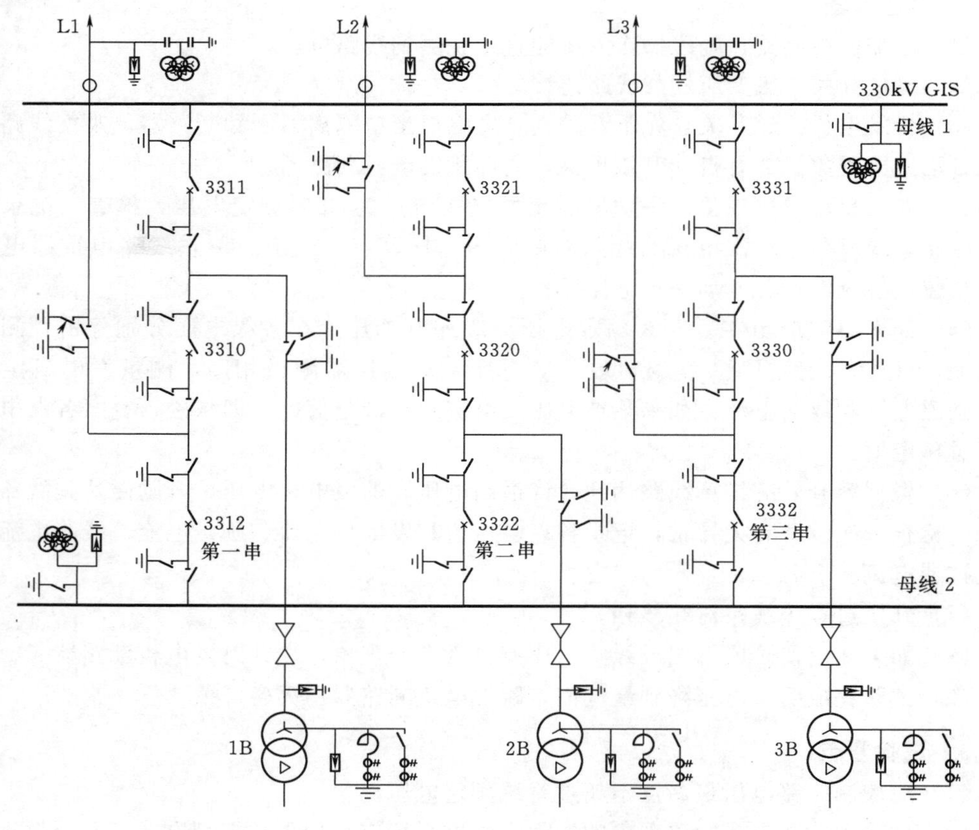


图 6-4　升压站主接线图

(1) 试验准备。

1) 线路 TV、母线均已经过升压试验，结果正常，出线设备与外线连接已恢复。

2) 开关站隔离开关、断路器在分闸状态，各地刀除 2B、3B 高压侧外，均在分闸状态。

3) 线路和母线避雷器、电压互感器正常接入。

4) 线路各保护投入，母线投充电保护，差动保护退出。检查开关站、发变组录波装置工作正常。

5) 线路和高压配电装置的避雷器、电压互感器投入；记录线路、母线避雷器初始读数。

6) 监视人员到位，通信联络正常。

(2) L1 线路对母线 2 充电，记录 L1 线路及母线 2 避雷器读数，检查 GIS 母线 2 TV 的电压值、相序、相位并与线路 1 和线路 PT 核相。

(3) L2 线路对母线 1 充电，记录 L1 线路及母线 2 避雷器读数，检查 GIS 母线 1 TV 的电压值、相序、相位并与 L2 线路 TV 核相。

(4) 核对母线 1、母线 2 电压相位关系，正确后，根据系统指令，进行母线 1、母线 2 合环，使 GIS 三串全部合环。

(5) 投入母线差动保护，退出充电保护。

## 6.8 电力系统对主变压器冲击合闸试验

在系统电源对水电站高压配电装置送电后，利用系统电压对主变和厂高变进行五次全电压冲击合闸。检查主变差动保护、厂高变保护对励磁涌流的闭锁情况。若厂高变通过负荷开关接入，主变冲击时应先断开负荷开关，主变冲击正常后再对厂高变进行三次冲击，如果厂高变也有差动保护，则进行 5 次冲击。

录制主变励磁涌流波形。进行厂高变带厂用电系统的切换试验。发电机与主变采用直接连接方式时，可不进行主变压器冲击合闸试验。

主变冲击试验实例：可参见图 6-4 的主接线图，以 1B 冲击试验为例。

(1) 应具备的条件。投入主变继电保护，投入厂用变保护，冲击合闸断路器的充电保护退出。

发电机断路器和隔离刀闸断开，厂高变低压侧开关断开，并退至试验位置，主变低压侧避雷器投入，主变冷却器自动运行。

检查主变在系统要求的挡位，主变中性点直接接地。冲击试验前已取主变油样做色谱分析，对主变进行排气。主变零起升压正常，检查发变组录波装置工作正常。主变外壳可靠接地，上下壳体连接紧固，连接符合设计要求。系统电源已送至水电站高压配电装置母线上，系统相序与水电站高压母线相同。主变高压侧如果通过高压电缆或 GIL 接入，检查确认高压电缆、GIL 正常。

接好录波仪，将主变高压侧三相电流量引入，做好主变冲击时励磁涌流的录波准备工作。

（2）试验步骤。GIS 合环已断开，向系统申请用 GIS 3310 断路器对 1 号主变进行 5 次冲击试验获得同意。

观测主变、厂高变的人员到位，并保持安全距离，保持通信畅通。

按“合位 10min→分位 10min→合位 5min→分位 10min→合位 5min→分位 10min→合位 5min→分位 10min→合位”的顺序，对 1 号主变进行 5 次冲击。

主变冲击合闸时录制主变冲击合闸励磁涌流。观察主变压器有无异状，并检查主变压器差动保护及瓦斯保护的动作情况。

如主变或厂高变保护不能躲过激磁涌流，结合观察现象和保护定值商讨解决办法。

主变冲击试验后，取油样做色谱分析，与冲击前作比较。

在主变或厂高变带电的情况下，核对 1 号厂高变低压侧的电压和相序，为带厂用电做准备。

某水电站 2 号主变第一次冲击时的电压和激磁涌流示波见图 6-5。

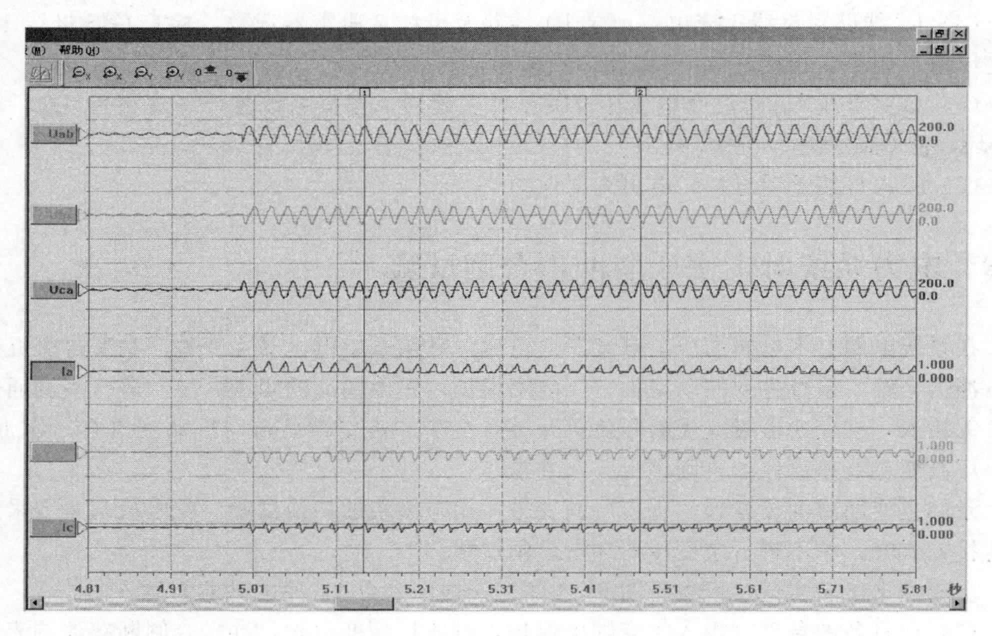


图 6-5　某水电站 2 号主变第一次冲击时的电压和激磁涌流示波

# 7 机组并列和负荷试验

## 7.1 试验简述

### 7.1.1 试验目的

并网过程称为同期。同期是使两个电源按一定的规律合并在一起，形成一个整体电源。同期的方式有准同期、自同期。

准同期并列是发电机与系统的电压差、频差、相角差均在允许的范围内的并列，并分为自动准同期和手动准同期。自动准同期是发电机电压和频率达到要求后，由计算机监控系统投入准同期装置，同期装置可发出调节脉冲，调节机组转速和电压，使之更接近同期要求，在满足同期要求的点发出合闸指令，合闸后，自动同期装置退出。应该提醒的是，现在调速器和励磁装置在并网前均有跟踪电网频率和电压的功能，与自动准同期装置的功能重叠，而同时作用反而使机组难以并网。可将同期装置的调节脉冲间隔加大、脉冲宽度减小。手动准同期并列通常采用灯光法和整步表法，灯光并列法分灯光熄灭法和灯光旋转法两种。近年来高端手动准同期装置也接近于自动准同期装置，操作员可一直将断路器操作手柄切向合闸位置，手动准同期装置在满足准同期位置时给出闭合接点，断路器合闸，随后操作手柄松开，退出同期装置。

自同期适应于小型机组快速并网，自同期并列操作是将一台未加励磁电流的发电机组升速到接近于电网频率，首先合上并列断路器，接着立刻合上灭磁开关，给转子加上励磁电流，在发电机电动势逐渐增长的过程中，由电力系统将并列的发电机组拉入同步运行。

机组并网后，还要检验机组带负荷自身的稳定性，以及对系统稳定性的作用，复核保护的可靠性和准确性，重新调整机组负荷下控制、调节参数，参与监控系统对整个水电站有功、无功的控制，以保证机组安全、长期、稳定运行。

### 7.1.2 试验内容

（1）进行发电机断路器及高压断路器的同期试验，检查同期回路的正确性。

（2）进行调速器和励磁系统的负荷特性试验。

（3）进行逆功率保护和失磁保护动作逻辑试验。

（4）机组甩25%、50%、75%、100%额定负荷（届时最大负荷）试验。考核调节系统动态运行参数。考验机组引水系统、机组在带负荷、甩负荷时各部位的机械强度。

（5）确定机组稳定运行区域和振动运行区，为机组负荷调度、分配提供依据。考核机组带负荷能力以及机组额定负荷下运行的各部工况。

（6）进行各种事故停机试验，验证机组的保护是否完备。

（7）进行机组 PSS、进相、AGC/AVC、一次调频等试验，检验其满足系统要求的功能。

## 7.2 并列试验

并列试验分多种情况：当发电机与主变压器之间没有断路器时，直接在主变高压侧并列；当发电机与主变之间有断路器时，一般在主变冲击试验之后，先进行发电机断路器并列，再进行主变高压侧断路器并列，有断路器、无断路器接线分别见图 7-1 和图 7-2。下面以有发电机断路器为例说明试验准备和试验过程。

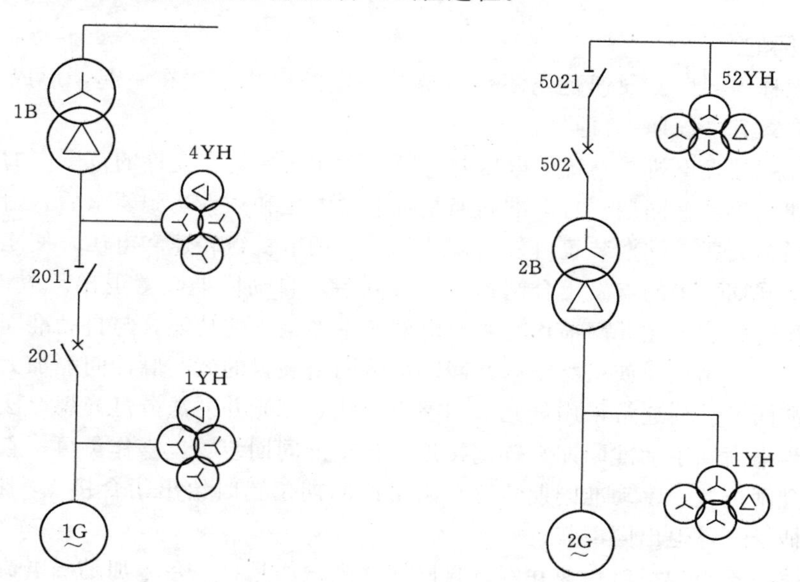


图 7-1　发电机与变压器之间有断路器接线图　　图 7-2　发电机与变压器之间无断路器接线图

（1）发电机断路器在断开位，主变冲击后带电正常，主变低压 TV 二次电压相序符合设计要求。

（2）机组在空载自动运行。接至调速器和励磁装置的断路器辅助接点暂时解开。

（3）检查发电机、变压器、励磁变、厂高变（如果主变低压侧有）、线路、开关站等设备的各项保护投入。

（4）远方和现地做好快速闸门落门或关进水阀/筒形阀的准备。

（5）调速器、励磁系统的空载试验合格，负载参数初步设定完毕。

（6）机组振动与摆度的测试仪器、仪表准备完成。

（7）将发电机断路器同期合闸脉冲、系统电压与发电机电压差、断路器合闸辅助接点接入数字录波仪，做好同期录波准备。

（8）系统已同意进行并网、带负荷、甩负荷试验。

（9）通信联络信号确定，测量、记录人员到位。

（10）在试验过程中，注意流道观测。

### 7.2.1 同期并网三个量的取法

（1）滑差电压取法。

1）对于发电机与主变低压侧并列，可取断路器两侧 TV 的同名相作为滑差电压，因为每组 TV 的二次接地方式一样。对于 2～3 台机组共用一个主变的情况，所取滑差为发电机 TV 与母线 TV 的同名相。

2）对于没有发电机断路器的机组，并网用主变高压侧 TV，主变大都采用 $Y_{NO}/\Delta-11$ 组接线，由于同名相存在 30°的相位差，有的水电站加转角变，将高压侧 TV 电压接转角变的 Y 侧，使输出电压有 30°的提前，正好与低压侧 TV 的 ab 线电压一致。以 AB 线电压为例，将发电机电压的 b 相与转角变的输出 b 相连接，发电机 a 相电压与转角变的 a 相电压即为滑差。滑差电压取法见图 7-3。

3）有的水电站取高压侧开口三角的一相电压，例如发电机取 ab 线电压，高压侧取 B 相电压（二次侧幅值一样），这时候，取滑差时一侧电压要加隔离变。滑差电压取法见图 7-4。

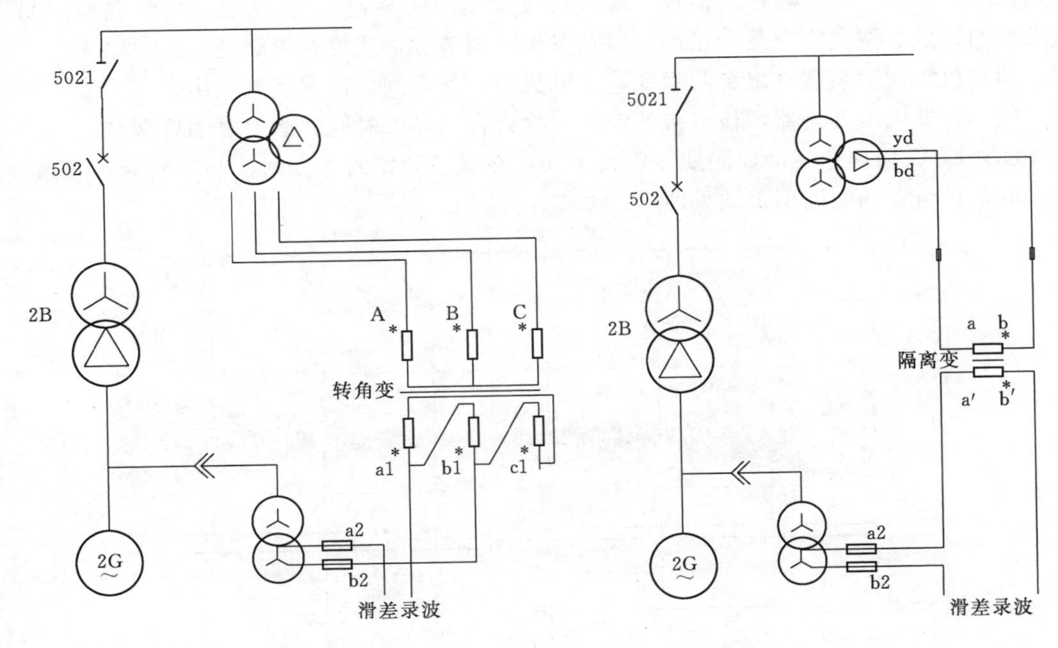


图 7-3　滑差电压取法（一）　　图 7-4　滑差电压取法（二）

4）对有采用软件转角的水电站，记录滑差电压波形就比较麻烦一些。可以另外自备一个转角变，将一侧电压转至与另一侧一致，再用上面的办法接线，接入录波仪。

（2）合闸开出命令取法。

1）如果断路器操作电源正极至开出继电器接点上端，可以取接点下端和操作电源负极作为合闸令接入录波仪，合闸开出时为高电平，不发合闸令时为低电平。

2）如果断路器操作电源的负极离录波仪的距离较远，或者不确定断路器操作电源用的直流的哪一段，可取合闸开出继电器接点两端作为合闸令接入录波仪，合闸时为低电平，未开出时为高电平，这样接线很省事。这样做注意不能使这两根线短接，以免造成断路器误合。还有一个要注意的问题是，这样接线录波，可能造成断路器第一次自动准同期合闸后，第二次不能合闸。这是因为录波仪输入回路（约几十千欧）保持了断路器的防跳合回路。出现这种情况只需将该断路器的几个操作电源开关分开，使防跳自保持回路失电，再合上，即可进行下次合闸试验。

（3）断路器合闸位置状态的取法。接入录波仪的断路器位置状态，可以直接并在送入计算机监控的断路器辅助接点上，断路器合闸为低电平，断路器分闸为高电平。也可取送入计算机监控的断路器辅助接点下端和监控24V电源的负极，断路器合闸后为高电平，分闸后为低电平。

### 7.2.2 机组同期试验

（1）模拟发电机出口隔离开关在合位（隔离开关实际在分闸位置；对于手车式开关柜，开关柜在试验位置），机组LCU在远方/自动方式，同期选择开关置“自准”。

（2）调速器、励磁在自动/远方控制方式，机组频率、电压在额定值。在机组LCU上执行“空载—发电”程序，监控系统自动投入“同期装置”，启动录波仪。观察同期装置发出的调压、调速指令是否正确，以及发出的调节脉冲宽度是否合适。

（3）机组同期装置发出合闸指令，发电机断路器合闸，同期装置退出。

（4）分发电机断路器，检查录波波形，检查合闸导前时间，必要时加以调整。

（5）LCU切现地手动，同期装置投手动，在满足同期的点合闸，并对同期过程录波。某水电站机组手动假同期录波见图7-5。

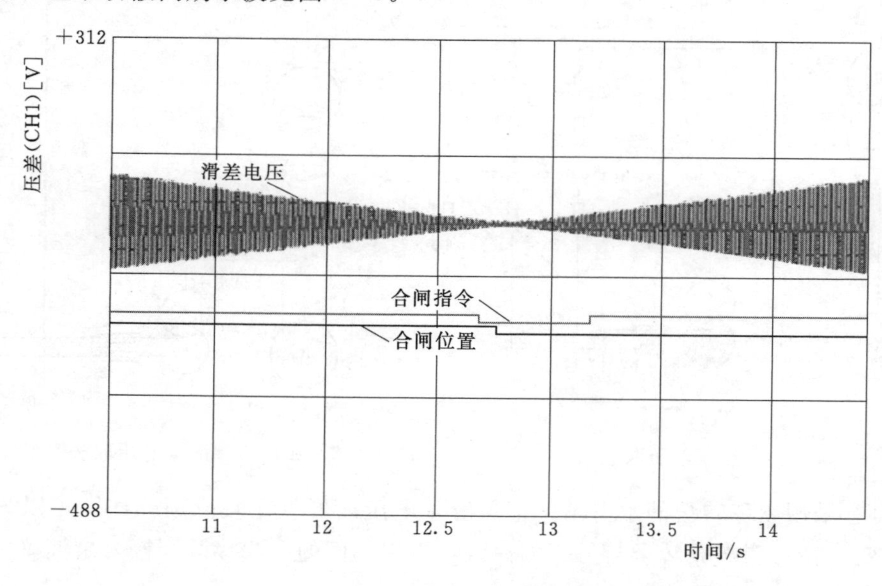


图7-5 某水电站机组手动假同期录波图

（6）分发电机断路器。

（7）解除模拟的发电机出口隔离开关合闸位置信号（对于手车式开关推入工作位置，

检查控制插头插好)，发电机断路器辅助接点接入调速器、励磁装置，实际合发电机隔离开关，检查返回信号正确。

(8) 向系统申请机组并网，并获同意。投入自动准同期装置，监视同期装置工作情况，并对合闸过程录波，合闸瞬间监听发电机有无冲击振动声。某水电站机组自动准同期试验录波见图 7-6。

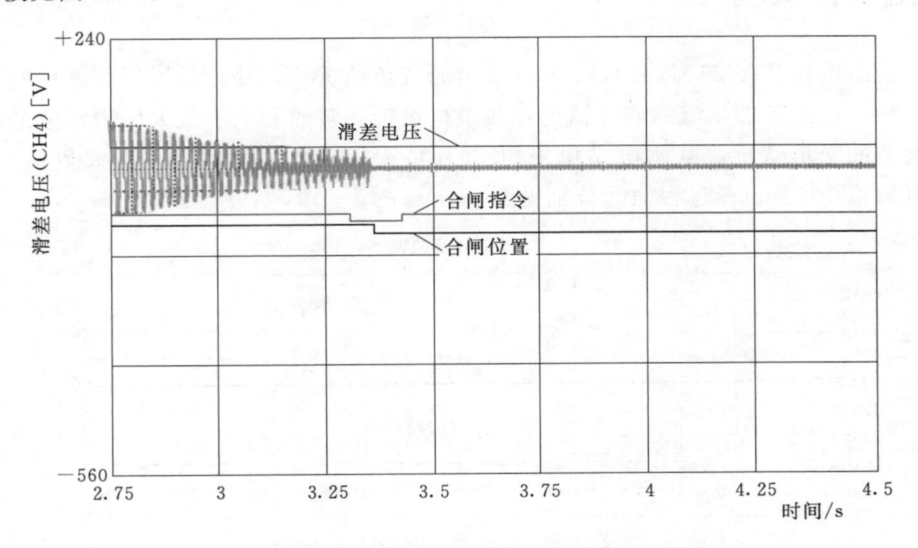


图 7-6　某水电站机组自动准同期试验录波图

(9) 申请机组带 20%有功负荷，检查监控、励磁、调速器、电度表屏、线路等有功显示为正，且数值一致。检查机组、线路的电度表计正转。

(10) 检查发电机、主变、母线、线路等设备差动保护电流极性正确。

### 7.2.3　高压侧断路器的同期试验

当发电机与系统之间除发电机断路器外，还有其他高压侧断路器时，一般先进行发电机断路器的同期，再进行高压侧其他断路器的同期试验。

将设有同期点的断路器跳开，观察机组频率有无上升，依照发电机断路器的同期试验方法，进行高压侧断路器的假同期、手动准同期和自动准同期试验。

随后进行该路径上其他设有同期点的断路器的同期试验，以及其他路径上断路器的同期试验。

### 7.2.4　同期过程中可能出现的问题

(1) 同期整步表的问题：有一种整步表，型号是 MZ-10，适用于 TV 二次侧 b 接地系统。但现在 TV 二次侧多采用 $n$ 接地方式，因而，同期电压接入整步表前，一侧的电压要采用隔离变隔离。

(2) 送入同期装置的两个比较电压出现电压差。例如发电机电压为 15.75kV，主变电压比为 242±2×2.5%/15.75kV，通常设为 242kV 档，而高压侧电压互感器用的是 220/0.1kV。同一个电源从发电机送到主变高压侧，同期比较电压差 10%。解决办法是通过隔离变补偿电压差值，使送入同期装置的电压幅值一致。

（3）导前时间的确定：导前时间按断路器的合闸时间加同期装置合闸令继电器动作固有时间确定，一般为60～80ms，再结合同期录波效果调整，应使断路器在滑差最小点合闸。

## 7.3 甩负荷试验

（1）机组甩负荷按25％、50％、75％和100％负荷进行，并记录甩负荷过程的各种参数变化曲线，记录各部瓦温的变化情况，测量机组最高转速和蜗壳最大压力，监测压力钢管、伸缩节的变形情况。某水电站机组甩25％负荷、50％负荷、当时最大负荷（85％）及某水电站甩100％负荷过程曲线分别见图7－7～图7－10。

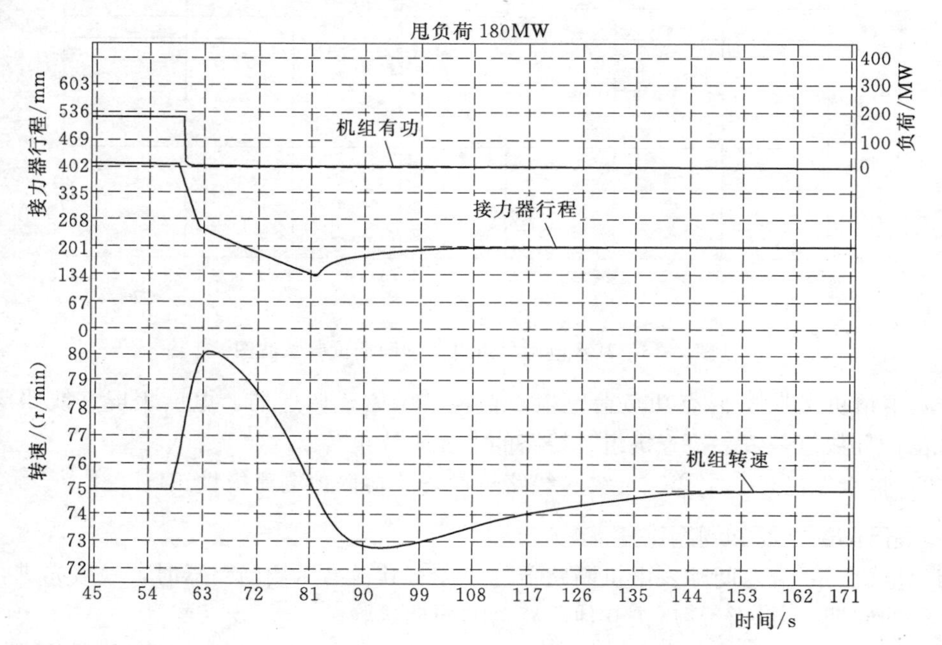


图7－7　某水电站机组甩25％负荷过程曲线图

注：录波曲线显示，调速器调节次数1次，最高转速107％，稳定时间54s。

（2）甩负荷通过发电机断路器进行，当发电机与主变之间没有断路器时，通过跳开主变高压侧断路器进行。

（3）机组甩25％额定负荷时，记录接力器不动时间，应不大于0.2s，该时间按转速开始上升起计算。

（4）甩当前最大负荷后，检查水轮机调速器系统的动态调节性能，校核导叶接力器两段（或三段）关闭规律、转速上升率、蜗壳水压上升率等，均应符合设计要求，从导叶第一次开启至转速稳定的时间符合规程要求。

（5）在额定功率因数条件下，水轮发电机组突甩负荷时，不跳灭磁开关，检查自动励磁调节器的稳定性和超调量。当发电机突甩额定负荷时，发电机电压的超调量不应大于额定电压的15％，振荡次数不超过3次，调节时间不大于5s。

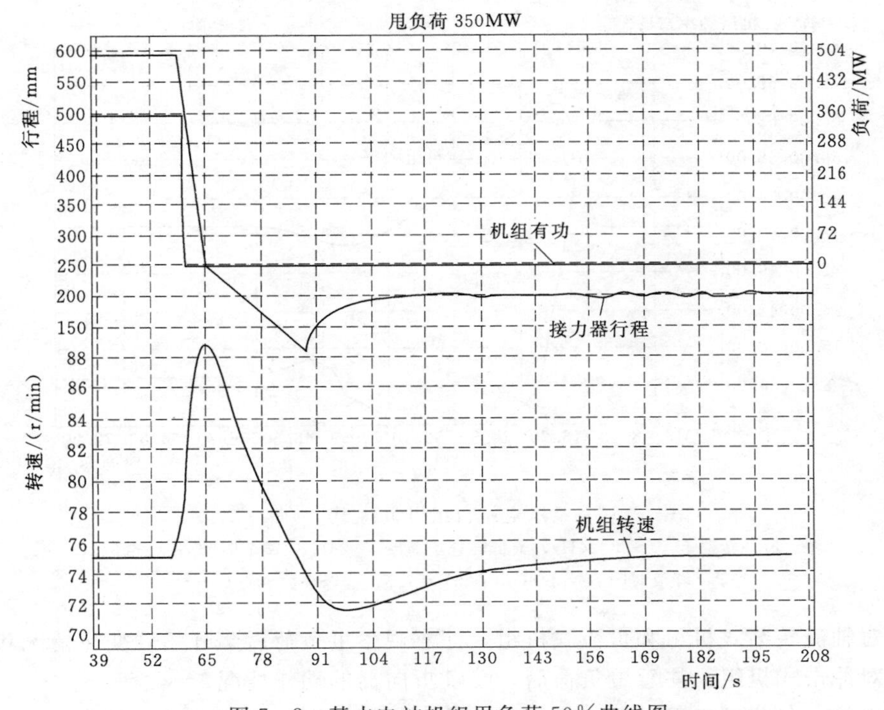


图 7-8　某水电站机组甩负荷 50%曲线图

注：录波曲线显示，机组最高转速 118%，调速器调节次数 1 次，调节时间 65s。

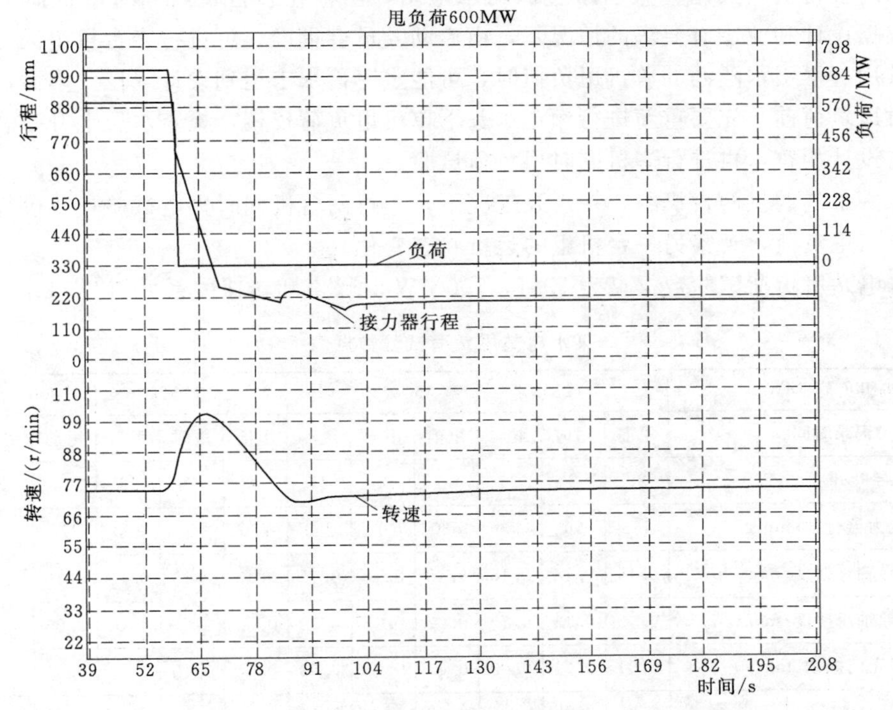


图 7-9　某水电站机组甩负荷 85%曲线图（当时最大负荷）

注：最高转速 102.3r/min，最低转速 71.4r/min，额定转速 75r/min，调节时间 48.7s，调节次数 1 次，无超调。

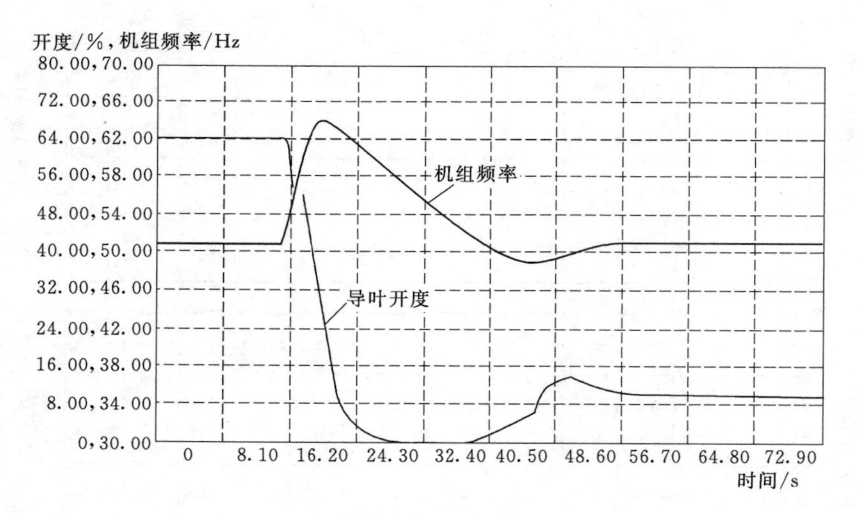


图 7－10　某水电站机组甩负荷 100%曲线图

注：最高转速 $F_{max}$＝63.24Hz，最低转速 $F_{min}$＝48.23Hz，调节时间 $t_E$＝36.34s，峰值时间 $t_M$＝4.86s，$t_E/t_M$＝7.5，波峰个数 $N$＝1。

（6）对轴流转桨式机组和贯流式机组，注意观察甩负荷后桨叶角度变化情况和机组抬机情况；对冲击式机组，注意甩负荷后，喷嘴折向器的动作情况。

（7）甩最大负荷过程中，注意观察大轴补气或顶盖真空补气阀动作情况。

（8）对多台机组共用一条引水隧洞的水电站，当存在多台机组同时甩负荷工况的可能，且根据设计和业主有要求的情况下，由启动委员会批准，可进行多台机组同时甩负荷试验。共用一个引水隧洞的单机甩负荷时，可能水库蓄水未达到设计水位，因而，在进行多机同时甩负荷前，先要重新进行额定水头下单机甩负荷校核，检查水压上升率和导叶关闭时间与设计相符，再进行多机同时甩负荷试验。

（9）一条隧洞供两台机组，在水泵工况下，进行两台机同时失电试验；或进行发电工况一台机组甩负荷，观察另一台机组的运行状态变化。

某水电站甩负荷试验数据见表 7－1，700MW 时噪声和转速关系见图 7－11。

**表 7－1　　某水电站甩负荷试验数据表**

| 机组负荷/MW | | 175（25%） | | | 350（50%） | | | 525（75%） | | | 700（100%） | | |
|---|---|---|---|---|---|---|---|---|---|---|---|---|---|
| 记录时间 | | 甩前 | 甩时 | 甩后 | 甩前 | 甩时 | 甩后 | 甩前 | 甩时 | 甩后 | 甩前 | 甩时 | 甩后 |
| 导叶开度/% | | 20 | 2 | 14 | 40 | 2 | 14 | 50 | 2 | 14 | 65 | 2 | 14 |
| 接力器行程/mm | | 458 | 90 | 250 | 620 | 0 | 250 | 775 | 0 | 250 | 975 | 0 | 250 |
| 上导轴承摆度/mm | | 0.15 | 0.18 | 0.15 | 0.13 | 0.18 | 0.15 | 0.13 | 0.19 | 0.15 | 0.13 | 0.22 | 0.15 |
| 水导轴承摆度/mm | | 0.09 | 0.12 | 0.15 | 0.07 | 0.15 | 0.20 | 0.50 | 0.25 | 0.20 | 0.05 | 0.30 | 0.25 |
| 蜗壳门振动/mm | | 0.01 | 0.04 | 0.03 | 0.01 | 0.08 | 0.03 | 0.01 | 0.10 | 0.03 | 0.01 | 0.12 | 0.03 |
| 调速环跳动/mm | 垂直 | 0.06 | 0.08 | 0.04 | 0.03 | 0.08 | 0.04 | 0.02 | 0.13 | 0.02 | 0.02 | 0.15 | 0.02 |
| | 水平 | 0.08 | 0.10 | 0.08 | 0.04 | 0.12 | 0.05 | 0.03 | 0.08 | 0.03 | 0.03 | 0.08 | 0.02 |

续表

| 机组负荷/MW | | 175（25%） | | | 350（50%） | | | 525（75%） | | | 700（100%） | | |
|---|---|---|---|---|---|---|---|---|---|---|---|---|---|
| 顶盖内侧振动/mm | 垂直 | 0.08 | 0.12 | 0.12 | 0.05 | 0.20 | 0.12 | 0.05 | 0.22 | 0.12 | 0.03 | 0.25 | 0.12 |
| | 水平 | 0.05 | 0.10 | 0.08 | 0.03 | 0.15 | 0.08 | 0.02 | 0.15 | 0.08 | 0.02 | 0.20 | 0.08 |
| 顶盖外侧振动/mm | 垂直 | 0.01 | 0.04 | 0.01 | 0.01 | 0.04 | 0.01 | 0.01 | 0.04 | 0.01 | 0.01 | 0.04 | 0.02 |
| | 水平 | 0.03 | 0.20 | 0.03 | 0.03 | 0.24 | 0.03 | 0.03 | 0.28 | 0.03 | 0.02 | 0.30 | 0.06 |
| 上机架振动/mm | 垂直 | 0.10 | 0.15 | 0.10 | 0.10 | 0.13 | 0.07 | 0.05 | 0.20 | 0.08 | 0.08 | 0.25 | 0.10 |
| | 水平 | 0.06 | 0.10 | 0.06 | 0.07 | 0.10 | 0.06 | 0.06 | 0.12 | 0.07 | 0.06 | 0.10 | 0.05 |
| 下机架振动/mm | 垂直 | 0.05 | 0.06 | 0.03 | 0.07 | 0.09 | 0.03 | 0.05 | 0.10 | 0.04 | 0.01 | 0.12 | 0.04 |
| | 水平 | 0.01 | 0.02 | 0.01 | 0.01 | 0.01 | 0.01 | 0.01 | 0.02 | 0.01 | 0.01 | 0.02 | 0.01 |
| 定子振动/mm | 垂直 | 0 | 0.01 | 0 | 0 | 0.02 | 0 | 0.01 | 0.03 | 0 | 0 | 0.05 | 0 |
| | 水平 | 0 | 0.02 | 0 | 0 | 0.05 | 0 | 0 | 0.10 | 0 | 0 | 0.16 | 0 |
| 蜗壳压力/MPa | | 0.9 | 1.02 | 0.85 | 0.9 | 1.04 | 0.84 | 0.9 | 1.06 | 0.75 | 0.87 | 1.06 | 0.9 |
| 尾水管压力/MPa | | 0.17 | 0.18 | 0.11 | 0.14 | 0.19 | 0.15 | 0.15 | 0.20 | 0.125 | 0.125 | 0.21 | 0.16 |
| 试验时间/（h：min） | | 16：26 | | | 16：39 | | | 16：47 | | | 17：00 | | |
| 上游水位：155.35m；下游水位：65.37m | | | | | | | | | | | | | |

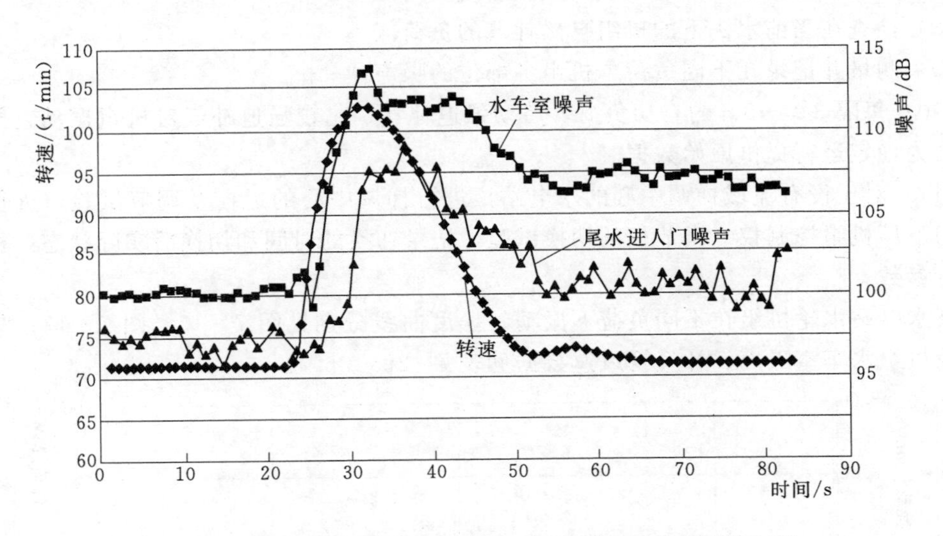


图 7-11　某水电站机组甩负荷 700MW 时噪声和转速关系图

## 7.4　机组负荷试验

水轮发电机组负荷试验结合甩负荷试验进行，第一次带负荷到 25%，完成相应的检查和准备后，进行甩负荷 25%试验，以下依此类推。

### 7.4.1 带负荷试验

(1) 恢复机组正常状态，机组开机并网。

(2) 减小发电机逆功率保护定值，逆功率保护不出口，仅作用于信号，调速器切手动，人为减小导叶开度至逆功率保护发信号。随后恢复调速器自动，加功率至机组为正有功。复归逆功率信号，恢复定值和出口压板。

(3) 减小发电机失磁保护无功定值（减小负的无功或提高发电机电压数值），失磁保护不出口，仅作用于信号，励磁切手动，减小励磁电流至失磁保护发信号。随后恢复励磁自动，加励磁至机组为正无功。复归失磁信号，恢复定值和出口压板。

(4) 机组带负荷的情况下，进行厂用电切换试验和厂用直流电源的切换试验，检查机组运行情况。

(5) 在小负荷下测量发变组、开关站、线路、安稳装置、测量和故障录波等所有保护的TA二次电流相量图，全面核查电压电流相位关系。

(6) 机组按3%～5%额定负荷的步长从零逐步增加负荷运行，不在振动区过长的停留，记录机组状况：各部（上机架、定子机座、下机架、顶盖、控制环、蜗壳进人门、尾水管进人门等）的振动、各轴承处主轴摆度；尾水管压力、顶盖变化及顶盖压力值；测量各负荷下发电机不平衡保护的不平衡电流。如机组摆度较大时，必要时应进行动平衡试验，转子重新配重。

(7) 核实在当前水头下，机组产生振动的负荷区。

(8) 检查在当前水头下的机组自然补气的负荷区。

(9) 测量并记录在不同负荷下机组各部位的噪声。

(10) 每隔3%～5%的有功负荷，启动强迫补气，比较强迫补气对机组振动、摆度的影响，为稳定运行提供原始数据。

(11) 对于设有流域梯调中心的水电站，进行梯调中心的远控及调节试验，进行梯调中心与电厂机组控制权、调节权的切换试验，记录切换的时间和切换后实际状态，核对机组运行参数。

某水电站水轮机组在不同负荷下振动、摆度曲线分别见图7-12、图7-13；某水电站水轮机组水车室噪声、补气管风速数据见表7-2。

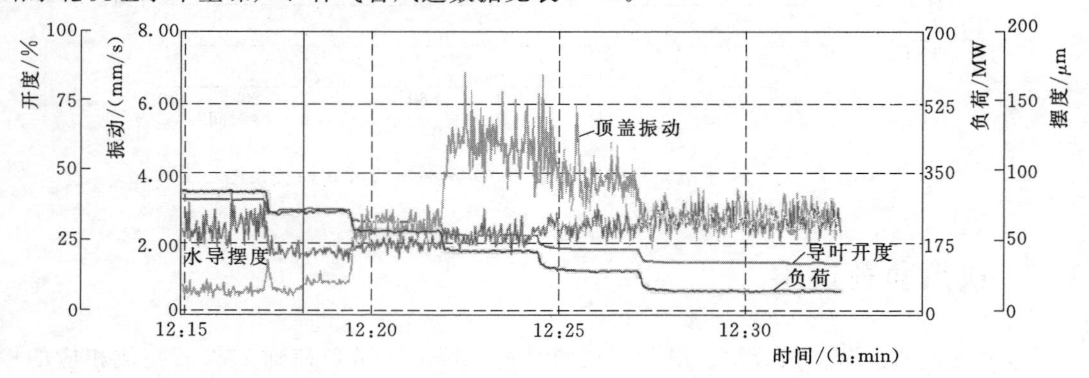


图7-12 某水电站水轮机组在不同负荷下振动、摆度曲线图（一）

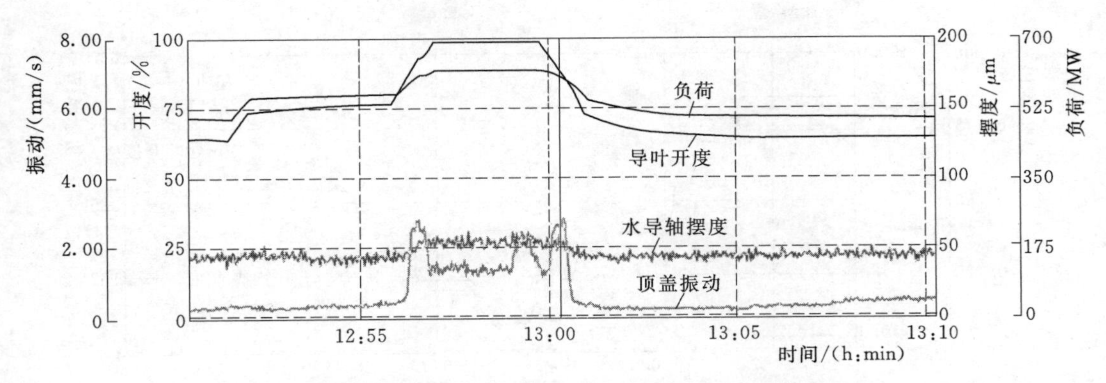


图 7-13　某水电站水轮机组在不同负荷下振动、摆度曲线图（二）

**表 7-2　　某水电站水轮机组水车室噪声、补气管风速数据表**

| 有功功率/MW | 水车室噪声/dB | 频率 | | | 补气管风速/(m/s) |
|---|---|---|---|---|---|
| | | 主频 | 次频 | 三次频 | |
| 0 | 100 | 194 | 10 | 37 | 0.184 |
| 50 | 99.4 | 196 | 231 | 153 | 0.188 |
| 100 | 99.2 | 195 | 10 | 53 | 0.183 |
| 150 | 97.9 | 96 | 12 | 209 | 0.177 |
| 200 | 95.9 | 96 | 11 | 54 | 0.193 |
| 250 | 94.1 | 96 | 10 | 132 | 0.189 |
| 300 | 93.7 | 10 | 96 | 195 | 0.186 |
| 350 | 93.8 | 9 | 96 | 33 | 0.180 |
| 400 | 93.9 | 96 | 287 | 9 | 0.180 |
| 450 | 93.9 | 96 | 286 | 11 | 0.181 |
| 500 | 94.0 | 96 | 10 | 287 | 0.118 |
| 550 | 94.7 | 10 | 96 | 286 | 0.177 |
| 600 | 95.2 | 86 | 10 | 96 | 0.182 |
| 650 | 93.9 | 96 | 10 | 86 | 2.120 |

### 7.4.2　负荷下调速器试验

（1）在调速器自动方式下，进行调节参数的选择及功率调节速率的选择。既要求功率调节时间短，又要求功率调节的超调量和超调次数有限，这与空载试验时的频率调节要求相似。

（2）功率给定方式试验：有数字给定、脉冲宽度给定。核对数字给定的精度，脉冲给定速率适当。

（3）在50%负荷左右检查调速器功率反馈、导叶开度反馈的运行稳定性，及功率反馈和导叶开度反馈方式切换的扰动。

（4）调速器切换试验：自动→手动→自动。

（5）模拟故障试验（模拟功率给定、功率反馈、接力器故障等信号）。

（6）远方自动开机，增、减负荷试验（见图 7-14）。

（7）对于轴流转桨式机组和贯流式机组，进行协联关系的复核试验。

（8）对于冲击式机组，检查喷嘴数量随负荷变化自动投切，以保证水轮机的最优效率。

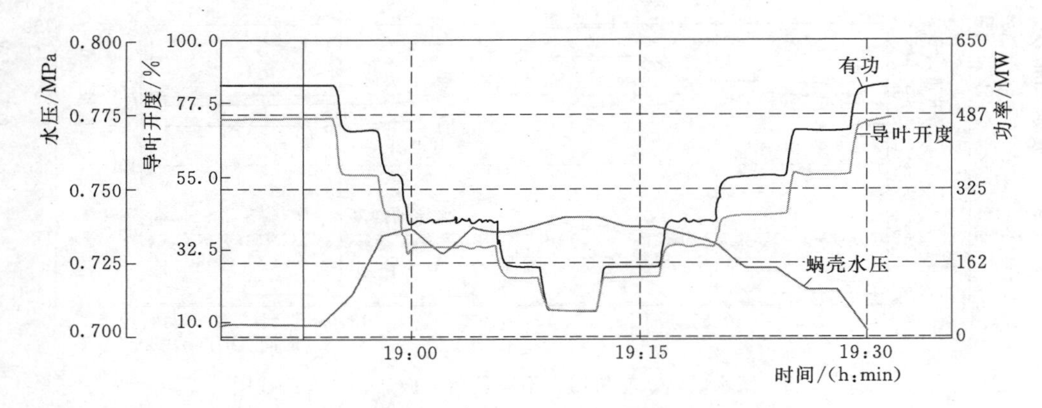


图 7-14　某水电站机组增、减负荷响应过程曲线图

### 7.4.3　负荷下励磁试验

(1) 在励磁系统自动控制方式下，分别进行无功的数字给定和脉冲给定方式试验，给定量由小到大。响应时间、无功超调量、超调次数、数字给定精度等符合设计要求，这与空载运行时，电压调节相似。

(2) 自动/手动方式切换、两套自动调节通道的切换试验，检查无功功率无明显波动。

(3) 在最大有功/无功负荷下，测量每个整流桥的支路电流，计算均流系数，符合设计规定。

(4) 并网后，在自动电压调节器投入的情况下，将调差单元投入并置于整定位置，检查调差极性符合电网要求。有条件时，将自动励磁调节器投入自动位置，使发电机处于零功率因数下，将无功调至额定值，测量机端电压，然后切除发电机断路器（保持送入励磁的发电机断路器辅助接点为合闸信号），测出发电机空载电压，计算调差率，应符合要求。

(5) 在发电机额定工况下，跳发电机断路器，联跳灭磁开关进行灭磁。录制机端电压、励磁电流、转子电压波形。录转子电压时，在转子回路并联高阻值电阻，取分压电压进示波器。

(6) 各辅助功能单元的整定与动作试验：

1) 励磁电流限制（慢速过励限制和快速过励限制）。

2) 定子电流限制。

3) 欠励限制器。

4) 现地/远方无功功率控制调节检查。

5) 故障模拟试验。

### 7.4.4　负荷下事故停机试验

在当前最大负荷下试验，考虑不利的情况，检查电气、机械保护动作可靠性。

(1) 在当前最大负荷下模拟电气事故，保护跳发电机断路器或主变高压断路器、灭磁开关，停机同时动作，记录转速、蜗壳压力、灭磁等过程曲线，计算转速上升率、水压上升率。

(2) 在当前最大负荷下，切除压油泵电机，打开压力油罐排油阀排油，检查压力油低压报警信号，直至压力过低信号动作，事故停机，机械事故关闭导叶，有些水电站事故低油压同时动作快速闸门/进水阀/筒形阀关闭，同时作用于事故配压阀动作。停机动作后，关闭排油阀，恢复油泵电机自动运行方式。如果事故低油压接点动作值偏离设计值较大，则重新调整。

(3) 模拟转速大于115%，且主配不在关位、导叶开度空载以上，事故配压阀动作，紧急停机电磁阀动作，紧急事故停机流程启动。

某水电站机组电气事故停机时转速与接力器行程关系曲线见图7-15；某水电站机组电气事故及低油压停机记录见表7-3；某水电站低油压事故停机时转速与接力器行程、有功关系曲线见图7-16。

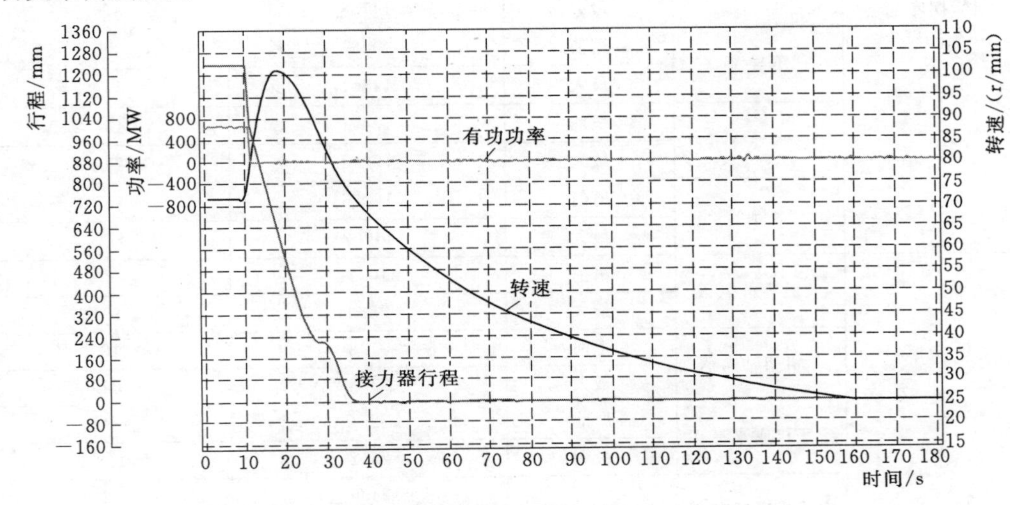


图7-15 某水电站机组电气事故停机时转速与接力器行程关系曲线图

**表7-3　　某水电站机组电气事故及低油压停机记录表**

| 项　目 | | 低油压停机 | 电气事故停机 |
|---|---|---|---|
| 机组有功/MW | | 650 | 650 |
| 接力器行程/mm | 甩时 | 1222.6 | 1234.0 |
| | 第一段拐点 | 1083 | 1138 |
| | 第二段拐点 | 54.90 | 216.88 |
| 调速器关闭规律 | 第一段关闭时间/s | 0.90 | 0.93 |
| | 第二段关闭时间/s | 19.33 | |
| | 第三段关闭时间/s | 3.39 | |
| 转速/(r/min) | 甩前 | 71.50 | 71.46 |
| | 最大 | 71.50 | 100.77 |
| 最大转速上升率/% | | | 41.039 |
| 蜗壳压力/MPa | 甩前 | 0.8573 | 0.8378 |
| | 最大 | 0.9700 | 1.0076 |
| 蜗壳压力上升率/% | | 15.8 | 20.3 |
| 尾水管压力/kPa | 甩前 | 125.23 | 124.55 |
| | 最低 | 109.030 | 92.656 |
| 尾水管压力上升率/% | | −12.9 | −25.0 |

续表

| 项目 | | | 低油压停机 | 电气事故停机 |
|---|---|---|---|---|
| 机组摆度/μm | 上导 $X$ | 甩前 | 76.6 | 72.2 |
| | | 最大 | 95.1 | 185.8 |
| | 上导 $Y$ | 甩前 | 69.14 | 64.90 |
| | | 最大 | 112.6 | 190.5 |
| | 下导 $X$ | 甩前 | 95.1 | 100.9 |
| | | 最大 | 147.8 | 316.7 |
| | 下导 $Y$ | 甩前 | 76.6 | 85.6 |
| | | 最大 | 148.1 | 344.7 |
| | 水导 $X$ | 甩前 | 174.1 | 167.2 |
| | | 最大 | 122.2 | 234.1 |
| | 水导 $Y$ | 甩前 | 168.6 | 154.9 |
| | | 最大 | 117.2 | 242.4 |
| 机组振动/μm | 上机架水平 $X$ | 甩前 | 10.1 | 9.9 |
| | | 最大 | 28.0 | 61.3 |
| | 上机架轴向 $X$ | 甩前 | 21.3 | 18.0 |
| | | 最大 | 25.8 | 64.6 |
| | 定子机座水平 $X$ | 甩前 | 32.4 | 34.7 |
| | | 最大 | 26.2 | 118.2 |
| | 定子机座轴向 $X$ | 甩前 | 24.9 | 12.1 |
| | | 最大 | 90.2 | 75.4 |
| | 下机架水平 $X$ | 甩前 | 13.3 | 11.7 |
| | | 最大 | 17.5 | 45.3 |
| | 下机架轴向 $X$ | 甩前 | 51.25 | 58.30 |
| | | 最大 | 35.3 | 129.0 |
| | 顶盖水平 $X$ | 甩前 | 54.8 | 57.7 |
| | | 最大 | 52.8 | 120.8 |
| | 顶盖轴向 $X$ | 甩前 | 161.7 | 166.6 |
| | | 最大 | 180.7 | 193.4 |
| | 蜗壳门振动 | 甩前 | 16.2 | 18.9 |
| | | 最大 | 33.5 | 112.2 |
| | 尾水门振动 | 甩前 | 5.35 | 6.39 |
| | | 最大 | 50.8 | 120.9 |
| | 水车室噪声 | 甩前 | 99.0 | 97.4 |
| | | 最大 | 105.2 | 112.0 |
| | 尾水门噪声 | 甩前 | 89.0 | 92.1 |
| | | 最大 | 102.0 | 100.4 |
| | 大轴补气管进口风速/(m/s) | 甩前 | 1.30 | 1.33 |
| | | 最大 | 1.53 | 2.54 |

**注** 上游水位 144.90m，下游水位 67.60m。

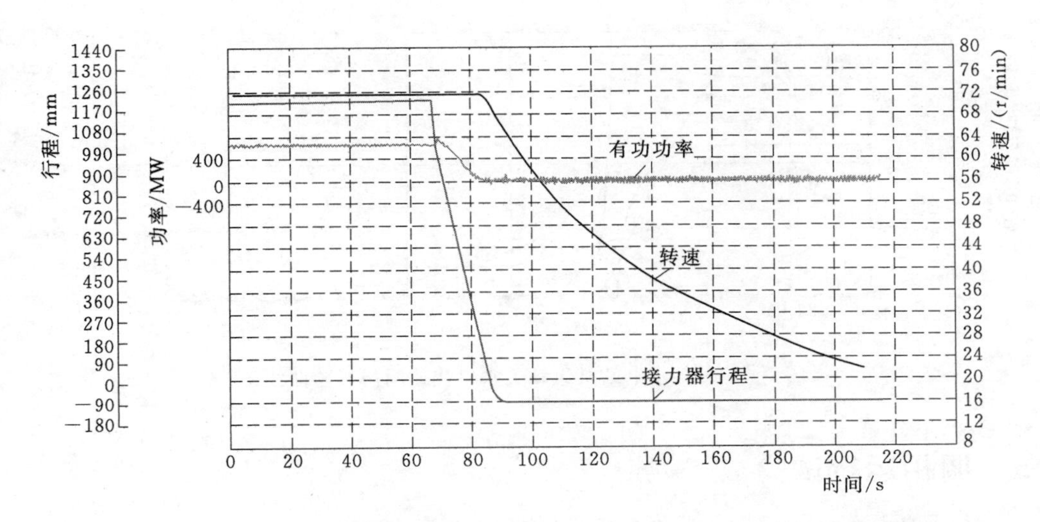


图 7－16　某水电站低油压事故停机时转速与接力器行程、有功关系曲线图

(4) 注意事项。电气事故时，机组停机和跳发电机断路器同时动作，电制动不投（如果有）；机械事故时，机组先停机，断路器在有功接近零时分闸，电制动投。

如果压力油罐油位高，切除油泵电机后，可直接排油罐油进行低油压试验。排油过程中，注意观察压力油罐和回油箱油位信号，以免压力油罐跑气、油从油位信号器上端溢出。

### 7.4.5　发电机、变压器组负荷下热稳定试验

发电机、变压器组负荷下热稳定试验，检查绕组实际温度，并与设计值相比较。超大容量的水轮发电机组或合同有要求的机组需进行此项试验。除利用永久安装的各种监测装置监测机组外，还需另外增加临时监测传感器记录、监视机组状态，验证主机设备是否达到设计要求。

(1) 在低负荷区进行机组自用电进线电源的切换试验，检查电源进线断路器保护整定是否满足要求。

(2) 机组在当前最大负荷下运行，每小时记录一次机组、主变、封闭母线等各部温度，直至机组绕组温升小于 1.0K/h，认为发电机、变压器、封母等达到当前负荷、当前条件时的热稳定状态。

### 7.4.6　动水关进水口快速闸门（进水阀/筒形阀）试验

动水关进水口快速闸门（进水阀/筒形阀）试验是考核进水口快速闸门（进水阀/筒形阀）能否满足机组最后的保护作用要求，对高水头的球阀、筒形阀，要考虑对密封件的损伤、水机的振动等不良后果。某水电站机组动关水口快速闸门试验曲线见图 7－17。

(1) 机组自动启动并网，带额定负荷。

(2) 手动启动进水口快速闸门（进水阀/筒形阀）关闭回路，当负荷降至 5%～8% 时，手动跳发电机出口断路器或主变高压侧断路器，并按紧急停机按钮。

(3) 记录进水口快速闸门（进水阀/筒形阀）关闭及跳闸、灭磁、停机等过程时间。

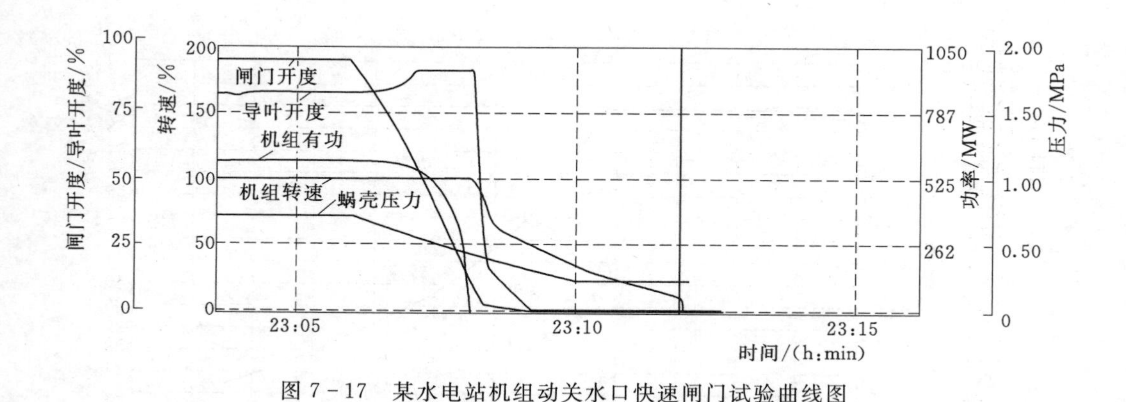


图 7-17　某水电站机组动关水口快速闸门试验曲线图

## 7.5　调相运行试验

调相运行是指发电机不发出有功功率，只用来向电网输送感性无功功率的运行状态，从而起到调节系统无功、维持系统电压的作用，一般在负荷中心的机组设有调相运行方式。调相运行是使发电机工作在电动机状态（即空转的同步电动机，不反向或反向），调相运行时消耗的有功功率来自系统。发电机做调相运行时，既可过励磁运行也可欠励磁运行。过励磁运行时，发电机发出感性无功功率；欠励磁运行时，发电机发出容性无功功率。一般做调相运行时均是指发电机工作在过励磁即发出感性无功功率的状态。

### 7.5.1　调相系统设施配置

（1）压气系统。中压空气压缩机 3～4 台，中压储气罐 3～4 只，中压管道，电动球阀或气动阀，空压机控制箱，压力控制开关。压力控制开关设压力过高报警接点、压力恢复停机接点、压力低起工作机接点、压力再低起备用机接点、压力过低报警接点等。

（2）补气系统。低压空气压缩机 2 台，低压储气罐 3～4 只，低压管道，电动球阀或气动阀，空压机控制箱，压力控制开关。压力控制开关设压力过高报警接点、压力恢复停机接点、压力低起工作机接点、压力再低起备用机接点、压力过低报警接点等。

（3）水位控制系统。现地控制箱 1 个，水位接点 4 个。水位接点安装在转轮室下端的直锥管段。接点由下至上为关压补气阀、开补气阀、开压气阀、水位过高调相转发电。

（4）其他设置。转轮上、下迷宫环冷却水，顶盖排气管及电动阀门（可能无）等。

### 7.5.2　主要控制过程

（1）发电转调相。机组在发电状态，监控系统接到发电转调相的指令后，降有功；负荷降至 5%以下后，闭锁机组逆功率保护，导叶全关；开启压气阀，将转轮室水位压至规定水位以下后关闭压气阀；转轮上下止漏环供润滑水；以后水位由现地控制箱根据锥管段的水位接点控制补气阀。锥管段水位在正常范围内，发电机即进入调相工况，机组损耗主要有轴承损耗、风损、定子铁损、定子铜损和转子铜损。

（2）调相转发电。在下列条件之一情况下，调相转发电：监控发令转发电；系统频率低于某一定值，频率指标即将不合格；转轮室水位上升至最高水位接点，补气赶不上漏气，转轮即将在水中运转；转轮上、下冠润滑水中断；调相时机组事故。机组转发电条件满足后，调速器自动开导叶至空载，解除逆功率保护闭锁，水流将转轮室内的空气带出。

（3）调相时遇机组事故停机。调相时遇机组事故，先跳发电机断路器和灭磁开关。这里就有一个选择问题，开导叶还是不开导叶。不开导叶，转轮在空气中旋转，阻力小，从额定转速到机械制动转速的时间很长，对推力轴承不利；开导叶，会使事故后在额定转速运行的时间长一些，低速运转的时间短些。如果机组设有电气制动或顶盖排气阀，就可选择不开导叶。电气事故分断路器和灭磁开关后，可以长时间运行，而电气事故不投电气制动；机械事故要求尽快停下机组，电气制动可以投。

（4）注意事项。

1）在尾水充水、尾水闸门提起后，按压气、补气条件要求进行静态补气试验，记录各步时间，气阀动作前、动作后储气罐压力及恢复时间，检查漏气情况，验证压气、补气容量是否满足要求。

2）压气和补气不同时工作，第一次使转轮脱水用压气阀，以后保持转轮脱水用补气阀。压气动作快，但恢复气压慢。补气阀动作使水位下降慢，压力恢复快。

3）在压气阀动作前，转轮带着水流旋转，水流是动态的，会使水位接点误判，需要在控制流程中考虑。压气动作后，锥管内的水接近静态，水位接点动作正常。

4）注意流程各步时间的记录与配合。

## 7.6 进相运行试验

进相试验是检验发电机功率圆图是否与设计相符，并根据试验结果修正功率圆图。但实际应用中，进相不需要那么深，主要是满足系统调压要求。采用并联电抗器等调节补偿手段，不仅耗资大，增加占地，而且调相过程频繁投切电抗器，易造成开关设备损坏，调节过程也不易实现连续调节。使用水轮发电机组进行进相运行，在不增加设备和场地的情况下，吸收电网无功，实现系统电压连续调节。

进相试验，还要检验发电机端部发热、机组振动摆度和相关设备温度情况、高压母线电压变化以及对厂用电电压等方面的影响。

下面以某水电站机组为例说明试验。

### 7.6.1 试验准备

（1）安装铁芯齿部RTD，敷设RTD电缆，定子端部测温元件埋点见图7-18。

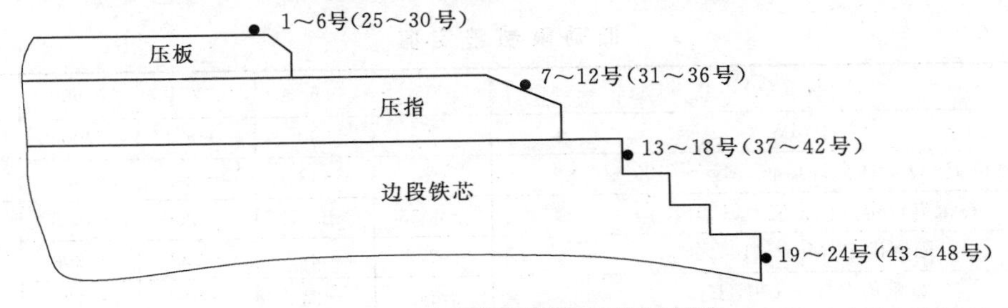


图7-18 定子端部测温元件埋点图

注：括号外为上端部测点编号，括号内为下端部测点编号。

（2）停机状态进行接线，接线后的电气参数测点见表 7-4。

表 7-4　电气参数测点表

| 序号 | 测量电气量 | 测量位置 | 备　注 |
|---|---|---|---|
| 1 | 发电机定子电压 $U$ | 发电机定子 TV 二次 | |
| 2 | 发电机定子电流 $I$ | 发电机定子 TA 二次 | |
| 3 | 发电机功角 $\delta$ | 测速信号二次侧＋发电机定子 TV | |
| 4 | 励磁电压 | 励磁调节柜 | |
| 5 | 励磁电流 | 励磁调节柜 | |

注　其他电气量不接入装置，手工测量，包括非试验机组的 $P$、$Q$、$U$、500kV 母线电压、10kV 母线电压、400V 母线电压等。

（3）进行温度测点校验见表 7-5。

表 7-5　温度测点校验表

| 测量对象 | 测点位置 | 测温元件 | 测量方法 | 备　注 |
|---|---|---|---|---|
| 定子线圈 | 线圈层间 | Pt100 测温电阻 | 监控系统 | 原有测温元件 |
| 定子铁芯 | 铁芯 | Pt100 测温电阻 | 监控系统 | |
| 推力轴瓦 | 推力轴瓦 | Pt100 测温电阻 | 监控系统 | |
| 上导轴瓦 | 上导轴瓦 | Pt100 测温电阻 | 监控系统 | |
| 下导轴瓦 | 下导轴瓦 | Pt100 测温电阻 | 监控系统 | |
| 水导轴瓦 | 水导轴瓦 | Pt100 测温电阻 | 监控系统 | |
| 定子铁芯端部 | 定子铁芯上下齿部及压板 | Pt100 测温电阻 | 温度巡测仪 | 试验临时安装测温电阻 |

（4）校验失磁保护、失步保护动作的正确性（定值、逻辑、采集通道及出口回路等）。

（5）检查发电机振动摆度系统，确保通过发电机振动摆度监测系统可以实时监测发电机进相运行期间铁芯、上下机架以及机座等部位的振动摆度情况。

### 7.6.2　试验前的运行方式

（1）试验机组 AGC 退出。

（2）水电站 AVC 退出。

### 7.6.3　励磁系统准备

（1）试验机组，励磁装置投自动，低励限制整定见表 7-6。

表 7-6　低励限制整定值

| $P$（标幺值） | 0 | 0.643 | 0.771 | 0.900 | 1.000 |
|---|---|---|---|---|---|
| $P$/MW | 0 | 500 | 600 | 700 | 777 |
| 发电机 $P-Q$ 曲线允许 $Q$ 值/Mvar（100%$U_g$） | | −480 | −390 | −330 | 0 |
| $Q$ 限制设定（标幺值）（100%$U_g$） | −0.35 | −0.35 | −0.30 | −0.26 | 0 |
| $Q$ 限制设定/Mvar（100%$U_g$） | −272 | −272 | −233 | −202 | 0 |
| $Q$ 限值/Mvar（90%$U_g$） | −244 | −244 | −210 | −182 | 0 |

注　试验时应避开振动负荷区。

（2）非试验机组，励磁装置投自动，低励限制设定值保持正常设定不变。

（3）试验机组不带厂用电，但必须监视厂用电压的变化。

### 7.6.4 试验内容

根据仿真计算结果和机组厂家提供的技术资料，进相运行试验见表 7－7 的内容，分 6 步进行。

表 7－7　　发电机进相运行试验工况表

| 序号 | $P$ /MW | $Q$ /Mvar | $\cos\varphi$ 参考值/实际值 | 机端电压 /kV | 关注点 |
|---|---|---|---|---|---|
| 1 | 0 | 0 | — | 20 | 并网前测功角 |
| 2 | 700 | 迟相 | — | — | 测电气量 |
| 3 | 700<br>实际 699 | －90<br>实际－93.2 | 进相 0.992<br>实际 0.991 | 19.0 | 电压、有功、无功、功角、相关温度和振动等 |
| 4 | 700<br>实际 699.3 | －180<br>实际－181.1 | 进相 0.968<br>实际 0.968 | 18.5 | |
| 5 | 600<br>实际 599.1 | －200<br>实际－200.0 | 进相 0.949<br>实际 0.948 | 18.6 | |
| 6 | 500<br>实际 498.7 | －220<br>实际－213.5 | 进相 0.915<br>实际 0.919 | 18.5 | |

注　试验时应避开振动负荷区。

（1）发电机在并网前的额定转速和额定电压下校准发电机功角零位。

（2）系统和机组的运行方式已调至可进行试验的状态，其他机组正常运行，且要保证滞相运行，控制电厂高压母线电压不低于 535kV，以满足系统暂态稳定的要求。

（3）先将发电机组按正常工况（滞相）调至负荷 700MW 运行，稳定一段时间并检查无异常，试验开始。发电机进相试验机组振动见表 7－8。

表 7－8　　发电机进相试验机组振动表　　单位：mm

| 项目 | 传感器 | 700MW /－90Mvar | 700MW /－180Mvar | 600MW /－200Mvar | 500MW /－220Mvar |
|---|---|---|---|---|---|
| 上机架 | 1 | 0.36 | 0.51 | 0.31 | 0.27 |
| | 2 | 0.40 | 0.40 | 0.35 | 0.44 |
| 下导轴承 | 1 | 0.13 | 0.10 | 0.06 | 0.06 |
| | 2 | 0.08 | 0.09 | 0.07 | 0.05 |
| | 3 | 0.25 | 0.31 | 0.17 | 0.20 |
| 定子 | 1 | — | — | — | — |
| | 2 | — | — | — | — |

（4）发电机有功保持 700MW，缓慢平稳地降低发电机励磁电流，将机组无功调至第 3 个工况点［$P$＝700MW，$Q$＝－90Mvar，$\cos\varphi$＝0.992（进相）］，进行该工况下的发电机进相温升试验，在发电机各部分温度渐趋稳定时，每隔 30min 检查一次温升，当发电机各部分的温度变化不超过 1K/h 时，认为电机发热已达到实际热稳定状态，取稳定阶段

中几个时间间隔温度的平均值作为电机在该工况下的温升。热稳定后，测取电气量、温度量记录分别见表 7－9、表 7－10。

**表 7－9　　　　发电机进相试验电气量记录表**

| 序　号 | | 1 | 2 | 3 | 4 | 5 | 6 | 7 |
|---|---|---|---|---|---|---|---|---|
| 工况 | | | | | | | | |
| 时间 | | | | | | | | |
| 有功功率/MW | | | | | | | | |
| 无功功率/Mvar | | | | | | | | |
| 定子电压/kV | | | | | | | | |
| 定子电流/A | | | | | | | | |
| 功率因数 $\cos\varphi$ | | | | | | | | |
| 励磁电压/V | | | | | | | | |
| 励磁电流/A | | | | | | | | |
| 功角 $\delta$ | | | | | | | | |
| 500kV 电压/kV | | | | | | | | |
| 10kV 电压/kV | | | | | | | | |
| 其他机组工况 | $P/Q/U$ | | | | | | | |
| | $P/Q/U$ | | | | | | | |
| | $P/Q/U$ | | | | | | | |

**表 7－10　　　　发电机进相试验温度量记录表**

| 工况 | | | | | | | | |
|---|---|---|---|---|---|---|---|---|
| 时间 | | | | | | | | |
| 有功功率/MW | | | | | | | | |
| 无功功率/Mvar | | | | | | | | |
| 定子电压/kV | | | | | | | | |
| 定子电流/A | | | | | | | | |
| 铁芯上齿部温度 | 1 | | | | | | | |
| | 2 | | | | | | | |
| | 3 | | | | | | | |
| | 4 | | | | | | | |
| | ⋮ | | | | | | | |
| | 18 | | | | | | | |
| 铁芯下齿部温度 | 19 | | | | | | | |
| | 20 | | | | | | | |
| | 21 | | | | | | | |
| | 22 | | | | | | | |
| | ⋮ | | | | | | | |
| | 36 | | | | | | | |

(5) 第 3 个试验工况点结束后，调节励磁，恢复发电机至正常滞相工况，运行各部温度恢复稳定后再降低励磁电流至第 4 个工况点［$P$=700MW，$Q$=－180Mvar，$\cos\varphi$=0.968（进相）］，采用相同方法进行试验。

(6) 第 4 个试验工况点结束后，试验人员调节励磁，恢复发电机至正常滞相工况，运行稳定后再降低励磁电流至第 5 个工况点［先降有功至 600MW，再降无功至－200Mvar，$\cos\varphi$=0.9487（进相）］，采用相同方法进行试验。

(7) 第 5 个试验工况点结束后，试验人员调节励磁，恢复发电机至正常滞相工况，运行稳定后再降低励磁电流至第 6 个工况点［先降有功至 500MW，再降无功至－220Mvar，$\cos\varphi$=0.9153（进相）］，采用相同方法进行试验。

(8) 试验完成后，拆除所有试验接线，恢复正常运行状态。

### 7.6.5 主要风险及其控制

(1) 出现以下情况时应立即切除试验机组（通过保护或手动）。

1) 机组失稳、失步。

2) 系统出现失步振荡迹象。

(2) 出现以下情况时，立即停止试验，增加机组励磁，并减少有功出力。

1) 监测热点接近设定值。

2) 功角大于 65°。

3) 机端电压低于额定值的 90%。

4) 厂用电电压（10kV，400V）低于 95%额定电压。

(3) 机组出现以下异常时立即通知现场指挥。

1) 监测热点达到预警值或出现异常变化。

2) 机组出现其他异常情况。

(4) 其他注意事项。

1) 无功调节应缓慢、分阶段调节。

2) 试验中发生如出口线路跳闸等与原运行方式不符的情况时，应立即将发电机组恢复正常运行状况，并暂停或停止试验。

3) 励磁调节器投入自动运行方式。自动模式故障切换到手动方式时，应停止进相试验，同时运行人员立即手动增加励磁，直至发电机滞相运行，功率因数满足正常调度运行要求。

4) 试验时，运行操作人员应注意调节有功、无功的次序，先降有功，再降无功，且每步试验完成后应将机组工况恢复至正常滞相运行，稳定后再转换到下一个工况点进行试验，避免造成稳定破坏。

## 7.7 最大出力试验

检验机组在额定水头以上，是否能够达到设计的最大出力，以及在最大出力下，机组是否稳定。

### 7.7.1 试验条件和准备

（1）水电站运行水头达到额定水头以上，其他机组运行在额定负荷以下。

（2）待试验机组的振动、摆度、轴承温度状态良好，各冷却系统无堵塞信号并有调节余量。

（3）待试验机组的高压配电装置、主变压器运行良好，无温度过高和异常声响，主变冷却器有备用容量，送出容量无限制。

（4）制定最大出力试验实施措施，查对合同和制造厂说明书，确定最大出力数值。列出机组振动、摆度、轴承温度报警值，列出励磁变、高压配电装置、主变的温度报警值。查对保护定值，最大出力下机组、主变不超过过负荷定值。

（5）除正常的监控系统监测机组、主变状态外，增加人员及巡检设备，例如红外点温仪和红外成像仪，巡检从机组到主变高压侧的电气回路。

### 7.7.2 试验过程

（1）在机组冷却水和循环冷却油量调节符合设计要求时，机组带额定负荷运行 4～5h，记录机组稳定状态数据。

（2）确认机组无异常现象，机组带最大负荷，以设备制造合同及制造厂技术条件为准，带最大负荷时间依合同文件而定。机组无功负荷依系统电压而定。

（3）每小时记录机组状态数据，包括各部轴承温度和油位，机组各部振动摆度，各部冷却水流量，水轮机水力参数，导叶开度，封闭母线/发电机出线电缆/共箱母线温度，励磁变温度，主变绕组和油温，主变冷却水流量。水轮机振动、发电机推力轴承、定子绕组是监测重点。

（4）定期巡检发电机中性点屏蔽板、发电机出口屏蔽板、发电机汇流排金属支架、外露的汇流排分支电流互感器及支架、临近汇流排的二次电缆架和电缆管、发电机出线洞口混凝土、封闭母线外壳及短路板、封母支架及接地线、发电机断路器、主变低压套管、主变高压套管等处温度。

（5）达到预期的运行时间时，机组各部数据达到稳定时，且没有超过合同规定时，可以认为机组带最大负荷是成功的。

### 7.7.3 结论

（1）整理记录试验数据，为机组运行提供依据。

（2）机组最大负荷运行按合同要求进行。最大负荷时，机组偏离最优效率区，不利于长期安全运行，只能作为应急措施短时使用。

## 7.8 72h 带负荷连续试运行

（1）完成各试验内容经验证合格后，拆除机组临时试验接线，恢复机组正常状态。对可能导致运行机组 72h 运行意外中断的未完施工部分进行隔离。例如，对扩大单元接线，尚在施工的相邻机组段跳本机组段的回路要隔离；多台机组共用一台主变时，对还在施工调试阶段、送入主变差动保护的发电机电流回路进行隔离；对还在施工调试阶段的线路，送入母线差动保护的线路电流回路进行隔离；当安装调试机组使用公用油气水电时，实行申请、许可、监护制度。对运行机组的操作权限进行限制，只允许中控室和指定的操作员站操作。

(2) 机组带额定负荷或当前水头下最优效率的负荷连续运行，开始进入 72h 试运行。保持机组负荷稳定，避免不必要的负荷和电压调节，避免在机组振动区运行。

(3) 每小时从监控和现地记录一次运行所有参数。分析对比各数据趋势，当机组运行趋势恶化时，申请停机。

(4) 定期巡视运行设备，检查油气水系统有无跑、冒、滴、漏现象，检查设备有无异常声响，检测外部状况。例如用红外点温仪检测发电机封闭母线外壳（电缆）、接头、屏蔽板、基础构架、滑环、励磁电缆、主变低压套管及低压测油箱壁、连续运行电机等处温度。

(5) 对机组报警信号进行核对落实，能在不停机状态下处理的，在确保安全的情况下处理；不能在运行状态下处理的而不影响安全运行的，在 72h 后停机处理。

(6) 72h 连续运行后，视机组有无影响长期安全、稳定运行的缺陷，由启动委员会决定机组是否移交给运行单位。

某水电站机组 72h 试运行抽样记录见表 7-11。

**表 7-11　　某水电站机组 72h 试运行抽样记录表**

| 时间/(d/h) | 16/16 | 17/4 | 17/16 | 18/4 | 18/16 | 19/4 |
|---|---|---|---|---|---|---|
| 机组有功/无功/MW/Mvar | 598/45 | 596/47 | 591/39 | 597/50 | 605/92 | 589/98 |
| 定子 3 槽温度/℃ | 51.3 | 50.8 | 50.9 | 51.9 | 51.7 | 51.1 |
| 定子 273 槽温度/℃ | 50.6 | 50.6 | 50.6 | 51.3 | 51.2 | 51.2 |
| 定子铁芯 1 号/℃ | 53.9 | 54.4 | 54.4 | 55.4 | 54.9 | 55.4 |
| 定子铁芯 10 号/℃ | 53.7 | 53.7 | 53.7 | 54.7 | 54.7 | 54.7 |
| 线棒出水端 1 号/℃ | 46.8 | 46.8 | 46.8 | 47.4 | 47.4 | 47.4 |
| 线棒出水端 91 号/℃ | 47.0 | 47.0 | 47.0 | 47.0 | 47.0 | 47.0 |
| 1 号推力瓦/℃ | 69.4 | 69.4 | 69.4 | 69.4 | 69.4 | 69.4 |
| 13 号推力瓦/℃ | 68.2 | 67.7 | 67.7 | 67.7 | 67.7 | 67.7 |
| 1 号下导瓦/℃ | 35.6 | 35.6 | 35.6 | 35.7 | 35.6 | 35.6 |
| 9 号下导瓦/℃ | 36.2 | 36.2 | 36.2 | 35.7 | 35.7 | . 35.7 |
| 1 号上导瓦/℃ | 33.5 | 34.0 | 34.0 | 34.1 | 34.0 | 34.0 |
| 6 号上导瓦/℃ | 35.5 | 35.5 | 35.5 | 35.5 | 35.5 | 35.5 |
| 下导油槽 1 号/℃ | 28.2 | 28.2 | 28.2 | 27.7 | 27.7 | 27.7 |
| 上导油槽 1 号/℃ | 33.9 | 34.4 | 34.4 | 34.5 | 34.4 | 34.4 |
| 空冷冷风 1 号/℃ | 25.4 | 25.4 | 25.4 | 25.5 | 25.4 | 25.4 |
| 空冷冷风 11 号/℃ | 25.5 | 25.5 | 25.5 | 25.6 | 25.5 | 25.5 |
| 1 号空冷器排水水温/℃ | 22.7 | 22.7 | 22.7 | 22.8 | 22.7 | 22.7 |
| 11 号空冷器排水水温/℃ | 22.5 | 22.5 | 22.5 | 22.0 | 21.9 | 21.9 |

续表

| 时间/(d/h) | | 16/16 | 17/4 | 17/16 | 18/4 | 18/16 | 19/4 |
|---|---|---|---|---|---|---|---|
| 1号空冷器供水水温/℃ | | 18.9 | 18.9 | 18.9 | 18.4 | 18.3 | 18.3 |
| 11号空冷器供水水温/℃ | | 19.0 | 19.0 | 19.0 | 19.0 | 19.0 | 19.0 |
| 空冷热风1号/℃ | | 48.4 | 49.0 | 49.0 | 50.0 | 49.5 | 50.0 |
| 空冷热风11号/℃ | | 48.3 | 48.8 | 48.8 | 49.4 | 48.8 | 49.3 |
| 铁芯下压指1号/℃ | | 45.8 | 46.3 | 46.3 | 46.3 | 46.3 | 46.3 |
| 铁芯下压指5号/℃ | | 45.2 | 45.5 | 45.5 | 46.0 | 45.5 | 46.0 |
| 铁芯上压指1号/℃ | | 51.2 | 51.8 | 51.8 | 52.3 | 51.8 | 52.3 |
| 铁芯上压指5号/℃ | | 50.8 | 51.3 | 51.3 | 51.9 | 51.8 | 51.8 |
| 集电环罩内1号/℃ | | 35.9 | 36.9 | 37.4 | 38.5 | 36.9 | 38.4 |
| 1号下导油冷供水管/℃ | | 18.7 | 18.7 | 18.7 | 18.8 | 18.7 | 18.7 |
| 1号下导油冷排水管/℃ | | 22.4 | 22.4 | 22.4 | 22.5 | 22.4 | 22.4 |
| 1号下导油冷器进油管/℃ | | 34.3 | 34.4 | 34.3 | 34.3 | 34.3 | 34.3 |
| 1号下导油冷器排油管/℃ | | 27.5 | 27.5 | 27.5 | 27.6 | 27.5 | 27.5 |
| 水导瓦1号/℃ | | 53.0 | 52.5 | 52.5 | 52.5 | 52.5 | 52.5 |
| 主变冷却水流量/($m^3$/h) | | 515.2 | 518.3 | 517.2 | 514.3 | 517.8 | 517.1 |
| 主变线圈温度/℃ | | 43.0 | 43.0 | 45.0 | 44.0 | 45.0 | 44.0 |
| 主变油温/℃ | | 37.0 | 37.0 | 38.0 | 38.0 | 39.0 | 37.0 |
| 冷却器出口水温3号/℃ | | 20.0 | 20.0 | 20.0 | 20.0 | 20.0 | 20.0 |
| 冷却器出口油温3号/℃ | | 28.0 | 29.0 | 29.0 | 29.0 | 29.0 | 29.0 |
| 励磁变高压绕组温度/℃ | A相 | 60.4 | 63.1 | 66.7 | 65.7 | 68.8 | 67.4 |
| | B相 | 59.1 | 61.9 | 65.6 | 64.2 | 67.6 | 66.3 |
| | C相 | 58.2 | 60.7 | 64.2 | 62.1 | 65.8 | 64.4 |
| 励磁变低压绕组温度/℃ | A相 | 59.5 | 62.2 | 66.6 | 64.9 | 68.7 | 67.1 |
| | B相 | 55.6 | 57.4 | 61.2 | 59.8 | 63.1 | 61.6 |
| | C相 | 56.7 | 59.1 | 62.4 | 61.6 | 63.9 | 62.7 |
| 导叶开度/% | | 84.0 | 84.0 | 84.0 | 84.0 | 84.0 | 82.0 |
| 油罐压力/MPa | | 6.10 | 6.11 | 6.20 | 6.30 | 6.17 | 6.18 |
| 油箱油温/℃ | | 30.0 | 30.6 | 31.0 | 30.4 | 30.1 | 30.1 |
| 油罐油位/mm | | 2665.0 | 2685.0 | 2754.0 | 2779.0 | 2744.0 | 2754.0 |
| 微正压装置气压/kPa | | 0.8 | 0.7 | 0.7 | 0.7 | 0.8 | 0.7 |
| 水导上油槽油位/mm | | 118.0 | 128.0 | 113.0 | 125.0 | 123.0 | 129.0 |
| 水导下油槽出口油温/℃ | | 44.8 | 44.6 | 44.6 | 44.5 | 44.5 | 44.4 |
| 冷却器循环油流量/(L/min) | | 79.0 | 78.0 | 79.0 | 78.0 | 80.0 | 78.0 |
| 水导外油箱油位/mm | | 389.0 | 389.0 | 389.0 | 389.0 | 389.0 | 389.0 |
| 水导上油槽进口油温/℃ | | 38.8 | 38.7 | 38.6 | 38.5 | 38.5 | 38.5 |

续表

| 时间/(d/h) | | 16/16 | 17/4 | 17/16 | 18/4 | 18/16 | 19/4 |
|---|---|---|---|---|---|---|---|
| 水导瓦温 434MR/℃ | | 54.1 | 53.4 | 53.3 | 53.2 | 53.2 | 53.1 |
| 水封浮动环磨损 401MZ/mm | | 2.44 | 2.54 | 2.63 | 2.60 | 2.62 | 2.59 |
| 水封浮动环温度 402MR/℃ | | 20.5 | 20.6 | 20.2 | 20.5 | 20.6 | 20.9 |
| 主轴密封水流量/(L/s) | | 5.0 | 5.0 | 5.0 | 5.0 | 5.0 | 5.0 |
| 机组流量/($m^3$/s) | | 881.0 | 878.0 | 875.0 | 877.0 | 888.0 | 857.0 |
| 机组水头/m | | 59.8 | 69.2 | 71.2 | 72.3 | 74.1 | 73.1 |
| 水导冷却水流量 330SD/(L/min) | | 47.0 | 47.0 | 48.0 | 47.0 | 48.0 | 50.0 |
| 纯水系统 | 流量/($m^3$/h) | 195.0 | 195.0 | 199.0 | 195.0 | 194.0 | 194.0 |
| | 进水温度/℃ | 37.3 | 37.3 | 37.3 | 37.3 | 37.3 | 37.3 |
| | 出水温度/℃ | 47.4 | 47.4 | 47.4 | 47.4 | 47.9 | 47.9 |
| | 电导率 $\mu$/(s/cm) | 0.19 | 0.19 | 0.19 | 0.19 | 0.19 | 0.19 |
| 上导轴摆度/$\mu$m | 1 | 133.5 | 131.0 | 118.3 | 134.9 | 131.5 | 145.3 |
| | 2 | 134.8 | 140.0 | 144.6 | 154.2 | 116.7 | 158.7 |
| 下导轴摆度/$\mu$m | 1 | 195.6 | 200.0 | 190.9 | 203.8 | 196.9 | 216.7 |
| | 2 | 226.2 | 210.0 | 210.6 | 221.6 | 207.9 | 209.0 |
| 水导轴摆度/$\mu$m | 1 | 55.8 | 63.5 | 66.0 | 60.4 | 63.7 | 60.6 |
| | 2 | 59.9 | 56.0 | 64.5 | 67.8 | 81.0 | 63.6 |
| 上导振动/(mm/s) | 1 | 0.3 | 0.3 | 0.3 | 0.3 | 0.3 | 0.3 |
| | 2 | 0.3 | 0.3 | 0.3 | 0.3 | 0.4 | 0.4 |
| 下导振动/(mm/s) | 1 | 0.1 | 0.1 | 0.1 | 0.1 | 0.1 | 0.1 |
| | 2 | 0.1 | 0.1 | 0.1 | 0.1 | 0.1 | 0.1 |
| 定子机架振动/$g$ | 1 | 0.2 | 0.3 | 0.3 | 0.3 | 0.3 | 0.3 |
| | 2 | 0.6 | 0.7 | 0.6 | 0.7 | 0.6 | 0.7 |
| 顶盖振动/(mm/s) | 1 | 0.3 | 0.3 | 0.3 | 0.3 | 0.4 | 0.2 |
| | 2 | 0.4 | 0.4 | 0.3 | 0.4 | 0.4 | 0.3 |
| | 3 | 1.1 | 0.8 | 0.8 | 1.3 | 1.0 | 0.8 |
| 定子铁芯振动/$g$ | 1 | 0.2 | 0.2 | 0.2 | 0.2 | 0.2 | 0.2 |
| | 2 | 0.2 | 0.2 | 0.2 | 0.2 | 0.2 | 0.2 |
| | 3 | 0.1 | 0.1 | 0.1 | 0.1 | 0.1 | 0.1 |

## 7.9 考核试运行

(1) 机组通过 72h 试运行并停机检查，必要时进行流道排空检查。对缺陷处理完毕后，办理设备交接手续，进入考核期试运行，考核期的时间依据合同确定。

(2) 在机组考核运行期间，由于机组及其附属设备故障或因设备制造、安装质量原因引起的中断，及时加以处理，合格后继续进行考核试运行。若中断时间少于24h且中断次数不超过3次，则中断前后运行时间可以累加；否则，中断前后的运行时间不得累加计算，应重新开始考核试运行。

（3）制造厂代表、安装调试责任方随时了解机组运行状态，跟踪设备状态趋势，对可能出现的问题要有预案准备。

（4）考核期内，安装、调试责任方保留必要的检修人力和设备，应对可能发生的检修任务。

（5）考核期运行是设计、制造、安装、调试综合质量的体现。就安装而言，从施工开始阶段，就应该注意设备材料、工艺措施、施工人员素质、施工设备、过程检查等质量控制。就调试而言，严格按调试大纲的程序按步调试，不漏点、不漏项，不省略步骤。

（6）考核期出现过的问题及处理。

1）接力器传感器拉杆脱落导致停机。解决办法是在调试定位后，固定螺丝加锁固胶或加备帽。

2）励磁交流主回路单芯电缆对电缆支架、电缆托盘、楼板孔洞感应发热，在大型机组中可能会出现。解决办法是电缆敷设时，按每相各取一根正三角形排列，使电流磁场互相抵消。或者采用非磁性材料的支架、电缆架。

3）转子磁极引出线接头加强螺杆烧毁。解决办法是在安装试验阶段检查试验不留死角。

4）另一台机安装阶段机组配二次线，导致相邻运行机组高压侧断路器跳闸。解决办法是，运行机组段对未完成的回路隔离，未完成的回路检查正确并具备投运条件后，申请停运行机组，开工作票接入跳相邻机组回路，并做完联动试验，再恢复运行，并启动新机组的并网工作。

5）发电机出线电缆托盘发热，在采用单芯电缆引出主回路的机组中可能出现，解决办法同2）。

6）主变高负荷时过热报警。需要结合下面参数考虑：主变的电流电压；主变的空载损耗和铜损；环境温度和整定温度；油循环电机有无反向；有无增加散热、减少吸收阳光的措施。

7）厂用电源倒换，恢复电源时厂高变温控器温度过高接点瞬时动作导致跳主变、停机组。在分步调试和并网带小负荷时就应进行控制电源的切换试验，提早发现这种现象。解决办法是换用投切温度控制器控制电源时不误发信号的装置。

8）厂用电源倒换，主变冷却器报故障不再启动，延时跳主变及停机。电源切换试验应在分步试验和空载试验、小负荷试验时进行，以发现该类隐患，提前从控制程序上修改，或更换进线空气断路器，不把该类隐患留到正常运行阶段。

9）机组轴承温度逐步上升，无收敛趋势。检查轴承油位是否符合要求，冷却水流量是否满足要求，结合机组振动摆度数据分析原因，申请停机处理。

## 参　考　文　献

[1]　戴作友，陈剑锋．越南宣光电站调相试验浅谈．水电站机电技术，2010，33（5）：专辑．

# 8 可逆式抽水蓄能机组启动试运行

## 8.1 简述

### 8.1.1 抽水蓄能机组特点

抽水蓄能电站按上水库有无天然径流汇入分为：上水库水源仅为由下水库抽入水流的纯抽水蓄能电站，除抽入水流外还有天然径流汇入上水库的混合抽水蓄能电站。此外，还有由一河的下水库抽水至其上水库，然后放水至另一河发电的调水式抽水蓄能电站。抽水蓄能电站的土建结构包括上水库、下水库、安装抽水蓄能机组的厂房和连接上下水库间的压力管道。当有合适的天然水域可供利用时，修建上、下水库的工程量可显著减小。抽水蓄能电站的机组，早期是发电机组和抽水机组分开的四机式机组，继而发展为水泵、水轮机和发电电动机组成的三机式机组，进而发展为水泵、水轮机和水轮发电电动机组成的二机式可逆机组，极大地减小了土建和设备投资，得以迅速推广。抽水蓄能电站的修建要视可供蓄能的低谷多余电量和水量的多少。建站地点力求水头高，发电库容大、渗漏小，压力输水管道短，距离负荷中心近等。

抽水蓄能电站运行具有几大特性：它既是发电厂，又是用户，它的填谷作用是其他任何类型发电厂所没有的；它启动迅速，运行灵活、可靠，除调峰填谷外，还适合承担调频、调相、事故备用等任务。抽水蓄能机组一般投入4kW·h抽水，用这部分水发电可达3kW·h，在执行峰谷电价地区有显著的效益。目前，我国已建成的抽水蓄能电站在各自的电网中都发挥了重要作用，使电网总体燃料得以节省，降低了电网成本，提高了电网的可靠性。

### 8.1.2 抽水蓄能机组启动原则

抽水蓄能电站与常规水电站启动的组织形式、准备、检查等基本相似，但由于抽水蓄能电站机组设备的特点，与常规水电站有以下不同点。

（1）增加了电动—水泵、调相运行工况，因而机组的启动、工况转换、停机等方式较常规机组变化多；各项调试总是交替进行。

（2）涉网试验受系统约束多。例如只有在负荷低谷时才能进行抽水工况试验，在负荷高峰时才可进行发电工况试验。

（3）启动调试项目多、周期长，可达3～4个月，而常规水电站最多1个月，正常的为15d。

（4）没有“72h”试运行和“30d考核”，但有“15d考核”试运行，以及这期间的开机成功率的要求。

### 8.1.3 抽水蓄能机组首次启动方式

从机组安全性考虑，核心在于机组首次启动方式。无论何种方式启动，出于变频启动装置调试的需要，抽水蓄能电站首台机组启动前须主变压器提前受电，主变压器及高压配电装置将不进行零升试验而直接全电压冲击受电，对电气设备尤其是继电保护、测量二次回路检查提出了较高的要求。

（1）对于上库有天然水源的抽水蓄能电站，在系统倒送电后，规程规定应按照水轮机方式进行启动试验，即机组首次启动方式应为水轮机工况，在完成机组空载试验、发电机零升试验、机组负荷试验后，再转入水泵方式启动试验。

（2）对于上库无天然水源的水电站，若采取临时方式提前蓄水至死水位以上且蓄水量充足，同上可按照水轮机工况完成全部各项试验，之后进行水泵方式试验。

（3）对于上库无天然水源且未采取临时方式提前蓄水的抽水蓄能电站，首台机组首次启动方式只能采取变频启动、水泵调相运行的方式，启动完成后直接满负荷向上库抽水。由于上库水工建筑物对蓄水速度、分段稳压的限制，水泵抽水方式将持续很长时间，其间不能进行其他试验，也无法进行发电与抽水工况交替试验。在此种情况下，数月的上库蓄水时间将直接占用机组调试直线工期，可行性差。实际上，国内目前投入运行的上库无天然水源的抽水蓄能电站，均采用临时水泵提前蓄水的方式，而不采取机组直接抽水。

目前国内上库无天然水源的抽水蓄能电站，基本采取临时方式提前蓄水至死水位以上，首次启动采取水轮机方式，完成部分试验项目后转为水泵方式启动。在水轮机工况下完成机械与电气试验、机械部件与电气回路经过动态检查后再转为水泵运行，机组将更为安全。

（4）由于抽水蓄能电站上库容量的限制，水轮机工况的全部试验项目一般不能连续完成，发电与抽水工况交替试验成为常态，尤其是首台机组。

（5）对于后续机组，由于上库已蓄水运行，一般应按照水轮机启动并完成各项试验后再转入水泵运行，主变压器及高压配电装置亦应由机组提供电源进行零升检查，确认无误后再行受电。

（6）通过对各种启动方式的分析，看出机组不论采取上述何种启动方式，现场实现起来都有一定的困难。经过反复分析、研究和计算，提出两种启动试验方式和试验顺序。

第一种方式是利用外加充水泵向上库充水至上库进出水口设计规定的最低水位以上，机组首先以 SFC 方式启动，进行机组动平衡试验后，机组直接并网，进入水泵调相工况运行直至在低扬程下向上库抽水，然后进行水轮机工况的试验。这种试验方式，机组二次和一次回路未经零起升压试验，试验过程中存在一定的风险，机组开机前必须采取措施，对电气主母线进行通流试验，尽可能完成机组二次 TA 回路的校验。

第二种方式是利用外加充水泵向上库充水至上库死水位以上，机组先以水轮机工况启动机组，简单完成水轮机工况的必要试验，然后机组转入水泵工况进行试验。这种试验方式，机组电气一次和二次回路得到了初步检验，但不利条件是上库水位必须超过死水位以上，且能保证机组水轮机工况运行 8h。

## 8.2 首次以水泵方式启动

### 8.2.1 试验流程

首次以水泵方式启动简单流程见图8-1。

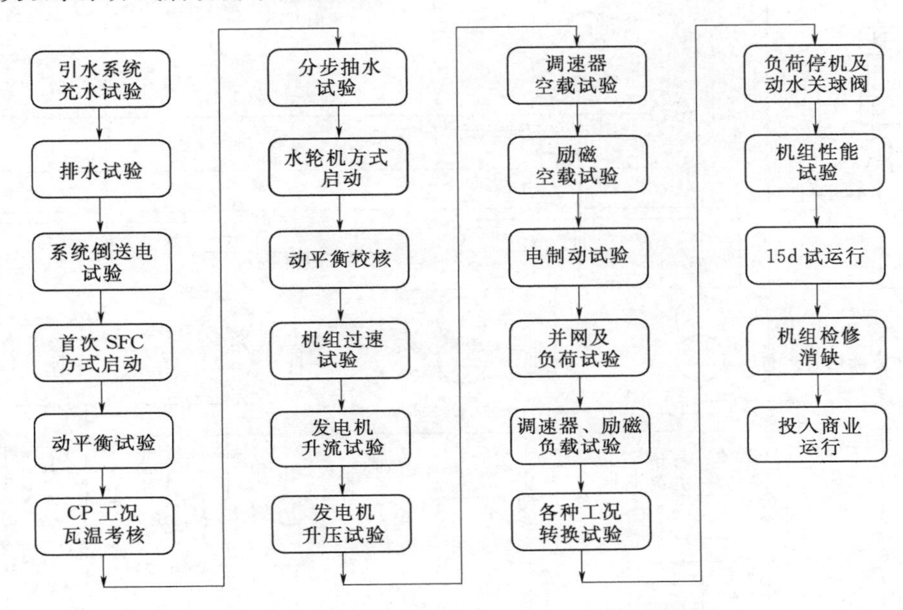


图8-1 首次以水泵方式启动简单流程图

### 8.2.2 引水系统充、排水试验

(1) 引水系统充、排水试验的目的是检验引水系统是否存在缺陷，以便及时采取措施处理，确保水电站安全可靠运行。

(2) 下引水系统充水时，水轮机导叶打开5%～6%开度排气。根据设计的充水方法对尾水系统进行充水。

(3) 利用压力钢管充水泵，向上引水系统充水，为保证管道结构的安全稳定及应力释放要求，必须严格按照设计要求的水压和时间逐级抬高水位。

### 8.2.3 系统倒送电试验

(1) 试验准备。系统线路向水电站高压母线充电完成，主变和厂高变冲击试验完成，设备运行正常。

确认SFC两台输入断路器在分闸位置；(一般1号输入断路器与1号厂高变高压侧并联，2号输入断路器与3号厂高变高压侧并联；若3号主变未送电，应将2号输入断路器退至退出位置，并切除其操作电源，防止SFC受电时反送至3号主变及厂高变) SFC输出断路器在分闸位置；启动母线至3～4号机组侧隔离刀在分闸位置、接地刀在合闸位置；确认换相刀闸、启动开关、拖动开关、断路器在分闸位置(为防止误操作引起母线短路，先切除拖动开关操作电源)；电制动开关在分闸位置，操作电源切除；断开发电机出口软连接，在发电机侧短路接地，其一次设备接线见图 8-2。

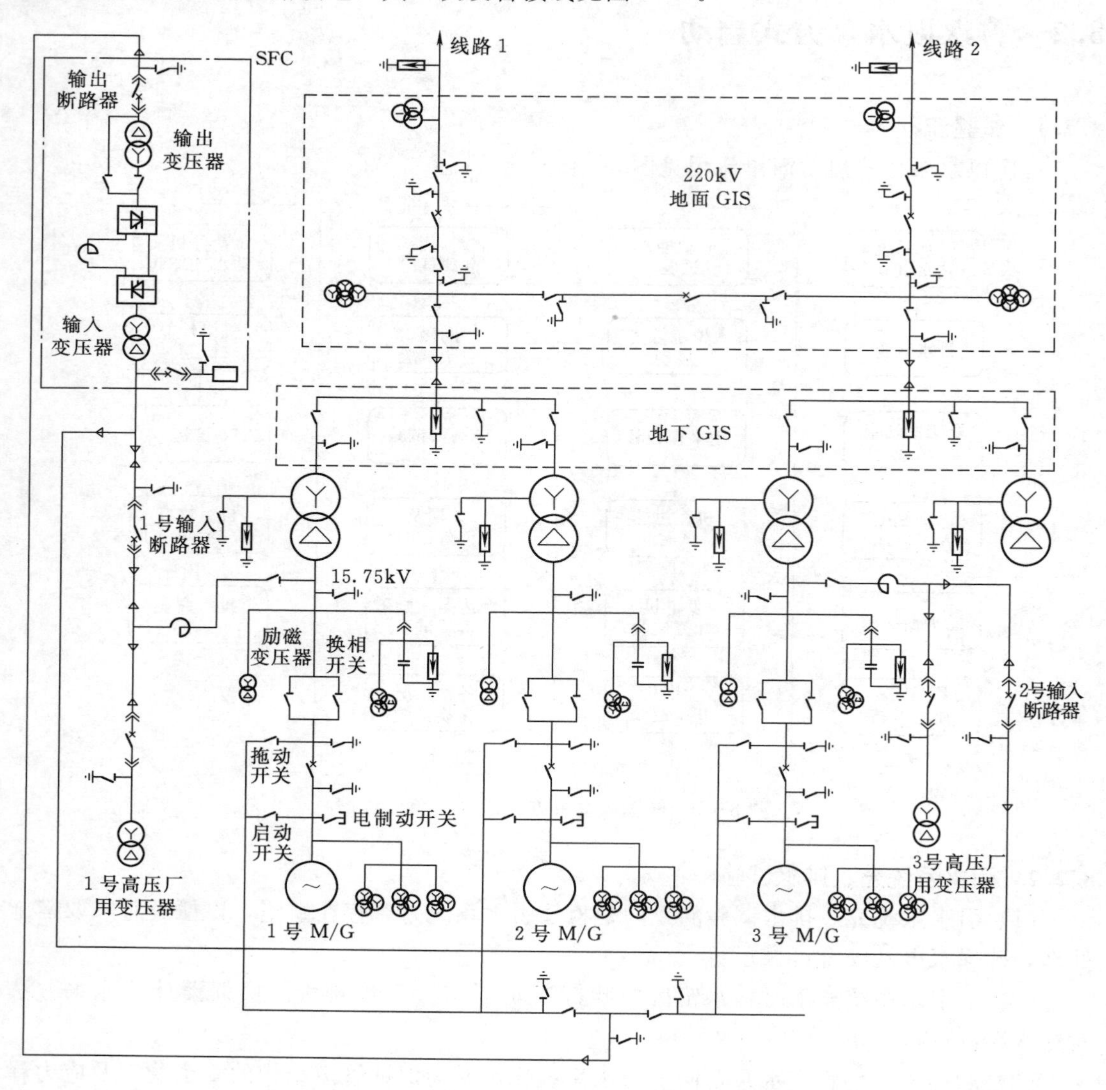


图 8-2　抽水蓄能电站一次设备接线图

(2) 发电机出口配电装置受电。

抽水工况：合换相刀闸、合断路器，电源送至发电机出口 TV，检查各控制系统电压、相位正确（此时为反相序），检查同期装置切换正确，系统侧、待并侧电压一致、相位一致。

发电工况：分换相刀闸，发电工况合闸，检查各控制系统电压、相位正确（正相序），检查同期装置切换正常，系统侧、待并侧电压一致、相位一致。

(3) 启动母线受电。合启动开关，检查启动母线无异常。如有条件断开 2 号发电机出口软连接、分断路器、分换相刀闸，合 2 号发电机拖动开关，送电至 2 号发电机出口 TV，对 1 号、2 号发电机出口电压核相（1 号发电机为正相序，2 号发电机为反相序）；

分1号启动开关，退至退出位置并切除其操作电源，解除闭锁合1号拖动开关，再次对1号、2号发电机出口电压核相，此时相位一致。试验完成后分1号、2号拖动开关，分1号发电机出口断路器、换相刀闸，合接地刀，恢复发电机出口软连接。

（4）SFC系统受电。主变及厂高变冲击试验完成后，合SFC输入断路器，对SFC输入变压器进行三次冲击，在输入变压器低压侧检查电压、相位正确，无异常后SFC系统保持带电状态。

### 8.2.4 机组首次SFC工况启动

（1）测量及保护用电流和电压回路检查。当机组不经过水轮机工况启动、未经过升流和升压试验而直接由SFC启动，其保护、测量用电流和电压回路的正确性，对机组启动成功及一次设备的安全至关重要。启动过程中如果TA回路开路或者TV回路短路，将损伤一次设备和二次设备。为确保电流回路和电压回路的正确性，除在安装前的试验阶段、TA和TV安装阶段、接线阶段保证其正确性，还可在安装后进行验证。验证方法，可以是在TA和TV二次根部用低压直流（如3V电池串2.5V灯泡）点敲极性，在回路电缆到达的盘柜用万用表测量；还可以是在每组TA中加交流电流、在差动保护的两组TA中加交流，在二次侧检测电流幅值和极性；在TV的一次侧分别加1相、2相、3相电压，在二次侧检测电压和相位。

（2）机组启动前SFC功能试验。

1）机组启动前，SFC、励磁装置已按规程规范及厂家技术文件的要求进行了无水试验，结果合格。

2）将机组机械制动及电气保护投入运行。手动调节SFC整流桥侧换流桥，按照25%、50%、75%、100%额定输出电流，向机组定子输入电流，检查变频器脉冲控制程序和换流功能符合设计要求。录制SFC输出波形，并进一步优化脉冲运行参数。检查继电保护电流相位符合设计要求。

3）检查机组励磁调节器初始励磁电流符合设计要求，瞬时向定子通入初始励磁电流，检查装置判断机组转子初始位置的正确性。

（3）机组压水试验。为减小机组启动力矩，机组必须在空气中，由SFC进行拖动。压水是将高压气通入尾水管，依靠气压将尾水管内的水位压下，使转轮在空气中运行，详细操作见本书第4.3.4条中“（4）压水试验”部分内容。

（4）机组转向检查。

1）考虑到滑行的短暂性及监听机组有无异常声响，试验前只将机组主轴密封水和上、下迷宫环冷却水投入运行。机组高压油顶起装置投入运行，机组风闸可靠落到位。

2）利用SFC和励磁调节器瞬时向机组定子和转子通入电流，检查机组的转向。

（5）机组启动试验。

1）SFC启动时，先使机组在5%额定转速下低速运转，由于水泵水轮机转轮在空气中运转，没有水作用力和噪声，可以判断转动部分有无异常。机组在低速下检查完毕后，可升速至30%额定转速，检查主设备电压和电流二次回路。因为，在此转速下发生电气短路事故，机组故障电流接近额定电流，且电压较低，对一次设备不会产生大的危害。

2）电压和电流回路检查正确后，停机，SFC降温。

3）机组在30%、40%额定转速下各运行5min，观察记录机组振动和轴承温升，然后在50%额定转速下运行10min，观察记录机组振动和温升，再停机。这样做的目的是尽可能在低速运行阶段检查机组各部件的装配质量，及时发现问题并加以处理。

4）SFC冷却后，再启动，机组继续升速至60%、70%、80%额定转速各运行5min，进行机组振动检查和轴承温升检查，再停机。机组升速过程中检查SFC给定励磁电流是否发生振荡。

5）SFC冷却后，再启动，机组继续升速至80%、90%额定转速各运行5min，进行机组振动和温升试验，然后机组继续升速至100%额定转速运行10min，进行检查机组振动和温升。

6）试验过程中穿插进行机组动平衡试验。

7）上述试验正确后，即可进行机组假同期和正式并网试验，进一步考核机组瓦温。同时检查保护方向元件的正确性。

（6）机组CP工况及机组瓦温考核试验。SFC拖动机组启动升速，建立额定电压，转速大于95%后，分别进行假同期和真同期试验，观察同期装置对电压和频率的调节。条件满足后，发令给发电机出口断路器GCB进行机组并网。并列结束后，SFC随即闭锁调节功能，同时跳开SFC输出断路器，SFC转备用状态。机组进入CP工况稳定运行，并进行机组4h瓦温考核试验。

（7）机组首次分步抽水试验。

1）机组LCU进行SFC自动启动机组试验，机组自动并网以CP工况运行。

2）机组稳定后，机组排气造压，造压完成后，打开球阀，打开导叶，机组开始满负荷抽水，监视各部运行情况。

3）在满负荷抽水工况下，对机组继电保护回路做全面检查、定相。

4）在机组LCU操作进行机组正常和紧急停机试验，检查水泵卸载停机流程的正确性。试验过程中严密监视机组各部的振动和摆度。

5）机组CP工况分步造压后开始水泵工况抽水，断开发电机断路器，进行水泵工况突然断电试验。

6）进行远方SFC启动机组试验。根据上库水位变幅要求，运行机组连续抽水试验。

## 8.3 机组水轮机方式启动

### 8.3.1 试验流程

首次水轮机启动流程见图8-3。

### 8.3.2 手动开机试验

（1）手动打开机组各部冷却水，手动开球阀。

（2）手动打开导叶至启动开度，机组转动后立即关回导叶，机组滑行至全停。

（3）再次手动开机启动机组至10%额定转速，检查振动与摆度，运行1min后按紧急

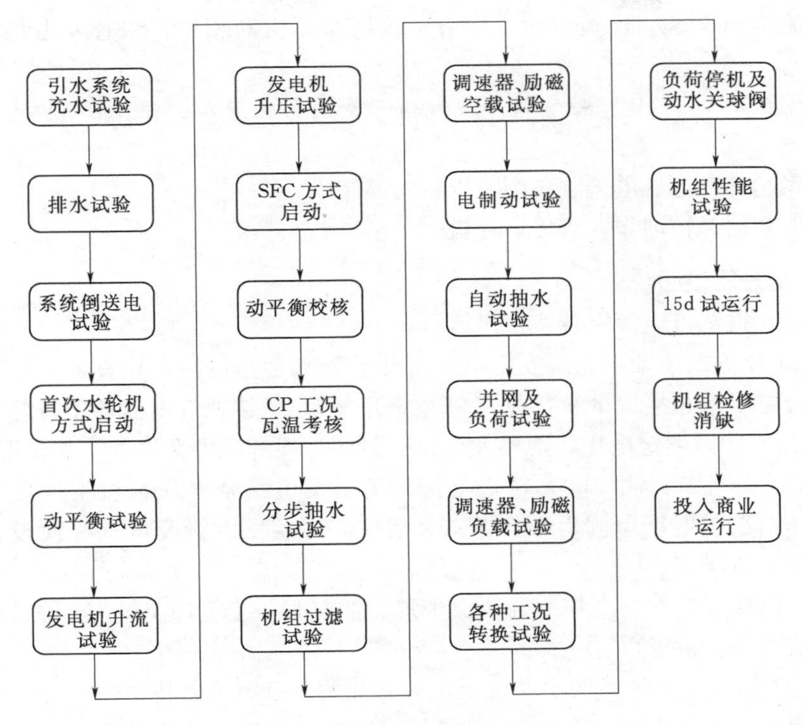


图 8－3　首次水轮机启动流程图

停机按钮停机。停机过程中，检查零转速继电器的动作情况。

(4) 第三次分级启动机组，逐步升至 30%、50%额定转速各运行 2min；从 50%额定转速后，以 10%的递增转速分步进行升速试验，在 100%额定转速下运行，进行轴承温升试验，检查各部温度、机架顶盖振动和轴承处主轴摆度等参数。

(5) 在额定转速下，进行调速器手、自动切换试验和自动通道切换试验。

### 8.3.3　机组过速试验

(1) 机组启动后 100%转速下振动、摆度符合要求，或经过动平衡试验后振动摆度符合要求。

(2) 监控系统分步自动开启机组辅机设备。

(3) 将机组测速装置各过速保护触点从水机保护回路中断开，用临时方法监视其动作情况，投入机械过速保护。

(4) 手动开机至额定转速，机组稳定运行。检查和验证机组动平衡试验结果。

(5) 进行机组过速试验，手动升速至 115%额定转速，继续升至 140%额定转速（过速保护动作值），检查机组应事故停机，若保护未动作，即手动停机，重新检查整定保护继电器，并对机组作全面检查。

### 8.3.4　发电机升流试验

(1) 利用电制动开关作为短路点，采用他励电源手动升励磁电流至发电机电流为 5%额定电流，检查升流范围内电流互感器二次回路无开路。

(2) 升流至50%额定电流，检查所有电流回路幅值和相位，检查发电机保护差动保护电流极性。

(3) 升流至100%额定电流，检查发电机一次回路无异常。在100%额定电流下跳灭磁开关、录波。

(4) 从零起升发电机电流，录制发电机短路特性。

(5) 模拟差动保护动作，灭磁、停机。

### 8.3.5 发电机升压试验

(1) 手动开机至机组额定转速稳定运行。

(2) 以ECR方式手动增磁，发电机电压升至25%额定电压，检查各组PT二次回路。

(3) 进行定子单相接地试验，检查95%、100%定子接地继电器动作情况。

(4) 升压至50%额定电压，观察发电机、封闭母线等配电装置的工作情况。

(5) 继续升压至75%、100%额定电压，测量发电机轴电压、机组电压波形畸变因数、机组电压谐波与电话谐波因数、振动、摆度，观察发电机及电气一次设备的运行情况，并测量发电机噪声。

(6) 额定电压下，在各个控制屏、保护屏、测量屏上测量TV电压二次回路的相序、相位和电压值，应正确无误。

(7) 分别在50%、100%额定电压下跳灭磁开关，录制灭磁特性。

(8) 设定过电压值为100%，升压100%，检查过压保护动作情况，正确后恢复保护定值，投入过压保护。

(9) 进行发电机空载特性试验。调速器切自动，以10%电压为步长（80%电压以上电压步长为5%）升压至120%额定电压，记录转子电流和发电机电压，录制发电机空载特性上升曲线。自120%额定电压开始降压，80%以上电压步长为5%、以下步长为10%，录制发电机空载特性下降曲线。录制过程不得反复。

### 8.3.6 调速器空载试验

(1) 设置一组空载调节参数，切换调速器至自动运行，观察切换的平稳和调节器稳定性。在A通道和B通道多次进行手动→自动→手动的切换，检查切换的可靠性。

(2) 检查频率给定的调整范围符合设计要求。

(3) 在自动调节下，分别以±1Hz、±2Hz、±4Hz的阶跃量进行调速器的空载扰动试验，记录调节时间、调节次数、最大超调量，录制调速器扰动波形，取优选的调节参数作空载运行参数。最大超调量不超过转速扰动量的30%；超调次数不超过2次；从扰动开始到不超过机组转速摆动值为止的调节时间符合设计要求。

(4) 选取优选的一组空载运行调节参数，在自动调节状态下，记录接力器摆动量和摆动周期，记录机组3min转速波动值，机组转速摆动相对值不超过±0.15%。

### 8.3.7 励磁空载试验

(1) 机组顺控开机至机组额定转速稳定运行。

(2) 励磁调节器手动方式下，进行起励、调压范围、电压稳定性、调节平滑性检查与调整和±10%阶跃试验，录制波形，观察起励过程、读取起励时间。

(3) 做自动→手动、手动→自动、自动方式下通道切换试验。录波观察切换的平稳性。切换前应检查手动与自动、自动通道之间的跟踪情况。

(4) 发电机在额定电压下空载稳定运行，进行发电机电压—频率特性试验。

(5) 模拟故障，观察故障状态下通道切换和自动→手动切换试验。

(6) 在自动和手动两种方式下分别做灭磁试验。将发电机电压升至100%额定值，录取跳灭磁开关和逆变灭磁两种方式下发电机电压、转子电流、电压的变化过程，在录波图上读取灭磁时间常数。

(7) 进行低励磁、过励磁、电压互感器断线、过电压等保护的调整及模拟动作试验。

### 8.3.8 机组混合制动试验

(1) 机组顺控开机至机组额定转速稳定运行。

(2) 发停机令，记录从发出停机令开始至机组转速降至50%转速投电制动时间，记录投电制动的定子电流值，10%转速自动投入机械制动，记录机组全停时间，录制制动过程速度变化曲线。

(3) 比较停机不投电制动的停机时间，计算混合制动缩短的时间。

### 8.3.9 机组水轮机方式自动开停机试验

试验包括下位机、上位机自动开停机试验，试验过程中检查顺控流程的正确性。

### 8.3.10 机组并网及负荷试验

(1) 机组并网前，应完成一次机组自动抽水试验，以检查机组抽水顺控流程的正确性，同时补充上库水位满足机组负荷试验的要求。

(2) 进行机组模拟并网试验，录制合闸过程波形。进行手动模拟并网试验。

(3) 进行机组正式并网试验，机组首次并列。进行手动准同期并网试验，然后机组自动并列。

(4) 机组带20MW负荷，检查测量回路与电气保护。

(5) 机组甩负荷试验应在额定负荷的25%、50%、75%和100%下分别进行，同时应录制过渡过程的各种参数变化曲线及过程曲线，记录各部瓦温的变化情况。

(6) 机组甩额定负荷时，发电机电压的超调量不大于额定电压的15%～20%；振荡次数不超过3～5次；调节时间不大于5s。

(7) 甩25%额定负荷时，测定接力器不动时间，符合设计要求；甩100%负荷时，转速变化过程中，超过额定转速3%以上的波峰，不超过2次；导叶关闭后第一次打开开始，到不超过机组转速摆动规定值为止的调节时间，应符合规程要求；校核导叶接力器紧急关闭时间、蜗壳水压上升率及机组转速上升率，符合设计要求；检查调速器分段关闭的正确性；甩负荷后，机组仍能空载稳定运行。根据甩负荷后机组转速上升率，再次调整过速继电器动作值。

### 8.3.11 励磁及调速器负载试验

(1) 励磁负载试验包括：远方增减励磁负荷试验；机组过励试验；功率因数等于1时的试验；进行欠励试验；发电机定子电流限制曲线试验；恒功率因数调节器试验等。

(2) 调速器负载试验包括：调速器负载参数试验；调速器功率闭环试验；有功负荷增

减试验；模拟调速器故障试验（功率给定、功率反馈信号等故障）；通道切换试验；机械故障及事故停机试验。

## 8.4 机组连续抽水、连续发电试验

根据上库水位曲线要进行连续抽水和发电试验，以考核机组各部瓦温，记录上、下库水位变化。

## 8.5 机组工况转换试验

（1）进行水泵工况分步和自动工况转换试验（S→CP→P，P→CP→S）。
（2）进行发电工况分步和自动工况转换试验（S→G→CG→G）。
（3）根据工况转换逻辑进行分步和自动工况转换试验。

## 8.6 低油压满负荷停机及动水关球阀试验

机组满负荷发电运行，切除调速器压油泵，利用排油阀将油罐排油。当压力下降至整定值时保护动作，机组按机械停机流程进行紧急停机，先减负荷，然后跳断路器。

分别在25%、50%、75%、100%额定负荷，在导叶打开的情况下关闭球阀，操作球阀在动水中关闭，在负荷降至20MW后解列停机。

## 8.7 机组性能试验

机组性能试验一般由业主和制造厂协商选一台机组进行试验。试验需在设备制造厂的指导下进行。试验内容为机组温升试验，机组效率试验，机组进相试验，机组调相试验，机组参数测定，机组CSCS可用率测试，PSS试验、AGC和AVC试验等。

## 8.8 机组15d考核试运行

机组15d考核试运行期间，由于机组及其附属设备故障或因设备制造安装质量原因引起中断，应及时加以处理，合格后继续进行15d运行考核。若中断运行时间少于24h，且中断次数不超过三次，则中断前后运行时间可以累加；否则，中断前后的运行时间不得累加计算，应重新开始15d考核试运行。15d考核试运行中发现的问题，按机组设备合同或安装合同文件的规定处理。

## 8.9 机组商业运行

机组检修消缺结束，验收合格后，机组即可并网进入商业运行。

## 8.10 系统倒送电试验

### 8.10.1 一般要求

对于常规水电站，在系统倒送电之前应完成升压站的所有相关设备的升流、升压试验。并保证相关保护正常工作。

抽水蓄能电站由于上库容量的限制，水轮机工况的全部试验项目一般不能连续完成，发电与抽水工况交替试验成为必须，尤其是首台机组。出于SFC调试的需要，抽水蓄能电站首台机组启动前一般须主变压器提前受电，为机组SFC（静止变频启动装置）工况启动提供动力电源，同时为机组整体启动调试提供第二路电源。由于系统不能提供线路零起升压的条件，只能全电压冲击受电，无法进行高压配电装置的升流、升压试验。主变压器及高压配电装置将不进行零升试验而直接全电压冲击受电。

受电范围包括：线路、GIS设备、主变压器、SFC输入变压器、励磁变压器、SFC输入电抗器、SFC输入开关、厂用变压器、IPB和启动母线等。

某抽水蓄能电站主接线见图8-4。

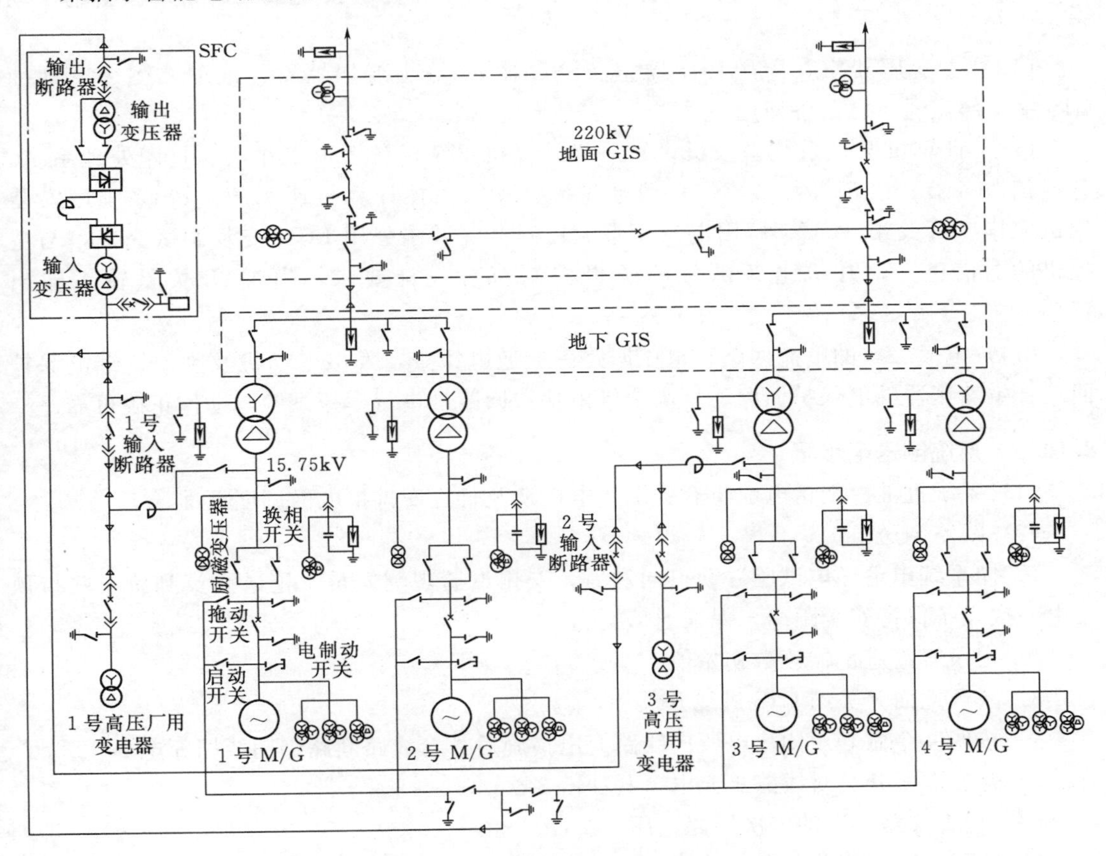


图8-4 某抽水蓄能电站主接线图

### 8.10.2 倒送电前的检查

（1）检查线路保护设备已调试完成，升压站已有一回线具备受电条件，其线路保护、故障录波已调试完成。

（2）开关站、GIS及变压器安装调试已经验收合格。

（3）高压电缆及回流线已敷设完毕。

（4）地下GIS 1号、2号联合单元已安装调试完备，具备受电条件。

（5）1号、2号主变压器安装调试完毕，消防冷却系统已投入使用。具备受电条件。

（6）1号机发电机封闭母线及电压配电设备已全部安装调试完毕，启动母线与2号发电机连接处已作好有效隔断，具备带电条件。

（7）SFC系统已全部安装就位，带负荷前试验已全部结束，与1号机连接已完成。

（8）全厂直流系统安装调试完毕，满足系统倒送电条件。

（9）通信系统主机与倒送电有关部位的通信功能已实现，与省调、网调通信形成。

（10）厂用电系统主系统已安装调试完成，并已由备用电源送电，有关倒送电设备部位已带电。

（11）火灾报警与控制系统与倒送电设备有关的部位能够实现火灾的自动报警与手动灭火。

（12）主变压器室、厂用变压器室、SFC输入/输出变压器室、地下GIS室、地面GIS室等部位通风已具备使用条件。

（13）计算机监控系统主控机设备厂级计算机系统、各图形工作站、打印处理系统、各通信服务器、语音报警系统、自动寻呼系统及供主控计算机使用的UPS系统已安装调试完毕。开关站LCU、厂用电及交直流控制电源系统公用LCU安装调试完毕，与主控机的通信建立，对机组各部位的逻辑控制符合设计要求，模拟/开关量输入输出正确。

（14）电气二次的电流回路和电压回路完成通电检查，发电电动机及励磁变继电保护回路、主变压器继电保护回路、厂高变继电保护回路已进行模拟试验，动作正确可靠。

### 8.10.3 系统倒送电步骤

（1）系统批准。倒送电前将有关倒送电申请及日程安排报电网调度批准。

（2）线路倒送电。

1）向系统申请送电试验并获得同意后，安排试验观测人员、记录人员到位，并与预带电一次设备保持安全距离，保证通信畅通。

2）记录线路避雷器读数初始值。

3）断开地面开关站GIS进线开关。

4）按调度令做好对侧变电所向线路充电措施后，合线路断路器向线路充电。

5）合变电所开关对线路1充电，共冲击3次。

（3）检查线路TV的二次回路电压。

1）地面GIS倒送电（倒送电前所有开关都处于断开状态）。

2）断开地面GIS 1号、2号电缆连接隔离刀闸，断开2号出线。

3）合1号出线断路器，对所有地面GIS设备进行充电，共冲击3次。

4）检查线路TV的二次回路电压。检查GISⅠ母TV的电压值并与Ⅱ母TV核相，试验完成，GIS保持带电状态。

（4）1号高压电缆受电。

1）断开地面GIS 1号出线断路器，断开桥联断路器，断开1号、2号主变高压侧隔离刀闸，拉开1号高压电缆两侧地刀，合1号高压电缆进线刀闸。

2）断开地下GIS 1号、2号隔离刀闸。

3）合地面GIS 1号出线断路器，对电缆及部分地下GIS进行充电，冲击3次。

4）检查电缆及有关设备应无异常现象，检查高压电缆避雷器工作情况。

（5）1号主变压器受电。

1）断开地面GIS 1号出线断路器，断开1号主变压器与封闭母线的连接，并做好防护。

2）合上主变压器中性点隔离刀闸，主变压器中性点直接接地。

3）合上地下GIS 1号隔离刀闸。

4）合地面GIS 1号出线断路器，对主变压器进行全电压冲击，第一次合闸后停留10min。

5）录制主变激磁涌流波形，检查主变差动保护有无误动。

6）断开GIS 1号出线断路器，重复上述步骤进行主变冲击合闸试验，共进行5次，每次间隔10min。

（6）发电电动机电压设备受电。

1）断开GIS 1号出线断路器，连接主变压器与封闭母线。

2）断开机组换相刀闸、发电电动机断路器、高压厂用变断路器、1号励磁变低压侧开关。

3）合地面GIS 1号出线断路器，对发电机电压设备进行充电，共冲击3次。

4）检查主变低压TV的二次回路电压。

（7）SFC受电。

1）断开SFC输出断路器。

2）合SFC输入断路器，SFC系统受电。

3）SFC系统受电后进行相关的试验。

4）1号厂高变带电。

5）操作厂高变高压侧断路器按照合闸5min→分闸10min→合闸5min→分闸10min→合闸的顺序，对厂高变进行3次全压冲击，最后一次不再断开，厂高变投入运行。

（8）10kVⅠ段母线带电。转移负荷后空出10kVⅠ段母线，合厂高变低压侧10kV断路器，进行10kV厂用电母线的受电试验。受电后，10kV厂用电母线具备两个独立电源，来自系统变电所的一回接在Ⅲ段，带Ⅱ段运行，一路来自1号主变，带Ⅰ段运行，Ⅰ段、Ⅱ段之间可备自投。到3号机组发电后，将形成10kV系统的第三路独立电源，接于Ⅱ段。届时再进行厂用电的倒闸操作，最终将10kV厂用电系统切换至设计正常方式运行。

### 8.10.4 试验要点

受电步骤必须按照系统调度批示的方案进行，受电过程中注意检查一次设备、二次设备和保护的 TV 相位等。

由于系统不能提供线路零起升压的条件，难以对继电保护系统尤其是电流回路进行较为全面的检查，受电时设备存在较大的风险。为最大限度地降低风险，在系统倒送电前，所有高压配电设备安装调试完成后，用升流试验变压器进行升流试验，以检查保护系统电流回路的正确性。

## 8.11 各种启动方式试验

### 8.11.1 机组启动的条件

(1) 上水库、下水库建成。

(2) 引水系统和尾水系统已经充水。

(3) 上水库和下水库进/出水口闸门及控制系统完成分部调试。

(4) 尾水事故闸门完成分部调试。

(5) 上水库、下水库水位监视系统完成调试。

(6) 上水库、下水库水位满足机组正常开机要求。

(7) 尾水管充水前主轴检修密封完成充气检查。

(8) 已采取安全措施，避免水淹厂房。

(9) 机组主进水阀门无水调试完成，并经确认安全锁锭；测量元件有关试验完成；主进水阀门高压油系统调试完成；机组主进水阀门的检修和工作密封在投入状态（安全条件）。

(10) 上下进出口闸门拦污栅就位。

(11) 全厂直流电源系统已带电，系统可用。

(12) 厂用系统已带电，公用及辅助系统可用。

(13) 地下厂房渗漏排水系统及其监控系统的有水和功能调试完成并交付使用；渗漏泵处于自动运行状态。

(14) 地下厂房检修排水系统及其监控系统的无水试验完成并交付使用。

(15) 高、中、低压压缩空气系统调试完成，并交付使用。

(16) 水轮机及辅助系统的有关无水调试项目完成并验收。

(17) 调速器液压油系统、水导油外循环系统、主轴密封和迷宫环冷却水系统、数字调速器、单导叶控制系统、压水系统、水轮机/水泵电磁阀及液压阀的无水功能调试项目完成并验收。

(18) 冷却水管道和技术供水系统调试完成并验收。

(19) 主变、开关站、线路的所有电气试验已完成并验收。

(20) 冷却系统无水、有水试验完成。

(21) 开关站已倒送电。

（22）主变保护调试完成并验收。

（23）高压线路及保护可用。

（24）发电机及封闭母线试验完成并验收。

（25）发电机出口断路器、发电机出口换相刀闸的电气试验及功能试验完成并验收。

（26）与发电机及辅助系统有关的控制部分调试已完成。

（27）励磁系统、高压油顶起装置系统、机械刹车及粉尘吸收系统、消防系统、推力和空冷器冷却水系统、发电机和封闭母线保护系统、微正压系统试验完成并验收。

（28）SFC包括电气制动系统调试完成并验收，SFC冷却水系统可用，SFC室通风系统可用。

（29）计算机监控系统调试完成，网络投用。

（30）计算机监控系统报警与跳闸矩阵调试完成。

（31）硬接线紧急跳闸试验完成。

（32）机组现地控制层间的连锁试验完成。

（33）同期装置试验完成。

（34）机械过速装置有试验报告，功能正常。

（35）所有安全和人身健康条件满足要求。

### 8.11.2 异步启动方式

小型抽水蓄能电站受设备造价等原因制约，机组抽水工况启动时通常采用异步方式启动。异步方式一般分为全压和半压启动方式。

全压启动方式即机组在静止状态，完成压水分部流程后，灭磁开关合闸，合发电机出口断路器将机组拖动，当机组转速达到额定转速98%以上时投励磁，自同期进入同步。半压启动即从主变低压侧引一组半压抽头作为机组启动电源，半压拖动机组，待机组转速上升至额定转速90%时切换至全压，当机组转速达到额定转速98%以上时投励磁，自同期进入同步。

异步启动方式成本低、操作简单，但同时存在不少缺点。异步启动时冲击电流很大，对发电机、出口断路器、隔离刀以及主变压器均有冲击；机组启动时瞬间的扭矩非常大；机组启动的瞬时电流是额定电流的4～5倍，会造成电网电压骤降和瞬时停电等电压闪变，降低电网供电质量。

### 8.11.3 静止变频器启动试验

（1）SFC方式启动准备。启动条件：系统倒送电至主变，主变压器已正常带电。主变压器冷却器自动运行正常。主变压器各保护模拟试验结果正确。检查发电机出口断路器、拖动开关在分闸位置，换相刀闸泵方式合闸位置、启动开关合闸位置。SFC输出断路器在分闸位置，输入断路器在合闸位置，SFC经启动母线至被启动机组发电机定子的一次回路中除SFC输出断路器外，其他隔离刀均在合闸位置；接地刀均在分闸位置。其他机组启动开关闸一律在分闸位置，发电机出口侧接地刀在合闸位置。

SFC方式启动一次接线见图8-5。

在机组首次以SFC方式启动前应模拟完成各导轴承温度过高停机试验，在各导轴瓦

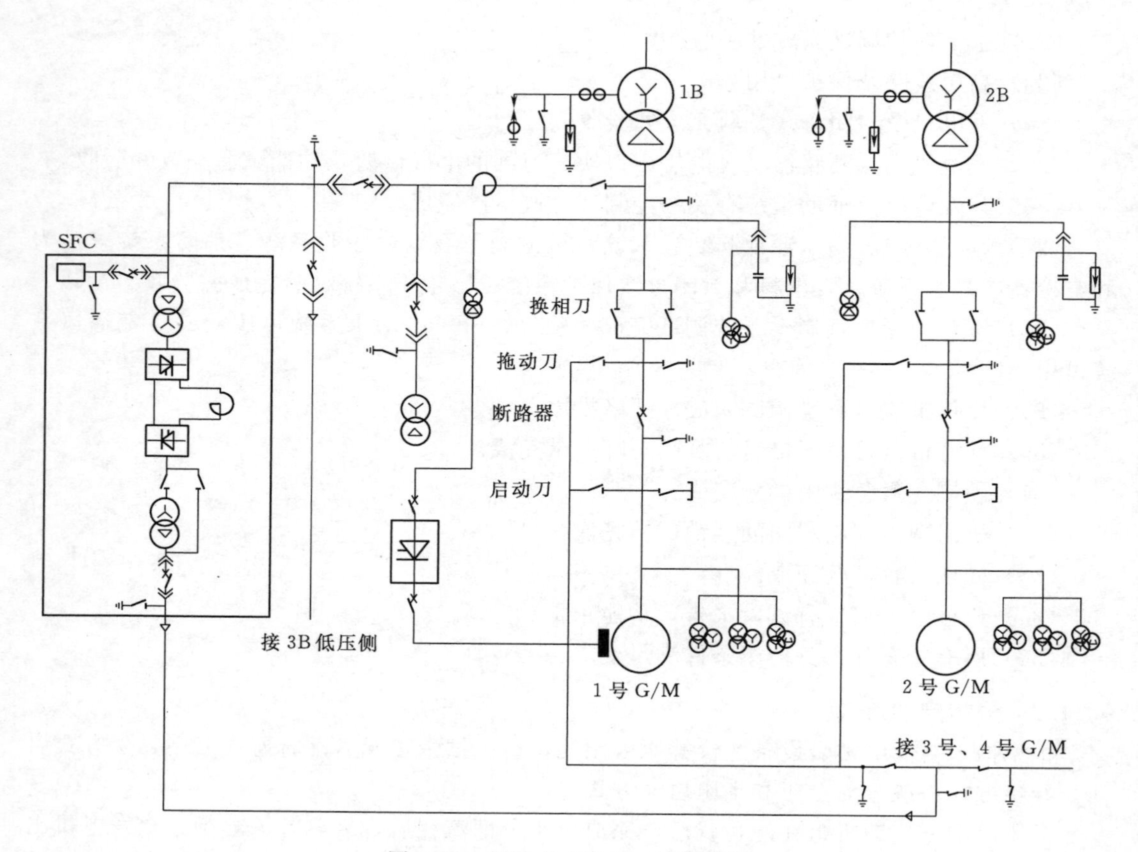


图 8-5　SFC 方式启动一次接线图

温度考核试验前降低各部温度报警、停机温度。在轴瓦温升试验后，根据实际轴瓦稳定温度调整各导轴承报警、跳闸值。

SFC 方式启动程序见图 8-6。

（2）启动步骤。

1）保护试跳 SFC 的输入开关，正常。

2）与 SFC 开机相关的开关及刀闸置远控自动位置，拉开机组换相刀闸 PRDS，并且退出机组换相刀闸 PRDS 的操作电源。

3）分步顺控至 SFC 的输入开关、启动开关合闸、SFC 隔离刀合闸后，试按紧急停机按钮，各开关、刀闸正常断开。

4）顺控开机至机组转动，确认转向正确后，停机。

5）顺控开机，在 SFC 将转速分别限制为 30% 5min、40% 5min、50% 20min，检查机组动平衡，随后机械停机，SFC 静止 20min。

6）顺控开机，在 SFC 将转速限制为 70% 5min、80% 5min，检查机组动平衡，随后机械停机，SFC 静止 20min。

7）顺控开机，在 SFC 将转速限制为 90% 5min、100% 5min，检查机组动平衡，进行假同期并网试验，SFC 正常退出，随后机械停机。

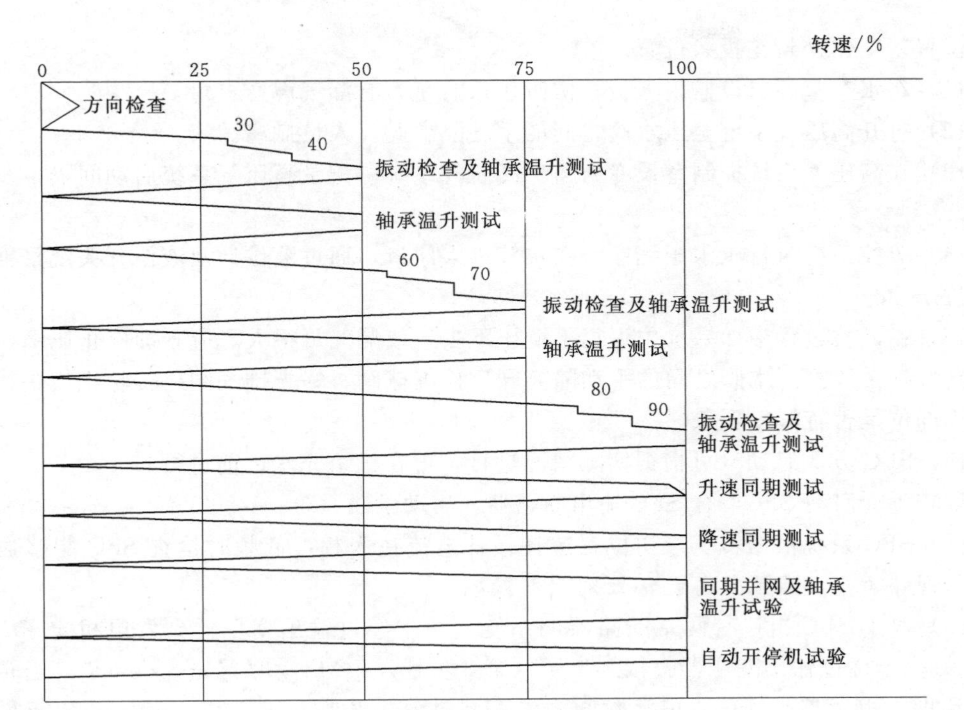


图 8-6　SFC 方式启动程序图

8）按停机至抽水调相流程顺控自动开机，假同期并网，SFC 正常流程退出，按紧急停机按钮停机。

9）投入机组除负序外所有保护，投入机组换相刀闸的操作电源，控制方式置远方。

10）按停机至抽水调相流程顺控自动开机，至真同期并网成功，SFC 正常流程退出。

11）检查监控至保护的工况信号正常，投入负序保护。

12）抽水调相工况连续运行 3h，各部瓦温连续 2h 不变化，压水补气工作正常。

13）试验结束，停机。

（3）手动开机。

1）手动落下机械制动闸，检查制动器活塞全部落下，信号反映正确。

2）打开主供油阀，检查调速器油压正常。

3）发电机负序电流保护、低频过电流保护、逆功率保护、低功率保护、电压相序保护投信号，在 SFC 方式启动过程中检查这些保护能够正常闭锁。

4）计算机监控系统置现地位置，分步开机令执行停机至开辅机流程（S-AUX）。

5）检查机坑加热器退出。

6）检查机组技术供水投入，检查除空冷以外各部冷却水流量正常。暂时不投空冷冷却水（关闭机组空冷冷却水进口手阀），以利监听首次和第二次机组启动的异常声响。

7）检查水轮机主轴工作密封水投入，检修密封排气。

8）检查迷宫环冷却水投入，确认冷却水流量符合设计要求。

9）检查接力器锁锭拔出。

10）确认压水阀、蜗壳排气阀、转轮排气阀、蜗壳平压阀在关闭位置。进水口球阀在关闭位置，工作密封在投入位置。

11）在水车室门口设监视人员，监听压水时是否有漏气声音。

12）打开高压气系统至压水阀之间的手动隔离阀，人员撤离。

13）在高压气系统控制室设专人监护高压气系统，记录高压气系统启动间隔，及气罐压力。

14）监控系统执行压水子程序，在锥管进人门口，通过液位计及液位开关观察锥管实际水位。

15）在试验过程中如果水位迟迟不能压下去，或漏气量很大，应立即停止压水，同时关闭高压气系统至压水阀之间的手动隔离阀，检查球阀、蜗壳排气阀、转轮排气阀、主轴密封等部位是否有漏气现象。

16）SFC 方式启动（可根据实际情况进行，可在机组充水之前进行）。

17）手动启动 SFC，合 SFC 输出断路器，启动励磁系统。

18）SFC 系统根据转子最初位置选择最佳电流注入相，低频时检查 SFC 能够强制关断晶闸管并换相，当频率高于 5Hz 时自然换相。

19）对于 SFC 出口有两个断路器的系统，一个经过输出变压器到发电机定子（第 1 步）；另一个绕过输出变压器直接到定子（第 2 步）。SFC 启动时首先合第 2 步，当转速到达 5Hz 时，调节器被锁住，电流瞬间消失，同时分第 2 步合第 1 步，SFC 系统恢复正常工作。

20）SFC 方式首次启动机组转动后立即封脉冲，检查机组转向符合设计要求，转向不正确时调整触发顺序再次试验。

21）转向正确后启动 SFC 至机组滑行，同时闭锁脉冲。检查转向符合设计要求，检查并确认机组转动部分与静止部分无碰撞、摩擦和异常声响；如有异常，立即手动加制动闸。

SFC 方式首次启动波形见图 8-7。

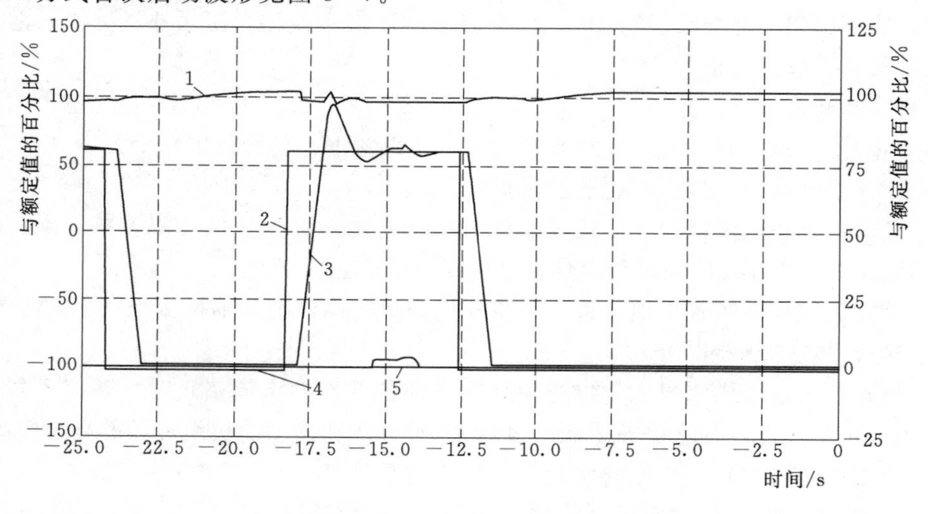


图 8-7　SFC 方式首次启动波形图

1—系统电压；2—励磁电流设定值；3—励磁电流实际值；4—发电机电流；5—发电机电压

注：1 对应左侧刻度，2、3、4、5 对应右侧刻度。

SFC 方式第二次启动波形见图 8-8。

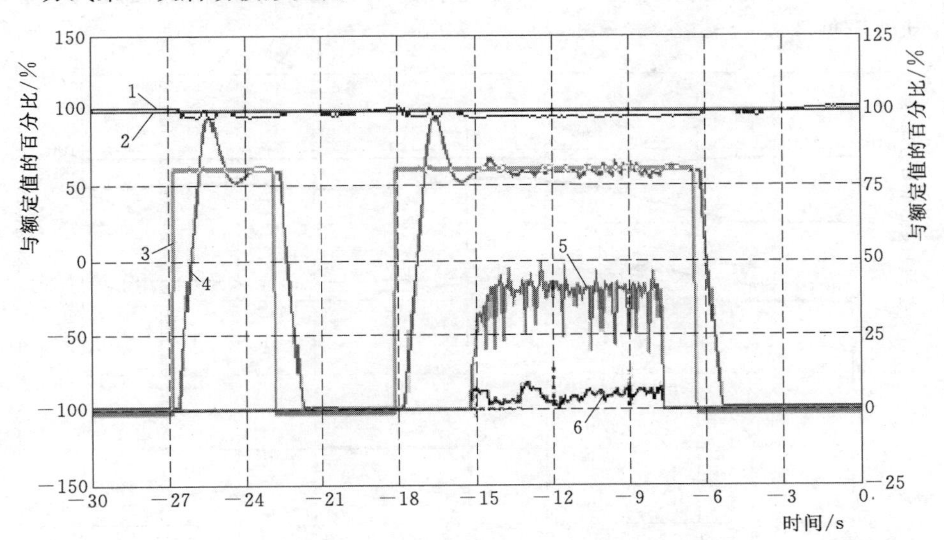


图 8-8　SFC 方式第二次启动波形图

1—系统电压；2—系统频率；3—励磁电流设定值；4—励磁电流实际值；

5—发电机电流；6—发电机电压

注：1 对应左侧刻度，2、3、4、5、6 对应右侧刻度。

22）转向正确后再次以 SFC 方式启动机组分步启动至 50%额定转速下运行，检查轴承温度均衡。0～50%启动波形见图 8-9。

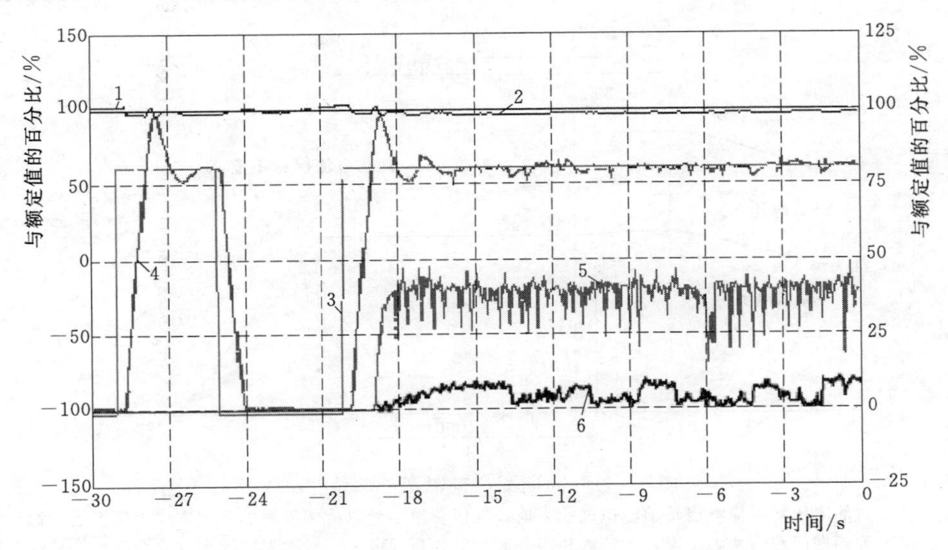


图 8-9　0～50%启动波形图

1—系统电压；2—系统频率；3—励磁电流设定值；4—励磁电流实际值；5—发电机电流；6—发电机电压

注：1 对应左侧刻度，2、3、4、5、6 对应右侧刻度。

23）如无异常继续上升转速至75%额定转速下运行，检查轴承温度均衡。50%～70%启动波形见图8-10。

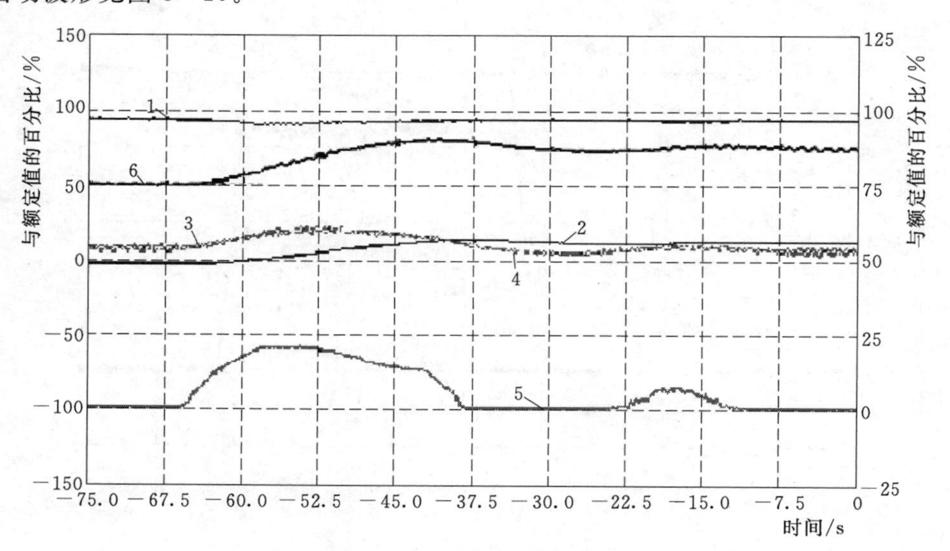


图8-10　50%～75%启动波形图

1—系统电压；2—系统频率；3—励磁电流设定值；4—励磁电流实际值；5—发电机电流；6—发电机电压

注：1对应左侧刻度，2、3、4、5、6对应右侧刻度。3、4波形重合。

24）如无异常继续上升转速至100%额定转速下运行，检查轴承温度均衡。

25）投入机组同期装置，SFC、励磁、监控系统配合（见图8-11）。

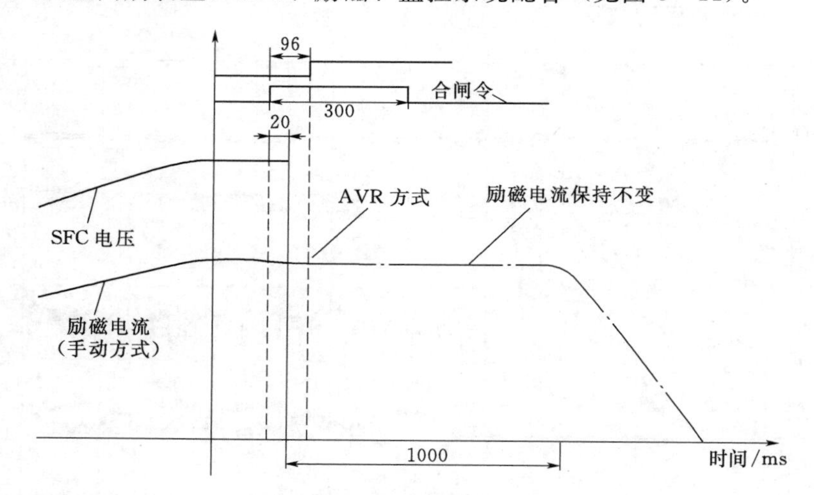


图8-11　同期配合逻辑图（单位：ms）

注：1. 同期时的电压切换应在启动前模拟试验完成，电压切换一般以换相刀闸的合闸方式为切换点。抽水蓄能电站的同期回路有两种工况，系统侧和待并侧均取的是线电压。换相刀闸抽水方式合闸时，系统电压的相序进行切换，待并侧不变；发电方式合闸时系统电压切换至正相序。

2. 在机组满足同期条件后，监控系统发出合闸脉冲；SFC系统同时收到停机信号，延时20ms SFC系统退出，跳输出断路器；励磁系统在收到合闸令时从ECR控制方式切换至AVR控制方式，同时励磁电流保持不变。SFC系统退出过早会导致同期失败。SFC启动时间一般控制在30min内，时间过长会导致逆变桥过热停机。

26）同期结束后，机组在线并处于正常的抽水调相模式（CP 工况）。

27）在各转速停留阶段测量机组振动、摆度。机组达到额定转速后投入空冷器冷却水。

28）在启动过程中监视机组各部位，如发现蜗壳回水、金属碰撞声、推力瓦温度突然升高、油槽甩油、机组摆度过大等异常现象应立即停机检查。

29）升速中如大轴摆度超过导轴承间隙或振动值超标时，则停机进行分析处理。

30）在额定转速时，校验各部转速表指示的一致性。

31）在机组升速过程中，密切监视各部运转情况。监视各部位轴承温度，不应有急剧升高现象。自机组启动至到达额定转速后的半小时内，严密监视推力瓦和导轴瓦的温度，每隔 5min 左右记录一次瓦温（在发电机/电动机、水泵/水轮机仪表柜、监控系统），以后可适当延长记录时间间隔，并绘制瓦温的温升曲线，观察轴承油面的变化。

32）监视水泵/水轮机主轴密封温度及各部位冷却水水温、水压、水流量。监视顶盖排水泵工作是否正常。记录尾水及顶盖压力值。

33）记录全部水力测量系统表计读数和机组附加监测装置的表计读数。

34）测量、记录机组运行摆度（双幅值），其值应符合规程规定。

35）测量、记录机组各部位振动，其值应符合规程规定。

36）当机组各部轴瓦温度变化小于 1K/h 后，可认为达到稳定，记录各部轴瓦稳定温度，记录各部轴承的运行油位、油温。

（4）手动停机。

1）发电机纵差保护、负序电流保护、低频保护、低功率保护、电压相序保护投信号，在投电制动时检查上述保护应可靠闭锁。

2）跳发电机出口断路器，励磁系统逆变灭磁，机组开始降速。

3）将定子电流定值改为 70%，投入电制动刀闸操作电源。

4）用录波仪接入定子电流、转子电流、电压和机组转速信号。

5）分步开机至额定转速，在励磁系统现地投入电气制动使能信号后，停机。在转速降至电气制动投入定值时电气制动自动投入，在转速降至机械制动投入定值时机械制动自动投入。

6）录取定子电流、转子电流、电压并录取转速下降过程，从录波图上读取转速降至电气制动、机械制动的时间，记录各阶段制动时间。

7）分步开机至额定转速，停机，不投电制动，在转速降至机械制动定值时机械制动自动投入。

8）从录波图上读取转速降至机械制动的时间，记录停机时间。

9）选择不同的发电机制动电流，比较电制动效果。

10）电制动波形见图 8-12。

11）机组全停时，投入接力器锁锭，切除机械制动充气阀，投入复归制动充气阀，空气围带充气，切除主轴运行密封润滑水，手动停机组技术供水，手动切除制动吸尘器。检查制动器全落下。

12）在停机过程中，监视各部轴承温度、油位变化情况、检查转速继电器的动作

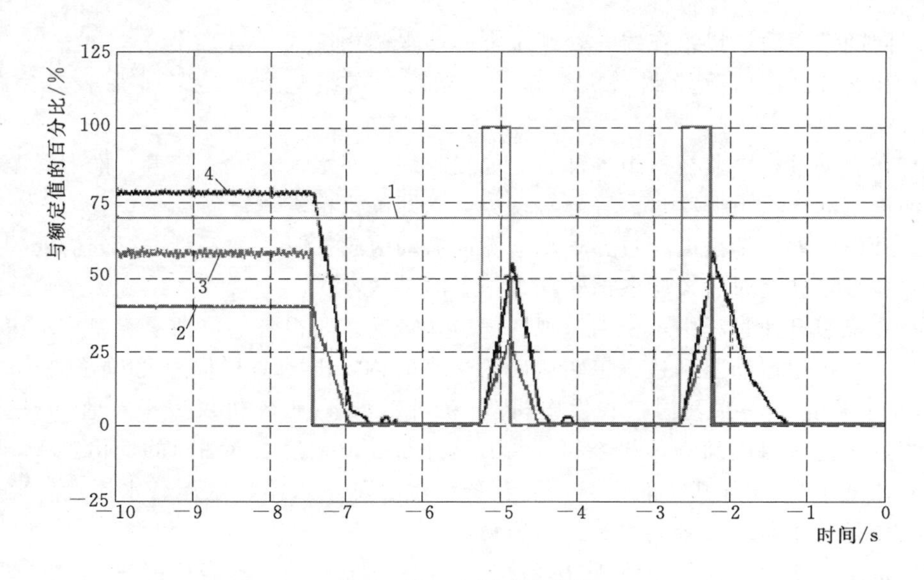


图 8-12　电制动波形图

1—励磁电流设定值；2—励磁电流实际值；3—发电机电流；4—发电机电压

情况。

13）停机过程中，录制转速与时间的关系曲线。

14）停机过程中注意下列事项：①校对转速继电器的整定值；②监视各部轴承温度变化情况；③录制停机降速过程曲线；④检查各部轴承油槽油面的变化情况。

15）停机后做好安全措施，进行下列检查和调整：①检查各部位螺栓、销钉、锁片是否松动或脱落；②检查转动部分的焊缝是否有开裂现象；③检查发电机上下挡风圈是否有松动或断裂；④检查制动闸瓦的磨损情况及基础有无松动，检查粉尘收集装置的吸收效果；⑤必要时调整各油槽油位整定值；⑥检查各部监测元件是否松动。

（5）混合制动试验步骤。

1）确认负序电流保护（高低定值、反时限）、低频保护、低功率保护、电压相序保护已投信号，在电制动试验过程中检查上述保护能够可靠闭锁。

2）电制动试验可在每次停机时择机进行。

3）将定子电流定值改为30%，投入电制动刀闸操作电源。退出发电机出口断路器失灵保护。

4）用录波仪接入定子电流、转子电流、电压和机组转速信号。

5）分步开机至额定转速，在励磁系统现地投入电气制动使能信号后，机械停机。在转速降至电气制动投入定值时电气制动自动投入，在转速降至机械制动投入定值时机械制动自动投入。

6）录取定子电流、转子电流、电压并录取转速下降过程，从录波图上读取转速降至电气制动、机械制动的时间，记录各阶段制动时间。

7）恢复定子电流定值为额定电流，投入发电机出口断路器失灵保护。

8）分步开机至额定转速，机械停机，在转速降至电气制动投入定值时电气制动自动

投入，在转速降至机械制动投入定值时机械制动自动投入。

9）录取定子电流、转子电流、电压并录取转速下降过程，从录波图上读取转速降至电气制动、机械制动的时间，记录各阶段制动时间。

10）为比较电气制动效果，将电气制动刀闸操作电源退出后，分步开机至额定转速，机械停机，20%转速时机械制动自动投入，记录机械制动投入到转速为0之间的时间。

11）根据实测电气制动时间、定子电流、转子电压、转子电流，进行计算与分析。

12）在每次停机过程中进行上述试验，直至电气制动时间等各项参数满足设计要求。

**例：某抽水蓄能电站机组SFC方式启动记录。**

一、试验说明

受诸多因素限制，1号机组的首次启动方式，为利用SFC与励磁装置以现地分步手动方式启动机组。与正常SFC启动流程开机不同之处在于，机组未充水无压水启动步骤，启动后转轮仍在空气中旋转。在首次SFC启动并网分布调试时，机组冷却水排到尾水管，采用机组检修排水泵、渗漏排水泵强行排水。

二、试验过程

1. 机组转动方向检查

考虑到滑行的短暂性及监听机组有无异常声响，试验前只将机组主轴密封水和上、下迷宫环冷却水投入运行并拆除水轮机检修密封。2005年12月30日9：02机组首次启动，机组旋转方向为俯视逆时针旋转。改变触发顺序后，10：21机组启动成功，旋转方向为俯视顺时针旋转。

2. 机组30%～50%转速振动检查和轴承温升试验

a）试验前将机组冷却水（空冷除外）投入运行，具体结果见下表。

| 位置 | 上导 | 下导 | 水导 | 上迷宫环 | 下迷宫环 | 主轴密封 |
|---|---|---|---|---|---|---|
| 流量 | 70.7% | 87.4% | 150L/min | 800L/min | 750L/min | 160L/min |

b）试验时分别在90r/min、120r/min和150r/min各运行5min进行试验。具体结果见下表。

| SFC启动次数 | 启动时间/(h：min) | 速度/% | 启动情况 | 未成功原因 | 未成功率统计 |
|---|---|---|---|---|---|
| 1 | 13：50 | 5.8 | 失败 | SFC未收到速度反馈 | 1 |
| 2 | 14：08 | 7.1 | 成功 | | |
| | 14：12 | 12.5 | | | |
| | 14：15 | 30.0 | | | |
| | 14：20 | 40.0 | | | |
| | 14：30 | 50.0 | | | |
| | 14：55 | 停机 | | | |
| | 15：07 | 5.0 | | | |
| | 15：08 | 0 | | | |

c）温升试验，具体结果见下表。

| 时间/(h：min) | 速度/% | 线槽温度/℃ | | | | | | | | | | | |
|---|---|---|---|---|---|---|---|---|---|---|---|---|---|
| | | U | | | | V | | | | W | | | |
| | | 65号 | 143号 | 221号 | 299号 | 86号 | 164号 | 242号 | 8号 | 75号 | 153号 | 231号 | 309号 |
| 13：30 | 0 | 11 | 11 | 11 | 11 | 10 | 11 | 12 | 11 | 11 | 12 | 11 | 11 |
| 14：18 | 30 | 12 | 11 | 12 | 11 | 10 | 11 | 12 | 11 | 11 | 12 | 11 | 11 |
| 14：27 | 40 | 13 | 12 | 13 | 12 | 11 | 13 | 13 | 13 | 12 | 13 | 12 | 12 |
| 14：49 | 50 | 16 | 16 | 16 | 15 | 15 | 16 | 16 | 16 | 15 | 16 | 15 | 15 |

| 时间/(h：min) | 速度/% | 齿压板温度/℃ | | | | 上导瓦温度/℃ | | | | 下导瓦温度/℃ | | | |
|---|---|---|---|---|---|---|---|---|---|---|---|---|---|
| | | UC1 | UC4 | LC8 | LC12 | UGB3 | UGB8 | UGB13 | UGB18 | LGB3 | LGB8 | LGB13 | LGB18 |
| 13：30 | 0 | 11 | 10 | 12 | 11 | 11 | 11 | 13 | 10 | 16 | 17 | 16 | 18 |
| 14：18 | 30 | 12 | 11 | 12 | 12 | 15 | 16 | 15 | 14 | 22 | 20 | 20 | 21 |
| 14：27 | 40 | 13 | 12 | 14 | 13 | 18 | 19 | 18 | 18 | 25 | 26 | 22 | 24 |
| 14：49 | 50 | 17 | 16 | 18 | 17 | 26 | 27 | 27 | 26 | 32 | 33 | 29 | 31 |

| 时间/(h：min) | 速度/% | 推力瓦温度/℃ | | | | | | | | | | 油槽温度/℃ | |
|---|---|---|---|---|---|---|---|---|---|---|---|---|---|
| | | ThB1 | ThB2 | ThB5 | ThB6 | ThB9 | ThB10 | ThB13 | ThB14 | ThB17 | ThB18 | UT1 | LT1 |
| 13：30 | 0 | 20 | 20 | 19 | 19 | 21 | 20 | 21 | 20 | 20 | 22 | 10 | 18 |
| 14：18 | 30 | 29 | 22 | 21 | 26 | 22 | 26 | 23 | 26 | 22 | 32 | 11 | 18 |
| 14：27 | 40 | 36 | 22 | 22 | 31 | 23 | 32 | 23 | 32 | 27 | 37 | 12 | 19 |
| 14：49 | 50 | 45 | 26 | 25 | 41 | 26 | 42 | 27 | 41 | 26 | 45 | 18 | 21 |

| 时间/(h：min) | 速度/% | 上导冷却水出口温度/℃ | 下导冷却水出口温度/℃ | 空冷器总出水温度/℃ | 空冷器出口温度/℃ | | 油槽油位/mm | |
|---|---|---|---|---|---|---|---|---|
| | | UCWO-1 | LCWO-1 | ACH-1 | ACH-4 | ACC-1 | 上导 | 下导 |
| 13：30 | 0 | 9 | 9 | 11 | 9 | 11 | | |
| 14：18 | 30 | 9 | 9 | 11 | 10 | 12 | 13.0 | 8.4 |
| 14：27 | 40 | 9 | 10 | 11 | 10 | 12 | 12.9 | 6.7 |
| 14：49 | 50 | 10 | 10 | 11 | 11 | 12 | 12.9 | 7.0 |

d）机组振动测量，具体结果见下表。

| 时间/(h：min) | 速度/% | 上导/μm | | 下导/μm | | 水导/μm | |
|---|---|---|---|---|---|---|---|
| | | V | H | V | H | V | H |
| 14：18 | 30 | 8 | 4 | 4 | 4 | 4 | 4 |
| 14：27 | 40 | 4 | 6 | 4 | 6 | 5 | 4 |
| 14：49 | 50 | 6 | 6 | 4 | 10 | 6 | 6 |

e）电气量测量，具体结果见下表。

| 时间/(h：min) | 速度/% | 发电机电压/kV | | | 发电机电流/kA | | | 发电机功率 | | | 发电机励磁 | |
|---|---|---|---|---|---|---|---|---|---|---|---|---|
| | | $A-B$ | $B-C$ | $C-A$ | $A$ | $B$ | $C$ | $P$/MW | $Q$/Mvar | $\cos\varphi$ | $V_f$/V | $I_f$/kA |
| 14：18 | 30 | 4.41 | 4.47 | 4.43 | 0.1 | 0.1 | 0.1 | −0.34 | 0.32 | −0.83 | 130 | 0.77 |
| 14：27 | 40 | 5.92 | 5.93 | 5.92 | 0.1 | 0.1 | 0.1 | −0.69 | 0.48 | −0.84 | 130 | 0.77 |
| 14：49 | 50 | 7.97 | 7.97 | 7.97 | 0.1 | 0.1 | 0.1 | −1.02 | 0.67 | −0.85 | 140 | 0.86 |

| 时间/(h：min) | 速度/% | 励磁电流给定 | 实测励磁电流 | SFC直流侧电流 | SFC输出电压 |
|---|---|---|---|---|---|
| | | $A$ | $A$ | $A$ | $V$ |
| 14：27 | 40 | 780 | 760 | 310 | 1850 |
| 14：49 | 50 | 872 | 860 | 320 | 2490 |

f）14：54机组开始停机，15：07转速降至5%，手动投入风闸，15：08机组停止转动。

3. 机组60%～75%转速振动检查和温升试验

a）试验前将机组冷却水（空冷除外）投入运行，具体结果见下表。

| 位置 | 上导 | 下导 | 水导 | 上迷宫环 | 下迷宫环 | 主轴密封 |
|---|---|---|---|---|---|---|
| 流量 | 70.7% | 87.4% | 150L/min | 800L/min | 750L/min | 160L/min |

b）试验时在180r/min、210r/min和225r/min各运行5min进行试验，试验结果见下表。

| SFC启动次数 | 启动时间/(h：min) | 速度/% | 启动情况 | 未成功原因 | 未成功率统计 |
|---|---|---|---|---|---|
| 3 | 16：02 | 3.2 | 失败 | SFC与励磁的配合有问题 | 2 |
| 4 | 16：08 | 7.1 | 成功 | — | — |
| | 16：09 | 60.0 | | | |
| | 16：14 | 70.0 | | | |
| | 16：21 | 停机 | | | |
| | 16：42 | 11.2 | | | |
| 5 | 16：43 | 10.0 | 成功 | — | — |
| | 16：46 | 70.0 | | | |
| | 16：51 | 75.0 | | | |

c）温度检查，具体结果见下表。

| 时间/(h：min) | 速度/% | 线槽温度/℃ | | | | | | | | | | | |
|---|---|---|---|---|---|---|---|---|---|---|---|---|---|
| | | $U$ | | | | $V$ | | | | $W$ | | | |
| | | 65号 | 143号 | 221号 | 299号 | 86号 | 164号 | 242号 | 8号 | 75号 | 153号 | 231号 | 309号 |
| 16：46 | 70 | 18 | 16 | 18 | 17 | 16 | 17 | 18 | 18 | 17 | 18 | 17 | 18 |
| 16：51 | 75 | 18 | 17 | 18 | 18 | 17 | 18 | 18 | 18 | 18 | 18 | 17 | 18 |

续表

| 时间/(h:min) | 速度/% | 齿压板温度/℃ | | | | 上导瓦温度/℃ | | | | 下导瓦温度/℃ | | | |
|---|---|---|---|---|---|---|---|---|---|---|---|---|---|
| | | UC1 | UC4 | LC8 | LC12 | UGB3 | UGB8 | UGB13 | UGB18 | LGB3 | LGB8 | LGB13 | LGB18 |
| 16:46 | 70 | 17 | 17 | 19 | 18 | 27 | 28 | 28 | 27 | 29 | 30 | 28 | 29 |
| 16:51 | 75 | 19 | 18 | 19 | 19 | 30 | 31 | 31 | 29 | 36 | 37 | 33 | 34 |

| 时间/(h:min) | 速度/% | 推力瓦温度/℃ | | | | | | | | | | 油槽温度/℃ | |
|---|---|---|---|---|---|---|---|---|---|---|---|---|---|
| | | ThB1 | ThB2 | ThB5 | ThB6 | ThB9 | ThB10 | ThB13 | ThB14 | ThB17 | ThB18 | UT1 | LT1 |
| 16:46 | 70 | 40 | 29 | 28 | 37 | 30 | 38 | 30 | 37 | 30 | 39 | 20 | 21 |
| 16:51 | 75 | 47 | 28 | 27 | 42 | 29 | 42 | 29 | 42 | 29 | 48 | 23 | 24 |

| 时间/(h:min) | 速度/% | 上导冷却水出口温度/℃ | 下导冷却水出口温度/℃ | 空冷器总出水温度/℃ | 空冷器出口温度/℃ | | 油槽油位/mm | |
|---|---|---|---|---|---|---|---|---|
| | | UCWO-1 | LCWO-1 | ACH-1 | ACH-4 | ACC-1 | 上导 | 下导 |
| 16:46 | 70 | 10 | 10 | 11 | 10 | 12 | 12.4 | 7.3 |
| 16:51 | 75 | 11 | 11 | 12 | 11 | 12 | 11.0 | 7.3 |

d) 机组振动测量，具体结果见下表。

| 时间/(h:min) | 速度/% | 上导/μm | | 下导/μm | | 水导/μm | |
|---|---|---|---|---|---|---|---|
| | | V | H | V | H | V | H |
| 16:46 | 70 | 16 | 18 | 6 | 32 | 6 | 5 |
| 16:51 | 75 | 18 | 22 | 7 | 38 | 6 | 6 |

e) 电气量测量，具体结果见下表。

| 时间/(h:min) | 速度/% | 发电机电压/kV | | | 发电机电流/kA | | | 发电机功率 | | | 发电机励磁 | |
|---|---|---|---|---|---|---|---|---|---|---|---|---|
| | | A-B | B-C | C-A | A | B | C | P/MW | Q/Mvar | cosφ | $V_f$/V | $I_f$/kA |
| 16:46 | 70 | 11.05 | 11.05 | 11.05 | 0.1 | 0.1 | 0.1 | -1.67 | 0.96 | -0.87 | 150 | 850 |
| 16:51 | 75 | 11.90 | 11.90 | 11.90 | 0.1 | 0.1 | 0.1 | -1.83 | 1.03 | -0.87 | 150 | 880 |

4. 机组80%~100%转速振动检查和温升试验

a) 试验前将机组冷却水（空冷除外）投入运行，具体结果见下表。

| 位置 | 上导 | 下导 | 水导 | 上迷宫环 | 下迷宫环 | 主轴密封 |
|---|---|---|---|---|---|---|
| 流量 | 70.7% | 87.4% | 150L/min | 800L/min | 750L/min | 160L/min |

b) 在240r/min和270r/min各运行5min，300r/min进行60min试验，具体结果见下表。

| SFC启动次数 | 启动时间/(h:min) | 速度/% | 启动情况 | 未成功原因 | 未成功率统计 |
|---|---|---|---|---|---|
| 6 | 18:14 | 1.9 | 失败 | 正常方式启机时软件设置不正确 | 3 |
| 7 | 18:28 | 0.2 | 失败 | 正常方式启机时软件设置不正确 | 4 |
| 8 | 19:40 | 7.1 | 成功 | — | — |
| | 19:43 | 80.0 | | | |
| | 19:47 | 90.0 | | | |
| | 19:51 | 100 | | | |
| | 20:44 | 停机 | | | |

c）温升试验，具体结果见下表。

| 时间 /(h：min) | 速度 /% | 线槽温度 | | | | | | | | | | | |
|---|---|---|---|---|---|---|---|---|---|---|---|---|---|
| | | U/℃ | | | | V/℃ | | | | W/℃ | | | |
| | | 65号 | 143号 | 221号 | 299号 | 86号 | 164号 | 242号 | 8号 | 75号 | 153号 | 231号 | 309号 |
| 19：43 | 80 | 22 | 21 | 22 | 22 | 21 | 22 | 22 | 22 | 21 | 23 | 21 | 22 |
| 19：47 | 90 | 24 | 23 | 24 | 23 | 22 | 23 | 24 | 24 | 23 | 24 | 23 | 23 |
| 20：03 | 100 | 26 | 25 | 26 | 26 | 25 | 26 | 26 | 26 | 25 | 27 | 25 | 26 |
| 20：13 | 100 | 28 | 27 | 28 | 27 | 27 | 27 | 28 | 28 | 27 | 28 | 27 | 27 |
| 20：23 | 100 | 29 | 28 | 29 | 29 | 28 | 29 | 29 | 29 | 29 | 30 | 29 | 29 |
| 20：33 | 100 | 31 | 30 | 30 | 30 | 30 | 30 | 31 | 31 | 30 | 31 | 30 | 30 |
| 20：43 | 100 | 32 | 30 | 31 | 31 | 30 | 31 | 32 | 32 | 30 | 32 | 30 | 31 |

| 时间 /(h：min) | 速度 /% | 齿压板温度/℃ | | | | 上导瓦温度/℃ | | | | 下导瓦温度/℃ | | | |
|---|---|---|---|---|---|---|---|---|---|---|---|---|---|
| | | UC1 | UC4 | LC8 | LC12 | UGB3 | UGB8 | UGB13 | UGB18 | LGB3 | LGB8 | LGB13 | LGB18 |
| 19：43 | 80 | 22 | 22 | 23 | 23 | 29 | 30 | 30 | 29 | 33 | 34 | 31 | 33 |
| 19：47 | 90 | 25 | 25 | 26 | 25 | 33 | 35 | 35 | 33 | 42 | 45 | 40 | 44 |
| 20：03 | 100 | 29 | 29 | 29 | 29 | 36 | 39 | 39 | 37 | 46 | 49 | 43 | 48 |
| 20：13 | 100 | 30 | 30 | 31 | 30 | 39 | 41 | 41 | 40 | 47 | 50 | 45 | 49 |
| 20：23 | 100 | 32 | 32 | 33 | 32 | 41 | 43 | 43 | 42 | 48 | 51 | 45 | 50 |
| 20：33 | 100 | 34 | 33 | 34 | 33 | 42 | 44 | 44 | 43 | 48 | 51 | 46 | 50 |
| 20：43 | 100 | 32 | 30 | 31 | 31 | 30 | 31 | 32 | 32 | 30 | 32 | 30 | 31 |

| 时间 /(h：min) | 速度 /% | 推力瓦温度/℃ | | | | | | | | | | 油槽温度/℃ | |
|---|---|---|---|---|---|---|---|---|---|---|---|---|---|
| | | ThB1 | ThB2 | ThB5 | ThB6 | ThB9 | ThB10 | ThB13 | ThB14 | ThB17 | ThB18 | UT1 | LT1 |
| 19：43 | 80 | 42 | 29 | 29 | 36 | 30 | 36 | 31 | 36 | 30 | 38 | 20 | 23 |
| 19：47 | 90 | 54 | 29 | 28 | 46 | 29 | 47 | 30 | 46 | 29 | 50 | 25 | 27 |
| 20：03 | 100 | 59 | 31 | 30 | 52 | 32 | 53 | 32 | 52 | 31 | 58 | 29 | 31 |
| 20：13 | 100 | 61 | 33 | 32 | 55 | 33 | 56 | 34 | 55 | 34 | 61 | 32 | 32 |
| 20：23 | 100 | 62 | 34 | 33 | 57 | 35 | 57 | 35 | 57 | 35 | 62 | 34 | 32 |
| 20：33 | 100 | 63 | 35 | 34 | 58 | 35 | 58 | 36 | 58 | 36 | 63 | 35 | 33 |
| 20：43 | 100 | 63 | 35 | 34 | 58 | 35 | 58 | 36 | 58 | 36 | 63 | 35 | 33 |

| 时间 /(h：min) | 速度 /% | 上导冷却水出口温度/℃ | 下导冷却水出口温度/℃ | 空冷器总出水温度/℃ | 空冷器出口温度/℃ | | 油槽油位/mm | |
|---|---|---|---|---|---|---|---|---|
| | | UCWO－1 | LCWO－1 | ACH－1 | ACH－4 | ACC－1 | 上导 | 下导 |
| 19：43 | 80 | 10 | 10 | 11 | 11 | 12 | 11 | 7.1 |
| 19：47 | 90 | 11 | 11 | 13 | 12 | 13 | 11.1 | 7.3 |
| 20：03 | 100 | 12 | 11 | 14 | 13 | 14 | 11.2 | 7.6 |
| 20：13 | 100 | 13 | 12 | 14 | 13 | 14 | 11.3 | 7.6 |
| 20：23 | 100 | 13 | 12 | 15 | 14 | 14 | 11.2 | 7.7 |
| 20：33 | 100 | 14 | 12 | 15 | 14 | 14 | 11.2 | 7.5 |
| 20：43 | 100 | 14 | 12 | 15 | 14 | 14 | 11.4 | 7.6 |

d）机组振动测量，具体结果见下表。

| 时间<br>/(h：min) | 速度<br>/% | 上导/μm | | 下导/μm | | 水导/μm | |
|---|---|---|---|---|---|---|---|
| | | *V* | *H* | *V* | *H* | *V* | *H* |
| 19：43 | 80 | 7 | 30 | 7 | 44 | 5 | 6 |
| 19：47 | 90 | 7 | 40 | 11 | 60 | 6 | 6 |
| 20：03 | 100 | 10 | 50 | 14 | 77 | 6 | 4 |

e）电气量测量，具体结果见下表。

| 时间<br>/(h：min) | 速度<br>/% | 发电机电压/kV | | | 发电机电流/kA | | | 发电机功率 | | | 发电机励磁 | |
|---|---|---|---|---|---|---|---|---|---|---|---|---|
| | | *A*−*B* | *B*−*C* | *C*−*A* | *A* | *B* | *C* | *P*/MW | *Q*/Mvar | cos$\varphi$ | $V_f$/V | $I_f$/kA |
| 19：43 | 80 | 12.76 | 12.76 | 12.76 | 0.1 | 0.1 | 0.1 | −2.13 | 1.24 | −0.87 | 150 | 0.88 |
| 19：47 | 90 | 14.34 | 14.34 | 14.34 | 0.1 | 0.1 | 0.1 | −2.36 | 1.68 | −0.87 | 150 | 0.87 |
| 20：03 | 100 | 15.90 | 15.90 | 15.90 | 0.2 | 0.2 | 0.2 | −4.05 | 2.06 | −0.90 | 150 | 0.87 |

| 时间<br>/(h：min) | 速度<br>/% | 励磁电流给定 | 实测励磁电流 | SFC 直流侧电流 | SFC 输出电压 |
|---|---|---|---|---|---|
| | | *A* | *A* | *A* | *V* |
| 16：51 | 75 | 710 | 700 | 430 | 3750 |
| 20：03 | 100 | 886 | 872 | 560 | 5000 |

f）相位测量，具体结果见下表。在各速度段分别测量保护、监控、调速、励磁的相位，本报告只列出额定转速时相位测量结果。

| 电流互感器编号 | 用途 | 相位 | 备注 |
|---|---|---|---|
| 1TA | 横差 | 0 | |
| 2TA | 发电机纵差 | ATB：240；ATC：120；CTB：120 | |
| 3TA | 发电机保护 | ATB：240；ATC：120；CTB：120 | 9TA 和 3TA 为机组纵联差动保护，差流为零 |
| 9TA | 发电机保护 | ATB：240；ATC：120；CTB：120 | |
| 4TA | 监控 | ATB：240；ATC：120；CTB：120 | |
| 5TA | 发电机保护 | ATB：240；ATC：120；CTB：120 | |
| 6TA | 励磁测量 | ATB：240；ATC：120；CTB：120 | |
| 7TA | 发电机保护 | ATB：240；ATC：120；CTB：120 | |
| 8TA | 励磁系统 | ATB：240；ATC：120；CTB：120 | |
| 11TA | 发电机保护 | ATB：240；ATC：120；CTB：120 | |
| 15TA | 备用 | 二次短路接地 | SFC 输入回路 TA |
| 16TA | 测量 | ATB：120；BTC：120；CTA：120 | |
| 17TA | 变压器保护 | ATB：120；BTC：120；CTA：120 | |
| 18TA | 变压器保护 | ATB：120；BTC：120；CTA：120 | |
| 1TV | 机组保护、励磁系统、调速系统、测量和同期 | ATB：240；ATC：120；CTB：120 | |
| 2TV | | | |
| 3TV | | | |

g）谐波检查，具体结果见下表。机组正常由SFC启动时，机组TV二次谐波为0.5%；升速时机组TV二次谐波为1.0%，厂用系统谐波分量为0.9%，均小于国标2%的要求。

5. 机组假同期试验

a）试验前将机组冷却水（空冷除外）投入运行，具体结果见下表。

| 位置 | 上导 | 下导 | 水导 | 上迷宫环 | 下迷宫环 | 主轴密封 |
|---|---|---|---|---|---|---|
| 流量 | 70.7% | 87.4% | 150L/min | 800L/min | 750L/min | 160L/min |

b）假同期试验分为升速和减速两次进行。VOITH技术人员未接受我方建议，假同期试验时，只动至同期回路出口继电器，未合断路器，所以合闸导前时间及同期波形无法录制。

c）试验前将机组水机保护、瓦温高保护和电气保护投跳闸，具体结果见下表。

| SFC启动次数 | 启动时间/(h：min) | 速度/% | 启动情况 | 未成功原因 | 未成功率统计 |
|---|---|---|---|---|---|
| 9 | 10：27 | 5.2 | 失败 | 原因是SFC监测到bypass切换故障 | 5 |
| | 10：31 | 100 | | | |
| | 10：32 | 停机 | | | |
| 10 | 10：50 | 26.2 | 成功 | 假同期跳OCB回路检查 | |
| | 10：52 | 100.0 | | | |
| | 10：53 | 停机 | | | |
| | 11：21 | 5.0 | | | |
| 11 | 11：53 | 开机 | 成功 | 假同期合闸继电器检查 | |
| | 11：57 | 100.0 | | | |
| | 11：58 | 停机 | | | |
| | 12：36 | 5.0 | | | |

6. 机组同期及温升试验

a）试验前将机组冷却水（空冷除外）投入运行，具体结果见下表。

| 位置 | 上导 | 下导 | 水导 | 上迷宫环 | 下迷宫环 | 主轴密封 |
|---|---|---|---|---|---|---|
| 流量 | 70.7% | 87.4% | 150L/min | 800L/min | 750L/min | 160L/min |

b）以泵的方式进行机组并网试验，并检查各部温升及振动。

c）试验前将机组水机保护、瓦温高保护和电气保护投跳闸，具体结果见下表。

| SFC启动次数 | 启动时间/(h：min) | 速度/% | 启动情况 | 未成功原因 | 未成功率统计 |
|---|---|---|---|---|---|
| 12 | 13：31 | 开机 | 成功 | | |
| | 13：34 | 100 | | | |
| | 14：07 | 100 | | 合换相刀闸 | |
| | 14：11 | 同步 | | 成功并入系统运行 | |

合闸导前时间为100ms。

d）温升试验，具体结果见下表。

| 时间/(h：min) | 速度/% | 线槽温度 | | | | | | | | | | | |
|---|---|---|---|---|---|---|---|---|---|---|---|---|---|
| | | U/℃ | | | | V/℃ | | | | W/℃ | | | |
| | | 65号 | 143号 | 221号 | 299号 | 86号 | 164号 | 242号 | 8号 | 75号 | 153号 | 231号 | 309号 |
| 14：20 | 系统同步运行 | 31 | 30 | 30 | 30 | 30 | 30 | 31 | 31 | 30 | 31 | 30 | 30 |
| 15：00 | | 33 | 32 | 33 | 33 | 32 | 33 | 33 | 33 | 32 | 33 | 32 | 33 |
| 15：40 | | 33 | 33 | 34 | 34 | 33 | 34 | 34 | 34 | 33 | 34 | 33 | 33 |

| 时间/(h：min) | 速度/% | 齿压板温度/℃ | | | | 上导瓦温度/℃ | | | | 下导瓦温度/℃ | | | |
|---|---|---|---|---|---|---|---|---|---|---|---|---|---|
| | | UC1 | UC4 | LC8 | LC12 | UGB3 | UGB8 | UGB13 | UGB18 | LGB3 | LGB8 | LGB13 | LGB18 |
| 14：20 | 系统同步运行 | 33 | 33 | 34 | 33 | 42 | 44 | 44 | 43 | 50 | 53 | 47 | 52 |
| 15：00 | | 36 | 35 | 37 | 36 | 43 | 45 | 46 | 44 | 51 | 53 | 49 | 53 |
| 15：40 | | 36 | 36 | 38 | 37 | 43 | 46 | 46 | 44 | 52 | 54 | 49 | 54 |

| 时间/(h：min) | 速度/% | 推力瓦温度/℃ | | | | | | | | | | 油槽温度/℃ | |
|---|---|---|---|---|---|---|---|---|---|---|---|---|---|
| | | ThB1 | ThB2 | ThB5 | ThB6 | ThB9 | ThB10 | ThB13 | ThB14 | ThB17 | ThB18 | UT1 | LT1 |
| 14：20 | 系统同步运行 | 63 | 35 | 34 | 58 | 35 | 59 | 36 | 58 | 36 | 64 | 35 | 32 |
| 15：00 | | 64 | 36 | 35 | 59 | 36 | 59 | 36 | 59 | 36 | 65 | 36 | 33 |
| 15：40 | | 64 | 36 | 35 | 59 | 35 | 59 | 36 | 59 | 36 | 65 | 37 | 33 |

| 时间/(h：min) | 速度/% | 上导冷却水出口温度/℃ | 下导冷却水出口温度/℃ | 空冷器总出水温度/℃ | 空冷器出口温度/℃ | | 油槽油位/mm | |
|---|---|---|---|---|---|---|---|---|
| | | UCWO－1 | LCWO－1 | ACH－1 | ACH－4 | ACC－1 | 上导 | 下导 |
| 14：20 | 系统同步运行 | 12 | 15 | 14 | 14 | 14 | 11 | 7.1 |
| 15：00 | | 14 | 15 | 16 | 14 | 14 | 11.1 | 7.3 |
| 15：40 | | 14 | 12 | 16 | 14 | 14 | 11.2 | 7.6 |

e）机组振动测量，具体结果见下表。

| 时间/(h：min) | 速度/% | 上导/μm | | 下导/μm | | 水导/μm | |
|---|---|---|---|---|---|---|---|
| | | *V* | *H* | *V* | *H* | *V* | *H* |
| 14：20 | 系统同步运行 | 10 | 50 | 14 | 77 | 6 | 4 |
| 15：00 | | 10 | 50 | 14 | 77 | 6 | 4 |
| 15：40 | | 10 | 50 | 14 | 77 | 6 | 4 |

f）电气量测量，具体结果见下表。

| 时间/(h：min) | 速度/% | 发电机电压/kV | | | 发电机电流/kA | | | 发电机功率 | | |
|---|---|---|---|---|---|---|---|---|---|---|
| | | *A*－*B* | *B*－*C* | *C*－*A* | *A* | *B* | *C* | *P*/MW | *Q*/Mvar | cos$\varphi$ |
| 14：31 | 同步 | 16.06 | 16.00 | 16.06 | 1.1 | 1.1 | 1.1 | 3.16 | －30.15 | 0.10 |

g）相位测量，并网后分别测量保护、监控、调速、励磁的相位，具体结果见下表。

<table>
<tr><th>电流互感器编号</th><th>用途</th><th>相位</th><th>备注</th></tr>
<tr><td>1TA</td><td>横差</td><td>0</td><td rowspan="24">电流回路中，发电机纵差保护，变压器纵差动保护相位相差180°，差流为零。<br>电压回路中，机端TV和主变压器低压侧TV比较：ATA为120°，BTB为120°，CTC为0°。<br>电压回路中，变压器低压侧TV超前母线TV 30°</td></tr>
<tr><td>2TA</td><td>发电机纵差</td><td>ATB：240；ATC：120；CTB：120</td></tr>
<tr><td>3TA</td><td>发电机保护</td><td>ATB：240；ATC：120；CTB：120</td></tr>
<tr><td>9TA</td><td>发电机保护</td><td>ATB：240；ATC：120；CTB：120</td></tr>
<tr><td>4TA</td><td>监控</td><td>ATB：240；ATC：120；CTB：120</td></tr>
<tr><td>5TA</td><td>发电机保护</td><td>ATB：240；ATC：120；CTB：120</td></tr>
<tr><td>6TA</td><td>励磁测量</td><td>ATB：240；ATC：120；CTB：120</td></tr>
<tr><td>7TA</td><td>发电机保护</td><td>ATB：240；ATC：120；CTB：120</td></tr>
<tr><td>8TA</td><td>励磁系统</td><td>ATB：240；ATC：120；CTB：120</td></tr>
<tr><td>10TA</td><td>变压器保护</td><td>ATB：240；ATC：120；CTB：120</td></tr>
<tr><td>11TA</td><td>发电机保护</td><td>ATB：240；ATC：120；CTB：120</td></tr>
<tr><td>12TA</td><td>变压器保护</td><td>ATB：120；BTC：120；CTA：120</td></tr>
<tr><td>13TA</td><td>发电机保护</td><td>ATB：240；ATC：120；CTB：120</td></tr>
<tr><td>14TA</td><td>备用</td><td>二次短路接地</td></tr>
<tr><td>15TA</td><td>备用</td><td>二次短路接地</td></tr>
<tr><td>16TA</td><td>测量</td><td>ATB：120；BTC：120；CTA：120</td></tr>
<tr><td>17TA</td><td>变压器保护</td><td>ATB：120；BTC：120；CTA：120</td></tr>
<tr><td>18TA</td><td>变压器保护</td><td>ATB：120；BTC：120；CTA：120</td></tr>
<tr><td>20TA</td><td>测量</td><td>ATB：120；BTC：120；CTA：120</td></tr>
<tr><td>19TA、21TA、22TA</td><td>变压器保护</td><td>ATB：120；BTC：120；CTA：120</td></tr>
<tr><td>母线TV</td><td></td><td>ATB：120；BTC：120；CTA：120</td></tr>
<tr><td>4TV</td><td>保护、励磁、同期</td><td>ATB：120；BTC：120；CTA：120</td></tr>
<tr><td>1TV</td><td rowspan="3">机组保护、励磁系统、调速系统、测量和同期</td><td rowspan="3">ATB：240；ATC：120；CTB：120</td></tr>
<tr><td>2TV</td></tr>
<tr><td>3TV</td></tr>
</table>

7. 转子配重试验

由于下导水平振动超标，现场决定进行转子动平衡试验。

a）试验前将机组冷却水（空冷除外）投入运行，具体结果下表。

| 位置 | 上导 | 下导 | 水导 | 上迷宫环 | 下迷宫环 | 主轴密封 |
|---|---|---|---|---|---|---|
| 流量 | 70.7% | 87.4% | 150L/min | 800L/min | 750L/min | 160L/min |

b）试验分别在加配重和不加配重的情况下进行。

c）试验时在60%、70%、80%、90%和100%时测量各部振动。

d）加上配重时试验，具体结果见下表。

| SFC启动次数 | 启动时间/(h：min) | 速度/% | 启动情况 | 上导/μm | | 下导/μm | | 水导/μm | |
|---|---|---|---|---|---|---|---|---|---|
| | | | | V | H | V | H | V | H |
| 13 | 15：21 | 开机 | 成功 | | | | | | |
| | 15：33 | 60 | | 7 | 15 | 7 | 28 | 4 | 4 |
| | 15：35 | 70 | | 9 | 22 | 7 | 37 | 4 | 4 |
| | 15：38 | 80 | | 11 | 30 | 9 | 50 | 4 | 4 |
| | 15：42 | 90 | | 10 | 40 | 12 | 64 | 4 | 4 |
| | 15：46 | 100 | | 10 | 53 | 16 | 86 | 4 | 4 |
| | 15：58 | 停机 | | | | | | | |

e）不加配重时试验，具体结果见下表。

| SFC启动次数 | 启动时间/(h：min) | 速度/% | 启动情况 | 上导/μm | | 下导/μm | | 水导/μm | |
|---|---|---|---|---|---|---|---|---|---|
| | | | | V | H | V | H | V | H |
| 14 | 16：51 | 开机 | 成功 | | | | | | |
| | 16：57 | 60 | | 7 | 14 | 6 | 25 | 4 | 5 |
| | 17：01 | 70 | | 6 | 18 | 6 | 32 | 6 | 6 |
| | 17：05 | 80 | | 7 | 26 | 8 | 45 | 6 | 6 |
| | 17：08 | 90 | | 12 | 34 | 10 | 60 | 6 | 8 |
| | 17：11 | 100 | | 11 | 48 | 13 | 78 | 6 | 6 |
| | 17：15 | 停机 | | | | | | | |

f）从数据分析，配重块位置可能加反，后来进行调整后，配重位置及配重重量见下表及下图。

| 轮辐编号 | 4 | 5 | 5 | 6 |
|---|---|---|---|---|
| 所加位置 | 右 | 左 | 右 | 左 |
| 配重重量/kg | 19 | 19.75 | 22.15 | 16.95 |

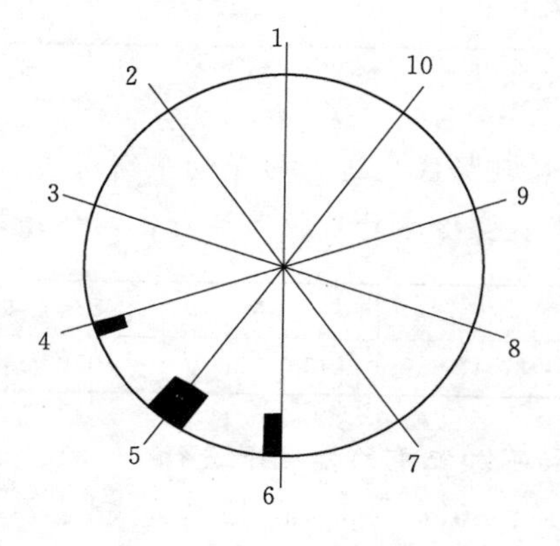

配重方位图

g）最终测试，具体结果见下表。

| SFC启动次数 | 启动时间/(h：min) | 速度/% | 启动情况 | 上导/μm | | 下导/μm | | 水导/μm | |
|---|---|---|---|---|---|---|---|---|---|
| | | | | V | H | V | H | V | H |
| 15 | 16：43 | 失败 | | | | | | | |
| 16 | 16：53 | 开机 | 成功 | | | | | | |
| | 16：58 | 60 | | 7 | 5 | 4 | 9 | 4 | 6 |
| | 17：03 | 70 | | 7 | 8 | 5 | 12 | 4 | 5 |
| | 17：08 | 80 | | 9 | 11 | 5 | 16 | 5 | 5 |
| | 17：13 | 90 | | 9 | 16 | 5 | 22 | 4 | 5 |
| | 17：18 | 100 | | 9 | 22 | 7 | 28 | 5 | 6 |
| | 17：23 | 停机 | | | | | | | |

三、统计

在整个机组SFC启动过程中，SFC启动次数为16次，其中成功次数为10次，成功率为63%。机组温升和振动摆度符合设计要求。

### 8.11.4 分步抽水试验

（1）试验步骤。

1）自动开机至CP工况稳定运行。

2）打开转轮排气阀、蜗壳排气阀，延时大约5s后关闭蜗壳平压阀，开始造压。

3）打开球阀，继续造压。

4）当压力、功率达到设定值时打开导叶开始抽水。

5）进行导叶最佳开度检查。

（2）试验难点。分部抽水的试验难点是导叶开启条件的判断，打开过早会造成抽水失败，打开过晚压力过高有可能损坏主轴密封。导叶开启条件一般是以转轮压力为判据的，当转轮压力达到或刚超过设定值时打开导叶；压力值一般不会很稳定，波动比较大，现场试验时需增加功率判据，当压力和功率同时达到设定值时打开导叶；实际试验过程中往往很难一次性抽水成功，根据多次试验结果选出一个最优值，作为自动开机的判据。

（3）试验程序。

1）机组自动开机至CP工况，稳定运行。

2）监控系统切换至手动状态；调速系统切手动，导叶开度限制在略大于设计的最优开度。

3）启动监控系统的回水造压子程序，开始造压。密切监视：蜗壳水位、蜗壳压力、转轮压力、主轴密封压力、锥管压力、机组功率、转轮排气阀、蜗壳排气阀、蜗壳平压阀位置、机组各部振动摆度及轴瓦温度。

4）当蜗壳平压阀关闭后手动打开球阀，关注球阀开度、转轮压力、机组功率。

5）当转轮压力、机组功率达到要求值时，手动快速打开导叶至设定的最佳开度，开始抽水。一般从机组回水造压的时间为40～50s。球阀开启的时间大约为60s，导叶开启时，球阀的开度应大于30%，现场试验时根据球阀实际开启时间决定什么时候开球阀。

6）关闭蜗壳排气阀、转轮排气阀，切除迷宫环冷却水。

7）导叶最佳开度检查。

调整调速器开限满足试验要求，将导叶开度从最优开度关闭2.5%，保持约5min，然后记录振动、水轮机摆度、电动机输入功率、噪声和压力脉动等运行状态试验数据。

分别将导叶开度从最优开度关闭5%、打开2.5%、5%，记录试验数据。对比各开度数据，选择并设定最优开度。将调速器转换到“自动”控制模式，保持导叶最优开度。

抽水调相至抽水工况转换波形见图8-13。

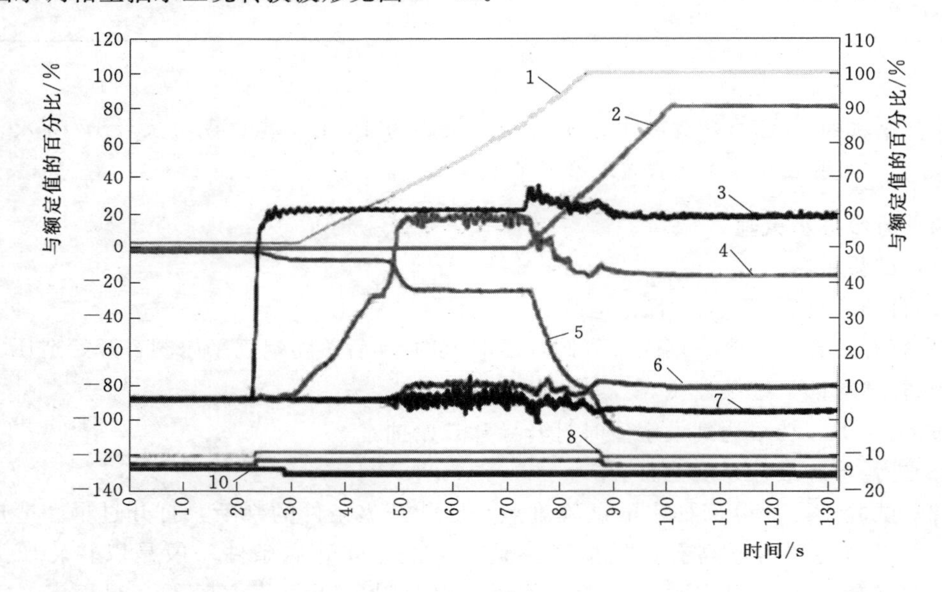


图8-13　抽水调相至抽水工况转换波形图

1—球阀开度；2—导叶开度；3—蜗壳压力；4—转轮压力；5—主轴密封压力；6—锥管压力；7—机组转速；8—转轮排气阀位置；9—蜗壳排气阀位置；10—蜗壳平压阀位置

注：1、2、5对应左侧刻度，3、4、6、7对应右侧刻度，8、9、10表示阀位置，向上表示开启，向下表示关闭。

### 8.11.5　背靠背同步启动试验

（1）方式简述。背靠背方式启动和SFC方式不同。调速器导叶开启规律、励磁电流保持不变，机组拖动速度取决于上库的水位，水位高时定子电流相对较大，启动速度相对较快，水位低时相反。背靠背启动速度整体比SFC方式要快一些，但耗水量很大，相对抽水蓄能电站来说上库的水是比较珍贵的，一般尽量用SFC方式启动，背靠背启动方式只作为SFC方式启动的备用启动方式，背靠背启动的两台机组应选择不同流道的两台机组。

两台机组同步启动意味着同步转矩连接并向其中一台机组提供推动转矩。一台机组选择“背靠背发电机模式”；另一台机组选择“背靠背水泵模式”。两台机组通过启动母线连接。因此“背靠背发电机模式”机组向“背靠背水泵模式”机组提供启动所必需的推动转矩。

启动母线在连接被拖动机组（水泵模式 3 号机组）前一次母线已经过换相（一般是 BC 相交换）。拖动机组（发电模式 1 号机组）侧的发电机出口断路器在合闸位置，中性点接地刀在分闸位置。相关保护投信号，在启动过程中应能自动闭锁。2 号机组拖动开关在合闸位置，其他一次设备在正常状态，背靠背方式启动接线见图 8-14。

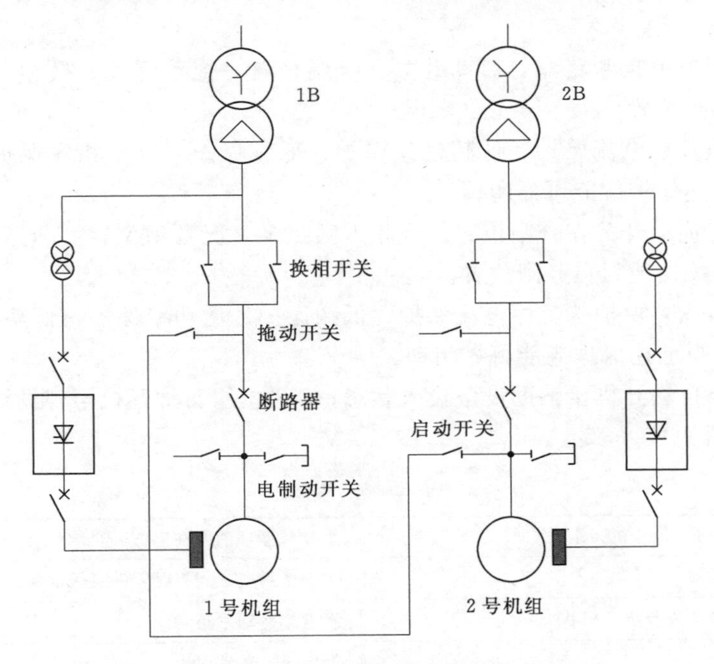


图 8-14　背靠背方式启动接线示意图

背靠背方式启动的关键是两台机组励磁系统的同步性，两台机组的励磁系统分别受两台计算机监控系统控制，在启动前两台机组监控系统要同时和公用监控系统连接，启动时由公用监控系统控制两台机组监控系统，以达到两台励磁系统同步启动的目的。为保证励磁系统的同步性，在 1 号机组调速系统启动前，1 号、2 号机组励磁系统先行启动，并完成向转子注入电流步骤。励磁系统启动前 1 号机组完成调速器开机前所有步骤，2 号机组要完成压水过程。

两台励磁系统同时受监控系统的控制，模式选择好后由监控系统同时发出启动命令启动程序如下：

1）相关的机组应该被连接在一起，以 1 号、2 号机组为例。

2）1 号机组作为推动机组（发电），在停机状态，选择背靠背发电工况启动时，励磁电流约为（$50\%I_r$）励磁系统控制方式为 ECR 方式。

3）2 号机组同时选择被推动机组（抽水），选择背靠背抽水工况启动时，励磁电流约为（50%$I_r$）励磁系统控制方式为 ECR 方式。

4）当两台机组励磁系统工作正常后（两台机组转子同时注入励磁电流），启动 1 号机组调速系统，两台机组同步启动，此时的机组转速上升的速度取决于上水库的水位。机组接近额定转速后，2 号机组同期并网，同时励磁系统切换到自动状态。1 号机组停机。2 号机组同期并网逻辑和 SFC 方式相同：在 2 号机组满足同期条件后，监控系统发出合闸脉冲；1 号机组励磁系统同时收到停机信号，延时 20ms，1 号机组励磁系统退出，跳 1 号发电机组出口断路器，跳 1 号机组启动开关，跳 2 号机组拖动开关；2 号机组励磁系统在收到合闸令时从 ECR 控制方式切换至 AVR 控制方式，同时励磁电流保持不变。

（2）试验准备。

1）1 号机组发电机断路器、启动开关在合闸位置，拖动开关、换相刀闸、电制动开关及接地刀在分闸位置。

2）1 号机组负序电流保护、低频过流保护、低频保护、电压相序保护投信号，在启动过程中监视上述保护应能可靠闭锁。

3）2 号机组拖动开关在合闸位置、换相刀闸在泵工况合闸位置，断路器、启动开关、电制动开关及相关接地刀在分闸位置。

4）2 号机组纵差保护、负序电流保护、低频保护、逆功率保护、低功率保护投信号，在启动过程中监视上述保护应能可靠闭锁。

5）1 号机组自动开机至辅助设备投入状态；2 号机组自动开机至辅助设备投入状态。

6）启动条件见表 8－1。

**表 8－1　　启 动 条 件 表**

| 1 号 机 组 | 水导外循环油泵在远方、自动位置，并且无故障 |
|---|---|
| 机组辅助系统已投入 | 主轴密封电磁阀打开，并且无故障 |
| 机组监控系统在自动或分步开机状态 | 发电机冷却水正常 |
| 导叶在关闭状态 | 发电机加热器退出 |
| 球阀在关闭状态 | 主变冷却系统具备启动条件 |
| 球阀控制系统在自动状态 | SFC 启动开关分闸 |
| 球阀紧急关闭电磁阀已释放 | SFC 拖动开关分闸 |
| 断路器在分闸状态 | 发电机侧接地刀分闸 |
| 电制动开关在分闸状态 | 调速系统具备启动条件 |
| 换相刀闸在远方、自动状态，并且无故障 | 机组同期装置在远方、自动位置 |
| 尾水闸门正常 | 励磁系统具备启动条件 |
| 调速系统油压正常 | 机组紧急停机电磁阀释放 |
| 高压油系统正常 | 压水气压在正常值 |
| 机组油系统正常 | 压水系统具备启动条件 |
| 控制电源正常 | 2 号 机 组 |
| 机组机械制动在远方、自动位置，并且无故障 | 机组辅助系统已投入 |
| 高压油泵在远方、自动位置，并且无故障 | 机组监控系统在自动或分步开机状态 |

续表

| | |
|---|---|
| 导叶在关闭状态 | 水导外循环油泵在远方、自动位置，并且无故障 |
| 球阀在关闭状态 | 主轴密封电磁阀打开，并且无故障 |
| 球阀控制系统在自动状态 | 发电机冷却水正常 |
| 球阀紧急关闭电磁阀已释放 | 发电机加热器退出 |
| 断路器在分闸状态 | 主变冷却系统具备启动条件 |
| 电制动开关在分闸状态 | SFC 启动开关分闸 |
| 换相刀闸在远方、自动状态，并且无故障 | SFC 拖动开关分闸 |
| 尾水闸门正常 | 发电机侧接地刀分闸 |
| 机组油压系统正常 | 调速系统具备启动条件 |
| 高压油系统正常 | 机组同期装置在远方、自动位置 |
| 机组油系统正常 | 励磁系统具备启动条件 |
| 控制电源正常 | 机组紧急停机电磁阀释放 |
| 机组机械制动在远方、自动位置，并且无故障 | 压水气压在正常值 |
| 高压油泵在远方、自动位置，并且无故障 | 压水系统具备启动条件 |

（3）试验过程。

1）发电机和电动机分步开至辅机启动，在电动机上按紧急停机按钮停机。

2）发电机和电动机分步开机，当发电流程走至启动开关闸、拖动开关闸和 SFC 隔离刀合闸后，在电动机模拟励磁系统故障通道 1 跳机。跳机后须将启动开关闸、拖动开关闸和 SFC 隔离刀闸手动拉开，并置远方自动位置。

3）发电机和电动机分步开机，当发电流程走至励磁磁场开关合闸、机械制动退出后，在电动机模拟励磁系统故障通道 2 跳机。

4）发电机和电动机分步开机，当发电流程走至励磁磁场开关合闸、机械制动退出后，在发电机模拟励磁系统故障通道 1 跳机。

5）发电机和电动机均置自动位置。自动开机至 5%转速时，在发电机模拟励磁系统故障通道 2 跳机。

6）发电机和电动机均置自动位置。自动开机至电动机抽水调相工况并网。发电机的出口断路器、拖动开关闸自动断开，发电机停止，电动机随后机械停机。

7）在操作员站选择背靠背自动开机至抽水调相工况并网，随后机械停机。

（4）启动流程。

1）1 号机组以发电模式背靠背启动流程见图 8－15。

2）2 号机组以抽水模式背靠背启动流程见图 8－16。

2 号机组背靠背启动波形见图 8－17。

### 8.11.6 水泵工况的空载、抽水和停机试验

（1）停机状态至投辅机状态。

1）停机状态至投辅机状态启动条件见表 8－2。

图 8-15（一） 1 号机组以发电模式背靠背启动流程图

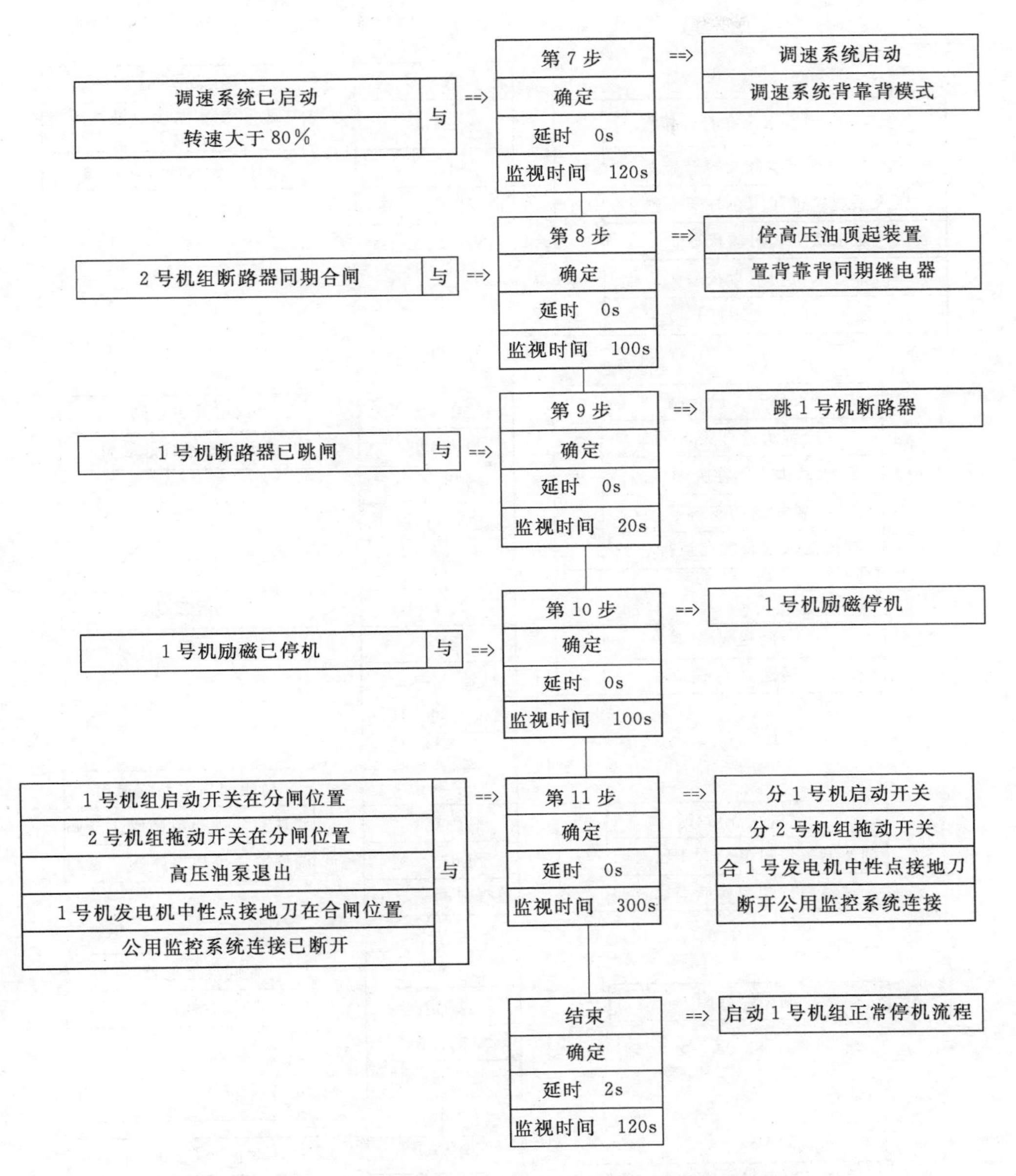


图8-15（二） 1号机组以发电模式背靠背启动流程图

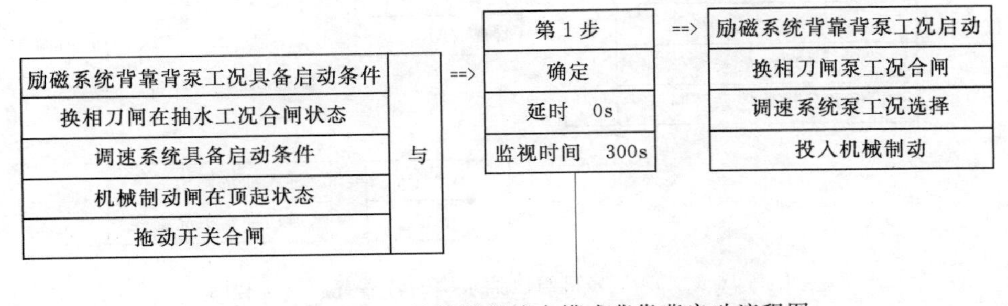


图8-16（一） 2号机组以抽水模式背靠背启动流程图

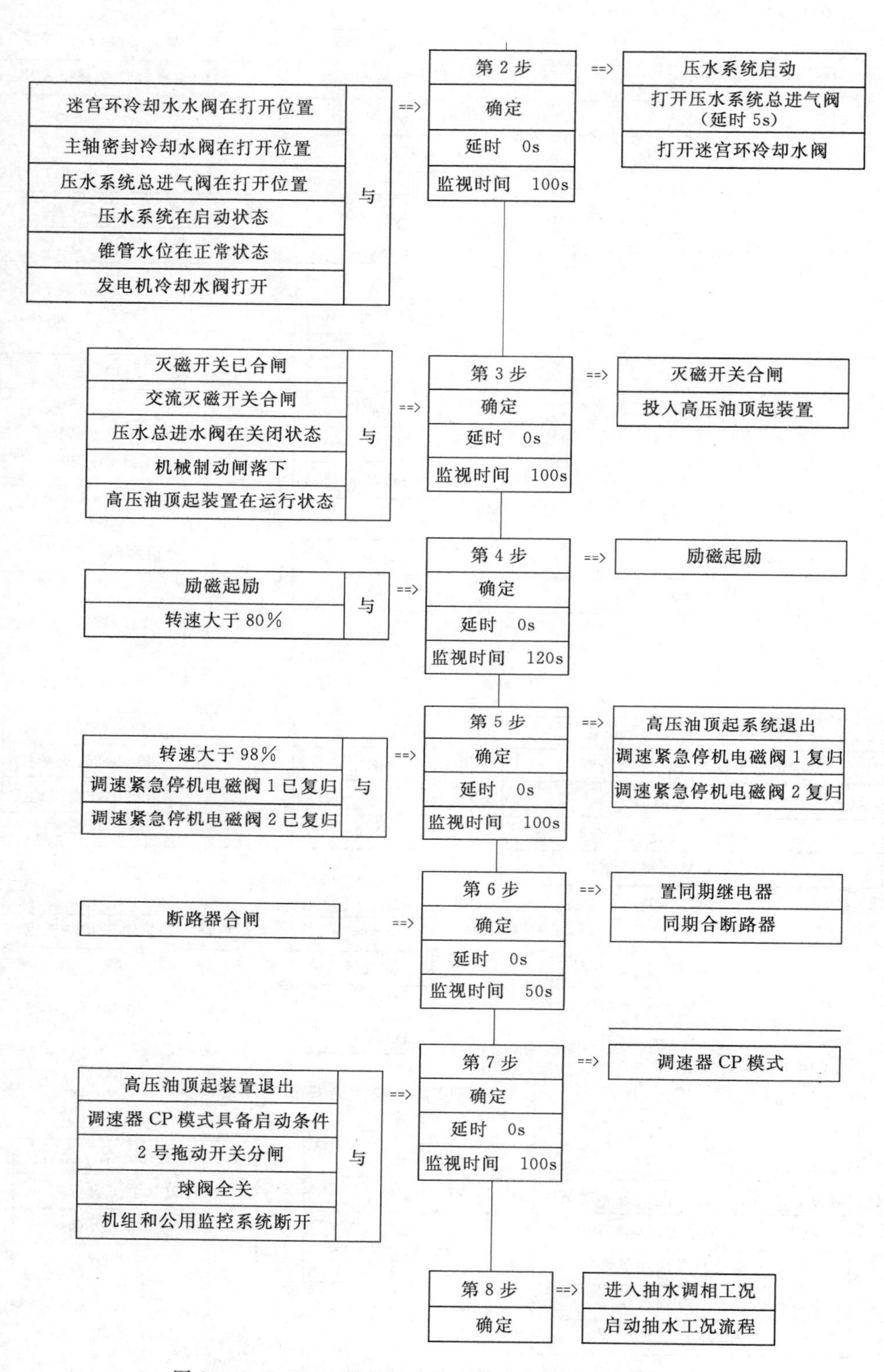


图8-16（二） 2号机组以抽水模式背靠背启动流程图

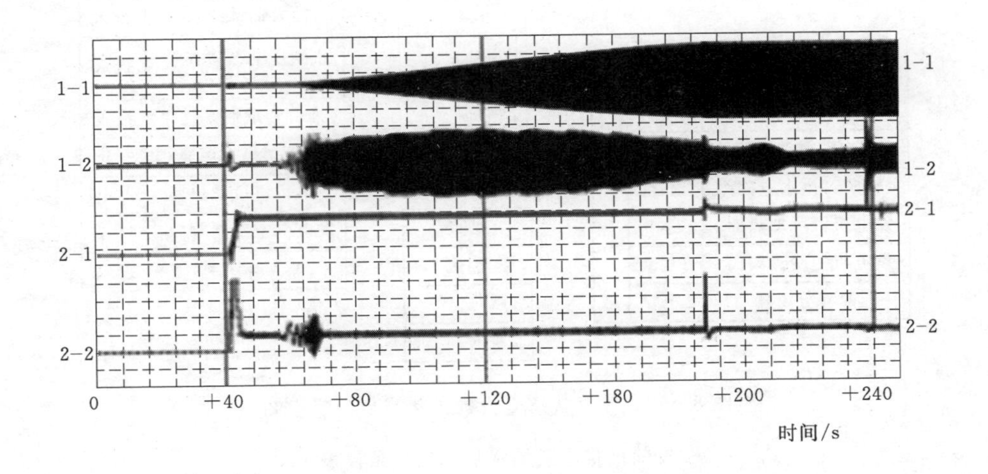


图 8-17　2号机组背靠背启动波形图

1-1—电动机电压；1-2—电动机电流；2-1—励磁电流；2-2—励磁电压

表 8-2　停机状态至投辅机状态启动条件表

| 序号 | 启动条件 | 序号 | 启动条件 |
|---|---|---|---|
| 1 | 机组在停机状态 | 15 | 水导外循环油泵可用 |
| 2 | 监控系统在自动或分步开机状态 | 16 | 主轴密封电磁阀无故障 |
| 3 | 机组未锁锭 | 17 | 主轴密封电磁阀在自动位置 |
| 4 | 导叶关闭 | 18 | 发电机坑加热装置可用 |
| 5 | 球阀在关闭状态 | 19 | 发电机坑加热装置在自动位置 |
| 6 | 球阀控制系统在自动状态 | 20 | 冷却水泵可用 |
| 7 | 球阀紧急关闭阀在自动位置 | 21 | 冷却水控制系统在自动位置 |
| 8 | 球阀具备启动条件 | 22 | 油雾分离器可用 |
| 9 | 断路器分闸位置 | 23 | 油雾分离器在自动远方位置 |
| 10 | 高压油系统具备启动条件 | 24 | 主变冷却系统具备启动条件 |
| 11 | 高压油在自动、远方位置 | 25 | 冷却水主进水阀在自动位置 |
| 12 | 调速高压油系统在自动位置 | 26 | 压油罐压力正常 |
| 13 | 调速高压油泵可用 | 27 | 空气围带退出 |
| 14 | 水导外循环油泵在自动、远方位置 | | |

2）停机状态至投辅机状态启动流程见图 8-18。

（2）投辅机状态至抽水状态。

1）投辅机状态至抽水状态启动条件见表 8-3。

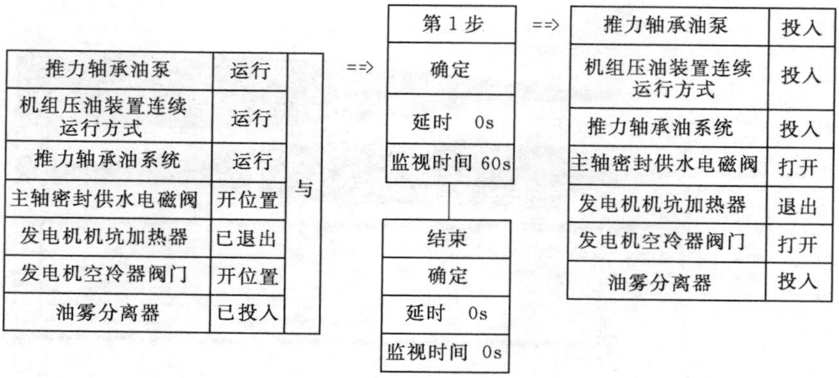

| 推力轴承油泵 | 运行 |
| --- | --- |
| 机组压油装置连续运行方式 | 运行 |
| 推力轴承油系统 | 运行 |
| 主轴密封供水电磁阀 | 开位置 |
| 发电机机坑加热器 | 已退出 |
| 发电机空冷器阀门 | 开位置 |
| 油雾分离器 | 已投入 |

与 ==>

| 第1步 |
| --- |
| 确定 |
| 延时 0s |
| 监视时间 60s |

==>

| 推力轴承油泵 | 投入 |
| --- | --- |
| 机组压油装置连续运行方式 | 投入 |
| 推力轴承油系统 | 投入 |
| 主轴密封供水电磁阀 | 打开 |
| 发电机机坑加热器 | 退出 |
| 发电机空冷器阀门 | 打开 |
| 油雾分离器 | 投入 |

| 结束 |
| --- |
| 确定 |
| 延时 0s |
| 监视时间 0s |

图 8-18 停机状态至投辅机状态启动流程图

**表 8-3** **投辅机状态至抽水状态启动条件表**

| 序号 | 启动条件 | 序号 | 启动条件 |
| --- | --- | --- | --- |
| 1 | 机组辅助控制系统已投入 | 25 | 高压油系统在自动、远方位置 |
| 2 | 不在背靠背模式 | 26 | 主轴密封电磁阀开启 |
| 3 | 监控系统在自动或分步开机状态 | 27 | 主轴密封电磁阀无故障 |
| 4 | 机组未锁锭 | 28 | 发电机冷却水主进水阀打开时间大于 20s |
| 5 | 导叶关闭 | 29 | 冷却水泵开启 |
| 6 | 球阀在关闭状态 | 30 | 油雾分离系统运行 |
| 7 | 球阀控制系统在自动状态 | 31 | 发电机坑加热装置退出 |
| 8 | 球阀紧急关闭阀在自动位置 | 32 | 主变冷却系统具备启动条件 |
| 9 | 球阀具备启动条件 | 33 | 发电机出口隔离刀在合闸位置 |
| 10 | 断路器分闸位置 | 34 | 接地刀分闸位置 |
| 11 | 断路器具备启动条件 | 35 | 调速系统具备启动条件 |
| 12 | 电制动开关在分闸位置 | 36 | 同期装置具备启动条件 |
| 13 | 换相刀闸在自动、远方位置 | 37 | 同期装置在自动、远方位置 |
| 14 | 换相刀闸无故障 | 38 | 励磁直流灭磁开关可用 |
| 15 | 尾水闸门具备启动条件 | 39 | 励磁系统具备启动条件 |
| 16 | 水导外循环系统正常 | 40 | 调速紧急停机电磁阀具备启动条件 |
| 17 | 高压油顶起系统正常 | 41 | 压水系统气压正常 |
| 18 | 调速油压装置正常 | 42 | 压水系统具备启动条件 |
| 19 | 油压装置电机电源正常 | 43 | 排气系统具备启动条件 |
| 20 | 机械制动在自动、远方位置 | 44 | SFC 具备启动条件 |
| 21 | 机械制动系统无故障 | 45 | 拖动开关在分闸位置 |
| 22 | 高压油系统具备启动条件 | 46 | 压油罐压力正常 |
| 23 | 高压油系统在自动、远方位置 | 47 | 空气围带退出 |
| 24 | 高压油系统无故障 | | |

2）投辅机状态至抽水状态启动流程见图 8－19。

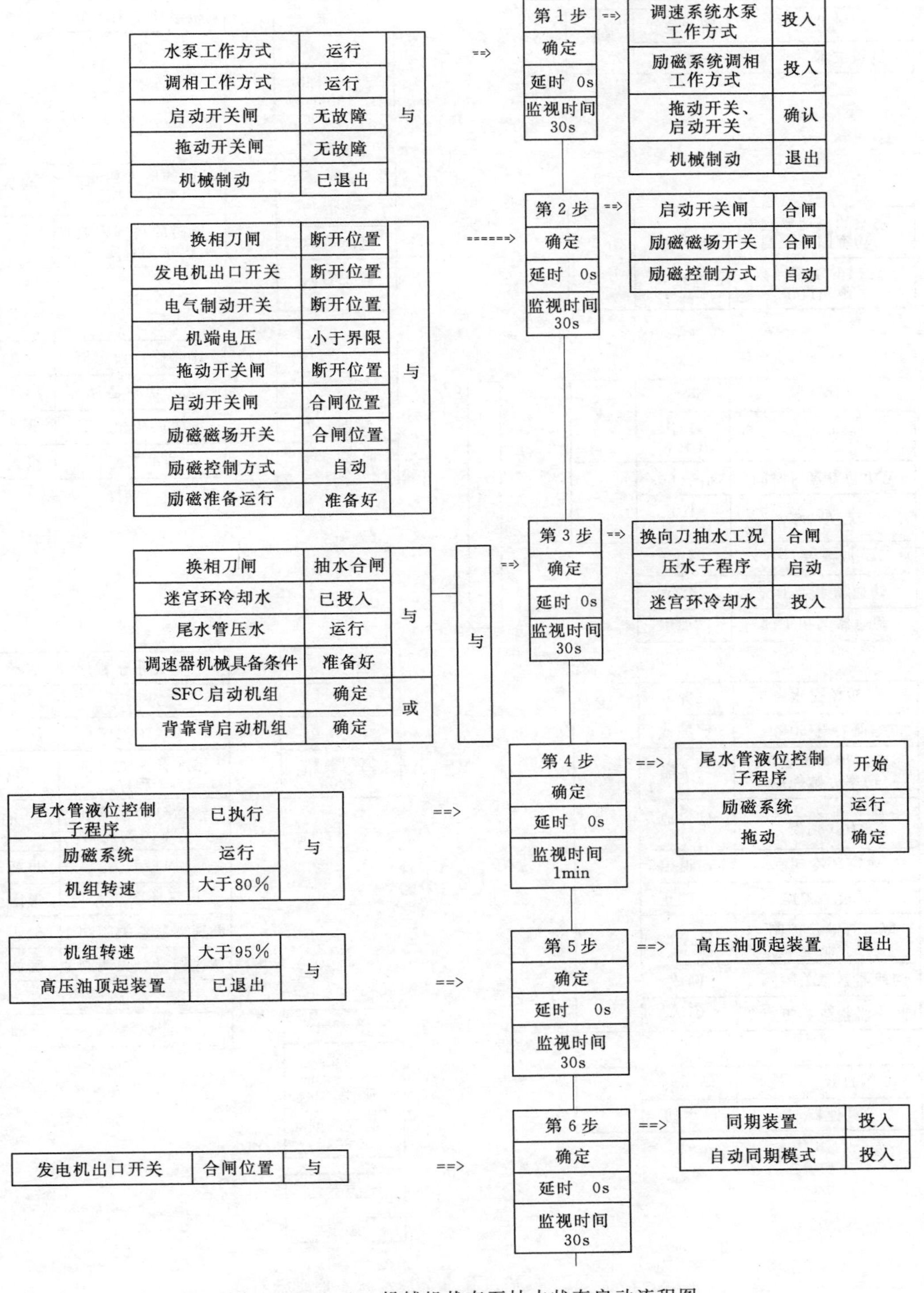

图 8－19（一） 投辅机状态至抽水状态启动流程图

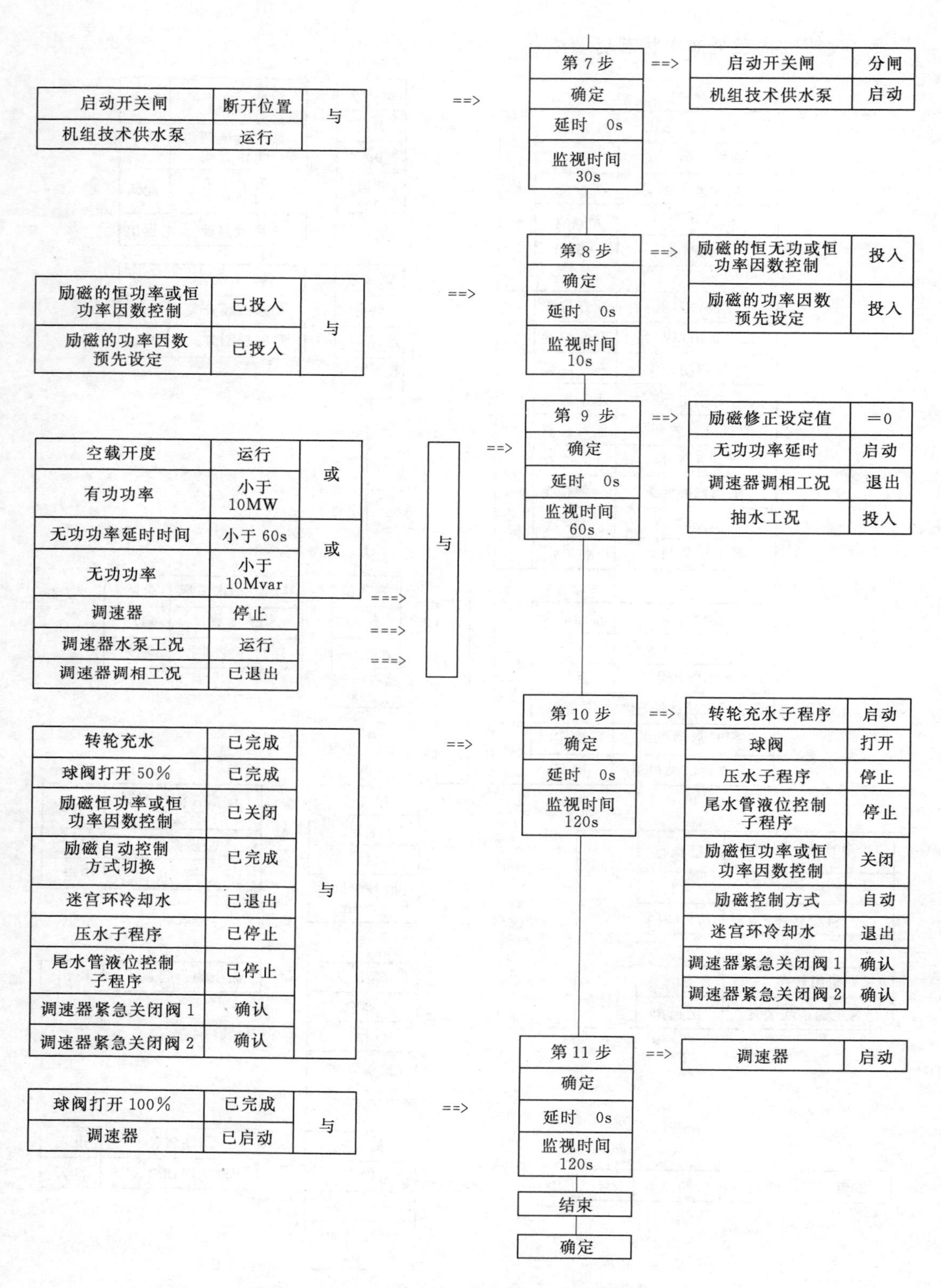


图8-19（二） 投辅机状态至抽水状态启动流程图

停机至抽水波形见图 8-20。

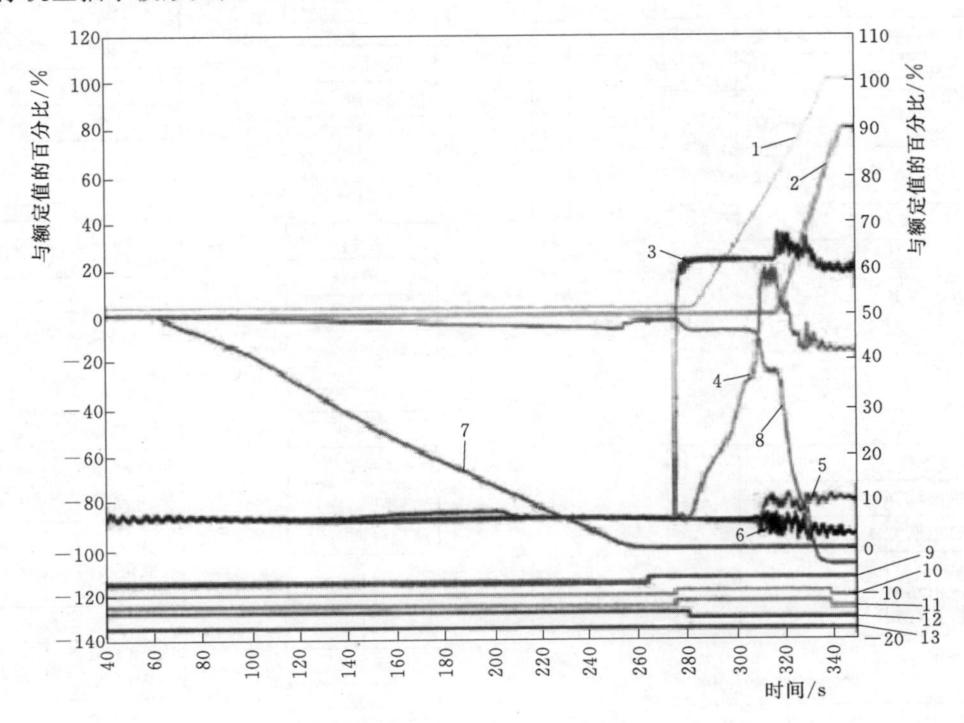


图 8-20　停机至抽水波形图

1—球阀开度；2—导叶开度；3—蜗壳压力；4—转轮压力；5—主轴密封压力；6—锥管压力；7—转速；8—功率；9—断路器位置；10—转轮排气阀位置；11—蜗壳排气阀位置；12—蜗壳平压阀位置；13—压水阀位置

注：1、2、7、8 对应左侧刻度，3、4、5、6 对应右侧刻度，9、10、11、12、13 向上表示开启，向下表示关闭。

(3) 抽水至停机。

1) 抽水至停机条件见表 8-4。

表 8-4　抽水至停机条件表

| 序号 | 停机条件 | 序号 | 停机条件 |
|---|---|---|---|
| 1 | 机组在抽水工况 | 4 | 高压油系统在自动、远方位置 |
| 2 | 监控系统在自动或分步开机状态 | 5 | 调速系统具备启动条件 |
| 3 | 高压油系统具备启动条件 | 6 | 断路器具备启动条件 |

2) 抽水至停机流程见图 8-21。

抽水工况正常停机时先减负荷，负荷降至设定的最小值时跳断路器，正常停机。

抽水至停机工况转换波形见图 8-22。

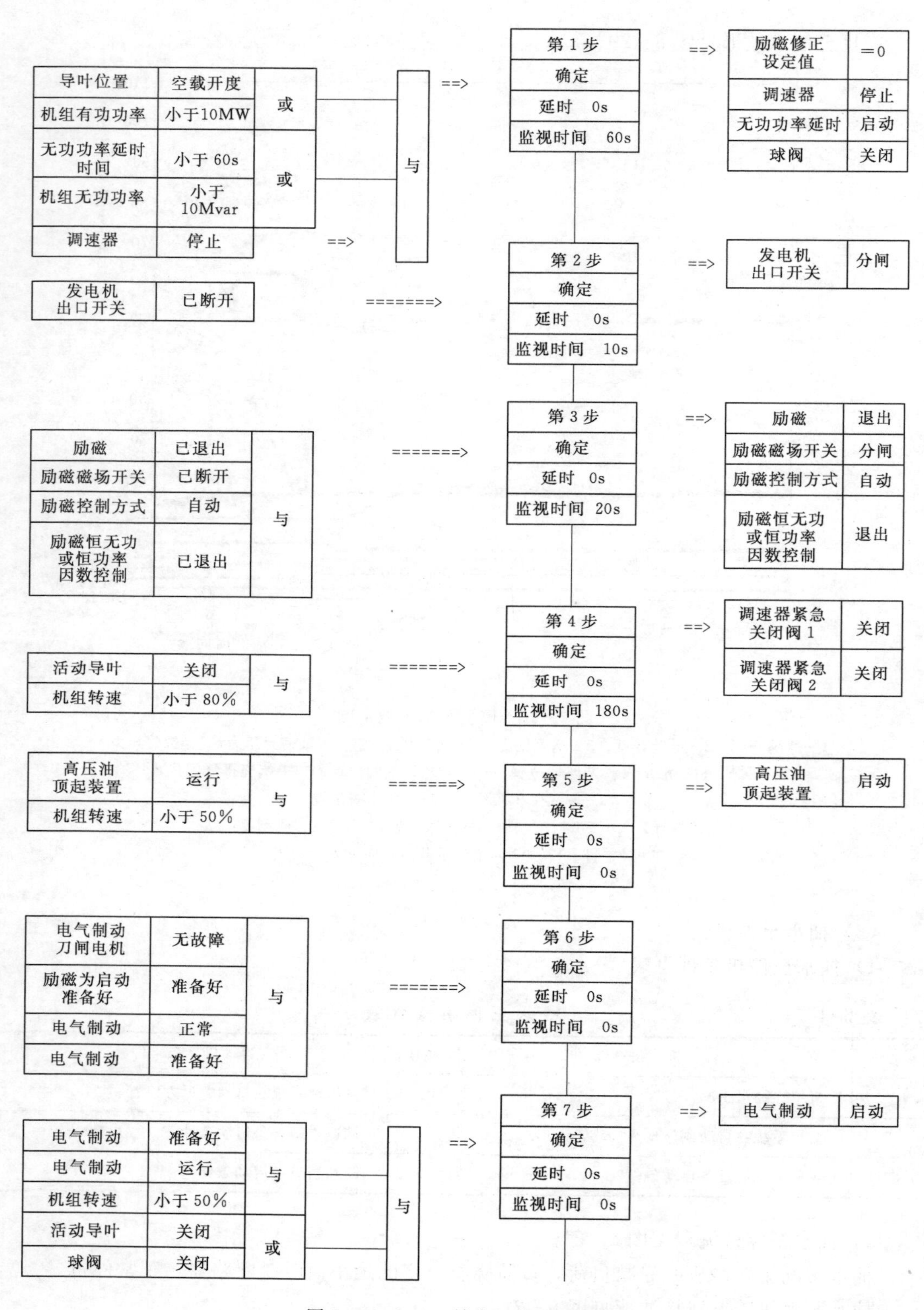


图8-21（一） 抽水至停机流程图

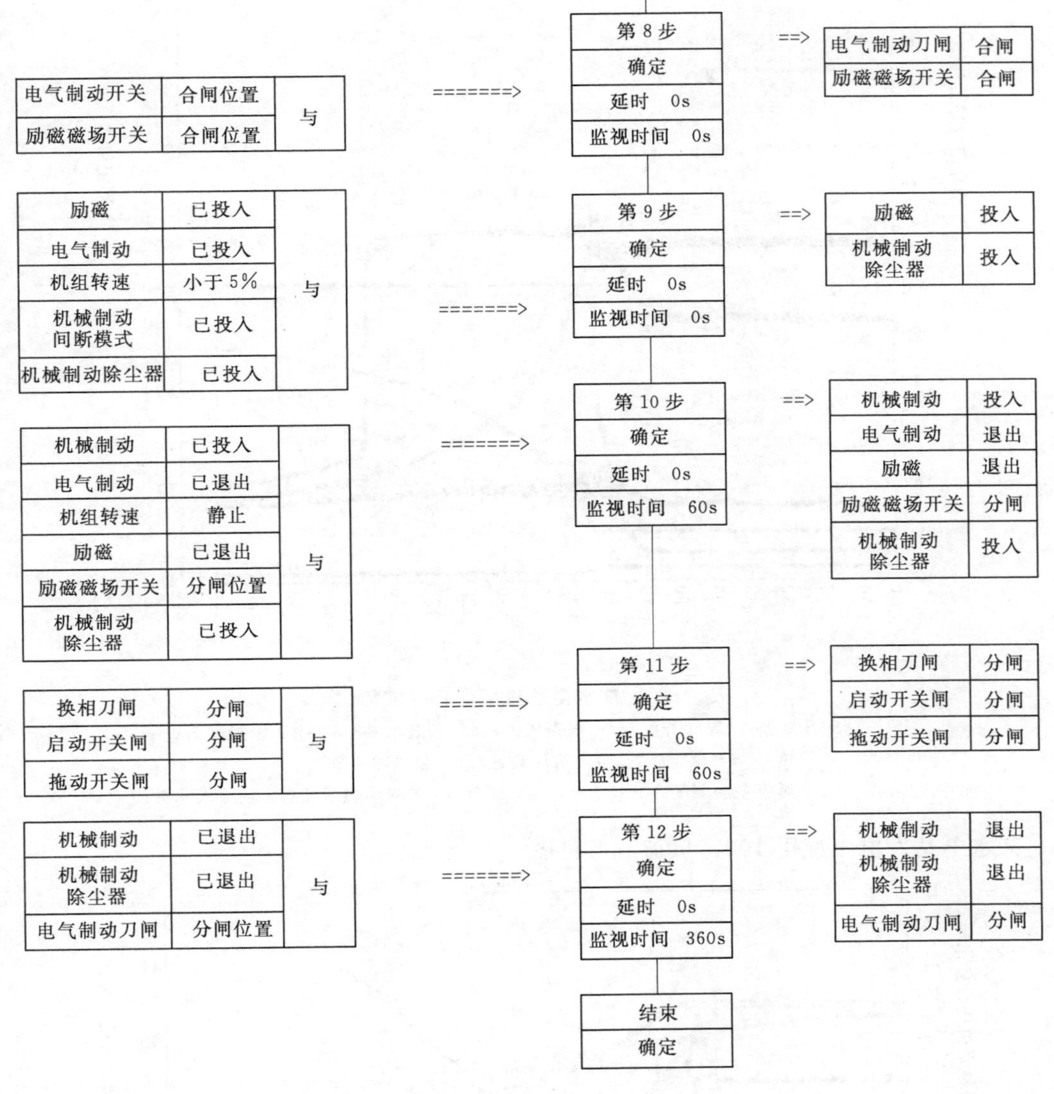

图 8-21（二） 抽水至停机流程图

（4）停机试验。

1）甩负荷停机试验。抽水蓄能电站甩负荷试验是指发电工况及抽水工况下的甩负荷试验，试验方法与常规机组相同。需要注意抽水蓄能机组转速很高，在发电工况甩负荷试验前应做好充分的准备工作。

甩负荷试验重点监视蜗壳压力、锥管压力、机组转速上升率、调压井水位上升率。发电方式甩负荷试验和常规水电站相同，先甩小负荷，正常再进行大负荷试验；抽水方式甩负荷不受上库水位的影响，在抽水方式启动完成后即可进行。

主变为单元接线方式时，需进行双机甩负荷试验。发电方式甩负荷试验一般在上库水位正常后进行；上库蓄水周期一般长达半年以上，此时应先进行单机甩小负荷试验，必要时需调整调速器关机曲线。若下引水钢管未设调压井则不需进行抽水方式双机甩负荷试验。

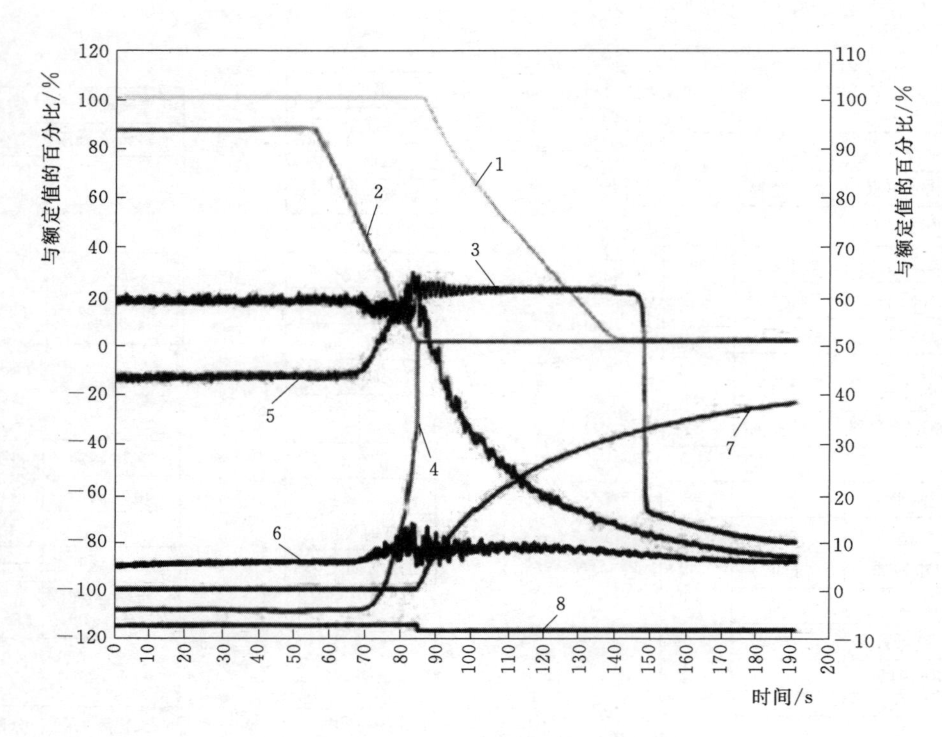


图 8-22　抽水至停机工况转换波形图

1—球阀开度；2—导叶开度；3—蜗壳压力；4—机组功率；5—主轴密封压力；
6—锥管压力；7—机组转速；8—断路器位置

注：1、2、4、7 对应左侧刻度，3、5、6 对应右侧刻度，8 向上表示开启，向下表示关闭。

某水电站发电工况甩 100％负荷波形见图 8-23。

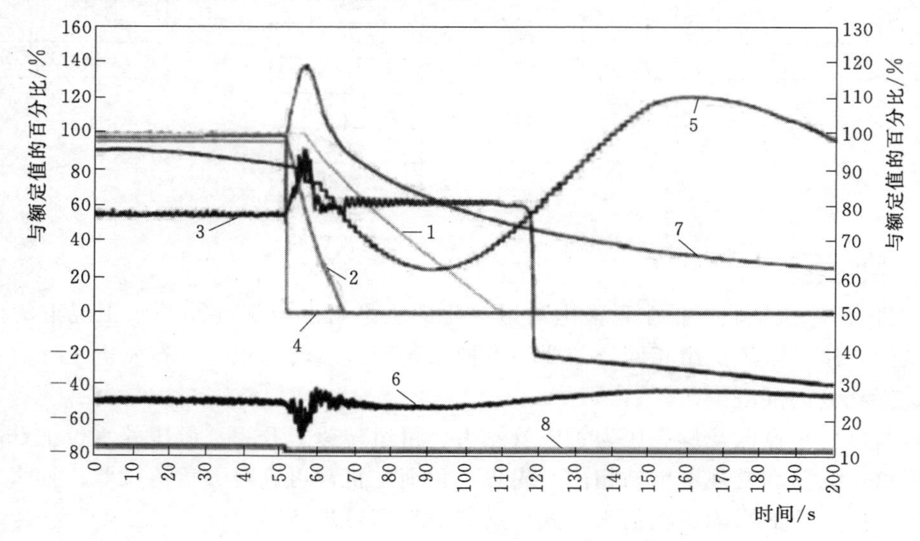


图 8-23　某水电站发电工况甩 100％负荷波形图

1—球阀开度；2—导叶开度；3—蜗壳压力；4—机组功率；5—主轴密封压力；
6—锥管压力；7—机组转速；8—断路器位置

注：1、2、4、7 对应左侧刻度，3、5、6 对应右侧刻度，8 向上表示开启，向下表示关闭。

某水电站抽水工况甩100%负荷波形见图8－24。

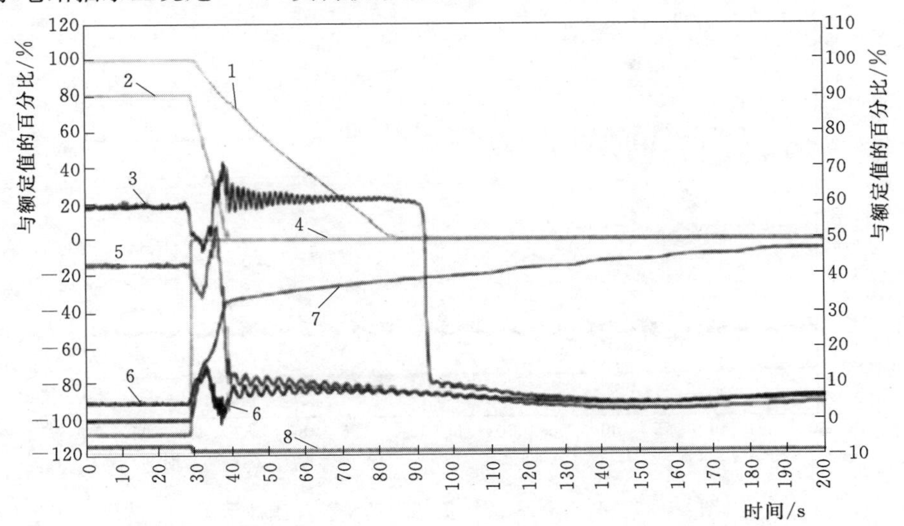


图8－24　某水电站抽水工况甩100%负荷波形图

1—球阀开度；2—导叶开度；3—蜗壳压力；4—机组功率；5—主轴密封压力；
6—锥管压力；7—机组转速；8—断路器位置

注：1、2、4、7对应左侧刻度，3、5、6对应右侧刻度，8向上表示开启，向下表示关闭。

2）动水关球阀停机试验。动水关球阀的意义是当调速器控制失灵时，将其作为防止机组飞逸的安全措施。试验方法与常规水电站相同：在发电工况紧急关闭球阀，导叶开度保持不变，机组负荷降至最小时跳发电机出口断路器，机组解列停机。

试验重点检查的对象为球阀本体及其密封、上下游延伸段与外露的压力钢管凑合节焊缝。试验时应先进行25%额定负荷试验，在试验结果满足设计要求后依次加大负荷。考虑到调速系统、事故配压阀同时失灵发生的概率极低，且试验对设备不利，试验的程度应适可而止，是否进行100%额定负荷动水关球阀试验，根据现场情况决定。

试验时水电站内与试验无关的人员尽可能离场，同时按照预先演练的水淹厂房事故预案布置好逃生及救护设备。

某水电站25%负荷下动水关球阀波形见图8－25。

某水电站50%负荷下动水关球阀波形见图8－26。

3）低油压事故停机。低油压事故停机试验的目的是检查调速系统在低油压状态下的关机能力，事故低油压定值是保证调速系统能够动作的最低油压。

试验方法是在机组满负荷或当前水头下最大负荷时，切除调速器压油装置电机电源，切除事故配压阀工作电源（保证其不动作）手动对压油罐进行排油，使压油罐油压降至事故低油压值，动作调速系统事故停机电磁阀关导叶停机。

某抽水蓄能电站低油压事故停机波形见图8－27。

4）某抽水蓄能电站双机甩负荷试验。

A. 抽水蓄能电站主要参数、水力特性参数。抽水蓄能电站上水库正常蓄水位308.00m，死水位291.00m；下水库正常蓄水位104.00m，死水位96.00m，极限死水位91.00m。引水

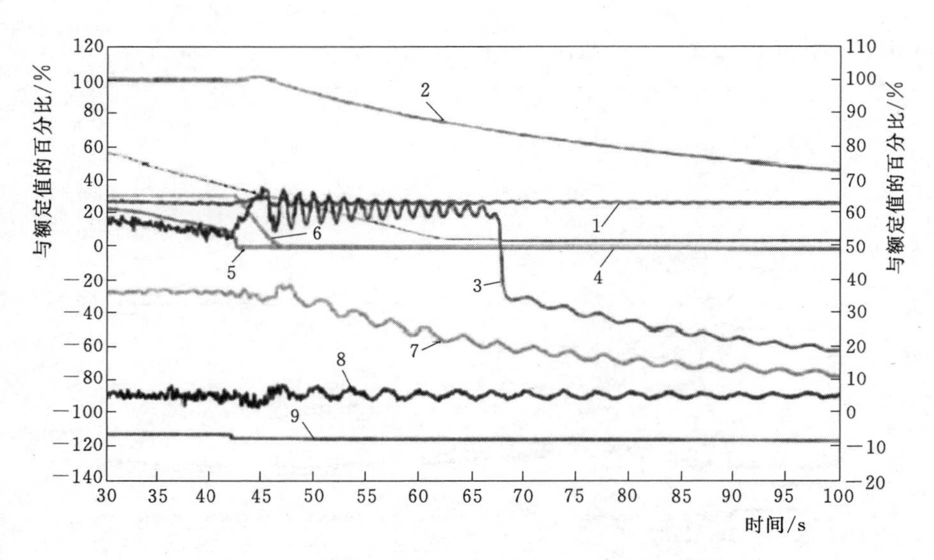


图 8-25　某水电站 25％负荷下动水关球阀波形图

1—转速；2—主轴密封压力；3—球阀开度；4—导叶开度；5—机组功率；
6—蜗壳压力；7—转轮压力；8—锥管压力；9—断路器位置
注：1、3、4、5 对应左侧刻度，2、6、7、8 对应右侧刻度，9 向上表示开启，向下表示关闭。

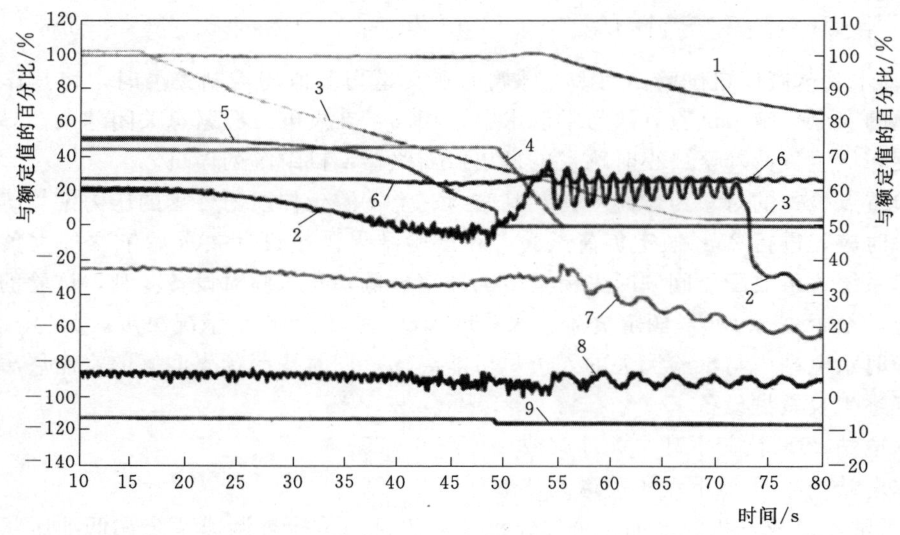


图 8-26　某水电站 50％负荷下动水关球阀波形图

1—转速；2—主轴密封压力；3—球阀开度；4—导叶开度；5—机组功率；
6—蜗壳压力；7—转轮压力；8—锥管压力；9—断路器位置
注：1、3、4、5 对应左侧刻度，2、6、7、8 对应右侧刻度，9 向上表示开启，向下表示关闭。

系统采用一洞两机的布置方式，引水系统长 1425.39～1499.70m，由上库进/出水口、引水上平洞、调压井、引水竖井、引水下平洞、引水岔管和钢衬引水支洞等组成，引水隧洞洞径 9.0m、支洞洞径 5.6m。尾水系统采用两机一洞方式布置，尾水系统长 397.53～420.536m，由尾水支洞、尾水闸门洞、尾水岔管、尾水隧洞、下库进/出水口组成，尾水管（支洞）洞径 7.4m，尾水隧洞洞径 10.00m。

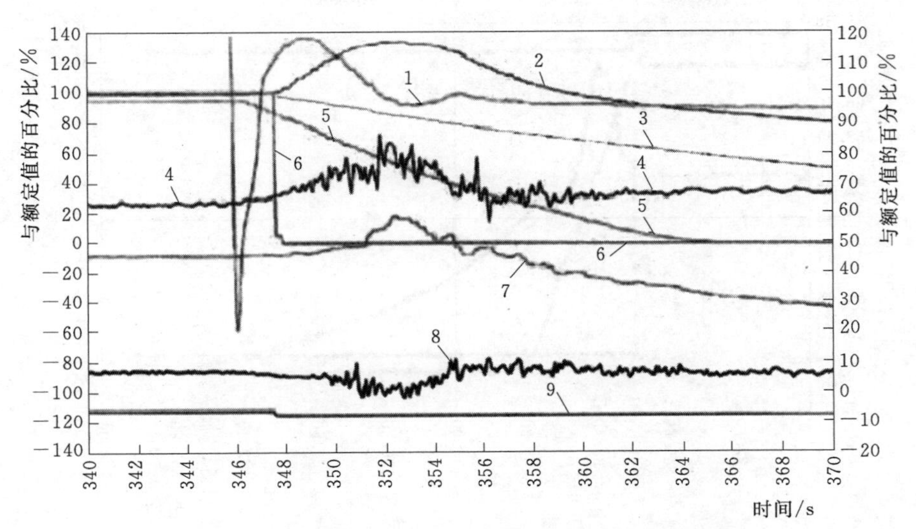


图 8-27　某抽水蓄能电站低油压事故停机波形图

1—主轴密封压力；2—转速；3—球阀开度；4—蜗壳压力；5—导叶开度；6—机组功率；7—转轮压力；8—锥管压力；9—断路器位置

注：2、3、5、6 对应左侧刻度，1、4、7、8 对应右侧刻度，9 向上表示开启，向下表示关闭。

B. 水泵水轮机参数。抽水蓄能电站水泵水轮机额定出力 306MW，额定水头 195m，额定流量 171.2$m^3/s$，额定转速 250r/min，吸出高度−50m，稳定飞逸转速小于 410r/m，转动惯量 $GD^2$ 为 800t·$m^2$。

C. 发电电动机参数。发电电动机型式为立轴三相半伞式空冷可逆式同步发电电动机，发电工况额定容量 334MVA，电动工况额定容量 325MW，发电电动机额定电压 15.75kV，额定功率因数（发电工况）为 0.9（滞后），发电电动机转动惯量 $GD^2$ 为 18500t·$m^2$。

D. 试验测点布置选择。因抽水蓄能电站的特殊性，一般设计在机组甩负荷后均直接作用于机组紧急停机。因此在做双机甩负荷试验时，试验测点与单机甩负荷试验会有所不同。以某抽水蓄能电站 1 号、2 号机组为例。试验测点可以采用已安装的传感器，但应对传感器进行校验，确保传感器的精度满足试验要求。一般情况下，为了确保试验结果准确性和真实性，均应重新安装经过校验的压力传感器，且安装位置应严格按设计或厂家要求进行，与压力传感器连接管路应尽可能缩短。

E. 试验步骤。分别启动单机带 50%负荷，校核新安装传感器及接线是否准确。

依次按一台机组带 100%负荷；另一台甩 50%、75%、100%负荷，每次甩负荷后均应对试验结果与标准和规范进行对比分析，并对甩负荷机组转动部件进行全面检查，只有在得到确认后，才能进行下步试验。

依次按双机甩 50%、75%、100%负荷进行试验。每次甩负荷试验后应对实验结果与标准和规范进行对比分析，并对两台机组转动部件进行全面检查。

F. 试验结果。双机甩负荷时 1 号机组测试曲线见图 8-28。

双机甩负荷时 2 号机组测试曲线见图 8-29。

双机甩负荷试验结果汇总见表 8-5。

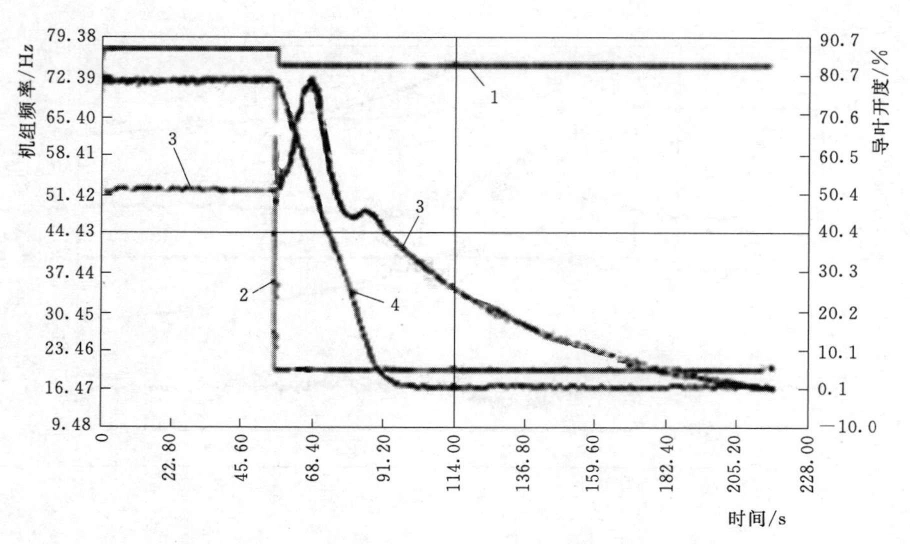


图 8-28　双机甩负荷时 1 号机组测试曲线图

1—断路器位置；2—有功功率；3—机组频率；4—导叶开度

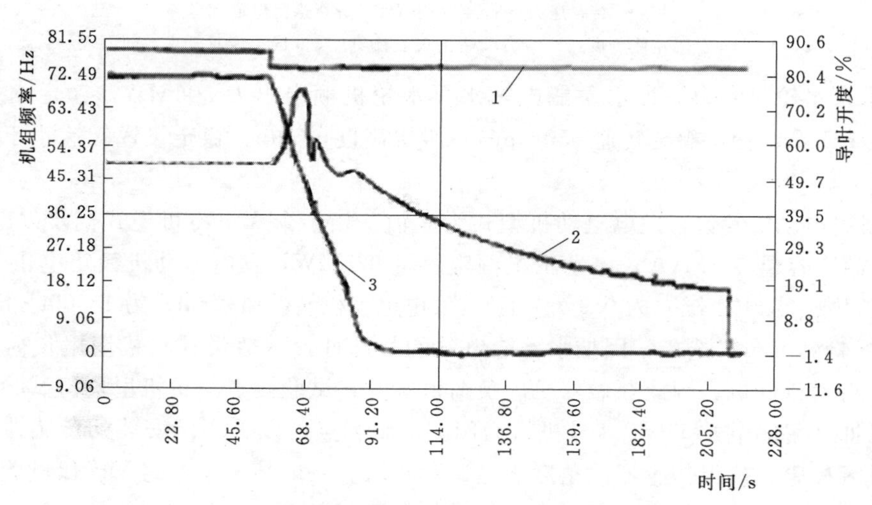


图 8-29　双机甩负荷时 2 号机组测试曲线图

1—断路器位置；2—机组频率；3—导叶开度

**表 8-5　　双机甩负荷试验结果汇总表**

| 甩负荷前条件 | | 转速上升/% | | 蜗壳压力最大值/MPa | | 尾水管压力最小值/MPa | | 压力钢管最大压力值/MPa | 调压井水位/m | |
|---|---|---|---|---|---|---|---|---|---|---|
| 负荷 | 水位/m | 1 号机 | 2 号机 | 1 号机 | 2 号机 | 1 号机 | 2 号机 | | 最高值 | 最低值 |
| 50%负荷 | 上库：300.10<br>下库：94.21 | 116.5 | 116.7 | 3.01 | 2.95 | 0.373 | 0.368 | 2.98 | 309.1 | 294.8 |
| 75%负荷 | 上库：300.10<br>下库：93.50 | 129.1 | 129.1 | 3.10 | 3.02 | 0.315 | 0.313 | 3.06 | 311.5 | 293.5 |
| 100%负荷 | 上库：299.45<br>下库：94.49 | 144.80 | 144.90 | 3.12 | 3.07 | 0.268 | 0.267 | 3.10 | 314.45 | 293.35 |

G. 同一流道双机带300MW负荷，单机甩300MW负荷试验。双机带300MW负荷，单机甩300MW负荷试验记录见表8-6。

H. 试验结果分析。电站机组甩负荷时导叶采用理论35.8s直线关闭，球阀采用理论40.8s直线关闭。甩负荷时，机组进入紧急停机程序，球阀和导叶接力器均同时紧急关闭，实际关闭规律与理论略有差异。

表8-6　双机带300MW负荷，单机甩300MW负荷试验记录表

| 机组 | 试验数据 | | | | |
|---|---|---|---|---|---|
| | 测点名称 | 甩负荷前 | 甩负荷过程中最大（小）值 | 甩负荷后 | 变化值 |
| 未甩负荷机组 | 机组转速/Hz | 50.02 | 50.02 | 50.02 | |
| | 导叶开度/% | 80.18 | 65.86 | 80.18 | |
| | 蜗壳压力/MPa | 2.26 | 2.52 | 2.28 | +11.5% |
| | 尾水管压力/MPa | 0.535 | 0.414 | 0.535 | −22.62% |
| 甩负荷机组 | 机组功率/MW | 295.82 | 342.32 | 295.26 | +15.72% |
| | 机组转速/Hz | 50.00 | 70.95 | 0 | +41.90% |
| | 导叶开度/% | 80.33 | | 0 | 关闭时间：34.10s |
| | 蜗壳压力/MPa | 2.29 | 2.92 | 2.52 | +27.51% |
| | 尾水管压力/MPa | 0.530 | 0.311 | 0.553 | −41.32% |

注　上库水位298.00m，下库水位94.21m。

与厂家调保计算对比分析：在双机甩负荷试验前，厂家重新复核了双机甩负荷过渡过程，并提交了计算报告，其计算结果见表8-7。

表8-7　厂家双机甩负荷调节保证计算结果表

| 计算工况 | 蜗壳进口最大压力/MPa | 尾水管最小压力/MPa | 最大转速升高率/% |
|---|---|---|---|
| 水轮机工况额定出力，最大水头（上库水位308.00m，下库水位91.00m） | 3.06 | 0.36 | 37.7 |
| 水轮机工况额定出力，额定水头（上库水位308.00m，下库水位102.40m） | 2.92 | 0.48 | 38.6 |
| 水轮机工况额定出力，额定水头（上库水位296.60m，下库水位91.00m） | 2.81 | 0.37 | 38.6 |
| 水轮机工况额定出力，最大水头，3号机组 | 2.83 | 0.39 | 40.4 |
| 导叶拒动，4号机组正常关闭 | 3.04 | 0.35 | 37.0 |
| 水轮机工况额定出力，最大水头，3号机组 | 2.72 | 0.39 | 40.9 |
| 导叶拒动，4号机组正常关闭 | 2.84 | 0.37 | 37.7 |

通过表8-4、表8-6与表8-7对比可知：厂家调节保证计算值蜗壳最大压力、尾水管进口最小压力、机组转速最大上升率与现场试验值存在一定偏差。现场甩负荷试验机组转速最大上升率44.9%，满足合同文件保证值的要求。双机甩100%负荷试验，蜗壳进口最大压力测出值为3.12MPa（1号机组），已接近合同保证值3.2MPa，而此时上库水位分

别是 299.45m 和 304.78m，需要进一步分析论证上水库最高水位甩负荷时蜗壳压力升高值。甩负荷试验尾水管进口最小压力为 0.267MPa，满足合同文件调节保证值的要求。

I. 单机甩负荷时对另一台机组影响分析。当同一流道双机带满负荷，出现一台机组甩负荷时，运行机组运行正常，甩负荷机组蜗壳进口最大压力、尾水管进口最小压力、机组转速最大上升率均小于双机甩同等负荷时值，满足合同文件调节保证值的要求。运行机组蜗壳进口最大压力、尾水进口最小压力变化率分别为 10%、20%；1 号机组 46.5MW，上升率 15.72%，满足相关规范标准要求。

J. 结语。双机甩负荷试验，在实验前除了应编制完善的试验程序和应急预案外，还应结合水电站实际参数，特别是单机甩负荷试验结果，对调保计算结果进行复核及对单机甩负荷试验结果过进行对比分析，在此基础上提出双机甩负荷预测结果和反演计算成果，只有这样，才能确保双机甩负荷试验安全、可靠、顺利完成。

### 8.11.7 自动开、停机、工况转换及成组调节试验

（1）转换说明。抽水蓄能电站工况转换见图 8-30。图 8-30 中的①、②、③、…分别对应下文中的 1）、2）、3）…。

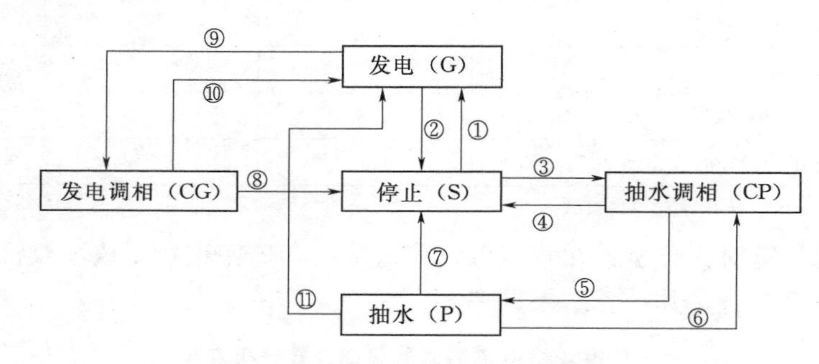


图 8-30 抽水蓄能电站工况转换图

1）停机至发电流程：主要有发电准备、开球阀、开导叶、水轮机方式启动、同期并列、带负荷等步骤。

2）发电至停机流程：主要有卸负荷、跳断路器、关导叶、关球阀、投电制动、投机械制动等步骤。

3）停机至抽水调相流程：主要有抽水准备、转轮室压水、泵工况启动（SFC 方式启动或背靠背方式启动）、同期并列等步骤。

4）抽水调相至停机流程：主要有跳断路器、转轮室回水、投电制动、投机械制动等步骤。

5）抽水调相至抽水流程：主要有转轮室回水造压、开球阀、开导叶等步骤。

6）抽水至抽水调相流程：主要有卸负荷、关导叶、关球阀、转轮室压水等步骤。

7）抽水至停机流程：主要有卸负荷、跳断路器、关导叶、关球阀、投电制动、投机械制动等步骤。

8）发电调相至停机流程：主要有跳断路器、转轮室回水、投电制动、投机械制动等步骤。

9）发电至发电调相流程：主要有卸负荷、关导叶、关球阀、转轮室压水等步骤。

10）发电调相至发电流程：主要有转轮室回水、开球阀、开导叶、增负荷等步骤。

11）抽水至发电工况紧急转换流程：主要有卸负荷、跳断路器、分换相刀闸、关导叶、发电工况合换相刀闸、开导叶、发电工况启动、同期并列几个步骤。

（2）各种工况转换参考时间。

1）停机至发电工况，小于120s。

2）停机至抽水调相工况，小于460s。

3）停机至抽水调相工况（背靠背方式），小于360s。

4）抽水至发电工况（正常方式），小于360s。

5）抽水至发电工况（紧急方式），小于120s。

6）发电至停机工况，小于240s。

7）抽水调相至停机工况，小于200s。

（3）停机至发电工况。

1）停机至发电工况启动条件见表8-8。

**表8-8　停机至发电工况启动条件表**

| 序号 | 启动条件 | 序号 | 启动条件 |
|---|---|---|---|
| 1 | 机组在停机状态 | 22 | 主轴密封电磁阀无故障 |
| 2 | 不在背靠背工况 | 23 | 主轴密封电磁阀在自动位置 |
| 3 | 监控系统在自动或分步开机状态 | 24 | 发电机坑加热装置可用 |
| 4 | 机组未闭锁 | 25 | 发电机坑加热装置在自动位置 |
| 5 | 导叶关闭 | 26 | 冷却水泵可用 |
| 6 | 球阀在关闭状态 | 27 | 冷却水控制系统在自动位置 |
| 7 | 球阀控制系统在自动状态 | 28 | 冷却水主进水阀在自动位置 |
| 8 | 球阀紧急关闭电磁阀释放 | 29 | 主变冷却系统具备启动条件 |
| 9 | 球阀具备启动条件 | 30 | 压油罐压力正常 |
| 10 | 断路器分闸位置 | 31 | 启动开关在分闸位置 |
| 11 | 断路器具备启动条件 | 32 | 拖动开关在分闸位置 |
| 12 | 电制动开关在分闸位置 | 33 | 发电机出口隔离刀在合闸位置 |
| 13 | 换相刀闸在自动、远方位置 | 34 | 接地刀分闸位置 |
| 14 | 换相刀闸无故障 | 35 | 调速系统具备启动条件 |
| 15 | 尾水闸门具备启动条件 | 36 | 同期装置具备启动条件 |
| 16 | 水导外循环油泵在自动、远方位置 | 37 | 同期装置在自动、远方位置 |
| 17 | 高压油在自动、远方位置 | 38 | 励磁直流灭磁开关可用 |
| 18 | 高压油系统具备启动条件 | 39 | 励磁系统具备启动条件 |
| 19 | 高压油系统无故障 | 40 | 调速紧急停机电磁阀具备启动条件 |
| 20 | 油雾分离器在自动远方位置 | 41 | 空气围带退出，工作密封投入 |
| 21 | 油雾分离器可用 | 42 | 机械制动退出、无故障 |

2）停机至发电工况启动流程见图8-31。

图 8-31 停机至发电工况启动流程图

3）流程说明：对于抽水蓄能电站上库水是比较珍贵的，机组发电方式启动的时候，技术供水并不是像常规水电站一样先行投入，而是先打开冷却水阀门投入自流水，在机组同期并列后准备带负荷前启动技术供水增压泵。

4）停机至发电波形见图 8-32。

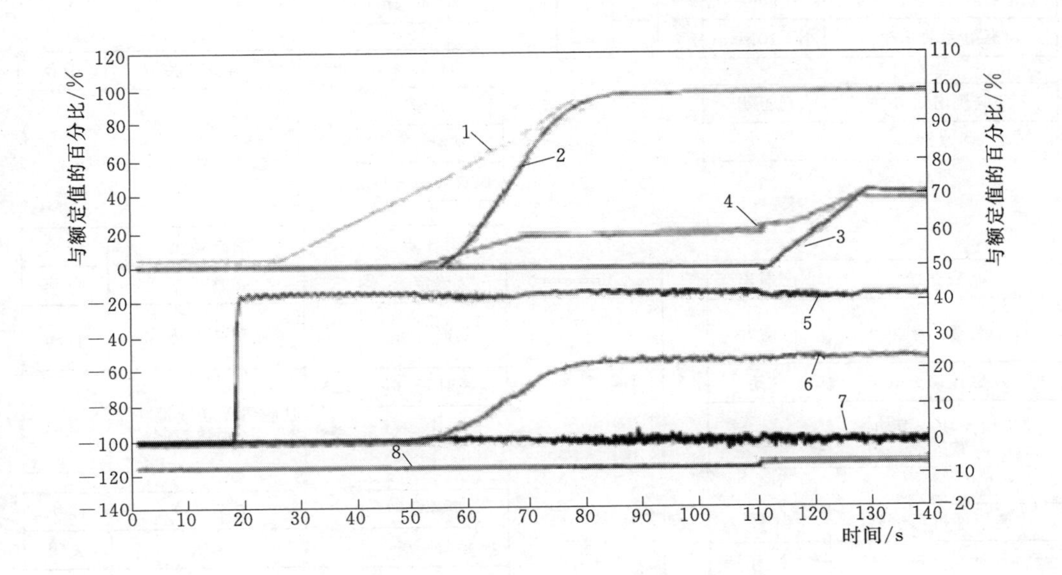


图 8-32 停机至发电波形图

1—球阀开度；2—机组转速；3—机组功率；4—导叶开度；5—蜗壳压力；6—转轮压力；7—锥管压力；8—断路器位置

注：1、2、3、4 对应左侧刻度，5、6、7 对应右侧刻度，8 向上表示开启，向下表示关闭。

（4）发电至停机条件见表 8-9。

1）停机条件。

**表 8-9** **发电至停机条件表**

| 序号 | 停 机 条 件 | 序号 | 停 机 条 件 |
|---|---|---|---|
| 1 | 机组在发电工况 | 4 | 高压油在自动、远方位置 |
| 2 | 监控系统在自动或分步开机状态 | 5 | 调速系统具备启动条件 |
| 3 | 高压油系统具备启动条件 | 6 | 断路器具备启动条件 |

2）发电至停机流程见图 8-33。

3）流程说明：在机组转速下降至 50%，投入电制动的同时，投入了机械制动间断模式。间接模式即机械制动闸以脉冲方式间断的顶起、落下，可以明显降低转速。间接制动模式的投入时间根据不同的机组有不同的要求，且间接模式投入与否并不是必须的。

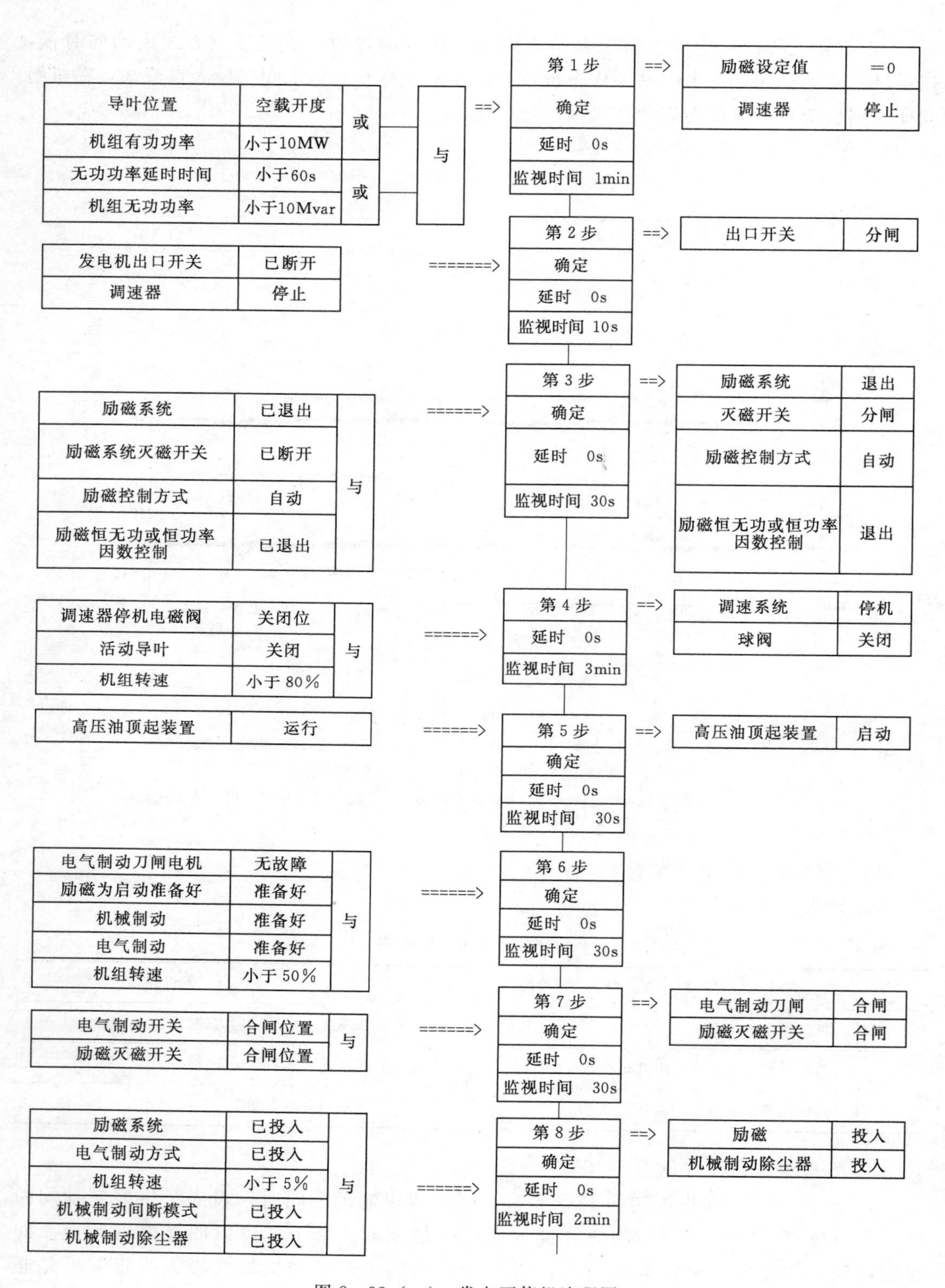


图 8-33（一） 发电至停机流程图

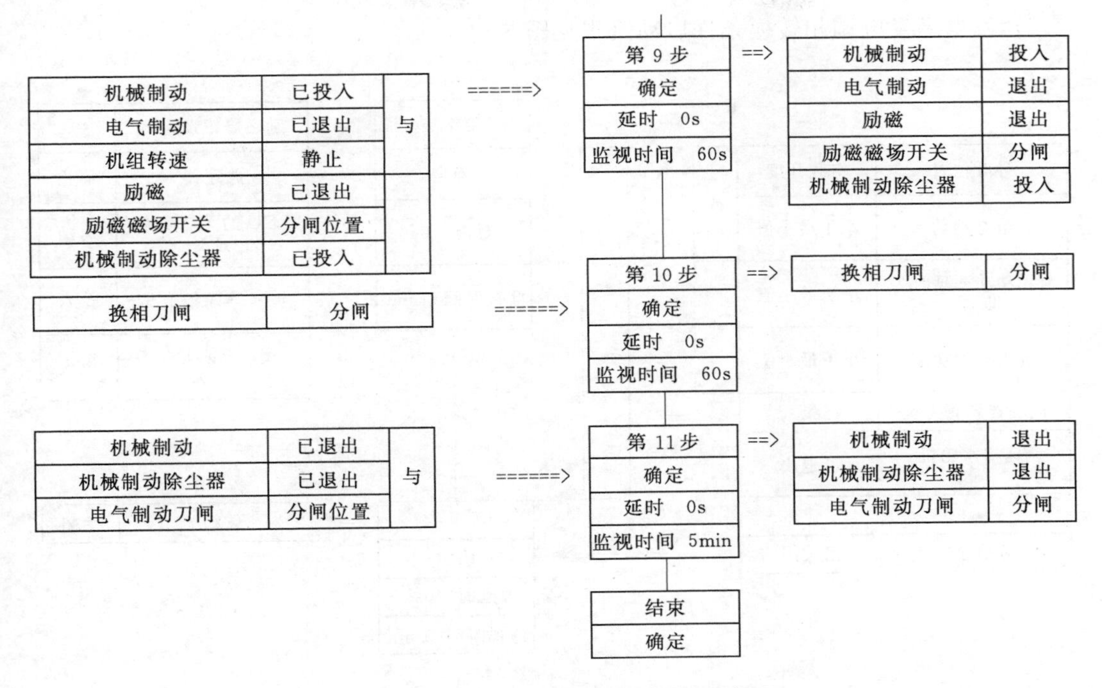


图 8－33（二） 发电至停机流程图

（5）发电至发电调相。发电工况可直接切换至发电调相工况：先将有功、无功降至最低，关闭球阀，启动压水流程、同时打开迷宫环冷却水，使转轮在空气中旋转。从停机状态不能直接到发电调相状态，须经发电状态过渡。

1）发电至发电调相转换条件见表 8－10。

**表 8－10　　发电至发电调相转换条件表**

| 序号 | 转换条件 | 序号 | 转换条件 |
|---|---|---|---|
| 1 | 机组在发电工况 | 15 | 主轴密封电磁阀无故障 |
| 2 | 不在背靠背模式 | 16 | 发电机冷却水主进水阀打开时间大于 20s |
| 3 | 监控系统在自动或分步开机状态 | 17 | 冷却水泵开启 |
| 4 | 机组未锁锭 | 18 | 主变冷却系统具备启动条件 |
| 5 | 球阀控制系统在自动状态 | 19 | 发电机出口隔离刀在合闸位置 |
| 6 | 球阀紧急关闭电磁阀释放 | 20 | 接地刀分闸位置 |
| 7 | 球阀具备启动条件 | 21 | 调速系统具备启动条件 |
| 8 | 尾水闸门具备启动条件 | 22 | 励磁直流灭磁开关可用 |
| 9 | 水导外循环系统正常 | 23 | 励磁系统具备启动条件 |
| 10 | 调速油压装置正常 | 24 | 调速紧急停机电磁阀具备启动条件 |
| 11 | 油压装置电机电源正常 | 25 | 排气系统具备启动条件 |
| 12 | 高压油系统无故障 | 26 | 压水系统具备启动条件 |
| 13 | 高压油系统在自动、远方位置 | 27 | 压水系统气压正常 |
| 14 | 主轴检修密封退出，工作密封电磁阀开启 | | |

2）发电至发电调相转换条件启动流程见图 8－34。

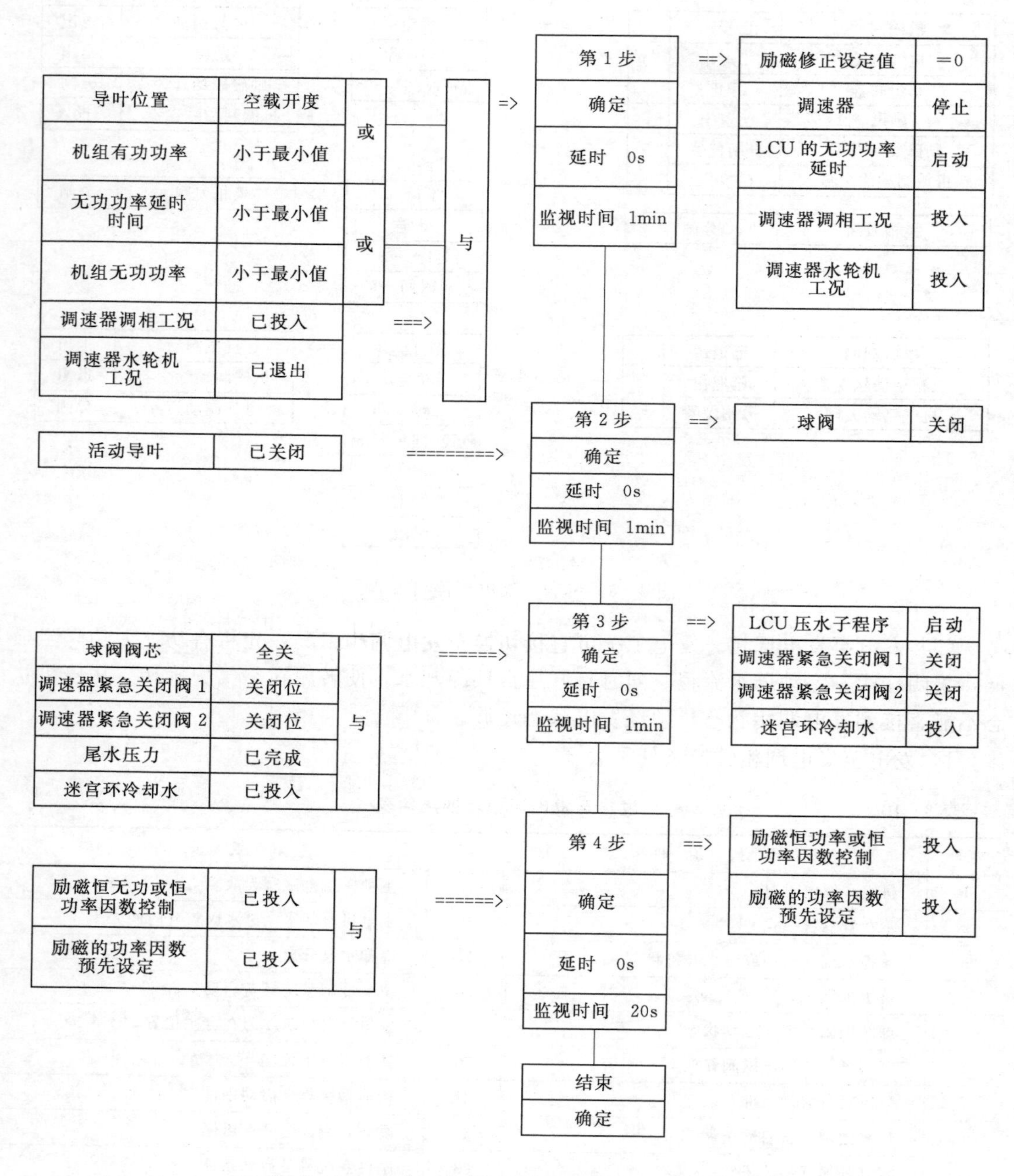


图 8－34 发电至发电调相转换条件启动流程图

3）发电至发电调相工况转换波形见图 8－35。

（6）发电调相至发电。

1）发电调相至发电转换条件见表 8－11。

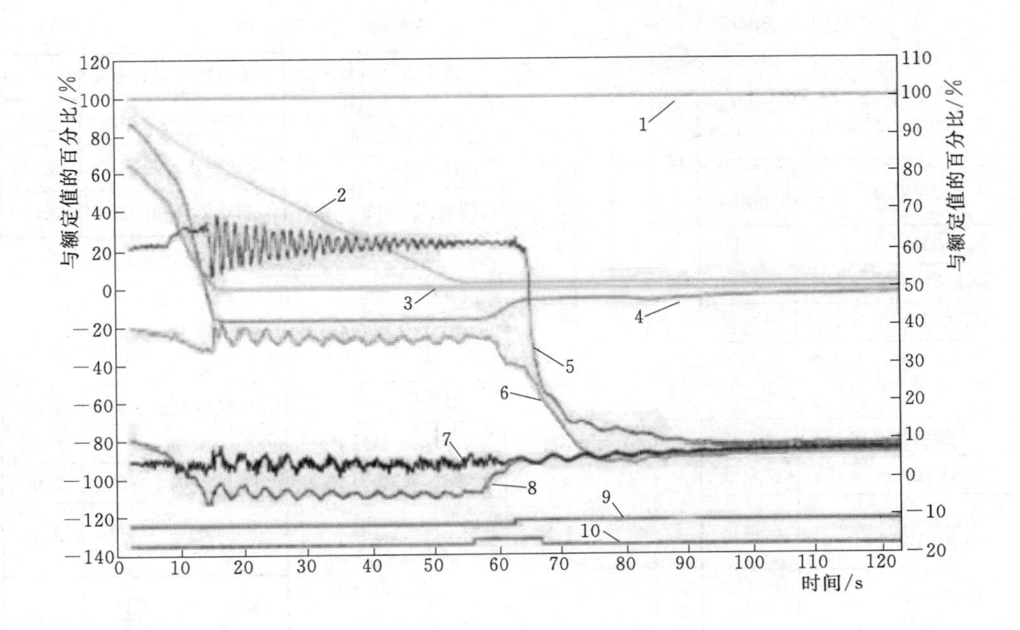


图 8-35　发电至发电调相工况转换波形图

1—机组转速；2—球阀开度；3—导叶开度；4—机组功率；5—蜗壳压力；6—转轮压力；7—锥管压力；8—主轴密封压力；9—蜗壳平压阀位置；10—压水阀位置

注：1、2、3、4 对应左侧刻度，5、6、7、8 对应右侧刻度，9、10 向上表示开启，向下表示关闭。

**表 8-11　发电调相至发电转换条件表**

| 序号 | 转换条件 | 序号 | 转换条件 |
| --- | --- | --- | --- |
| 1 | 机组在发电调相工况 | 14 | 主轴密封电磁阀开启 |
| 2 | 不在背靠背模式 | 15 | 主轴密封电磁阀无故障 |
| 3 | 监控系统在自动或分步开机状态 | 16 | 发电机冷却水主进水阀打开时间大于 20s |
| 4 | 机组未锁锭 | 17 | 冷却水泵开启 |
| 5 | 球阀控制系统在自动状态 | 18 | 主变冷却系统具备启动条件 |
| 6 | 球阀紧急关闭电磁阀释放 | 19 | 发电机出口隔离刀在合闸位置 |
| 7 | 球阀具备启动条件 | 20 | 接地刀分闸位置 |
| 8 | 尾水闸门具备启动条件 | 21 | 调速系统具备启动条件 |
| 9 | 水导外循环系统正常 | 22 | 励磁直流灭磁开关可用 |
| 10 | 调速油压装置正常 | 23 | 励磁系统具备启动条件 |
| 11 | 电机电源正常 | 24 | 调速紧急停机电磁阀具备启动条件 |
| 12 | 高压油系统无故障 | 25 | 排气系统具备启动条件 |
| 13 | 高压油系统在自动、远方位置 | 26 | 压水系统具备启动条件 |

2）发电调相至发电工况转换流程见图 8-36。

3）发电调相至发电工况转换波形见图 8-37。

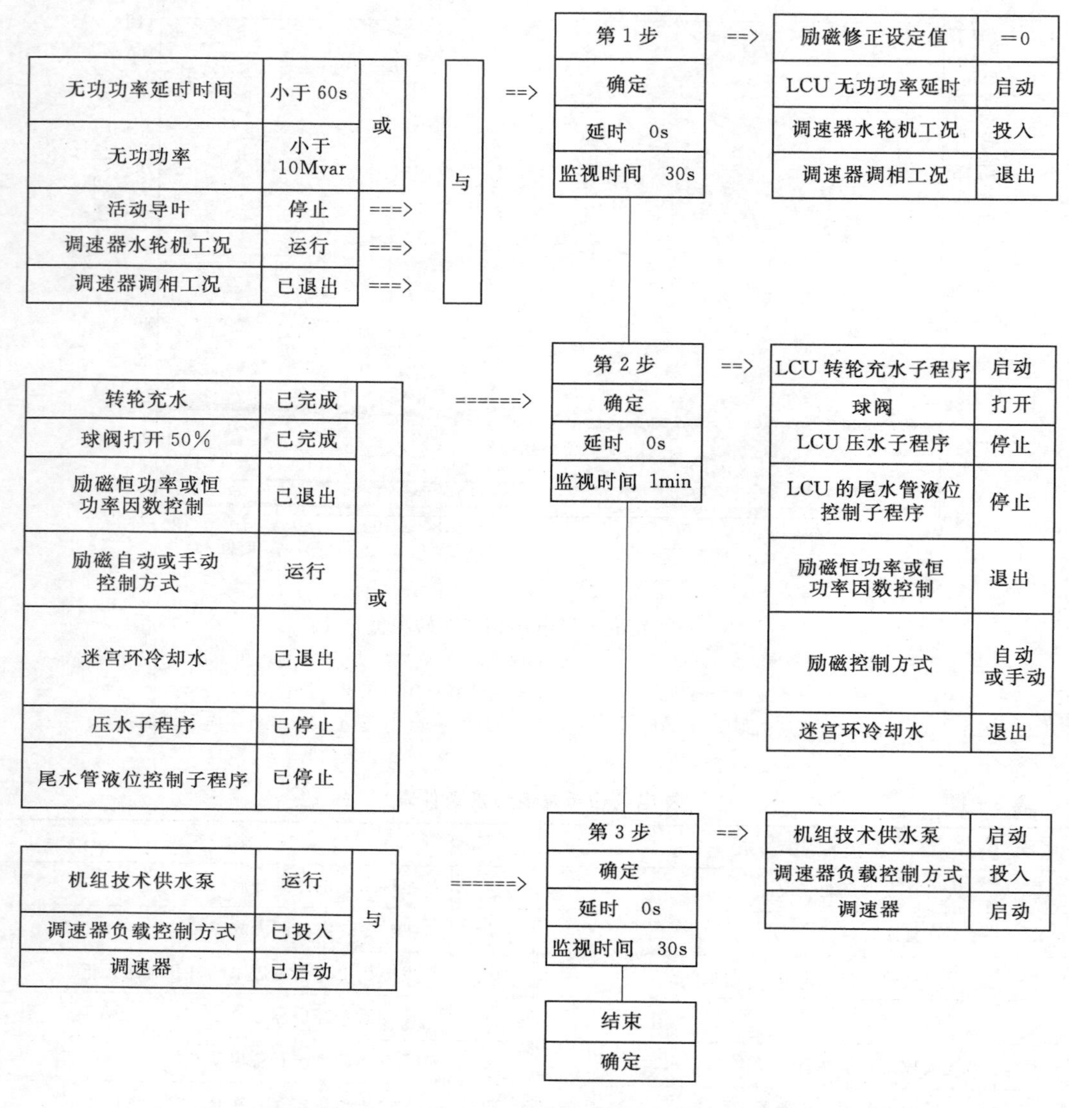


图 8－36 发电调相至发电工况转换流程图

（7）发电调相至停机。

1）发电调相至停机转换条件见表 8－12。

**表 8－12** **发电调相至停机转换条件表**

| 序号 | 转换条件 | 序号 | 转换条件 |
|---|---|---|---|
| 1 | 机组在发电调相工况 | 5 | 排气系统具备启动条件 |
| 2 | 监控系统在自动或分步开机状态 | 6 | 压水系统具备启动条件 |
| 3 | 高压油系统具备启动条件 | 7 | 调速系统具备启动条件 |
| 4 | 高压油系统在自动、远方位置 | | |

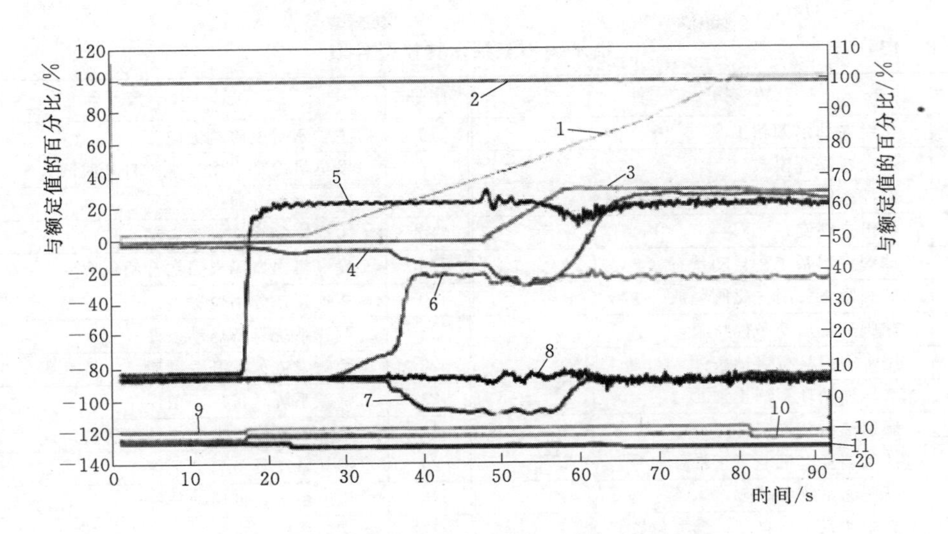


图 8-37　发电调相至发电工况转换波形图

1—球阀开度；2—机组转速；3—导叶开度；4—功率；5—蜗壳压力；6—转轮压力；7—主轴密封压力；8—锥管压力；9—转轮排气阀位置；10—蜗壳排气阀位置；11—蜗壳平压阀位置

注：1、2、3、4 对应左侧刻度，5、6、7、8 对应右侧刻度，9、10、11 向上表示开启，向下表示关闭。

抽水调相工况至抽水工况：退出压水流程，转轮、蜗壳排水，转轮室造压，当压力达到设定值时打开球阀，机组进入抽水工况

2）发电调相至停机工况转换流程见图 8-38。

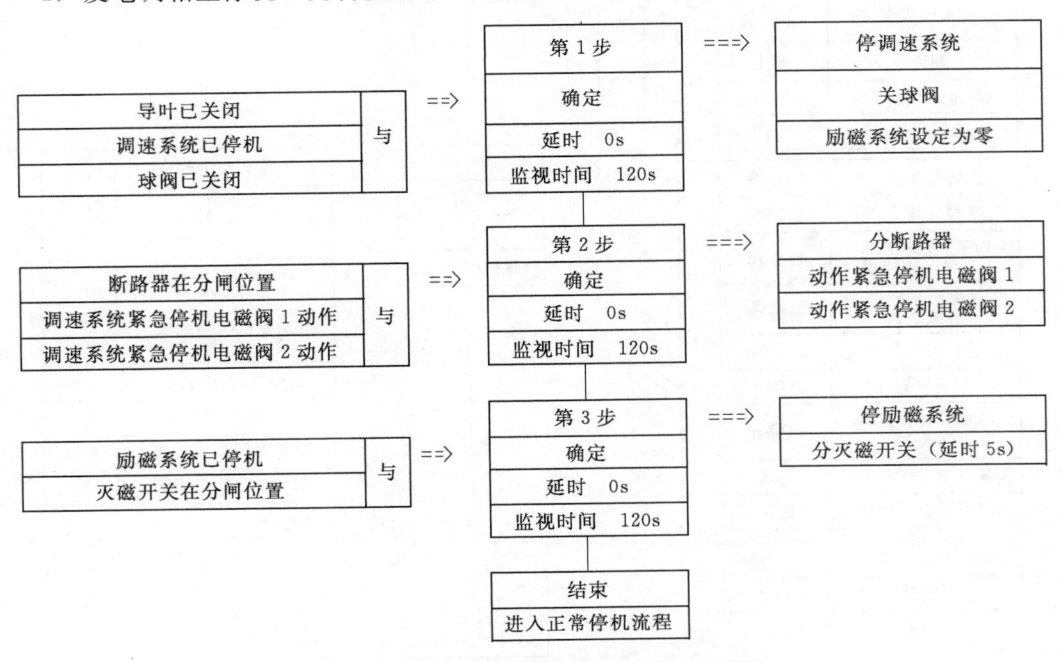


图 8-38　发电调相至停机工况转换流程图

（8）抽水调相至抽水。

1）抽水调相至抽水转换条件见表 8-13。

**表 8-13　抽水调相至抽水转换条件表**

| 序号 | 转换条件 | 序号 | 转换条件 |
|---|---|---|---|
| 1 | 机组在抽水调相工况 | 15 | 主轴密封电磁阀无故障 |
| 2 | 不在背靠背模式 | 16 | 发电机冷却水主进水阀打开时间大于 20s |
| 3 | 监控系统在自动或分步开机状态 | 17 | 冷却水泵开启 |
| 4 | 机组未锁锭 | 18 | 主变冷却系统具备启动条件 |
| 5 | 球阀控制系统在自动状态 | 19 | 发电机出口隔离刀在合闸位置 |
| 6 | 球阀紧急关闭电磁阀释放 | 20 | 接地刀在分闸位置 |
| 7 | 球阀具备启动条件 | 21 | 调速系统具备启动条件 |
| 8 | 尾水闸门具备启动条件 | 22 | 励磁直流灭磁开关可用 |
| 9 | 水导外循环系统正常 | 23 | 励磁系统具备启动条件 |
| 10 | 调速油压装置正常 | 24 | 调速紧急停机电磁阀具备启动条件 |
| 11 | 油压装置电机电源正常 | 25 | 排气系统具备启动条件 |
| 12 | 高压油系统无故障 | 26 | 压水系统具备启动条件 |
| 13 | 高压油系统在自动、远方位置 | 27 | 压油罐压力正常 |
| 14 | 主轴密封电磁阀开启 | | |

2）抽水调相至抽水转换流程见图 8-39。

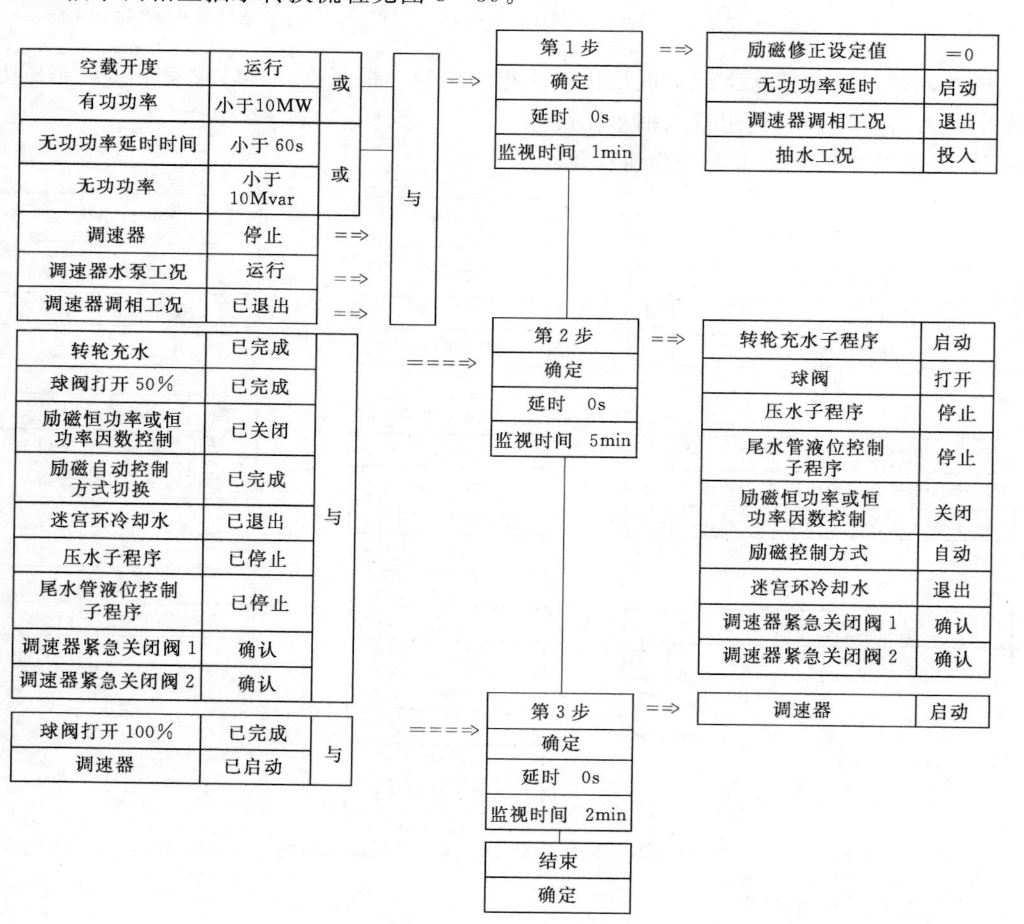


图 8-39　抽水调相至抽水转换流程图

3）抽水调相至抽水工况转换波形见图 8－40。

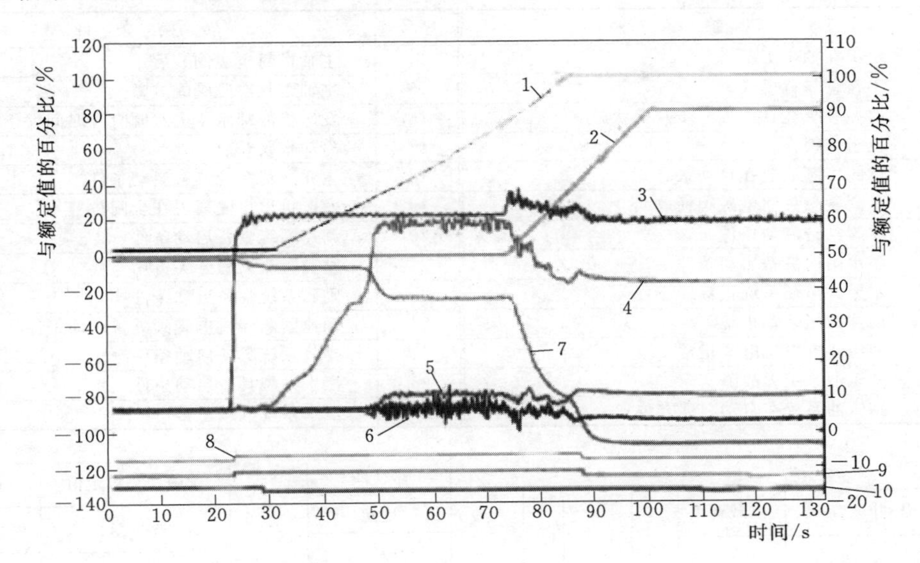


图 8－40　抽水调相至抽水工况转换波形图

1—球阀开度；2—导叶开度；3—蜗壳压力；4—转轮压力；5—主轴密封压力；6—锥管压力；
7—功率；8—转轮排气阀位置；9—蜗壳排气阀位置；10—蜗壳平压阀位置

注：1、2、7 对应左侧刻度，3、4、5、6 对应右侧刻度，8、9、10 向上表示开启，向下表示关闭。

（9）抽水调相至停机。

1）抽水调相至停机转换条件见表 8－14。

**表 8－14**　　**抽水调相至停机转换条件表**

| 序号 | 转换条件 | 序号 | 转换条件 |
|---|---|---|---|
| 1 | 机组在抽水调相工况 | 5 | 排气系统具备启动条件 |
| 2 | 监控系统在自动或分步开机状态 | 6 | 压水系统具备启动条件 |
| 3 | 高压油系统具备启动条件 | 7 | 调速系统具备启动条件 |
| 4 | 高压油系统在自动、远方位置 | | |

2）启动流程。抽水调相停机流程与发电调相停机流程一样。

（10）抽水至抽水调相。

1）抽水至抽水调相工况转换条件见表 8－15。

2）抽水至抽水调相工况转换流程见图 8－41。

3）抽水至抽水调相工况转换波形见图 8－42。

（11）抽水至发电。

1）转换说明。

正常转换：启动抽水至投辅机流程，机组转速降为 0 的时候启动发电开机流程。

**表 8-15　　抽水至抽水调相工况转换条件表**

| 序号 | 转换条件 | 序号 | 转换条件 |
|---|---|---|---|
| 1 | 机组在抽水工况 | 14 | 主轴密封电磁阀开启 |
| 2 | 不在背靠背模式 | 15 | 主轴密封电磁阀无故障 |
| 3 | 监控系统在自动或分步开机状态 | 16 | 发电机冷却水主进水阀打开时间大于 20s |
| 4 | 机组未锁锭 | 17 | 冷却水泵开启 |
| 5 | 球阀控制系统在自动状态 | 18 | 主变冷却系统具备启动条件 |
| 6 | 球阀紧急关闭电磁阀释放 | 19 | 发电机出口隔离刀在合闸位置 |
| 7 | 球阀具备启动条件 | 20 | 调速系统具备启动条件 |
| 8 | 尾水闸门具备启动条件 | 21 | 励磁直流灭磁开关可用 |
| 9 | 水导外循环系统正常 | 22 | 励磁系统具备启动条件 |
| 10 | 调速油压装置正常 | 23 | 调速紧急停机电磁阀具备启动条件 |
| 11 | 油压装置电机电源正常 | 24 | 排气系统具备启动条件 |
| 12 | 高压油系统无故障 | 25 | 压水系统具备启动条件 |
| 13 | 高压油系统在自动、远方位置 | 26 | 压水系统气压正常 |

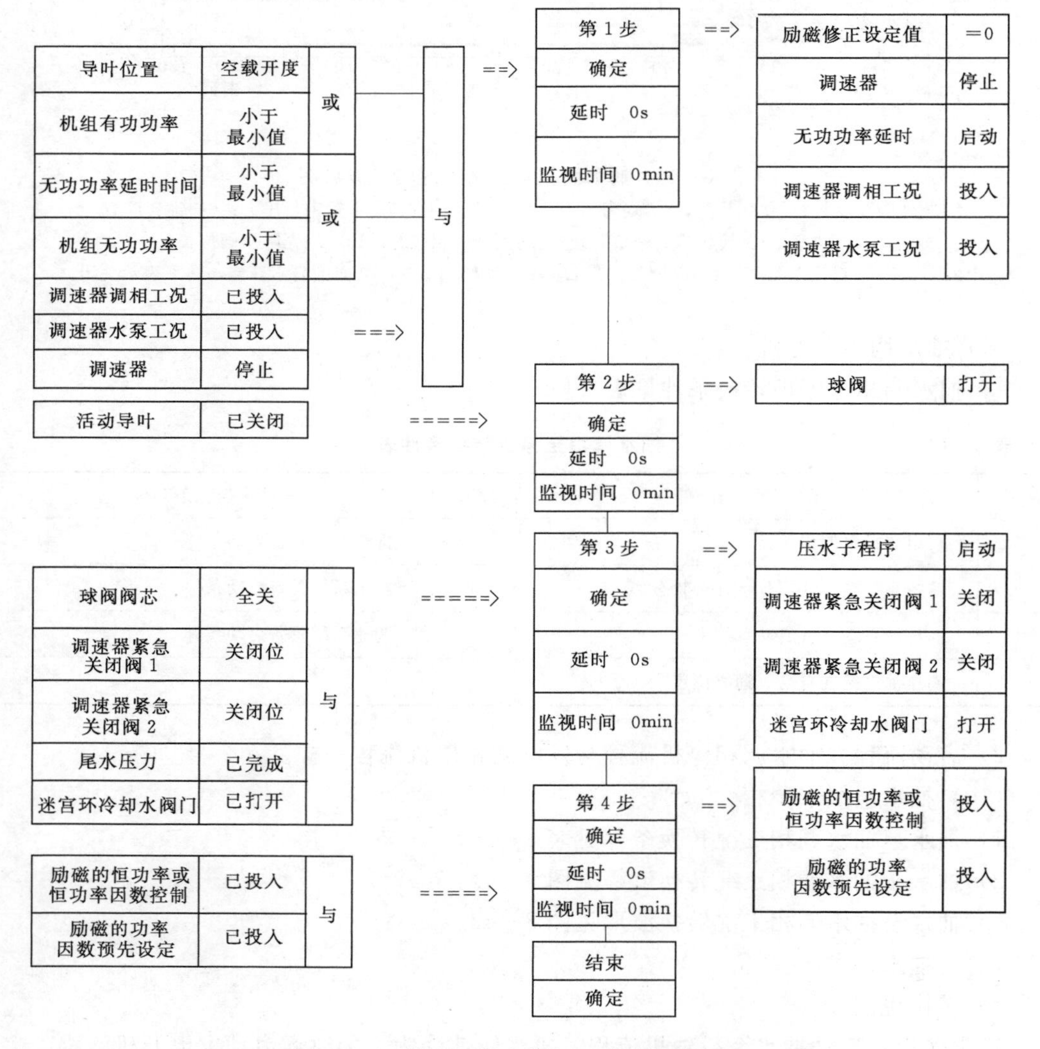


图 8-41　抽水至抽水调相工况转换流程图

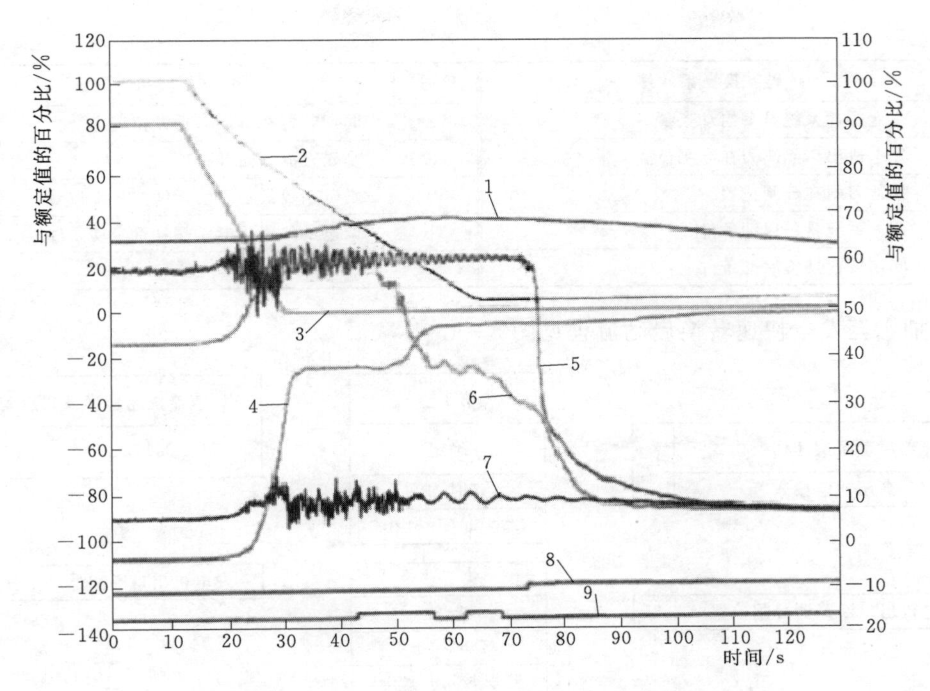


图 8-42　抽水至抽水调相工况转换波形图

1—主轴密封压力；2—球阀开度；3—导叶开度；4—功率；5—蜗壳压力；6—转轮压力；7—锥管压力；8—蜗壳平压阀位置；9—压水阀位置

注：2、3、4 对应左侧刻度，1、5、6、7 对应右侧刻度，8、9 向上表示开启，向下表示关闭。

快速转换：在抽水工况跳发电机出口断路器、合换相刀闸至发电合闸状态，停励磁系统，不关球阀；调速系统直接切换至发电模式（导叶在跳断路器的同时关闭，切换至发电工况后打开，不考虑机组转速），机组靠水压强行转换旋转方向（机组转速在 20s 内从 100%降到 0）；机组转动部分在快速转换过程中承受比较严峻的考验。

2）抽水至发电快速转换条件见表 8-16。

**表 8-16　　抽水至发电快速转换条件表**

| 序号 | 转换条件 | 序号 | 转换条件 |
|---|---|---|---|
| 1 | 机组在抽水工况 | 12 | 尾水闸门具备启动条件 |
| 2 | 不在背靠背模式 | 13 | 水导外循环系统正常 |
| 3 | 监控系统在自动或分步开机状态 | 14 | 调速油压装置正常 |
| 4 | 机组未锁锭 | 15 | 油压装置电机电源正常 |
| 5 | 已选择快速启动模式 | 16 | 高压油系统具备启动条件 |
| 6 | 球阀控制系统在自动状态 | 17 | 高压油系统无故障 |
| 7 | 球阀紧急关闭电磁阀释放 | 18 | 高压油系统在自动、远方位置 |
| 8 | 球阀具备启动条件 | 19 | 主轴密封电磁阀开启 |
| 9 | 断路器具备启动条件 | 20 | 主轴密封电磁阀无故障 |
| 10 | 换相刀闸在自动、远方位置 | 21 | 发电机冷却水主进水阀打开时间大于 20s |
| 11 | 换相刀闸无故障 | 22 | 冷却水泵开启 |

续表

| 序号 | 转换条件 | 序号 | 转换条件 |
|---|---|---|---|
| 23 | 主变冷却系统具备启动条件 | 28 | 同期装置在自动、远方位置 |
| 24 | 发电机出口隔离刀在合闸位置 | 29 | 励磁直流灭磁开关可用 |
| 25 | 接地刀闸在分闸位置 | 30 | 励磁系统具备启动条件 |
| 26 | 调速系统具备启动条件 | 31 | 调速紧急停机电磁阀具备启动条件 |
| 27 | 同期装置具备启动条件 | | |

3）抽水至发电快速转换启动流程见图 8－43。

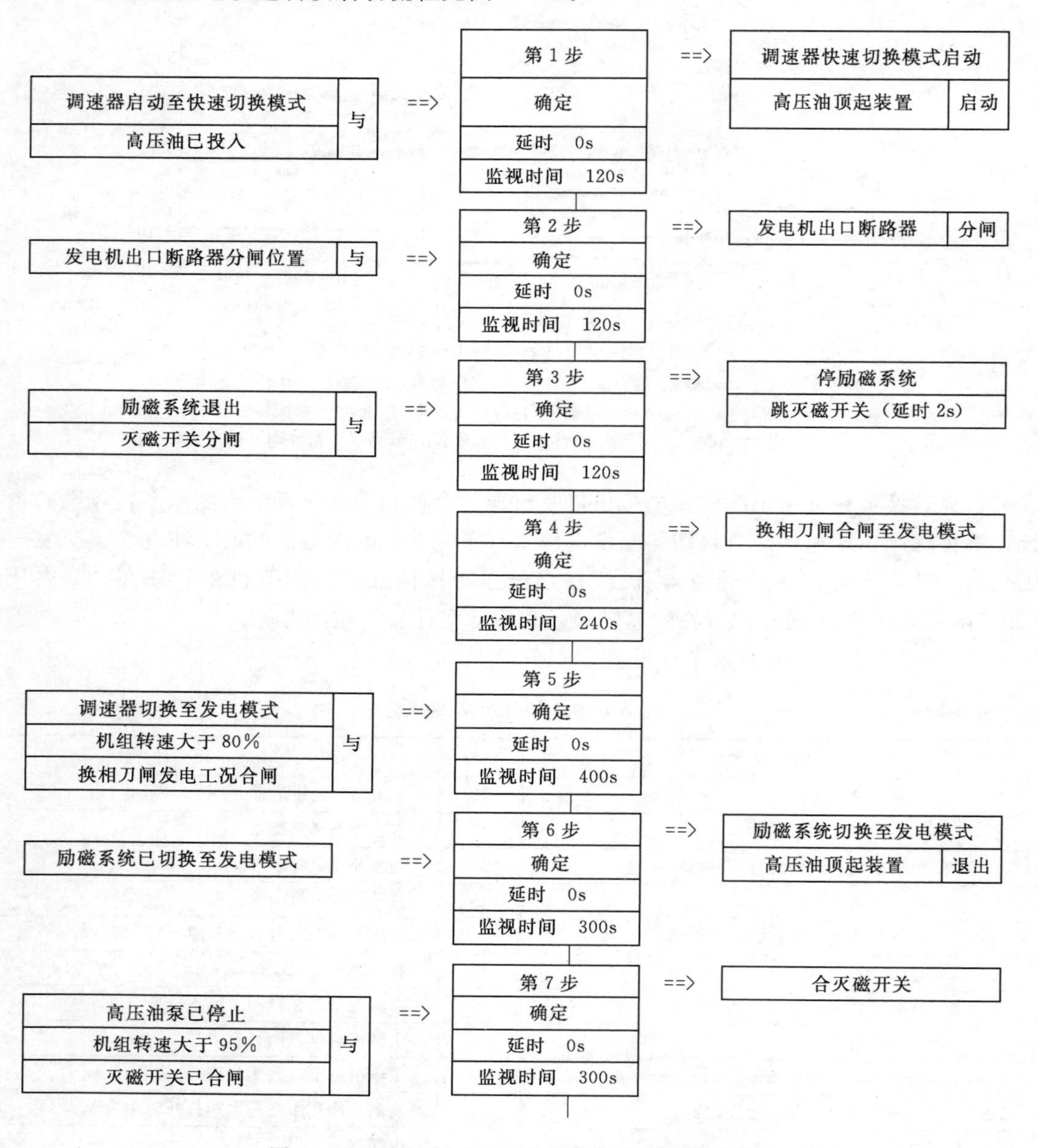


图 8－43（一） 抽水至发电快速转换启动流程图

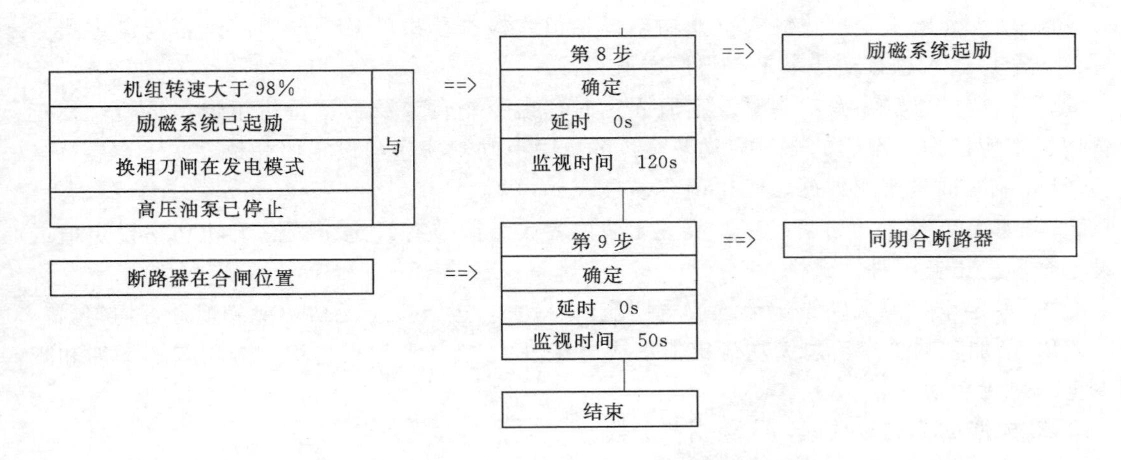


图 8-43（二） 抽水至发电快速转换启动流程图

4）抽水至发电快速转换波形见图 8-44。

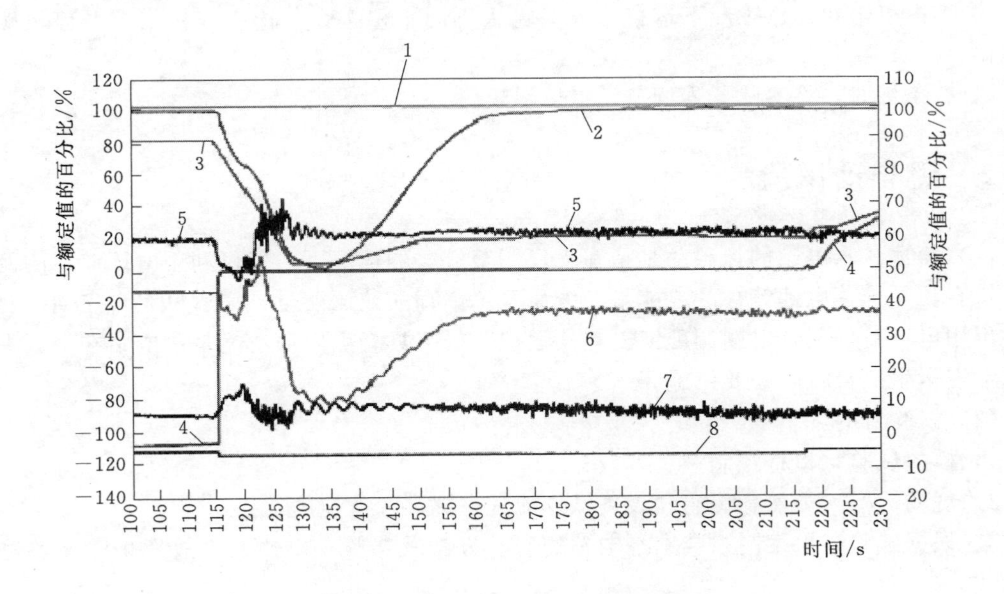


图 8-44 抽水至发电快速转换波形图

1—球阀开度；2—机组转速；3—导叶开度；4—机组功率；5—蜗壳压力；
6—转轮压力；7—锥管压力；8—断路器位置

注：1、2、3、4 对应左侧刻度，5、6、7 对应右侧刻度，8 向上表示开启，向下表示关闭。

（12）成组调节试验。

1）水泵工况有功功率成组调节。

A. 设定全厂总输入有功功率设定值，设定各单元开机顺序。有功功率成组调节装置投入运行后，检查全厂输入总有功功率是否与设定值相符，各单机的开、停顺序是否与设定指令一致。

B. 增加和减少全厂总输入有功功率设定值，检查单机的开、停顺序是否与设定指令一致，全厂输入总有功功率是否与设定值相符。

C. 在全厂总输入有功功率设定值固定时，指令一台或数台运行机组退出运行，检查备用机组应按预先设定的顺序启动，全厂输入总有功功率应与设定值一致。

D. 根据试验实测数据，优化调节参数。

2）水泵工况无功功率成组调节。无功功率成组调节有设定全厂总无功功率设定值或设定全厂电压值两种方式。

A. 设定全厂总无功设定值（或电压值），检查各运行机组无功功率分配是否均匀。

B. 增加和减少全厂总无功设定值（或电压值），检查各运行机组是否均匀的增加和减少全厂总无功功率。

C. 根据试验实测数据，优化调节参数。

3）水位限幅试验。

A. 机组在抽水工况下运行，人为输入水位限幅指令，检查停机指令及停机程序应正确，该试验应在每台单机上进行。

B. 多台机组在抽水工况下运行，人为输入不同水位指令，检查停机指令及停机顺序应正确。

C. 有条件时，将实际扬程调节到水位限幅值。

## 8.12 黑启动试验

（1）简述。水电站的黑启动是指在无厂用交流电的情况下，仅仅利用电厂储存的两种能量：直流系统蓄电池储存的电能量和液压系统储存的液压能量，完成机组自启动，对内恢复厂用电，对外配合电网调度恢复电网运行。机组具有黑启动功能是水电站在全厂失电情况下安全生产自救的必要措施。

（2）试验目的。

1）模拟试验，检查控制逻辑。

2）现场运行人员熟悉黑启动设备操作流程、提高操作速度。

3）根据试验结果编制适合本水电站的启动方法及步骤，以便在事故发生时能够迅速带电。

（3）启动原则。

1）启动速度应尽可能的快，这是决定后续电网黑启动恢复的关键步骤。

2）受到线路容升影响，对电网的供电首先应优先考虑低压供电，冲击合闸；不满足时考虑带线路零起升压，手动控制线路电压，电网带负荷后恢复自动。

3）当系统事故导致本厂发生全厂停电而系统又无法倒送电时，应迅速断开出线断路器；根据主变高压侧 PT 所在位置，断开相应断路器（保留主变高压侧 TV）。

4）迅速启动厂内保安电源（如果有）恢复对重要设备的供电。

5）选择调速器压油装置油压正常的机组，迅速开启机组，达额定转速后调速器可切手动运行，减少油泵启动次数；励磁装置 ECR 手动模式运行，带主变、厂变升压。

6）由保安电源切换至厂用电，恢复厂内设备供电，确保厂内重要设备用电，恢复对地区电源供电。

（4）黑启动试验对设备的要求。

1）冷却水系统采用下库自流水，保证主机及主变空载用水。

2）主轴密封选择备用水源即消防水供水。

3）高压油顶起装置设有直流泵，在黑启动时能够启动。

4）励磁系统的风扇不能运行，功率柜投入运行后30min内如果仍不能带电，励磁系统会自动退出。

5）调速系统油压装置、球阀油压装置不能运行，应选择油压正常的机组进行。

（5）启动原理。在黑启动方式下，励磁变没有电压。为了得到一个闭环系统，发电机出口断路器必须在合位，以确保励磁变能从发电机得到电源，否则电压不能上升到额定值。如果有足够的剩磁可以通过残压起励，否则停机时间过长残压起励不成功时只能以直流他励方式起励，此时要限制事故照明的容量。

只能在“黑启动模式”和“背靠背模式”，才可以在合断路器的状态下启动，启动程序如下。

1）合发电机出口断路器。

2）选择励磁系统为“黑启动模式”并且收到启动命令，励磁系统以ECR方式启动。

3）励磁电流自动上升到设定值（$10\%I_f$），对应的定子电压大约为$20\%U_g$。

4）当励磁电流到达设定值的时候，励磁系统发出“充电准备好”信号。

5）此时由监控系统或人工升励磁电流，励磁系统检测发电机电压上升的信号。

6）当发电机电压上升到$50\%U_g$的同时，励磁系统取消“充电准备好”信号，操作者可以选择继续上升励磁电流或者切换到自动模式。

7）10kV各进线、馈线开关应在手动位置，防止低电压合闸。在电压正常后手动投10kV厂用电。应优先送调速器、球阀油压装置电源，技术供水交流电源、渗漏排水系统交流电源，其他各负荷依次送出。

8）0.4kV各系统处于自动状态，备自投装置投入。

黑启动时由于各方条件限制，机组必须在30min内完成启动带厂用电，恢复对机组技术供水、压油装置、机组交流控制电源供电。黑启动试验具有一定的危险性，稍有不慎就有可能损坏机组推力瓦、主轴密封等设备，试验前应做好充分的准备。试验时可模拟黑启动条件并保留部分厂用电，以便在黑启动失败后能够立即供电。

一般抽水蓄能电站都配有保安电源，由一台大功率柴油发电机供电，通过保安电源，对厂内重要部位进行供电。在系统失电后，应首先启动保安电源，使机组在相对安全的状态下进行黑启动。

（6）黑启动条件见表8-17。

（7）黑启动流程见图8-45。

（8）某抽水蓄能电站黑启动试验。

1）水电站条件。某抽水蓄能电站，最大毛水头481m，地下式厂房，装设4台200MW的可逆式机组。

表 8-17　　黑启动条件表

| 序号 | 启动条件 | 序号 | 启动条件 |
| --- | --- | --- | --- |
| 1 | 机组在停机状态 | 6 | 尾水闸门在全开状态 |
| 2 | 已选择黑启动模式 | 7 | 上库闸门在全开状态 |
| 3 | 无机械事故 | 8 | 线路无电压 |
| 4 | 无电气事故 | 9 | 10kV厂用电无电压 |
| 5 | 无紧急停机事故 | | |

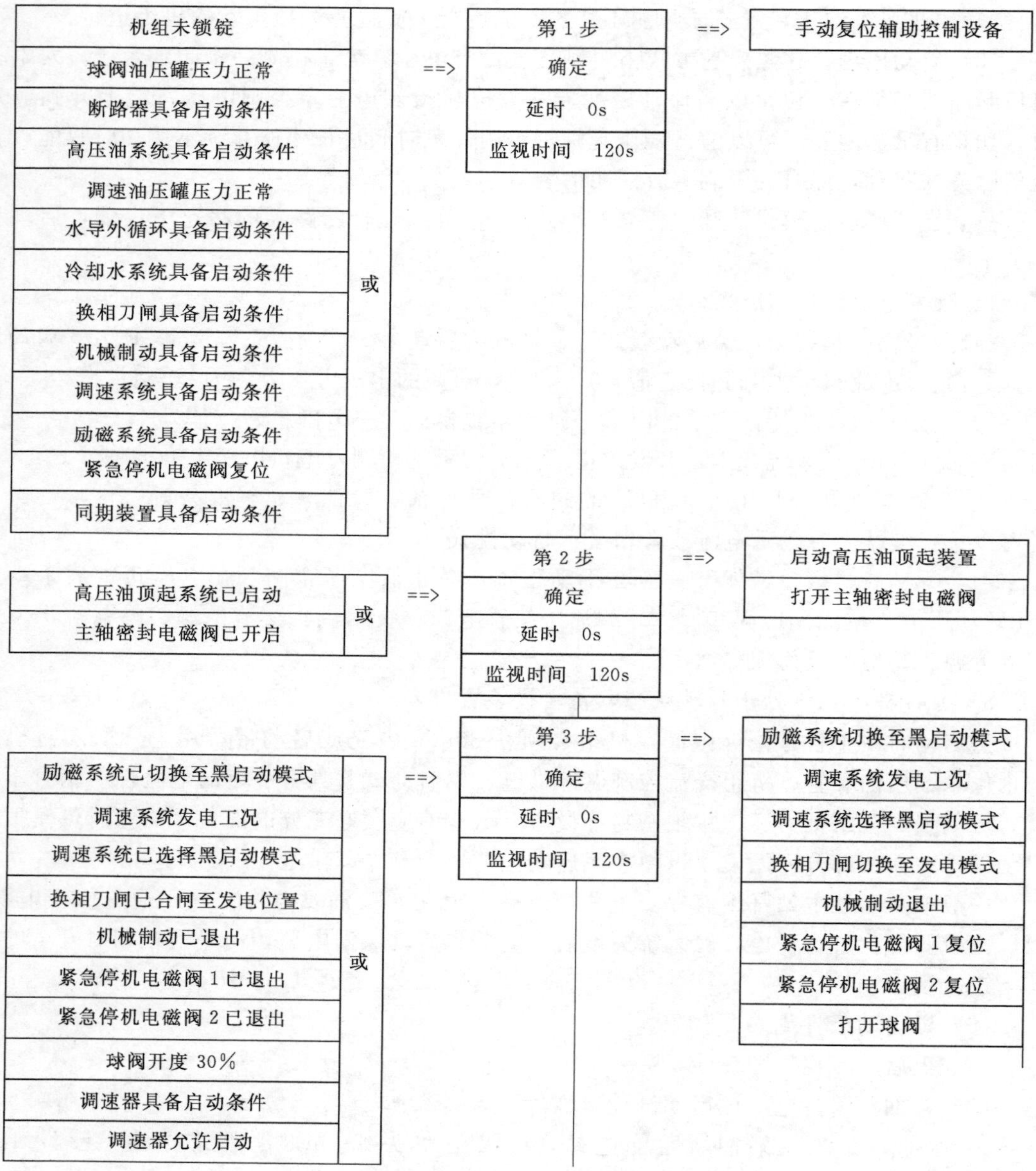

| 条件（或） | | 步骤 | | 动作 |
| --- | --- | --- | --- | --- |
| 机组未锁锭<br>球阀油压罐压力正常<br>断路器具备启动条件<br>高压油系统具备启动条件<br>调速油压罐压力正常<br>水导外循环具备启动条件<br>冷却水系统具备启动条件<br>换相刀闸具备启动条件<br>机械制动具备启动条件<br>调速系统具备启动条件<br>励磁系统具备启动条件<br>紧急停机电磁阀复位<br>同期装置具备启动条件 | ==> | 第1步<br>确定<br>延时 0s<br>监视时间 120s | ==> | 手动复位辅助控制设备 |
| 高压油顶起系统已启动<br>主轴密封电磁阀已开启 | ==> | 第2步<br>确定<br>延时 0s<br>监视时间 120s | ==> | 启动高压油顶起装置<br>打开主轴密封电磁阀 |
| 励磁系统已切换至黑启动模式<br>调速系统发电工况<br>调速系统已选择黑启动模式<br>换相刀闸已合闸至发电位置<br>机械制动已退出<br>紧急停机电磁阀1已退出<br>紧急停机电磁阀2已退出<br>球阀开度 30%<br>调速器具备启动条件<br>调速器允许启动 | ==> | 第3步<br>确定<br>延时 0s<br>监视时间 120s | ==> | 励磁系统切换至黑启动模式<br>调速系统发电工况<br>调速系统选择黑启动模式<br>换相刀闸切换至发电模式<br>机械制动退出<br>紧急停机电磁阀1复位<br>紧急停机电磁阀2复位<br>打开球阀 |

图 8-45（一）　黑启动流程图

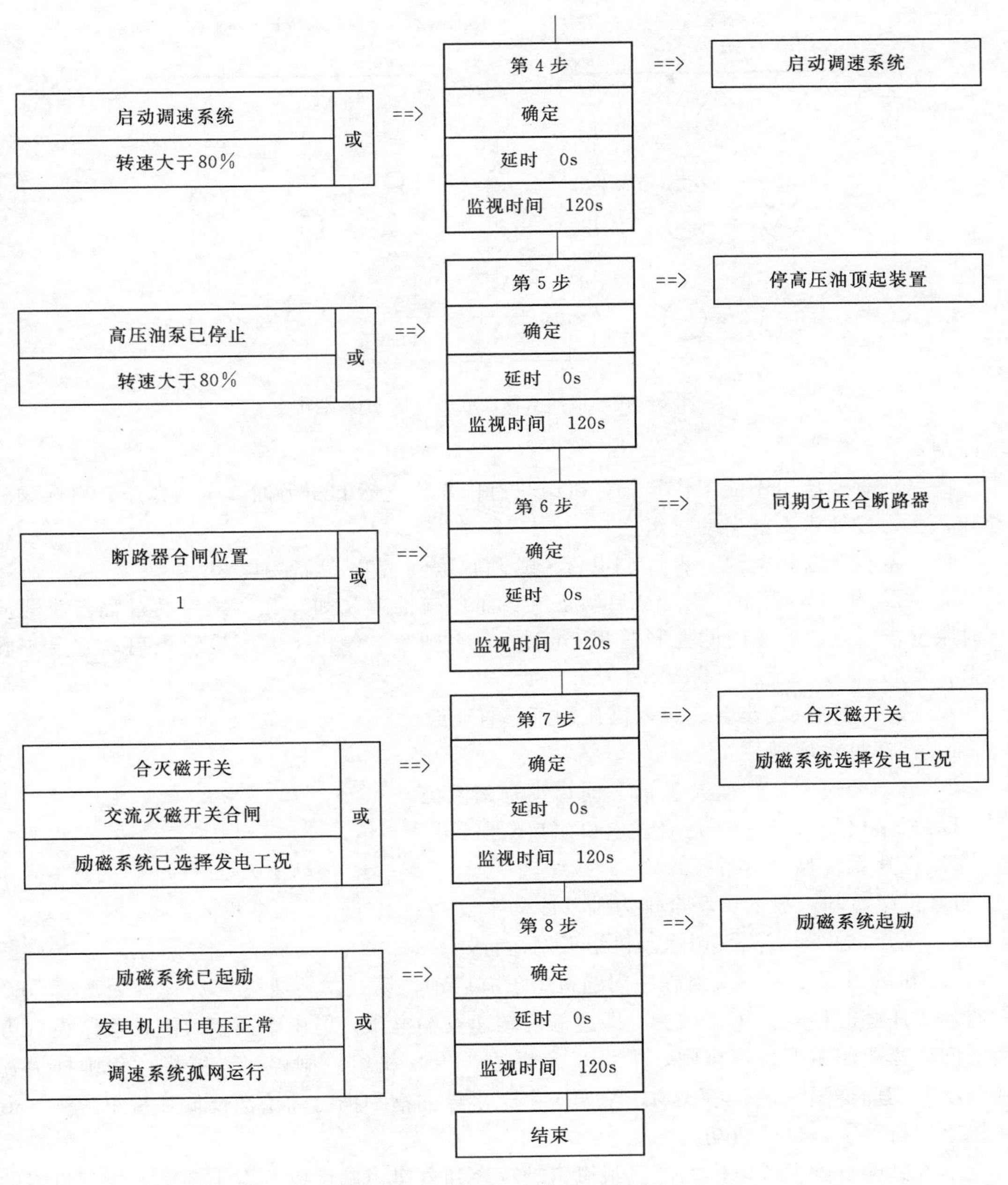

图 8-45（二） 黑启动流程图

电厂 4 台机组分别连接成 4 组发电/电动机变压器单元，发电/电动机和主变压器以离相封闭母线相连，经变压器升压后连接成两组联合单元，以两回 220kV 电缆和架空线路与系统连接。某抽水蓄能电站一次主接线见图 8-46。

2）黑启动设备状态。为保证电厂设备及人身安全，渗漏排系统电源不停电。

黑启动时技术供水泵不能提供冷却水，联合推力轴承、水导轴承没有交流油泵提供循

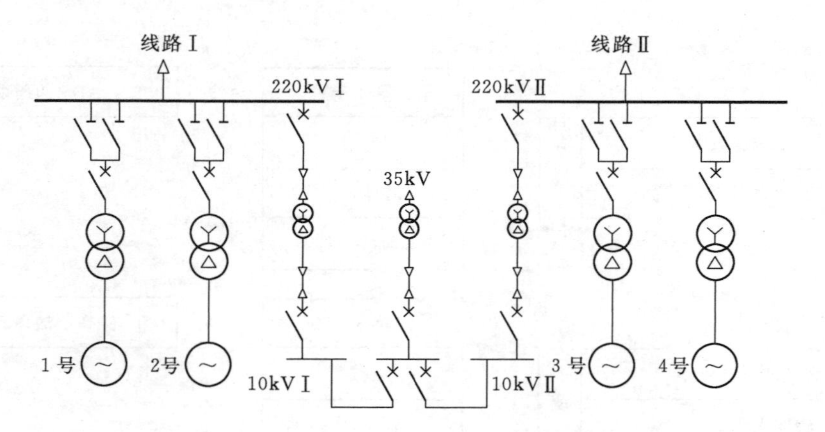


图 8-46 某抽水蓄能电站一次主接线图

环冷却油。

黑启动时空压机不能工作补气，机组只有依靠储气罐和压力油罐中的残压开启球阀和导叶，压力过低将不能启动机组。

该厂备有 2 套蓄电池，容量 1140A·h，满足全厂直流设备用电 3h。

3）机组黑启动程序。为避免启动不成功而烧损推力瓦和导瓦，黑启动过程各步骤应有时限要求，且总启动时间控制在 3min 以内，否则紧急停机。电厂机组黑启动主要步骤如下：

A. 投入机组辅助设备、投入高压油顶起直流泵。

B. 打开进水球阀。

C. 启动调速器，转速大于 90%时启动励磁系统。

D. 机端电压大于 95%后合发电机出口断路器。

E. 调速系统孤网运行投入。

F. 机组冷却水投入、联合推力轴承冷却水投入、水导轴承油泵投入。

G. 高压油顶起直流泵切除，机组孤网运行。

H. 试验过程。第一次因程序问题机组没有启动；第二次转速达 60%、推力瓦温 60℃左右，程序超时停机；第三次 90s 即达额定转速及端电压，但由于换相刀闸在程序设置方面的问题，机组主开关不合闸，推力瓦温超过 95℃，机组跳闸停机，停机过程中推力瓦温急剧升高而烧损，试验不成功；第四次由于水导油槽和推力油槽油位低，机组跳闸。最终机组运行稳定，试验成功。

本次试验只能考验电厂内部机组黑启动程序和方案正确性以及在小系统方式下机组的稳定性能，如不预先切换负荷，试验去掉此预启动条件，再次启动，本次试验启动过程 122s，上导轴承瓦温度升高 7K；上导轴承油温度升高 6K；下导轴承瓦温升高 13K；推力瓦温升高 15K；联合轴承油温升高 13K；水导轴承瓦温升高 16K；水导轴承油温升高 18K，球阀压力油罐压力由 7.0MPa 下降至 6.5MPa，调速器压力油罐压力由 6.5MPa 下降至 6.4MPa。

## 8.13 可逆式抽水蓄能机组15d考核试运行

### 8.13.1 机组15d试运行的条件

（1）满足整组调试中的所有条件。

（2）试运行机组与其他机组电气、机械系统已可靠隔离。

（3）机组分步、单体设备系统通过验收，按照合同规定有关的技术资料和随机备品、工具等全部移交并验收。

（4）按照规程规定和抽水蓄能电站主辅机合同要求的有关试验全部结束并由调试单位提供相关的试验和调试报告。

（5）相应区域的消防设备、消防系统及警报系统、通风空调系统正常投运并取得上级主管部门核发的验收合格证书或证明；固定消防器材按照规定配置充足。

（6）试运行的领导机构、专业技术机构已组建。

（7）运行人员到位充足，满足试运行需求。

（8）运行规程已编制完成，审核、批准。

（9）试运行机组有关参数记录表编制完成，满足试运行使用要求。

（10）试运行必要的通信联系工具准备到位，满足试运行使用要求。

（11）试运行所需安全和电气等工器具准备齐全。

（12）调度通信及调度信息系统正常投运，具备使用条件。

（13）完成水淹厂房及紧急逃生反事故演习，并编写了科学有效的应急预案。

（14）主要缺陷已处理。

（15）电网调度机构已经批复同意上报的试运行计划。

（16）进入15d的条件具备。

### 8.13.2 机组15d试运行的要求

（1）对于上库需进行初充水的抽水蓄能电站，15d试运行必须与上库的充水相结合，必须满足上水库初充水的要求。

（2）试运行计划编制应根据合同和有关规程、规定，具体到每一天。

（3）试运行计划应根据合同规定明确每日的机组各类工况启停频次。

（4）试运行计划应根据合同规定明确机组发电工况的核定最低允许运行负荷。

（5）试运行计划应根据合同规定明确机组发电和抽水工况的最大允许负荷。

（6）试运行计划编制应考虑电网条件对试运行工作的影响。

（7）机组15d试运行的成功率指标，按照发电和抽水两种工况分别统计；抽水工况启动成功率是水泵方向转向启动成功的比率，泵工况启动指令发出后，由SFC故障、背靠背拖动和机组自身原因造成的机组不能运转和非正常出力均统计为启动不成功。

（8）为了既考验整组性能又能较客观反映启动成功率，原则上抽水发电次数应接近，15d内机组每日启动次数以设计允许最大启停次数的50%～60%为宜。

（9）15d试运行期间，由于机组及附属设备的制造或安装质量原因引起中断，应及时检查处理，合格后继续进行15d试运行，中断前后的运行时间可以累加计算。但出现以下情况之一者，中断前后的运行时间不得累加计算，机组应重新开始15d试运行。

1）一次中断运行时间超过24h。

2）中断累计次数超过3次。

3）发电工况启动成功率低于95%；水泵工况启动成功率低于90%。

4）水电站合同规定的中断15d试运行条款。

（10）机组15d试运行期间应每日编制“试生产日报”，日报内容一般应包括抽水耗电量、发电量、抽水启动次数、发电启动次数、抽水以及发电启动成功次数、累计启动成功率、上下库水位、水工监测以及重大事项等内容。

（11）在机组15d试运行结束的三个工作日内，调试单位应编制出“机组15d考核试运行可靠性、经济性指标报告”，经试运指挥部审核后呈报业主单位存档。

**8.13.3 机组15d试运行后的消缺**

（1）机组15d试运行结束后，应由施工（或调试单位）负责对机组进行全面的例行检查消缺。

（2）机组15d试运行后的消缺，一般分为例行检查项目、缺陷消除项目和功能完善项目；例行检查项目至少应包括水工建筑物的宏观检查；水泵水轮机尾水管、蜗壳、转轮以及流道的检查；电气及控制系统接线紧固；发电机本体及其有关部位的宏观检查及清扫等。

（3）机组15d试运行后的例行检查消缺后，应重新进行合同规定工况下的负载试验和工况转换试验以及有关规程规定的必要试验，达到合同和规程规定的标准，方可进行下一步的移交生产程序。

**8.13.4 机组移交生产**

（1）考核机组的所有例行检查消缺项目结束，设备系统和机组性能满足合同规定的有关要求，由设计、厂家、施工、监理和业主分别出具机组试运行等有关工作的评价报告，提交启委会审查通过。

（2）启动委员会召开会议，决定移交事项和尾工清单。

# 参 考 文 献

[1] 胡波．抽水蓄能电站励磁系统的安装与调试．水电站机电技术，2010，33（5）．

# 9 运行操作

机组启动试运行过程中，由于试验项目的需要，要对机组或设备进行操作。此时机组尚在启动试运行过程中，很多设备还需要通过特定的试验项目进行检查考核，因此试运行过程中操作与机组移交后操作有很大差别。首先试运行操作要服从试运行指挥部的安排，试运行指挥部会根据试运行程序的需要给出操作指令；其次试运行操作会涉及很多检验检测项目，需要专业人员确认后才能根据指令逐步执行。对机械部分操作主要是分系统操作，操作前后设备工作状态和控制状态都必须按照试运行指挥部指令进行。本章涉及的是部分典型操作，供在进行相关操作中进行参考。

## 9.1 电气部分运行操作

### 9.1.1 线路的定相操作

（1）线路定相目的。线路的定相是核对线路两端落点是否符合设计要求。操作主要是通过检测试验完成，线路定相目的有以下几个方面。

1）进行电源的核相工作。

2）一次、二次系统对应确认。

3）倒闸合环操作前检查。

（2）线路定相的方法。水电站供电系统在设备改造，电源初次投运或更换，主设备大修中都需要进行核相工作。若相位或相序不同的交流电源并列或合环，将产生很大的电流，巨大的电流会造成设备的损坏，危害性很大。实际核相是通过直接或间接测量待并系统同名相和非同名相电压差值的方法来进行，方法主要有：

1）电压表（万用表）直接核相。适用于低压侧为380V/220V中性点直接接地的变压器核相或电压互感器二次核相。

2）高压静电电压表直接核相，适用于一切高压线路的核相。

3）高压电阻定相杆直接核相，适用于一切高压变压器的核相。目前，广泛使用的FRD型的电阻定相杆其额电压为3～110kV。

由于水电站有着电源点多，包括TV和低压变压器多。拖动系统分布广，且目前水电站配有专业的检修试验人员，结合常规的相序表相位伏安表，就可以进行准确的核相工作。

（3）核相试验的基本要求。

1）核相试验对水电站正常运行影响比较大，必须由专业电气试验人员完成。

2）水电站内有6kV或6kV以上两个供电电源，在进行核相工作时必须采用相位伏安表测量相位。

3）核相试验前需要使用的相位伏安表，相序表已经过检定合格。

4）对相序有疑问或具备多点核相条件时，应进行多点核对。

5）送电系统应空载。

6）在电源系统和测量系统检测后应进行核相试验。

（4）核相试验的内容。核相试验前，首先要确认一次、二次系统的对应关系。由于设计制造安装环节出现问题造成母线与对应TV二次测量系统错位的情况还是出现过很多次，这对并列运行的系统将是十分危险的。尽管很多可以通过测量相序相位检查出来，但在送电前确认一次、二次系统对应关系是十分必要的，根据二次系统色标和二次电缆的颜色确认对应关系。对初次准备投入的系统有条件应采取单相调压器升压测量TV二次侧电压来确认两者对应关系。确认一次、二次系统，主要是按照已安装的固定不变的母线与TV二次测量系统，不能用TV与电缆色标进行对应，在高压电缆更换或再次接入时均要重新进行核相工作。对分段运行的电源系统，在分段送电核相时，可以在同变比TV二次侧进行电压交叉测量比对。水电站系统母线和TV二次电缆应尽量采用和相色对应的电缆。对于非标准电缆应做好相色永久标识。

其次，要核对电源的相序。在设计制造安装时应按照规划和规范要求按序设计供电系统的相序，对于永久电源在安装时应在明显部位进行相色标识，经检测一次、二次相序不符合设计要求时应进行调换。只需要核对相序时，可以在TV二次侧或变压器低压侧（100～400V），用相序表进行测量，注意相序表相别与被测对象相对应，如果有条件，可以用相位伏安表校核。

对于有同期要求或双回并列运行要求的系统，必须先用相序表检查，用相位伏安表测量相位角进行校核。

对同期点要用同一电源对同期点两侧同时供电，用相位伏安表，检查同期电压的大小和相位。

检查同期电压的相位差与压差，同期装置工作是否正常。尤其是经过转角变压器的同期电压一定要根据前面章节有关要求进行试验，对同期装置和同期电压进行校核。

对在核相试验过程中出现相序有问题或有疑问时，必须进行认真地分析。试验设备出现故障的情况必须更换合格仪器仪表，对相序或电压值有疑问的在一次系统带电无异常时可以进行多点核对，不具备此条件时必须停电，对一次供电系统和二次测量系统进行检查排除。

（5）核相过程中应注意的安全问题。

1）要根据水电站运行要求制定详细工作要求。

2）表线不可过长或过短，测试裸露的金属部分不可过长。

3）要防止造成相间短路或相对地短路。

4）对相序有疑问时应重新制定工作票或核相办法。

5）带电核相对，必须设置安全遮拦，以防无关人员进入工作场所。

6）核相工作与送电工作同时进行，应对设备送电前后采取安全措施。

7）要有防止误合闸措施。

### 9.1.2 开关、刀闸、母线操作

断路器具有接通及断开负荷电流和切断短路电流的能力，而隔离开关因为无灭弧结构，所以不能用来切断负荷电流和短路电流。因此，在一般情况下，将断路器作为操作电器，即用它来接通和切断有负荷的电路。隔离开关仅作为隔离电源之用，也就是使停电设备与电源有明显的断开点。

（1）开关、刀闸一般操作顺序和原则。合闸顺序：先合隔离开关，后合断路器。送电合闸操作必须按照母线侧或电源侧隔离开关—负荷侧隔离开关—断路器的顺序依次操作。

拉闸顺序：先跳开断路器，后拉隔离开关。因为隔离开关不能切断负荷电流。必须按照断路器—负荷侧隔离开关—母线侧或电源侧隔离开关的顺序依次操作。

这是因为在拉开隔离开关的过程中，可能出现两种错误操作：一种是断路器实际尚未断开，而造成先拉隔离开关；另一种是断路器虽然已断开，但当操作隔离开关时，因走错间隔等而错拉未停电设备的隔离开关。无论是上述哪种情况，都将造成带负荷拉隔离开关，其后果是十分严重的，可能造成弧光短路事故。

如果先拉电源侧隔离开关，则弧光短路点在断路器的电源侧，将造成电源侧短路，使上一级断路器跳闸，扩大了事故停电范围。如先拉负荷侧隔离开关，则弧光短路点在断路器的负荷侧，保护装置动作使断路器跳闸，其他设备可照常供电。这样，即使出现上述两种错误操作的情况，也能尽量缩小事故范围。

例：开关、刀闸一般操作顺序示例见图9-1，在合闸时，应先从电源侧进行，检查断路器确在断开位置，先合上母线侧隔离开关$GK_m$，后合上负荷侧隔离开关$GK_f$，再合上断路器DL。

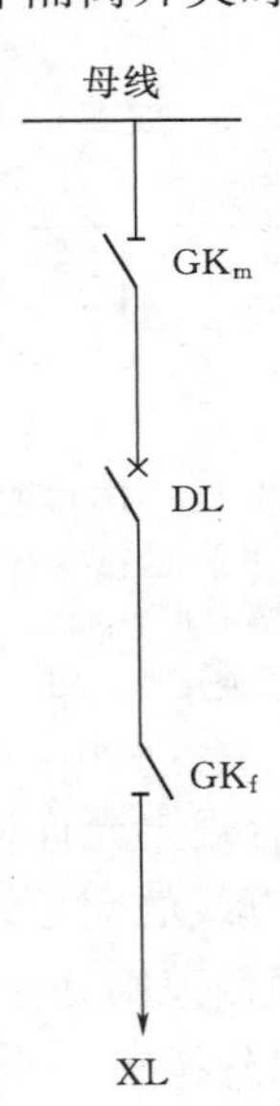


图9-1　开关、刀闸一般操作顺序示例图

$GK_m$—母线侧隔离开关；DL—断路器；$GK_f$—负荷侧隔离开关；XL—线路

（2）双母线倒母线操作。在双母线接线中进行倒闸操作的顺序是：应先合母联隔离开关和母联断路器，并将断路器改为非自动的，然后操作线路隔离开关，即应首先逐一合上备用母线上的隔离开关，再逐一拉开工作母线上的隔离开关。最后断开母联断路器，断开母联断路器时，分开母联断路器后的两端电压差应为0。

在操作过程中应注意电流分布，防止母联断路器过负荷。

（3）两侧均有断路器的双绕组变压器的操作。对两侧均有断路器的双绕组变压器，在送电时，应先合电源侧断路器$DL_1$或$DL_2$，后合负荷侧断路器$DL_3$或$DL_4$，两台变压器并列运行接线见图9-2。$B_1$和$B_2$两台变压器中，假设变压器$B_1$停止运行，而变压器$B_1$的负荷侧存在隐患（D点短路），这时若先合变压器$B_1$负荷侧断路器$DL_3$，则会使变压器$B_2$的断路器$DL_4$跳闸，造成大面积停电事故。若先合电源侧断路器$DL_1$，则因继电保护

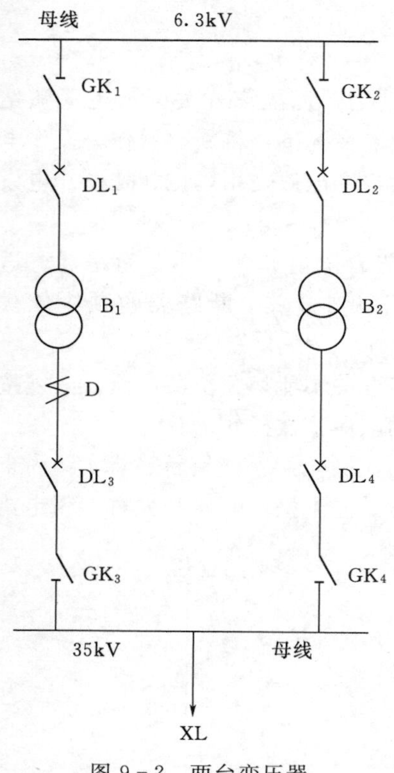


图 9-2 两台变压器并列运行接线图
GK—隔离开关；DL—断路器；B—变压器；XL—线路

动作而跳闸，立即切除故障点，不会造成事故的扩大。

（4）操作注意事项。

1）允许用刀闸进行下列操作。

A. 拉合无故障的电压互感器和避雷器。

B. 拉合母线和直接连接载母线上设备的电容电流。

C. 拉合变压器中性点地刀。

D. 与断路器并联的旁路刀闸，当断路器在合闸位置时，可拉合断路器的旁路电流。

E. 拉合励磁电流不超过 2A 的空载变压器和电容电流不超过 5A 的无负荷线路，但当电压为 20kV 以上时，应使用户外垂直分合式的三联刀闸。

F. 用户外三联动隔离开关可合电压 10kV 以下、电流 15A 以下的负荷电流。

G. 拉合电压 10kV 及以下，电流 70A 以下的环路均衡电流。

H. 超过上述限额的其他情况，应根据现场试验或系统运行经验另拟方案，并经过批准。

2）禁止用刀闸进行下列操作。

A. 当断路器在合入时，用刀闸接通或断开负荷电流。

B. 系统发生一相接地时，用刀闸断开故障点的接地电流。

C. 拉合规定允许操作范围外的变压器环路或系统环路。

D. 双母线的倒母线操作，应按规定投退合转换有关线路保护及母差保护，先使母联开关及其两侧刀闸处于合闸位置，并将母联开关操作保险取下；母差保护由于实现了自动切换，所以每操作一步母线刀闸，必须检查互联信号，各母线刀闸切换继电器的指示信号，并与一次状态对应，否则不能进行下一步的操作。

E. 拉合隔离开关时，断路器必须在断开位置，并经核对名称和编号无误后，方可操作；双母线和带旁路母线的接线，还应检查有关母线刀闸的位置，以防误操作，拉合隔离刀闸前，还必须拉开断路器的合闸电源保险。

F. 刀闸经拉合后，应到现场检查其实际位置，合闸后应检查触头是否紧密，接触良好，拉闸后，检查张开的角度或拉开的距离应符合要求；刀闸操作机构的扣锁是否扣稳，电动操作的刀闸还应拉开刀闸操作电源。

3）110kV 及以上刀闸设有远方操作功能，正常操作时，应使用远方操作，不得在现地操作。

4）隔离刀闸，接地刀闸，断路器之间采用微机五防、机械闭锁、电气闭锁。在刀闸操作时一定要按操作顺序进行，如果闭锁装置失灵或隔离刀闸和接地刀闸不能正常操作时，应停止操作，严格按照操作票顺序和闭锁要求的条件检查相应的开关，刀闸位置状态，待条件满足后并经试运行指挥同意方能进行解锁操作。

5）电动操作的刀闸，操作发生拒动时，应停止操作，查明原因，不得改为手动操作或解除闭锁。

6）操作接地刀闸，当发现接地刀闸的机械连锁卡住不能操作时，应立即停止操作查明原因。

7）操作10kV以下的刀闸时，应稍为摇动观察无异常后才能用力操作，以防支柱瓷瓶断裂。

8）当遇上刀闸合不到位的情况时，可将刀口稍为拉开再合上，必要时可用相应电压等级的绝缘杆辅助。

9）现地操作隔离开关应有心理准备，注意观察活动部分，并选择好逃生路线。在合闸时，应迅速果断，但在合闸终了不得有冲击，即使合入接地线或短路回路也不得再拉开；再拉开时，开始应缓慢而谨慎，在动、静触头分离时，如发现弧光，应迅速合入，停止操作；但切除空载变压器，空载线路，空载母线或拉系统环路时，应快速而果断，促使电弧迅速熄灭。

### 9.1.3 输电线路的操作

（1）线路参数测定。对于新建输电线路应测试线路绝缘、核相并测量直流电阻、正序阻抗、零序阻抗等。对于同杆架设的多回路或距离较近、平行段较长的线路还需测量耦合电容和互感阻抗。测量参数前，应收集线路的有关设计资料：线路名称、电压等级、线路长度、杆塔型号、导线规格等，并根据现场情况做出测试方案。

1）绝缘电阻测量。其目的是为了检查线路绝缘情况、有无接地、短路等缺陷。

A. 应选择天气良好的情况下（不能在雨雪天气），并将线路短接接地，释放积累的电荷，确保人身和设备安全。

B. 测量是否有感应电压，以保证测试工作的安全和测量结果的准确。

C. 测试前，线路另一侧与站内设备断开，并进行安全监护，应确保线路无人工作，并得到现场指挥的允许。测试时，应使用2500～5000V兆欧表，分别测试每一相与其他两相以及地间的绝缘；测量其中一相时，将另外两相接地。读数完毕后要注意先拆去测试线再停摇兆欧表，以免反充电损坏兆欧表，并对线路充分放电。

D. 结合当时的气候条件和线路具体情况综合分析，做出判断。

2）相位核定。目的是避免由于线路两侧相位不一致。可用兆欧表，在测试线路绝缘时核相。用兆欧表进行测量时，将线路某相终端接地，在其另一端测量对地绝缘电阻，如绝缘电阻为零，则为同相；反之则为异相。

3）工频参数测定。输电线路是电力系统的重要组成部分，其工频参数一般包括直流电阻、正序阻抗、相间电容、正序电容、零序电容以及多回平行输电线路间的耦合电容和互感阻抗，这些参数均是在进行电力系统潮流计算、短路电流计算、继电保护整定计算和选择电力系统运行方式等工作之前须建立的电力系统数字模型的必备参数，这些参数的计算往往较复杂且难以准确测算出各种影响。为此，工程上要求对新架设及改造后的电力线路工频参数进行实际测量。

A. 直流电阻测量。直流电阻测量是为了检查输电线路的连接情况和施工中是否遗留有缺陷。测试前应根据设计资料初步估计电阻值（$R=31.5L/S$，$L$ 以 km 计为单位，$S$ 以 $mm^2$ 为单位）。以便采用适当的测量方法和电源电压。常用电压电流表法或单双桥法并换算成 20℃时的电阻值。

B. 正序阻抗测量。将线路末端三相短接，线路始端加三相工频电源，尽量避免由于电流过小而引起较大的测量误差。并根据实际情况选择合适的表计，如低功率因数表。

也可采用多功能线路参数测试仪测量，多功能线路参数测试仪测量工序阻抗见图 9－3，将线路末端三相短路，并连接牢靠。在线路始端加三相工频电源，三相电源分别通过仪器连接到输电线路的始端。仪器自动测量各相的电流、三相的线电压、三相的功率，并自动计算出正序阻抗、正序电阻、正序电抗、正序电感和阻抗角。

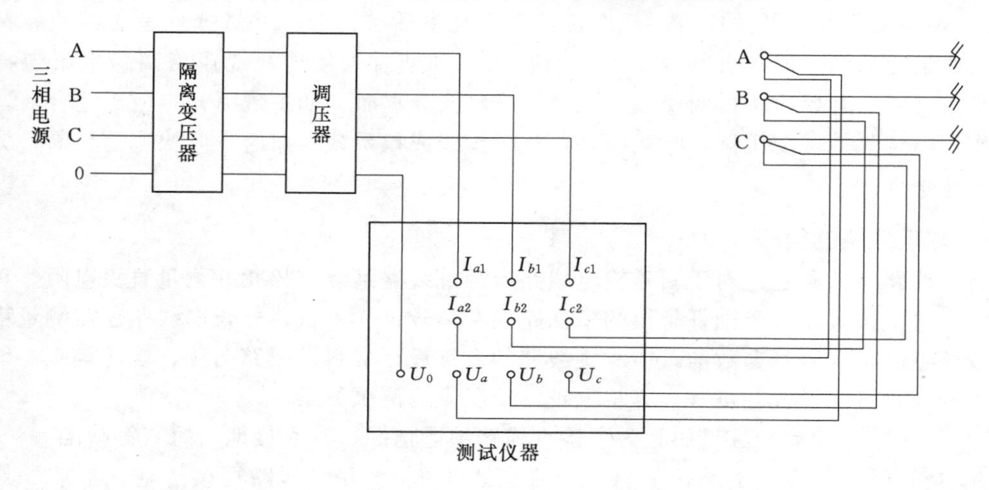


图 9－3　多功能线路参数测试仪测量工序阻抗图

$I_{a1}$、$I_{b1}$、$I_{c1}$—输入相电流；$I_{a2}$、$I_{b2}$、$I_{c2}$—输出相电流；$U_a$、$U_b$、$U_c$—相电压；$U_0$—中性点电压

C. 零序阻抗测量。将线路末端三相短接接地，线路始端短接加单相交流电源，同样应避免由于电流过小而引起较大的测量误差。

也可采用多功能线路参数测试仪测量，多功能线路参数测试仪测量零序阻抗见图 9－4，测量时将线路末端三相短路接地，始端三相短接。单相交流电源通过仪器的 a 相加到输电线路的始端。仪器自动测量出电压、电流、功率，并自动计算出零序阻抗、零序电阻、零序电抗、零序电感和阻抗角。

D. 正序电容的测量。接线和正序阻抗相同，但输电线路的末端独立悬浮，即将线路末端开路，线路始端加三相工频电源。

E. 零序电容的测量。接线和零序阻抗相同，但输电线路的末端独立悬浮，即将线路末端开路，线路始端短接加单相交流电源。

F. 耦合电容测量。将两条线路三相短路，并对线路 1 加压，线路 2 经电流表接地。

G. 互感阻抗测量。将线路始末端三相短路，末端接地。在线路 1 加流，线路 2 测试电压。

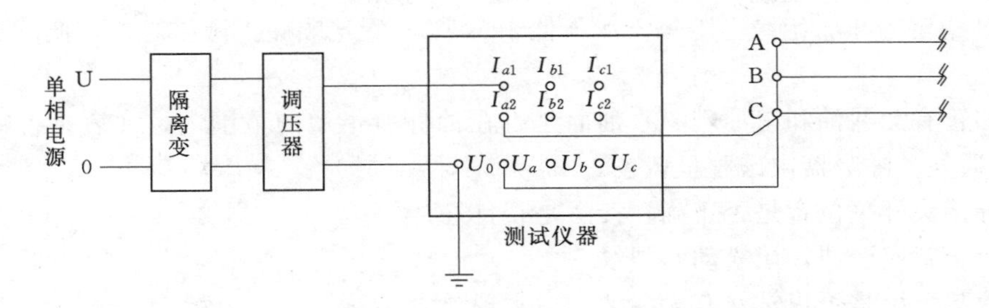


图 9-4　多功能线路参数测试仪测量零序阻抗图

$I_{a1}$、$I_{b1}$、$I_{c1}$—输入相电流；$I_{a2}$、$I_{b2}$、$I_{c2}$—输出相电流；

$U_a$、$U_b$、$U_c$—相电压；$U_0$—中性点电压

H. 尽可能使用隔离变，防止电源干扰。并使用 0.5 级表计。对于 200km 以上的长线路，为减少分布参数的影响，测试电抗时，可在末端加电流表，取平均值。

I. 平行线路测量。感应电压较高，为使测量准确，应适当增加试验回路的电流，并将电源倒相进行多次测量，取平均值。对于全线同杆架设的线路，感应电压实在太高者，应安排全部停电，同时进行各项参数测量。这样既保证测试工作安全，又能得到较正确的结果。

J. 试验设备和仪表的选择。应根据试验电压和测试参数的估算值，适当选择，表计的准确度一般不低于 0.5 级。

K. 测量记录。测量时，应记录线路两侧的温度、湿度和气候条件及试验中的异常。此外，测试组织工作要严密，通信设施要好，以保证测试工作的安全进行。

（2）线路受电。在线路参数测量完成后，进行线路受电试验，线路受电时，从系统侧送电，负荷侧或发电厂侧线路开关断开，受电可采用先单相受电，再三相受电，也可采用三相同时受电。

1）绝缘检查。线路受电之前检查线路无人作业，接地线全部拆除。检查线路绝缘，满足规范要求。

2）线路单相受电。为便于核相，防止三相受电时可能出现的相间短路，现在输电线路受电，电网调度要求采用先单相受电，再三相受电。线路单相受电适用于没有线路并联电抗器的线路。

将系统侧线路断路器操作改为分相操作，先送 A 相，再 B 相，后 C 相；单相受电后，从线路电压互感器二次侧测量相对地和相间电压，检查另外两相有无电压，从而判断线路是否有短路现象。

3）三相受电。从系统侧给线路送电，冲击合闸三次，每次带电时间和间隔时间 15min 左右；线路带电期间，检查电站端进线侧 TV 二次回路的正确性，检查二次回路的相位、相序，检查二次电压的幅值。受电正常后，最后一次不拉开，保持运行状态。

### 9.1.4　变压器操作

（1）电力变压器受电前检查。新装或检修后的变压器投入运行前应做下列检查。

1）核对铭牌，查看铭牌电压等级与线路电压等级是否相符。

2）变压器绝缘是否合格，检查时用 5000V 或 2500V 兆欧表，测定时间不少于 1

min，表针稳定为止。绝缘电阻每千伏不低于1MΩ，测定顺序为高压对地，低压对地，高低压间。

3）油箱有无漏油和渗油现象，油面是否在油标所指示的范围内，油表是否畅通，呼吸孔是否通气，呼吸器内硅胶呈蓝色。

4）分接头开关位置是否正确，接触是否良好。

5）瓷套管应清洁，无松动、裂纹。

6）冷却系统是否正常，有无漏油、漏水现象。

（2）电力变压器受电。

1）电力变压器受电前要认真阅读厂家说明书。

2）电力变压器受电一般从高压侧进行，低压侧断开；主变压器受电时低压侧与发电机、厂高变可靠断开，厂用变受电时低压侧与负荷可靠断开。

3）投入变压器继电保护及冷却器控制系统（控制、保护、信号），冷却器控制系统投自动。

4）检查所有变压器上的阀门应处于运行要求状态：冷却器进出油、进出冷却水阀门，与储油柜连接阀门应处于全开状态。

5）投入中性点接地开关。

6）分接开关按电力系统调度要求放置挡位。

7）干式变受电前检查绝缘电阻应满足规范要求。

8）主变一般通过高压侧断路器给主变送电冲击五次，间隔5～10min；厂用变一般通过高压侧断路器给送电冲击三次，间隔5～10min。

9）主变冲击试验过程中，检查差动保护、瓦斯保护，录制励磁涌流示波图，检查冷却器系统工作是否正常。

10）测量主变噪声。

11）110kV、15MVA以上主变冲击试验前后取油样做色谱分析。

（3）电力变压器受电后巡视、检查。

1）声音是否正常，正常运行有均匀的“嗡嗡”声。

2）上层油温不宜超过85℃。

3）有无渗、漏油现象，油色及油位指示是否正常。

4）套管是否清洁，有无破损、裂纹、放电痕迹及其他现象。

5）防爆管膜无破裂，无漏油。防爆阀无渗油。

6）瓦斯继电器窗内取样油面是否正常，有无瓦斯气体。

（4）变压器的允许运行方式。

1）运行中上层油温不宜经常超过85℃，最高不得超过95℃，或厂方规定值。

2）变压器可以在正常过负荷和事故过负荷情况下运行，正常过负荷可以经常使用，其允许值根据变压器的负荷曲线、冷却介质的温度以及过负荷前变压器所带的负荷，由单位主管技术人员确定。在事故情况下，许可过负荷30%运行2h，但上层油温不得超过85℃，或按出厂技术要求控制。

（5）变压器投、切程序。

1）高低压侧都有断路器和隔离开关的变压器投入运行时，应先投入变压器两侧的所有隔离开关，然后投入高压侧的断路器，向变压器充电，再投入低压侧断路器向低压母线充电，停电时操作顺序相反。

2）低压侧无断路器的变压器投入运行时，先投入高压断路器一侧的隔离开关，然后投入高压侧的断路器，向变压器充电，再投入低压侧的刀闸、空气开关等向低压母线供电，停电时操作顺序相反。

（6）备用变压器投入。变压器运行中发现下列异常现象后，并准备投入备用变压器。

1）上层油温超过85℃。

2）外壳漏油，油面变化，油位下降。

3）套管发生裂纹，有放电现象。

（7）变压器停电处理。变压器有下列情况或事故时，应立即停电处理。

1）变压器内部响声很大，有放电声。

2）变压器的温度剧烈上升。

3）漏油严重，油面下降很快。

4）变压器本身起火。

5）变压器套管爆裂。

6）变压器本体铁壳破裂，大量向外喷油。

### 9.1.5 厂用电运行操作

（1）0.4kV低压厂用电运行操作。某水电站低压厂用电典型接线见图9-5。

0.4kV低压厂用电一般为单母线分段运行，互为备用。正常运行时，各台用厂变供电给一段厂用电母线，母联开关断开。当任何一段母线进线侧失电或缺相时，备用电源自动投入装置动作，先自动断开Ⅰ段（或Ⅱ段）进线电源断路器，再判定确认失压侧母线无压后，再自动合上母联断路器，恢复供电。

相对于上述半自动运行方式而言，全自动运行方式则具有来电自恢复功能。当备用电源投入成功后，若失压侧进线电源恢复正常，则母联断路器延时分闸动作后，进线电源恢复侧断路器再延时恢复合闸，完成两路进线电源正常的情况下，厂用电恢复单母线分段运行方式。

运行方式错误、断路器故障、进线电压回路或母线电压回路断线及备用电源自动投入装置自身故障都可导致备用电源无法自动投入。进行现地操作时，应先确认失压侧进线电源断路器已分闸，再现地操作母联断路器合闸，恢复供电。

正常运行时各断路器控制方式均为远控。

手动操作时，各断路器控制方式切换为现地，操作时应操作盘柜上的分、合闸按钮，严禁操作断路器本体上的分、合闸按钮。

（2）10kV高压厂用电运行操作。某水电站10kV高压厂用电典型接线见图9-6。

10kV高压厂用电一般为单母线分段运行，互为备用。正常运行时，11B厂高变供电给Ⅰ段高压厂用母线，12B厂高变供电给Ⅱ段高压厂用母线，母联开关断开，当任何一段母线进线侧失电或缺相时，备用电源自动投入装置动作，先自动断开Ⅰ段（或Ⅱ段）进线

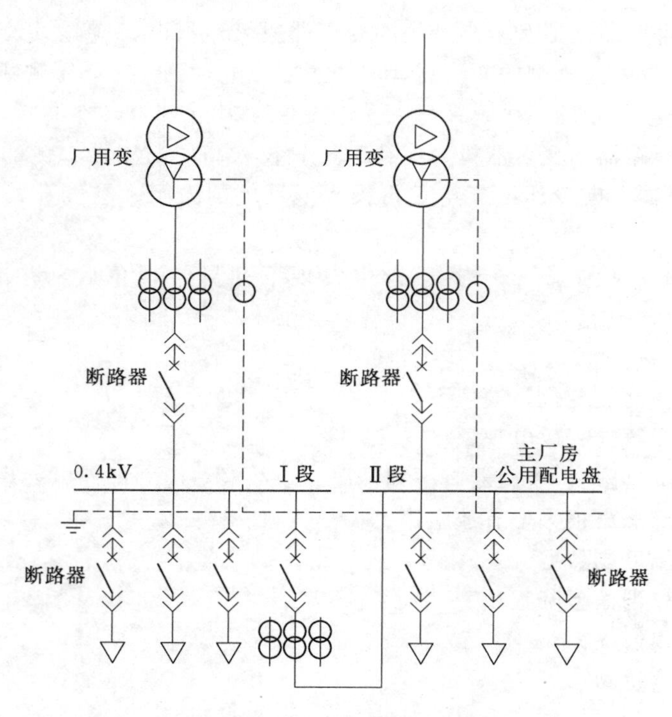


图 9-5　某水电站低压厂用电典型接线图

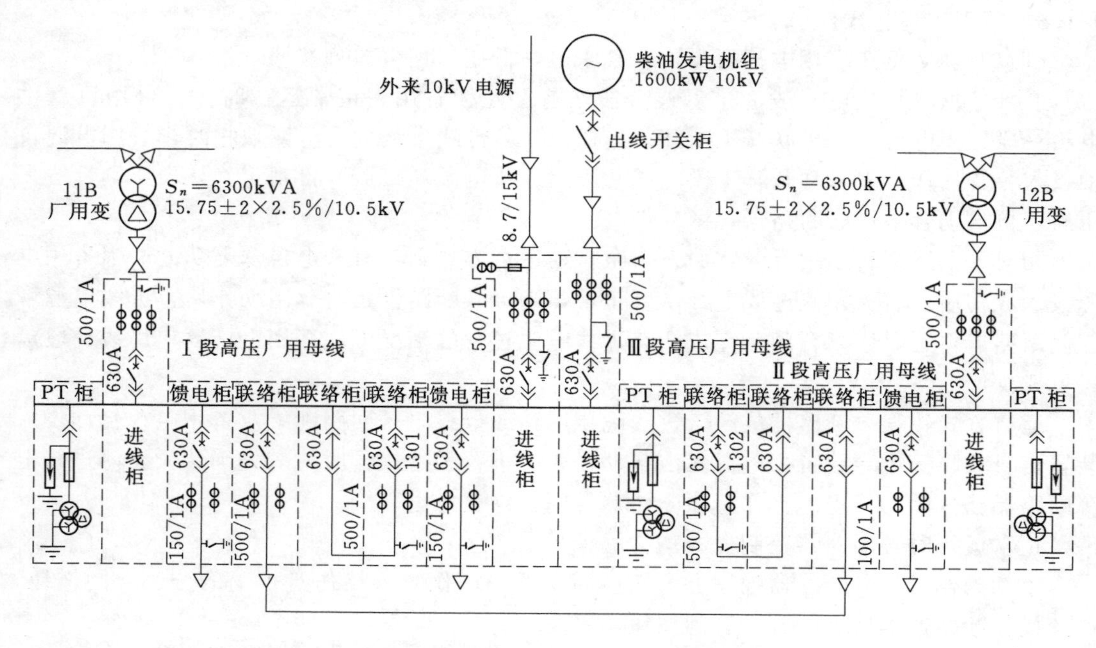


图 9-6　某水电站 10kV 高压厂用电典型接线图

电源断路器，再判定确认失压侧母线无压后，再自动合上母联断路器，恢复供电。

当Ⅰ段和Ⅱ段母线进线侧失电时，由Ⅲ段备用进线电源（外来线路电源或柴油发电机）经母联断路器 1301、1302 给Ⅰ段和Ⅱ段母线供电，在正常运行时各断路器控制方式均为远控。

手动操作时，各断路器控制方式切换为现地，操作时应操作盘柜上的分、合闸按钮，严禁操作断路器本体上的分、合闸按钮。

### 9.1.6 环形网络的并列、解列操作

(1) 环形网络的合环。合环是指在电力系统电气操作中将线路、变压器或断路器串构成的网络闭合运行的操作，即在两回线路并联，共同给某端供电时，在一条供电回路停电；另一条正常供电时，停电的回路恢复供电。

(2) 两条线路合环运行的必要条件。

1) 合环点相位应一致，如首次合环或检修后可能引起相位变化的，必须经测定证明合环点两侧相位一致。

2) 如属于电磁环形网络，则环形网络内的变压器接线组别之差为零；特殊情况下，经计算校验继电保护不会误动作及有关环路设备不过载，允许变压器接线差 30°时进行合环操作。

3) 合环后不会引起环形网络内各元件过载。

4) 各母线电压不应超过规定值。

5) 继电保护与安全自动装置应适应环形网络运行方式。

6) 电网稳定符合规定的要求。还要注意在合环操作时，必须保证合环点两侧相位相同，电压差、相位角应符合规定；应确保在合环网络内，潮流变化不超过电网稳定、设备容量等方面的限制，对于比较复杂环形网络的操作，应先进行计算或校验，操作前后均要与调度等有关方面联系。

在合环、解环之前，应详细了解各处的接线方式、电压、潮流分布和继电保护等情况，对操作中可能出现的问题应进行充分估计和准备对策。

(3) 电网合环操作应注意的问题。必须相位相同，电压差、相位角应符合规定。在 220kV、110kV 环路阻抗较大的环路中，合环点两侧电压差最大不超过 30%，相角差不大于 30°（或经过计算确定其最大允许值）。500kV、220kV 环路中合环开关两侧电压差一般不超过 10%，最大不超过 20%，相角差最大不超过 20°。应确保在合环网络内，潮流变化不超过电网稳定、设备容量等方面的限制，对于比较复杂环形网络的操作，应先进行计算或校验，操作前后均要与调度等有关方面联系。

合环以后，应注意各元件不能过载，各接点电压不超过规定值，继电保护装置能适应环形网络运行方式。

(4) 合环基本操作规程。根据电力系统调度规程，分区运行的电网在合环时应满足“同一系统下、相位正确，电压差在 20%以内”三个条件，一般有如下的基本操作规则。

1) 明确知晓合环、解环系统是属于同一系统，且对合环后潮流大致掌握。

2) 了解上一级的网络状况，特别是涉及上一级调度管辖的网络时，应取得有关调度的同意。

3) 了解两侧系统的电压情况，考虑合环点两侧的相角差和电压差，以保证合环时潮

流变化不会引起继电保护动作。

4）消弧线圈接地的系统，应考虑在合环、解环之后消弧线圈的正确运行。

5）应使用开关进行合环、解环操作。

（5）合环操作中，应考虑合环时潮流的变化。这可根据上一级网络的运方情况和网络参数，参与合环的低压侧母线压差、原有潮流情况，以及运行经验来估计。如估计潮流较大有可能引起过流动作时，可采取以下措施。

1）将可能的保护停用。

2）在预定解列的开关设解列点（必要时可更改定值），并通知变电值班员注意潮流变化和保护动作情况。

3）参与合环的两低压侧母线电压差调至最小，正常合、解环操作时压差最大不超过10%，事故处理时35kV一般不宜超过15%，110kV及以上不宜超过20%。

4）如果压差较大，估计环流较大时，亦可用改变系统参数来降低环流或同时采用（1）、（2）项办法。尽可能避免重荷侧电压高于轻荷侧较多的情况。

5）比较复杂的两系统合环、解环操作，并且又无运行经验时，宜先通过潮流计算。

（6）合环时保证不中断供电的主要措施。为避免合环时两端变电所开关跳闸，或即使发生开关跳闸也应保证不中断供电，主要有以下几条措施。

1）两侧变电所10kV母线对系统的短路阻抗差异不大（两侧变电所变压器类型相同，上级电网并列运行）的合环操作，只要调整好两侧变电所10kV母线的电压差值小于10%，2km以内的短线路小于5%就能可靠避免因环流造成的开关跳闸情况。

2）两侧变电所不同类型的变压器如：110kV/35kV/10kV变压器与35kV/10kV变压器、110kV/35kV/10kV变压器与110kV/10kV变压器、35kV/10kV变压器与110kV/10kV变压器在进行10kV侧合环操作时会产生较大的环流，可能会引起过电流动作造成开关跳闸。此类操作可以采取以下措施。

A. 改变运行方式减小两侧变电所10kV母线对系统短路阻抗的差值。

B. 提高对系统短路阻抗较大一侧的变电所10kV母线电压，以降低对系统的短路阻抗值。

C. 退出对系统短路阻抗较小一侧变电所10kV合环线路的重合闸，确保在合环操作失败时不中断供电。

3）对合环电流大的线路进行合环操作时，最好待有关操作人员到现场后才开始操作，尽量缩短合环时间。

（7）解环。解环是指在电力系统电气操作中将线路、变压器或断路器串构成的闭合网络开断运行的操作。解环操作应满足解列的各元件不过载，各接点电压不超过规定值。一般解列操作引起的事故都发生在解列后，如设备的潮流过大引起继电保护装置误动作，末端电压过低使电气设备不能正常运行。因此，解列操作后，应加强对线路各环节的维护检查。

### 9.1.7 电源及并列、解列操作

电源的并列是直接把多个电源直接接到同一母线上共同向不同的负载供电，按照电源类型一般有直流电源并列运行和交流电源并列运行两种；解列顾名思义就是把电源从系统

分裂开来。

（1）交流电源并列操作。

1）交流电流并列方法选择。电源并列的方法有两种：准同期并列法和自同期并列法。目前广泛采用准同期并列法。准同期并列法分为手动、半自动及自动三种。一般采用手动准同期和自动准同期这两种操作方法。

电源并列操作不当很危险，为了把并列过程中对系统的冲击减小到最低，一般采用准同期并列法。准同期并列法是将待并电源在并入电网前，通过调节电源频率，使电源频率接近额定频率；通过调节励磁装置，使电源电压接近系统电压；选择在零相角差的时刻合上电源出口断路器，使得电源在冲击电流最小的情况下迅速被拉入同步运行。

2）准同期的并网一般要求（见图9-7）。

A. 并列开关两侧的电压相等，最大允许电压差10%以内。

B. 并列开关两侧电源的频率相同，一般规定：频率相差0.15Hz即可进行并列。

C. 并列开关两侧电压的相位角相同，最大允许相差20°以内。

D. 并列开关两侧的相序相同。

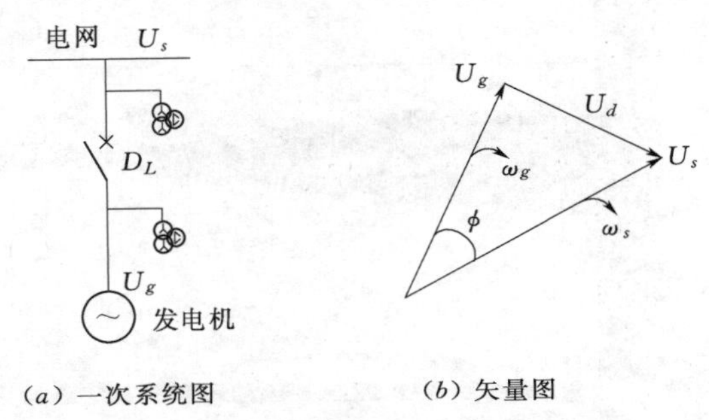


图9-7 准同期并网的典型接线和向量差示意图

不满足并列条件将产生的影响：待并发电机的电压有效值$U_g$，与电网的电压有效值$U_s$之间的压差$U_d$，若在允许范围内，所引起的无功冲击电流是允许的。否则$U_d$越大，冲击电流越大，这个过程相当于发电机的突然短路。因此，必须调整两者间的电压，使其接近相等后才可并列。

若两者频率不等，则会产生有功冲击电流，其结果使发电机转速增加或减小，导致发电机轴产生振动。如果频率相差超出允许值而且较大，将导致转子磁场和定子磁场间的相对速度过大，相互之间不易拉住，容易失步。因此，在待并发电机并列时，必须调整频率至允许范围内。通常是将待并发电机的频率略调高于电网的频率，这样发电机容易拉入同步，并列后可立即带上部分负荷。

在发电机并列时，如果两个电压的相位不一致，由此而产生的冲击电流可能达到额定电流的20～30倍，所以是非常危险的。冲击电流可分解为有功分量和无功分量，有功电流的冲击不仅要加重发电机的负担，还有可能使发电机受到很大的机械应力，这样非但不能把待并发电机拉入同步，而且可能使其他并列运行的发电机失去同步。

在采用准同期并列时，发电机的冲击电流很小。所以，一般应将相角差控制在10°以内，此时的冲击电流约为发电机额定电流的0.5倍。

3）手准假同期操作步骤。

A. 检查调速器系统正常，满足远方操作。

B. 检查励磁系统正常，电源电压正常，满足远方操作。

C. 检查待并断路器一侧隔离开关在分位。

D. 检查待并侧和系统测的电压差，调节电源电压使其满足。

E. 检查待并侧和系统测的频率差，调节电源频率使其满足。

F. 在待并侧和系统测相位差最小时发合闸令。

G. 检查并确认断路器已经合上。

H. 记录合闸时间并汇报。

4）自准假同期操作步骤（模拟假准同期波形见图 9－8）。

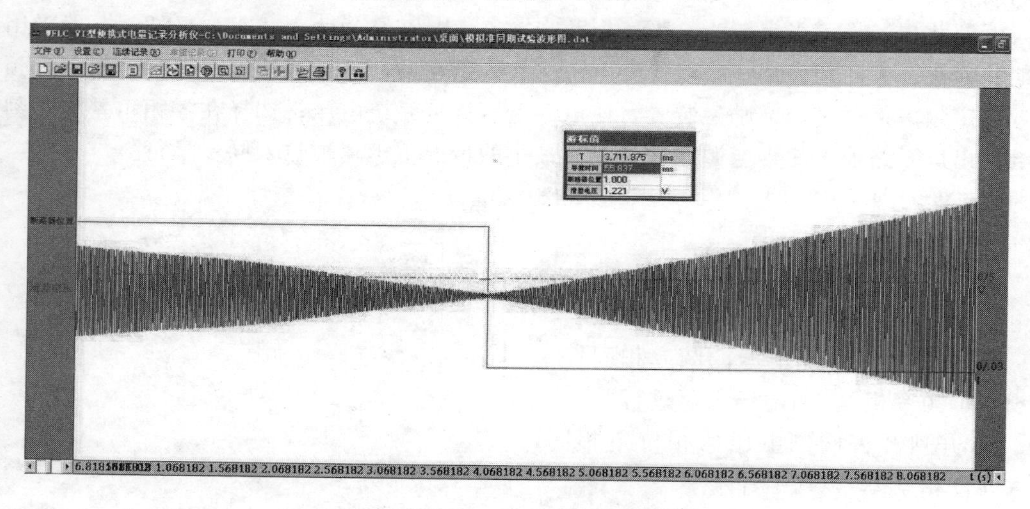


图 9－8　模拟假准同期波形图

A. 检查电源频率。

B. 检查电源出口电压。

C. 检查系统电压、频率。

D. 检查待并断路器一侧隔离开关在分位。

E. 检查调速器系统正常，满足远方操作。

F. 检查励磁系统正常，满足远方操作。

G. 启动同期并列。

H. 启动同期装置。

I. 由自动准同期装置完成同期并网。

J. 查验断路器确已自动合上。

K. 退出同期装置。

5）模拟假准同期波形见图 9－8。

6）交流电源解列操作。

A. 申请机组解列。

B. 检查有功、无功（最好把有功、无功减到最小，把解列时对电源的影响减到最小）。

C. 选择要解列的断路器。

D. 选择分闸。

E. 确认断路器已分开。

F. 记录时间并汇报。

（2）同期试验。以某水电站主接线图部分（见图 9-9）为例。

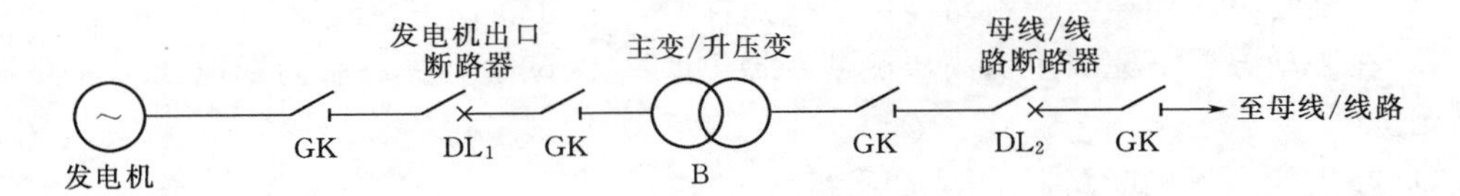


图 9-9　某水电站部分主接线图

GK—隔离开关；DL—断路器；B—变压器

1）发电机出口断路器 $DL_1$ 同期装置并网模拟试验。

A. 查发电机出口断路器 $DL_1$ 在断开位置，且放置试验位置。

B. 将机组调速器及励磁装置切至自动调节方式，并解开励磁、调速器柜断路器位置接点信号。

C. 机组自动方式开机到空载。

D. 投入自动准同期装置，分别在自动及手动方式下完成 $DL_1$ 断路器模拟并网试验并录制同期电压和断路器位置波形，检查同期系统接线和自动准同期装置动作的正确性，并记录同期时间。

E. 试验完成后，跳开发电机出口断路器 $DL_1$，机组降压到空转并跳开灭磁开关 FMK。

2）发电机出口断路器 $DL_1$ 同期装置并网试验。

A. 恢复励磁、调速器柜断路器位置接点信号并把发电机出口断路器 $DL_1$ 放置运行位置。

B. 投入自动准同期装置，手动方式下完成发电机出口断路器 $DL_1$ 断路器并网试验并录制同期电压和断路器位置波形，注意并网后发电机带少量有功和少量无功。

C. 手动解列发电机出口断路器 $DL_1$。

D. 投入自动准同期装置，自动方式下完成发电机出口断路器 $DL_1$ 模拟并网试验并录制同期电压和断路器位置波形。

E. 手动解列发电机出口断路器 $DL_1$，机组降压到空转并跳开灭磁开关 FMK，并恢复试验接线。

3）主变高压侧断路器 $DL_2$ 同期点的模拟并网试验。

A. 跳开主变高压侧断路器 $DL_2$，拉开隔离刀闸，并模拟隔离刀闸投入位置信号。

B. 并解开励磁、调速器柜断路器位置接点信号。

C. 合上发电机出口断路器 $DL_1$ 断路器，机组带 B 主变升压。

D. 在自动及手动方式下完成主变高压侧断路器 $DL_2$ 模拟并网试验，并录制同期电压和断路器位置波形，检查同期系统接线和自动准同期装置动作的正确性，并记录同期时间。

E. 试验完成后，机组降压跳开灭磁开关 FMK。

F. 跳开主变高压侧断路器 $DL_2$。

4）主变高压侧断路器 $DL_2$ 同期点的并网试验。

A. 恢复模拟隔离刀闸投入位置信号接线，合上隔离刀闸。

B. 恢复励磁、调速器柜断路器位置接点信号，机组带 B 主变升压。

C. 在手动方式下完成主变高压侧断路器 $DL_2$ 并网试验，并录制同期电压和断路器位置波形。

D. 在主变高压侧断路器 $DL_2$ 处解列。

E. 在自动方式下完成主变高压侧断路器 $DL_2$ 并网试验，并录制滑差和断路器变位波形。

F. 试验完成后，在发电机出口断路器 $DL_1$ 断路器处解列，机组降压跳开灭磁开关 FMK。

5）自动准同期并网录波图见图 9－10。

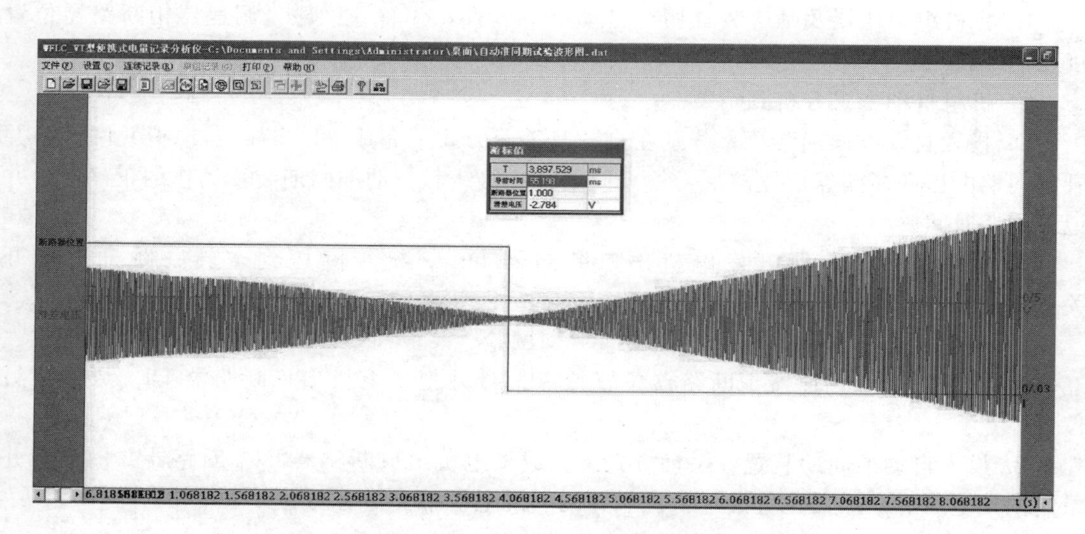


图 9－10　自动准同期并网录波图

(3) 直流电源的并列操作。

1）直流电源并列注意事项。

A. 直流电源并列必须保证直流电源系统所有用电负荷安全可靠。

B. 保证两个系统电源极性正确。

C. 保证两个系统之间的压差不要过大，一般在 2V 以内。

D. 有多个电源要并列时要注意操作顺序。

E. 在操作过程中，注意监视，应确认直流电源设备工作正常、表计显示正确、无故障信号及告警信号。

2）直流电源并列操作步骤。

A. 做好联系。

B. 检查系统及待并侧的两端电压差。

C. 合上并列开关。

D. 记录时间并汇报。

### 9.1.8 发电机向空载线路零起升压操作

在发电机启动试运行中，发电机向空载线路零起升压的目的是为了检查新投产的电气一次设备在额定电压下安全运行情况，检查升压范围内的电压互感器二次回路相序、相位及测量接线的正确性，检查各断路器同期回路接线正确性以及空载工况下励磁装置的性能检查、调试。

发电机向空载线路零起升压，不同的水电站有不同的方案，一般情况下分为三大步进行：第一步发电机零起升压试验；第二步发电机带主变压器及开关站零起升压试验；第三步发电机空载情况下的励磁装置试验。而试验所有励磁电源又可分为自并励和他励两种情况。

以某水电站发电机向空载线路零起升压操作为例。

(1) 发电机升压试验。

1) 填写操作票，并经过审批。

2) 跳开发电机出口断路器。

A. 投用发电机保护及水力机械保护。将发电机过压暂改为1.35额定电压，0.5s，做完空载特性后再恢复为保护永久定值。

B. 投入机组振动摆度测量装置。

C. 将调速器和其他辅机控制装置切至自动控制方式。

D. 机组升压采用他励方式。将励磁装置切至手动位置，励磁调节器给定值置于最低位置。

3) 机组升压操作。

A. 在机旁用LCU实现自动开机，并使机组空转运行至瓦温基本稳定。

B. 投他励电源，合发电机灭磁开关FMK后，手动操作电压给定缓慢升压。并按25%、50%、75%、100%额定电压分级。各级做相应检查，额定电压下停留30min。

C. 升至50%额定电压，跳灭磁开关，录制灭磁示波图。

4) 机组升压中的检测。

A. 检查各带电设备的运行情况。

B. 检查机端各电压互感器二次回路三相电压的平衡及相序正确性。测量TV开口三角形电压输出值，并在各TV间核相。

C. 测量TV二次回路在各盘内端子电压及电压表计指示的正确性。

D. 在100%额定电压时，测量发电机轴电压。

E. 在100%额定电压时，测量机组的振动、摆度值。

F. 额定电压下，跳灭磁开关，录制灭磁示波图。

5) 发电机空载特性曲线录制。

A. 手动操作励磁调节器，将发电机电压降至最低值。

B. 合他励电源，合FMK，操作手动给定缓升发电机电压。

C. 在10%～60%额定电压范围内按10%额定电压分级升压，在60%～100%额定电压范围内，按5%额定电压分级升压，在100%~130%额定电压范围内至少读取两点$U_F$、$I_L$值，升压限制在1.30额定电压或额定励磁电流之内，记录最大励磁电流时励磁电压值或1.30额定电压时励磁电流值。

D. 升压过程中，逐点读取定子三相电压、转子电流和机组频率。

E. 升压至1.30额定电压时或额定励磁电流值迅速读数后，对于有匝间绝缘的电机，在最高电压下持续5min，接着下降至额定电压。

F. 由额定电压开始降压，每隔10%额定电压记录定子电压、转子电流和频率，录制空载下降曲线。

G. 在发电机中性点位置和发电机出口位置分别设单相接地点，手动加励磁，递升接地电流至保护装置动作，检查动作的正确后投入接地保护装置。

H. 在励磁系统转子电压回路，串联标准电阻箱接地，模拟转子一点接地，校验转子一点接地保护。

I. 试验结束后跳开FMK，恢复发电机过电压保护定值。

（2）发电机带主变、高压厂用变及高压配电装置升压试验。以某水电站为例，其主接线见图9-11。

1）升压前操作。

A. 投1号发电机、1号主变、厂高变及GIS高压配电装置等保护、操作、信号回路。

B. 保护整定值按调度要求整定完成，保护压板全部投入。

C. 断开220kV GIS所有接地开关及发电机出口接地开关3011D。合接地开关22123$D_2$、22133$D_2$、22143$D_2$、22023$D_2$、22033$D_2$、22043$D_2$。

D. GIS隔离开关22123、22133、22143、22023、22033、22043处分闸状态，其余隔离开关均处于合闸状态。

E. GIS断路器全部处于合闸状态。

F. 10kV Ⅰ段负荷全部转移至Ⅱ段，并断开0110M、0302M及Ⅰ段上所有断路器与接地开关。合厂用变低压侧断路器001。

G. 合发电机出口隔离开关3011、断路器301。

H. 投入发电机中性点隔离开关、主变中性点接地开关，主变冷却装置投入。

2）升压试验操作。

A. 合灭磁开关，发电机带主变、高压厂变及高压配电装置按25%、50%、75%、100%额定电压分级递升加压，在各电压级分别停留5min，如无异常，将电压升至100%额定电压。

B. 升压过程中检查主变、厂高变及相应GIS设备带电运行情况。

C. 检查主变低压侧TV、220kV 1M TV、2M TV、10kV Ⅰ段TV的二次电压相序、相位和幅值。

D. 检查同期装置两侧电压相序、相位和幅值。

E. 所有检查结束后，正常后降压跳灭磁开关分301、3011。

F. 自动停机。

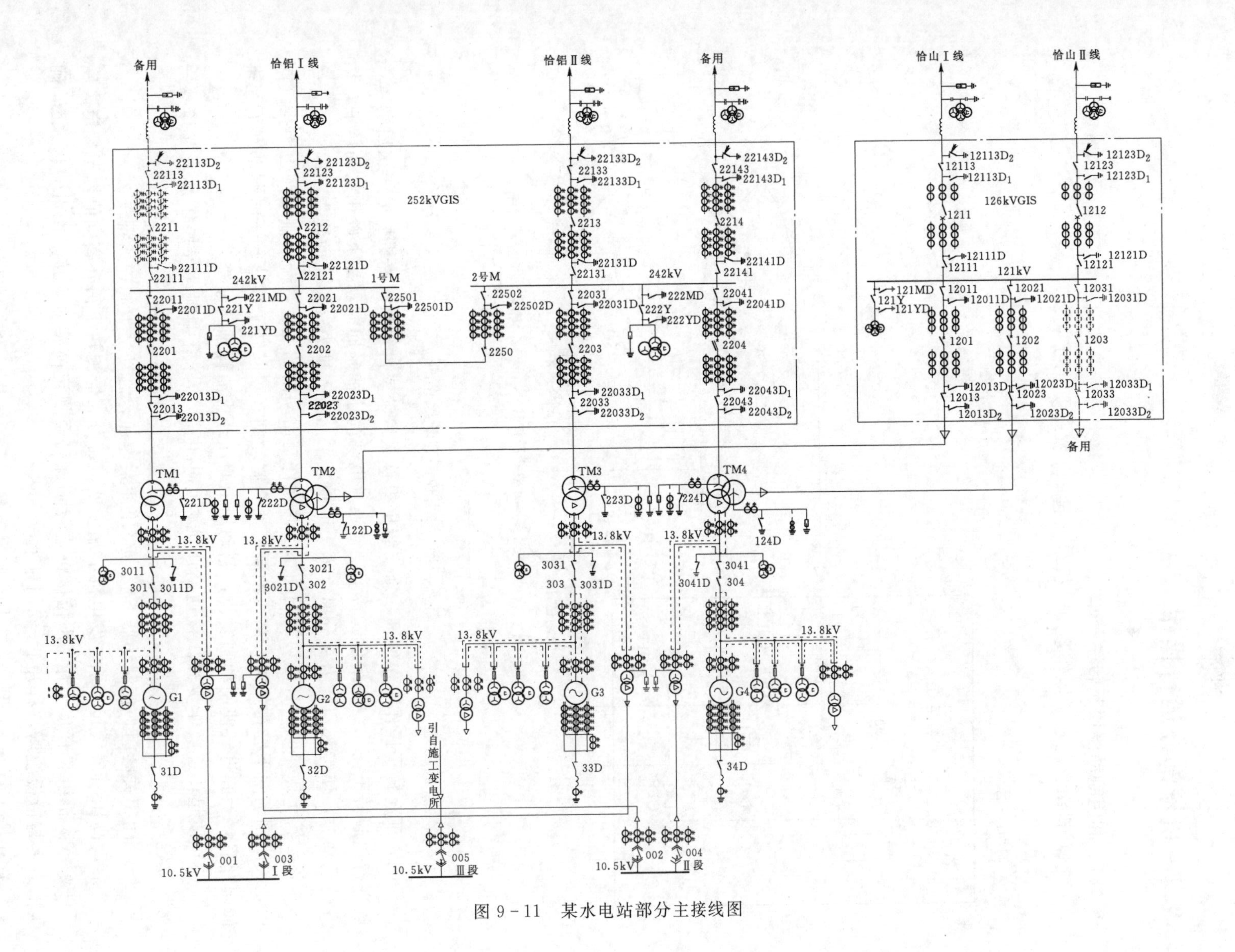


图 9-11　某水电站部分主接线图

## 9.2 机械部分运行操作

### 9.2.1 利用制动器顶起转子操作

（1）机组顶起转子操作系统。机组顶起转子操作见图 9-12。

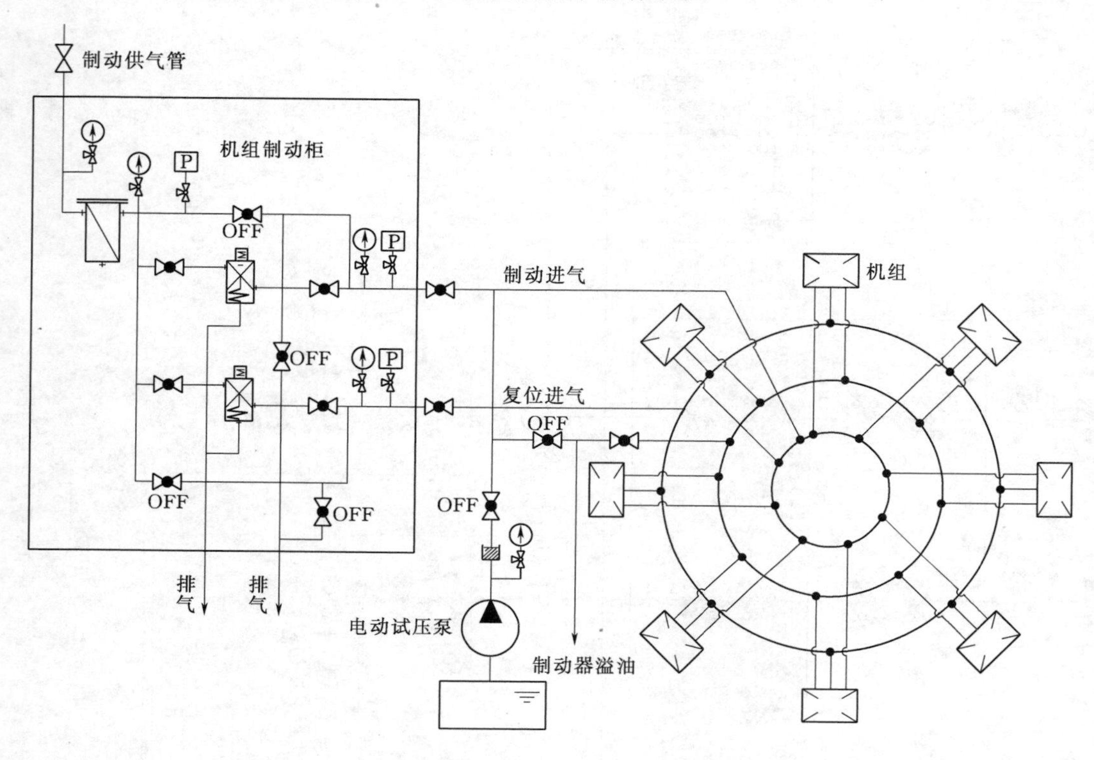


图 9-12　机组顶起转子操作图

（2）顶起转子操作工作原理。新安装机组首次启动或机组长期停机后第一次启动，一般进行顶起转子操作。机组顶起转子操作通过电动高压油泵向制动器下腔供给高压油，抬升转动部分，使镜板与推力瓦分离，推力油槽透平油进入推力轴承瓦面建立油膜。

顶起转子操作时：首先切断制动系统各元件与制动闸的联系，开启制动闸上腔排气阀门，关闭制动闸下腔排气阀，高压油泵打油至制动闸，顶起转子。落转子时制动闸下腔排油阀开启，上腔进气使制动闸复位，制动闸中的油经排油管排回油箱。

（3）顶起转子操作步骤。接通高压油泵临时电源，将机组制动屏操作开关选择“手动”位置。

开、闭相关阀门，使制动器下腔与高压油泵连通，制动器上腔连通排气。

启动高压油泵顶起转子，发电机上端轴处，百分表监测转子抬升高度值，至规定高度后停泵（大机组装有转子升高限位接点，转子升高至规定高度时，接点断开，停泵）。确认推力瓦与镜板脱离，打开 F2 阀门排油。

关闭 F6，打开 F7 阀门，对制动闸进行复位手动操作，检查制动闸复位位置应正确。

### 9.2.2 发电机机组制动闸运行操作

某水电站发电机机组制动系统见图 9-13，发电机制动闸正常运行时由计算机监控系统自动操作，手动开停机操作中，涉及制动闸手动操作，运行手动操作有以下步骤。

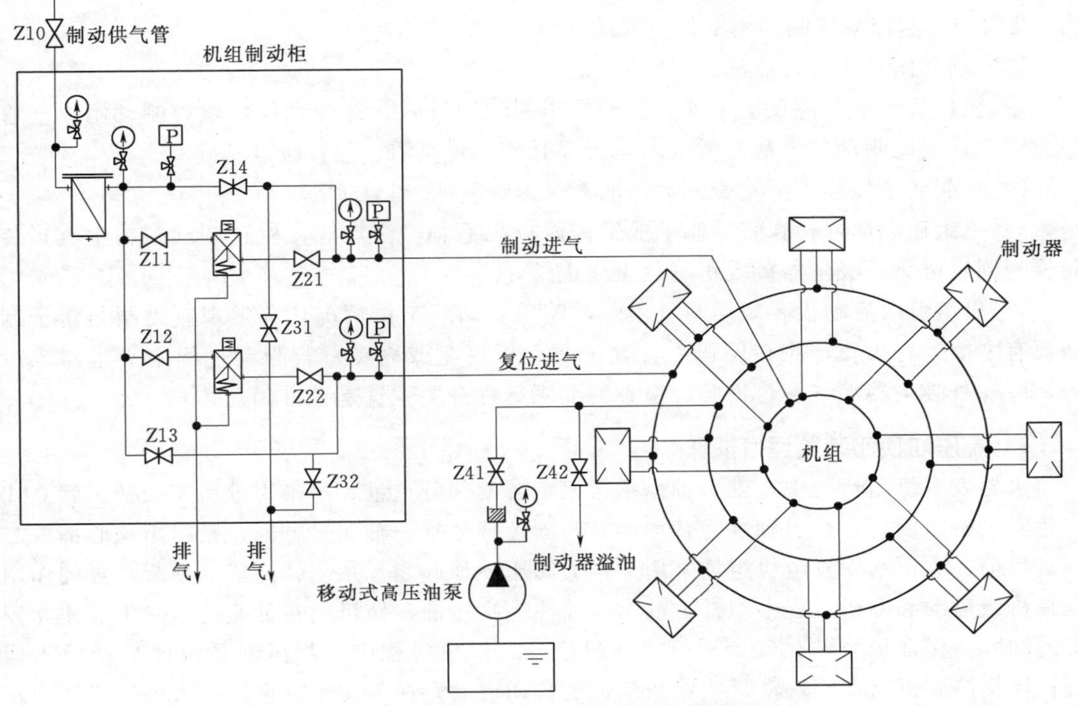


图 9-13 某水电站发电机机组制动系统图

(1) 根据系统图操作各阀门至运行状态。

1) 常开阀门：X3ZQ01、X3ZQ11、X3ZQ12、X3ZQ15、X3ZQ16、X3ZQ17、X3ZQ18、X3ZQ21、X3ZQ22、X3ZQ25、X3ZQ26、X3ZQ27、X3ZQ28。

2) 常闭阀门：X3ZQ13、X3ZQ14、X3ZQ23、X3ZQ24、X1DZ01、X1DZ02、X1DZ03、X1DZ04。

(2) 手动操作制动闸投入步骤。

1) 将机组制动屏操作开关选择"手动"位置，在试运行停机过程中，在机组转速降至15%～20%（根据制造厂规定确定）时，根据指令投入。

2) 打开 X3ZQ13 阀门，投入制动闸，检查制动屏制动腔压力应为 0.8MPa，检查制动闸投入位置信号应正确。

(3) 手动操作制动闸复位步骤。

1) 打开 X3ZQ14 阀门排气，检查制动屏制动腔压力为 0MPa。

2) 打开 X3ZQ23 阀门，退出制动闸，检查制动屏复位腔压力为应为 0.6～0.8MPa，检查制动闸退出位置信号应正确。

(4) 电动操作制动闸投入、复位步骤。

1) 检查制动屏制动气源压力表压力应为 0.8MPa，将机组制动屏操作开关选择"现地”位置；按下“制动闸投入”按钮，制动电磁阀动作，检查制动屏制动闸制动腔气压应为0.8MPa，监控系统风闸投入位置接点信号正常。

2）检查制动屏制动气源压力表压力应为0.8MPa，将机组制动屏操作开关选择“现地”位置；按下“制动闸复位”按钮，复位电磁阀动作，检查制动屏制动闸复位腔气压应为0.8MPa，监控系统制动闸复位位置接点信号正常。

（5）制动闸动作运行监测。

1）机组启动前，应反复手动、自动操作制动闸投入、复位动作，检查制动闸油气管路无漏气；制动闸动作灵活、无卡阻；行程开关动作灵活、位置接点正确。

2）顶起转子过程中，检查制动闸油管路无渗漏油。

3）机组启动前，检查转子制动板工作面应无毛刺、高点等，检查制动闸粉尘收集装置软管固定可靠、吸尘器接线正确且工作正常。

4）机组首次启动投入制动闸过程中，监视制动闸工作情况，若发现制动闸与转子制动板有摩擦、有火花，应在停机后，处理制动板毛刺或高点；若制动过程中吸尘器未投入，应检查吸尘器接线是否正确；检查制动闸行程开关位置是否准确。

### 9.2.3 高压油顶起装置运行操作

水轮发电机组运行中，推力轴承承担机组转动部分重量、水推力等所有载荷。就立式水轮发电机组而言，推力轴承为转动部分与固定部分唯一轴向接触面，是机组核心部件之一。目前，大型水轮发电机组均采用了推力高压油顶起装置系统，高压油顶起装置的作用是在机组启动和停机过程中给推力轴承瓦面注入高压油，使机组在低速运行时仍能建立较好的油膜，保证推力轴瓦安全运行。在机组开、停机过程中，高压油系统能自动投入运行；当探测到机组发生蠕动时，该系统也能自动启动；在吊转子时也可投入该装置转动转子，便于转子找正；在机组轴线找正时也可投入高压油便于盘车时转子的转动。

高压油顶起装置一般由两台高压油泵（交直流互为备用）、电气控制装置、阀组及管路系统组成。清洁的透平油经油泵升压后通过高压管路、单向逆止阀送到各块推力瓦。

发电机高压油顶起装置正常运行时由计算机监控系统自动操作，试运行当中手动开停机操作中，涉及手动操作，高压油顶起装置运行操作有下列步骤。

（1）首次启动一般采用手动操作，接到指令后，现地手动操作交流高压油泵，检查油流、油压应正常。

（2）在机组转速达到90%后，现地按停泵按钮，退出高压油泵。

（3）停机操作：接到停机指令后，机组转速下降至90%时，现地按高压油泵启动按钮，启动交流高压油泵，直至机组完全停稳后，现地按停泵按钮，退出高压油泵。

机组调试工作进入自动开/停机阶段后，将高压油顶起系统切换至远控，通过计算机监控操作高压油系统，在首次远控调试时，应安排专人在现地控制柜进行监护、监视，必要时，根据指令进行应急手动操作。

### 9.2.4 技术供水系统运行操作

（1）技术供水系统。水电站技术供水系统一般由水泵、阀门、管网、测量和控制元件、用水设备等组成。某抽水蓄能电站技术供水系统见图9－14。

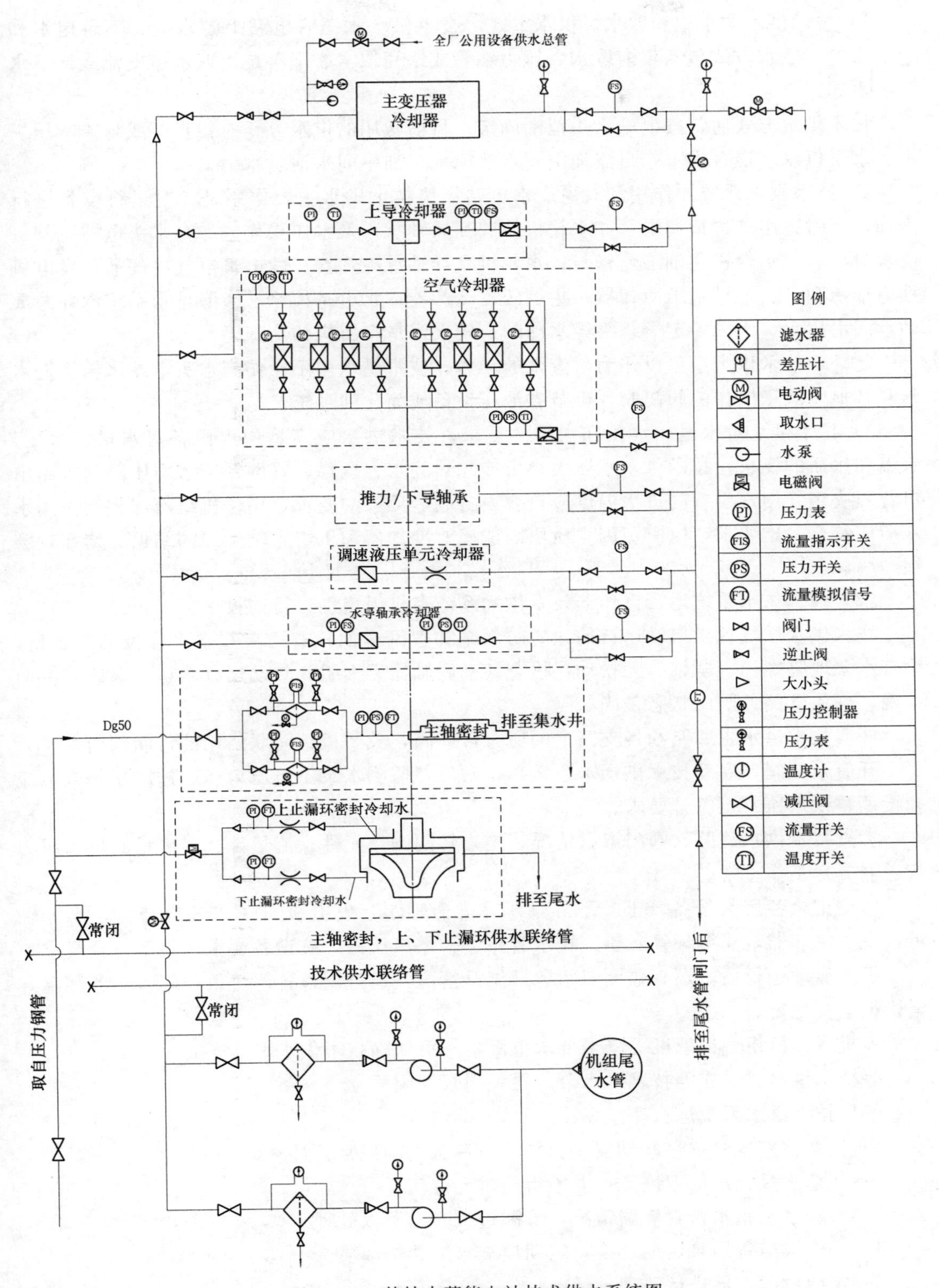


图 9-14　某抽水蓄能电站技术供水系统图

1）技术供水的水源和取水、供水方式。技术供水水源有电站上游水库、下游尾水和地下水源。取水方式包括坝前取水、压力钢管或蜗壳取水、下游尾水取水、支流或地下水源取水等。

技术供水方式通常按电站水头范围确定。目前常用的供水方式有：自流或自流减压供水、水泵供水、混合供水、自流加中间水池或水泵加中间水池供水。

2）技术供水系统的作用和对象。水电站厂房技术供水主要作用是：对运行设备进行冷却，有时也用来进行润滑（如水轮机橡胶瓦导轴承）及水压操作（如高水头电站主阀）。供水对象有：水轮机主轴工作密封；水轮机水导轴承冷却器；发电机空气冷却器；发电机推力轴承和上、下导轴承冷却器；主变压器冷却器；水电站检修、渗漏排水系统深井泵导轴承润滑用水；水内冷定子绕组纯水冷却；较大容量空压机的冷却等。

此外，技术供水还可以作为射流泵的动力。技术供水用于操作高水头电站水轮机进水阀及其他需液压操作的阀门时，可节省油压设备或简化油系统。

3）技术供水对水温、水压和水质的要求。技术供水应满足用水设备对水量、水压、水温和水质的要求。技术供水水压大小由冷却器的水力压降、管网系统水力压降和管路出口背压决定。用水设备的进水温度应符合设备制造厂家的要求，用作机组冷却和润滑用水水质应符合一定要求，以避免因水质原因造成对冷却器和机组主轴轴颈的结垢、堵塞、磨损和腐蚀。

（2）技术供水系统运行操作。技术供水系统在机组启动运行前投运。

技术供水系统首次启动运行前，应对水泵和管网全面检查。检查水泵油位油质合格，检查水泵地脚螺栓、联轴节无松动，检查转动联轴器无卡阻，点动运行确认水泵旋转方向正确，确认管路各阀门状态正确。

开启技术供水主回路和各支路上的所有常开阀，关闭机组间联络用的常闭阀门。

开启泵控阀，启动技术供水水泵运行正常后，监测水泵出口压力。通过减压阀或节流孔板调整供水压力至符合要求。

检查技术供水管路、阀门渗漏情况。检查管网测量元件（流量计、温度检测仪、压力变送器等）工作正常。

监测记录各用水设备（上、下导轴承，推力轴承，发电机定子空气冷却器，水导轴承，主变冷却器，止漏环等）供、排水管路进、出口压力，按设备要求调整至符合要求。

机组启动运行后，巡查监测机组各部温升情况，通过调整各部流量控制机组各部温升至机组运行稳定。

停机后，机组各部温度下降至要求范围，方可切除技术供水。

停技术供水时，先停技术供水泵，再关闭泵控阀。

（3）技术供水系统运行注意事项。

1）注意检查水泵弹性联轴器是否松动，注意电动机是否过热。

2）注意水泵轴承的温度，温升不得超过允许值。

3）检查水泵止水密封渗漏情况，渗漏过大时，予以处理。

4）工作泵与备用泵定期切换，定期检查水泵油位油质。

5）定期对滤水器进行清理排污。

6）水泵投运前，对供水管埋管进行冲洗。

### 9.2.5 检修排水系统运行操作

检修排水系统用于机组检修时排开机组内部或尾水流道的水，机组检修时，其上游的主进水阀或闸门关闭，下游的尾水事故门或检修门关闭，以下以某水电站检修排水系统为例说明检修排水系统的运行操作（见图 9-15）。

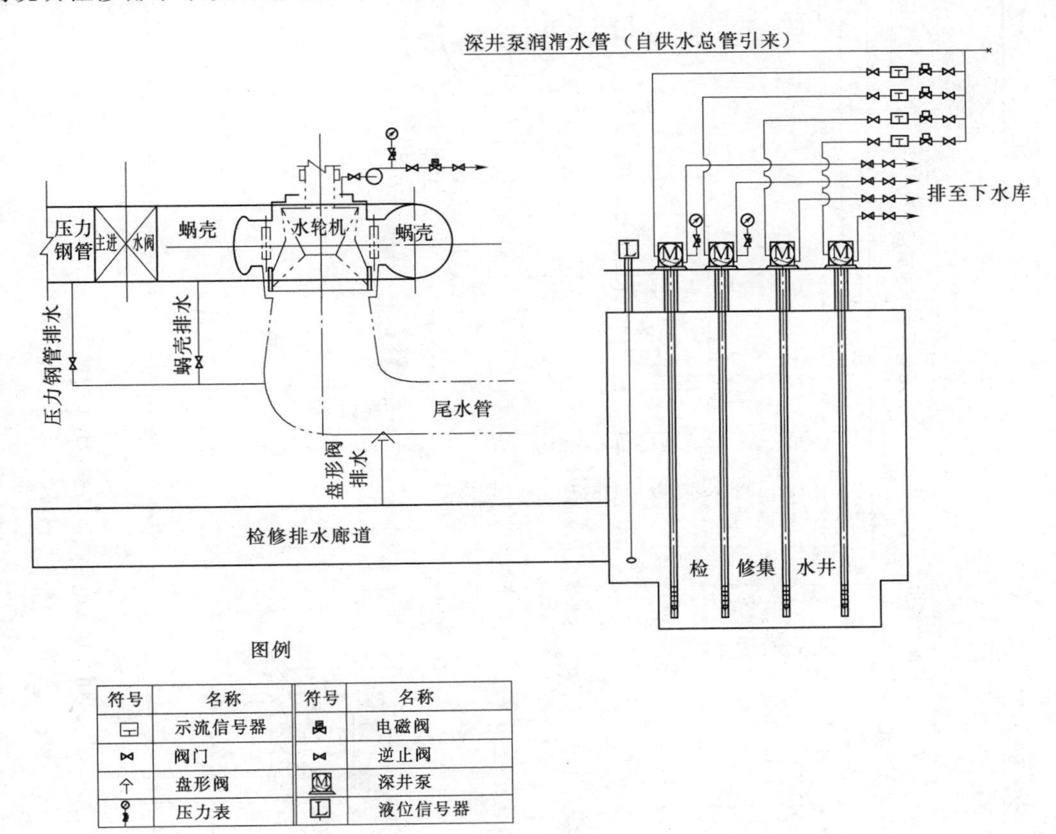


图 9-15　某水电站检修排水系统图

检修排水泵系统处于自动运行状态。打开蜗壳排水阀，打开盘形阀，机组内的水自流排入检修排水廊道，经排水廊道进入检修排水井，检修排水泵系统检测到水位上升到排水泵启动水位后启动排水。

### 9.2.6 压缩空气系统运行操作

（1）水电站压缩空气系统。水电站按需要设置有低压和中压、高压压缩空气系统。低压压缩空气系统气压一般为 0.7～0.8MPa，中压、高压压缩空气系统气压一般为 2.5～8MPa。某水电站低压、中压、高压压缩空气系统分别见图 9-16、图 9-17。

1）压缩空气系统组成。水电站压缩空气系统为用气设备即时供给所需气压、气量满足要求的清洁干燥压缩空气。其组成部分包括下列内容。

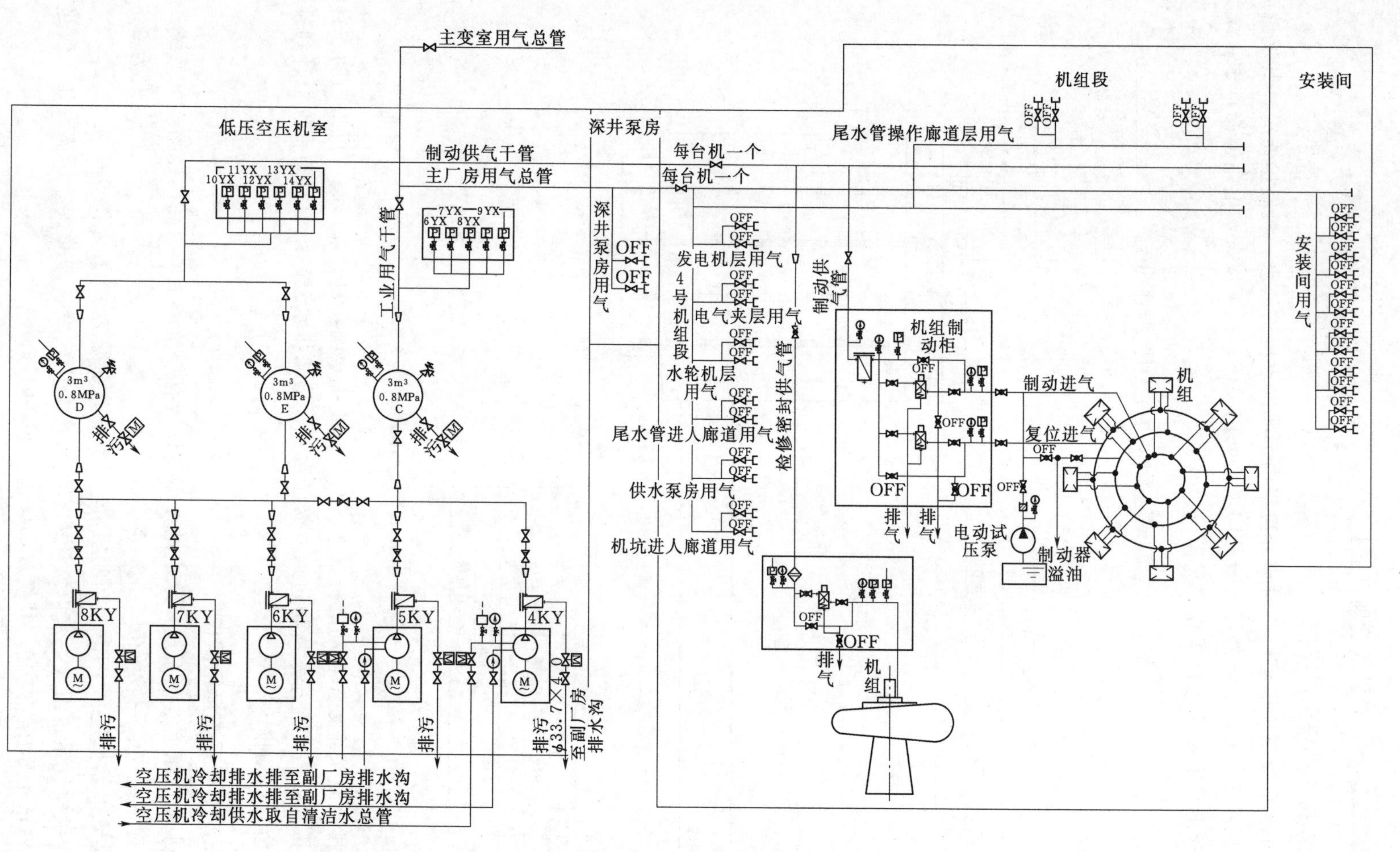


图 9-16　某水电站低压压缩空气系统图

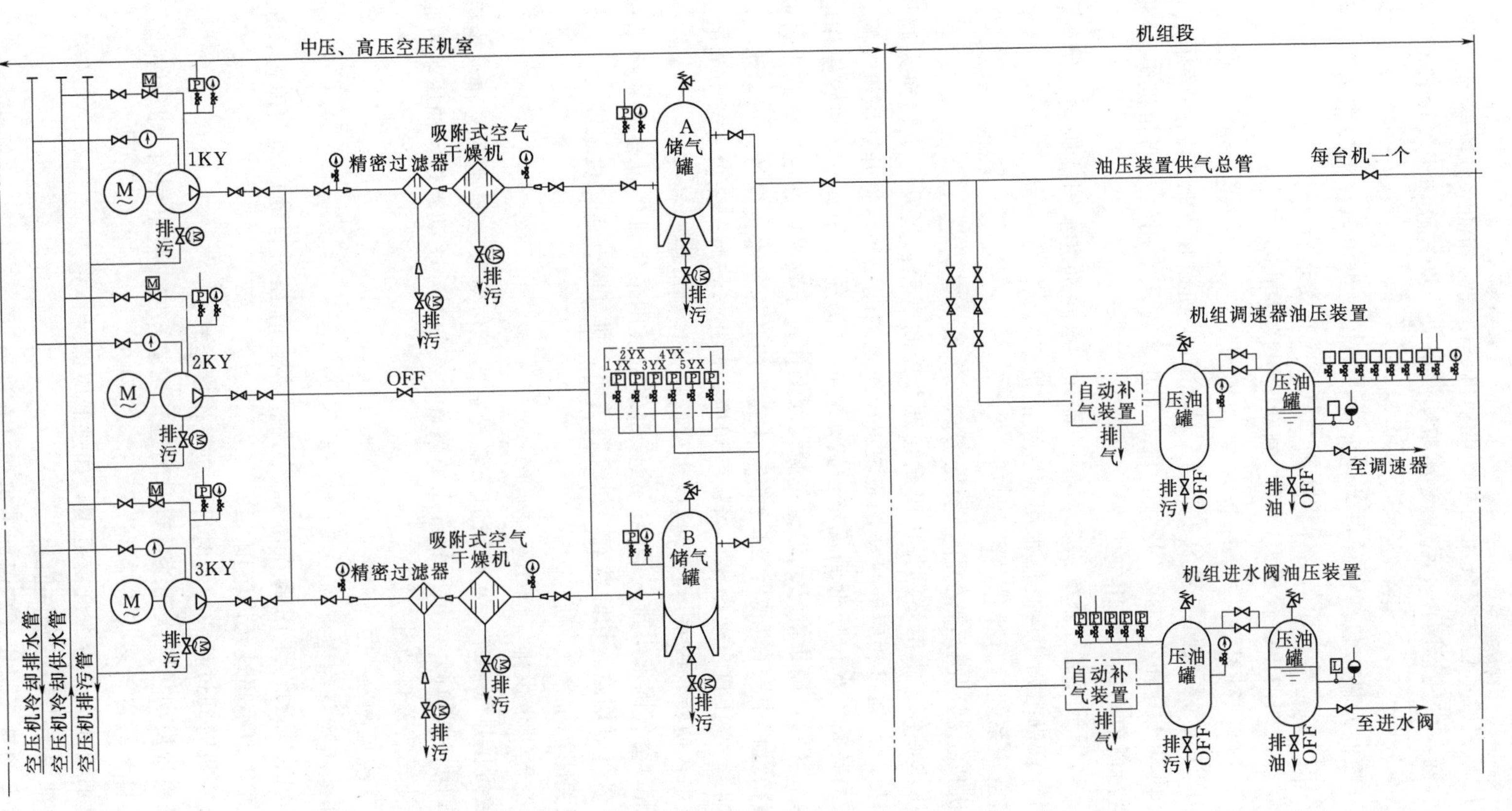


图 9-17　某水电站中压、高压压缩空气系统

A. 空气压缩装置：包括空气压缩机、电动机、储气罐和油水分离器等。

B. 供气管网：供气管网由干管、支管和管件组成，将气源和用气设备联系起来，输送和分配压缩空气。

C. 测量和控制元件：包括各种自动化元件，如压力继电器、温度信号器、电磁空气阀等。其主要作用是监测、控制、保护压缩空气系统正常运行。

D. 用气设备：如油压装置压力油罐、制动闸、风动工具等。

2）压缩空气供气对象。

A. 低压压缩空气系统供气对象主要有：水轮机主轴检修密封空气围带用气；机组停机制动用气；风动工具和吹扫设备用气；机组调相运行压水用气（调相机组）；寒冷地区水工闸门和拦污栅前防冻吹冰用气。

B. 中压、高压压缩空气系统供气对象主要有：水轮机进水阀油压装置用气；调速系统油压装置用气；机组调相运行压水用气（蓄能机组）。

（2）压缩空气系统运行操作。

1）发电机机组制动闸运行操作，参见第9.2.2条内容。

2）调相压水操作。水电站调相机组充气压水控制过程：当发电机切换为调相机运行时，自动关闭导叶，通过相应的自动控制装置操作电磁配压阀，打开液压给气阀，向转轮室给气压水。当转轮室水位压低到规定位置水位时，仍通过自动控制装置操作电磁配压阀，关闭液压给气阀，停止给气。为避免给气阀操作过于频繁，在给气管路上并联一个补气阀，它在调相过程中一直开启，给转轮室补气，使转轮室水位保持在下限水位以下。

调相压水时，空压机自动操作，当机组切换为调相运行时，先由支管上的电磁阀控制气源，供气压水，使转轮脱水运行，再由水位信号计控制电磁阀补气。

3）检修密封空气围带供排气操作。检修密封空气围带供排气可自动和手动操作。检修密封在机组运行时切除，切除状态，供气阀关闭，排气阀开启。机组停机后，检修密封投入，排气阀关闭，供气阀开启。

检修密封空气围带供排气操作系统见图9-18。

4）油压装置供排气操作。水电站油压装置主要工作对象为调速系统和水轮机进水阀（包括球阀、蝶阀、圆筒阀）。油压装置压油罐首次充气时，手动操作。油压装置正常运行时，通过自动补气装置自动补气。

油压装置系统见图9-19。

5）空气压缩机运行注意事项。

A. 空压机正常运行时采用压力信号器控制，按工作压力自动启动和停机，工作时应加强监视，使其压力不超过允许范围。

B. 空压机停机时间过长或检修时后，应先作试运转。

C. 空压机出现启动频繁或连续运行时间过长现象，应先找出原因，即时排除。

D. 空压机排污阀自动运行正常。

E. 检查曲轴箱油面是否在规定范围，如过低应即时补充。

F. 曲轴箱油温不得超过允许值。

G. 压缩机上的排气阀片最高温度不得超过允许值。

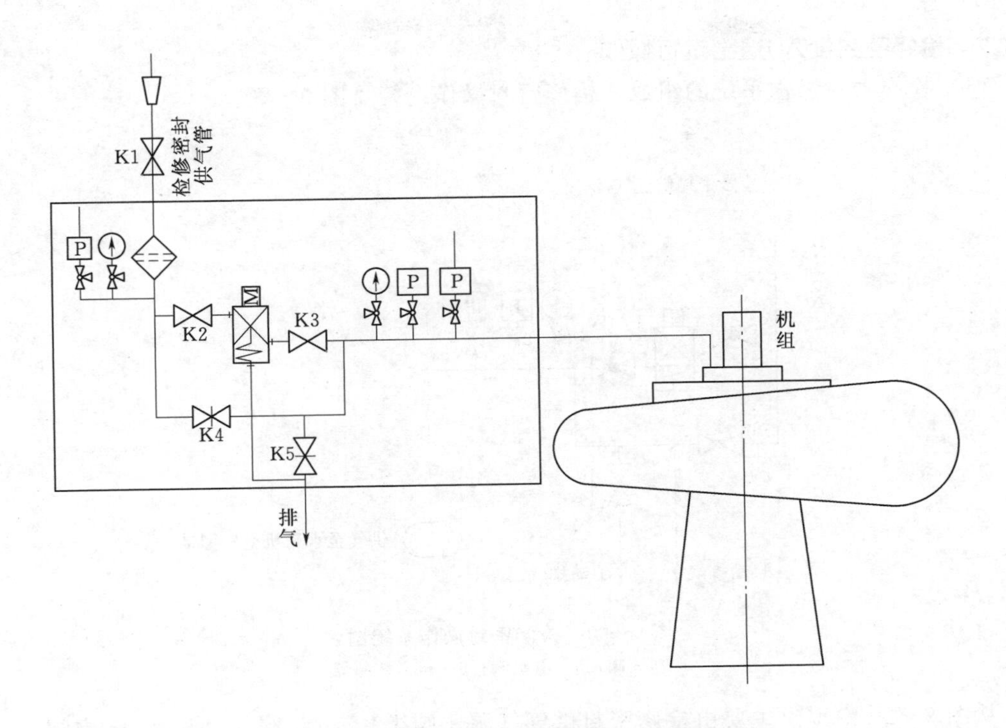


图 9-18　检修密封空气围带供排气操作系统图

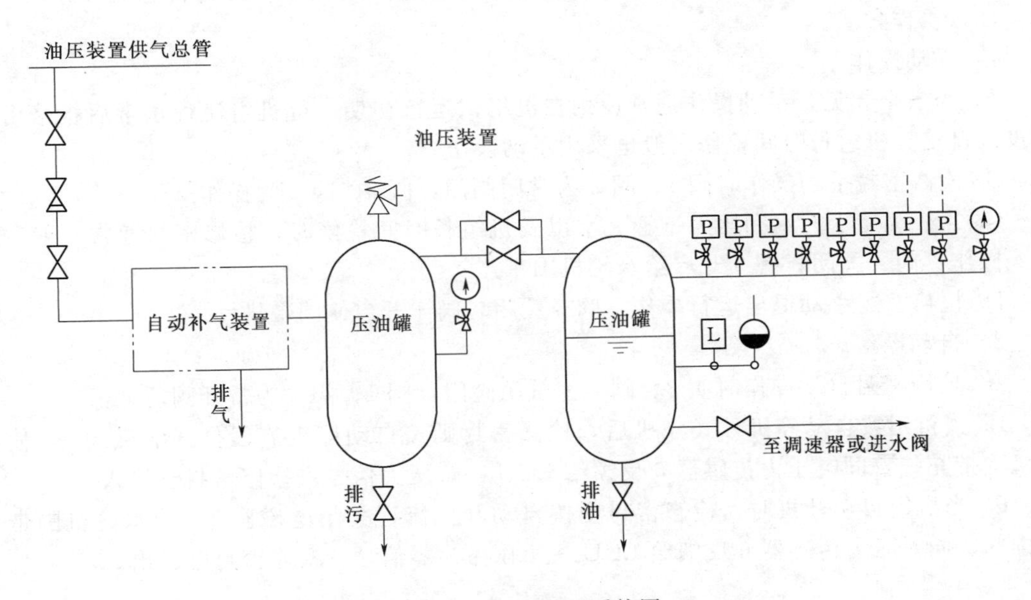


图 9-19　油压装置系统图

H. 空压机润滑用油应符合要求。

I.　空压机滤气器应定期清理。

J.　空压机安全阀和压力调节器定期校验，空压机定期检修。

### 9.2.7 检修密封投入/退出运行操作

（1）检修密封操作系统的组成。检修密封操作系统见图 9-20。

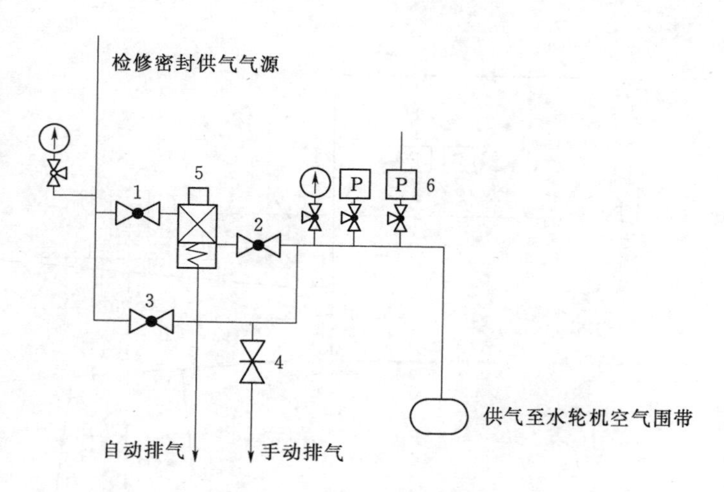


图 9-20 检修密封操作系统图

1～4—阀；5—电磁阀；6—压力传感器

从图 9-20 中得出主要由检修密封供气气源、阀 1、阀 2、阀 3、阀 4、电磁阀 5、水轮机空气围带、检修密封供气气源压力表、检修密封供气压力表和压力传感器等。

（2）操作方法。

1）手动操作。

A. 为安全起见，手动操作通常使用在机组试运行初期，待机组流程正常后检修密封才投入自动。机组长时间检修一般也采用手动操作。

B. 检修密封手动操作时阀 1、阀 2 为常闭阀门，阀 3、阀 4 为操作阀门。

C. 当机组尾水充水和压力钢管充水以及机组长时间检修时，检修密封通常一般手动投入操作：阀 4 关闭，阀 3 开启给水轮机围带充气。

D. 检修密封手动退出运行操作：阀 3 关闭，阀 4 开启使围带排气。

2）自动操作。

A. 检修密封自动操作时阀 3、阀 4 为常闭阀门，阀 1、阀 2 为常开阀门。

B. 当机组按自动停机方式停机后，检修密封则按自动停机流程打开电磁阀 5，使水轮机围带充气，同时压力传感器 6 反馈给 LCU 一个压力信号，检修密封已投入。

C. 当机组自动开机时，检修密封则按自动开机流程关闭电磁阀 5，使水轮机围带自动排气，同时压力传感器 6 反馈给 LCU 一个压力为零信号，检修密封已退出。

## 9.3 运行操作实例（典型操作票）

### 9.3.1 某抽水蓄能电站 500kV 系统倒送电操作票

某抽水蓄能电站主接线见图 9-21。

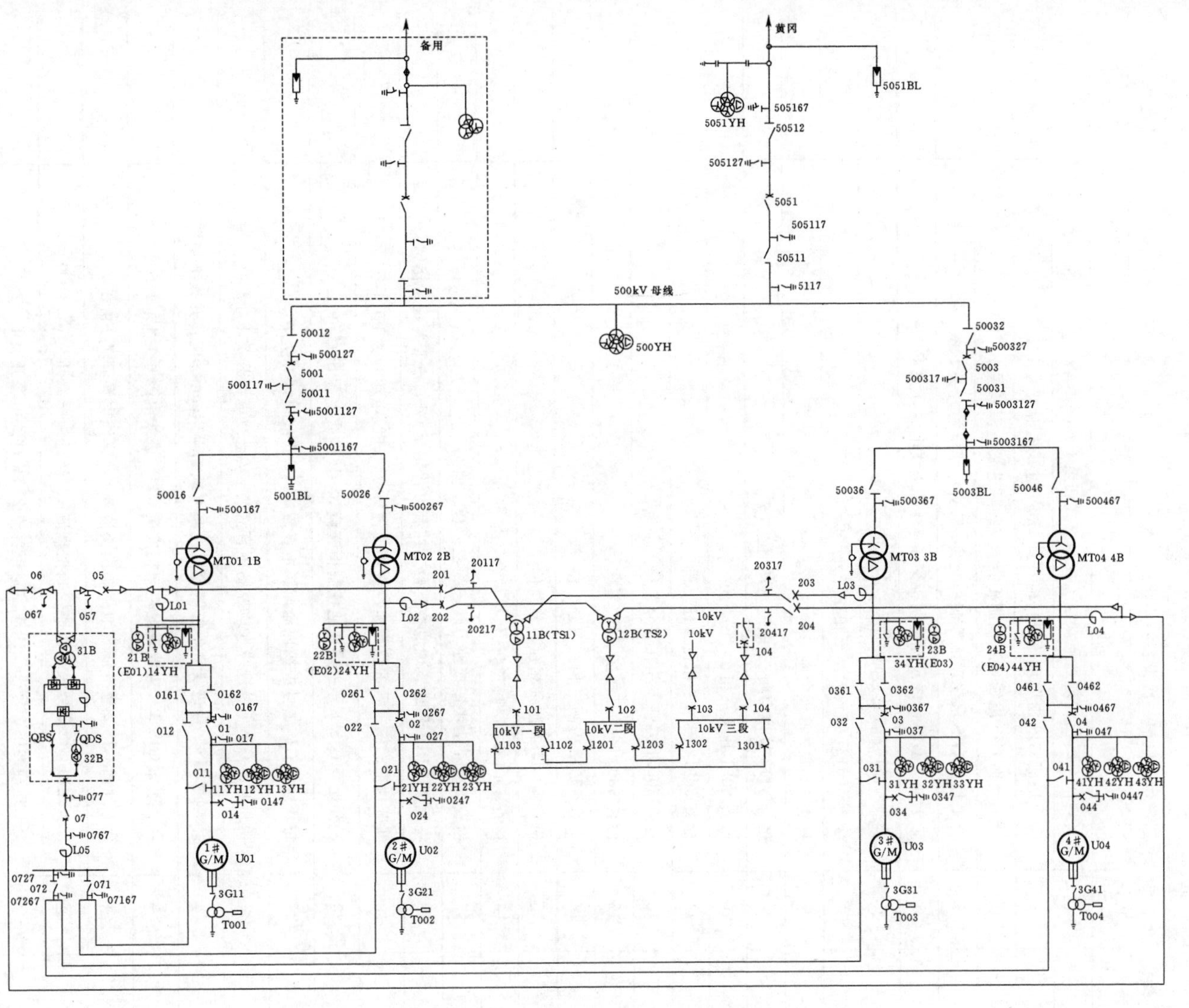

图 9-21 某抽水蓄能电站主接线图

（1）500kV系统倒送电前一次设备初始状态检查见表9-1。

**表9-1　　500kV系统倒送电前一次设备初始状态检查表**

操作开始时间：　年　月　日　时　分，操作结束时间：　年　月　日　时　分

操作任务：500kV系统倒送电前一次设备初始状态检查

| √ | 顺序 | 操作项目 | 时间 |
|---|---|---|---|
| | 1 | 将地面GIS出线现地控制柜上控制方式切至Remote位置 | |
| | 2 | 合上地面GIS出线现地控制柜直流220V进线电源开关F1.1 | |
| | 3 | 合上地面GIS出线现地控制柜直流220V进线电源开关F1.2 | |
| | 4 | 合上地面GIS出线现地控制柜交流380V进线电源开关F9.1 | |
| | 5 | 合上地面GIS出线现地控制柜交流380V进线电源开关F9.2 | |
| | 6 | 检查505167快速接地刀闸三相在“分”位 | |
| | 7 | 检查505127接地刀闸三相在“分”位 | |
| | 8 | 检查505117接地刀闸三相在“分”位 | |
| | 9 | 检查5117接地刀闸三相在“分”位 | |
| | 10 | 检查5051开关三相在“分”位 | |
| | 11 | 检查50512刀闸三相在“分”位 | |
| | 12 | 检查50511刀闸三相在“分”位 | |
| | 13 | 检查5001开关三相在“分”位 | |
| | 14 | 检查50012刀闸三相在“分”位 | |
| | 15 | 检查50011刀闸三相在“分”位 | |
| | 16 | 检查500127接地刀闸三相在“合”位 | |
| | 17 | 检查5001127快速接地刀闸三相在“合”位 | |
| | 18 | 将地面GIS 1号进线现地控制柜上控制方式切至OFF位置并拔下钥匙 | |
| | 19 | 断开地面GIS 1号进线现地控制柜交流380V进线电源开关F9.1 | |
| | 20 | 断开地面GIS 1号进线现地控制柜交流380V进线电源开关F9.2 | |
| | 21 | 断开地面GIS 1号进线现地控制柜直流220V进线电源开关F1.1 | |
| | 22 | 断开地面GIS 1号进线现地控制柜直流220V进线电源开关F1.2 | |
| | 23 | 将地面GIS 2号进线现地控制柜上控制方式切至Remote位置并拔下钥匙 | |
| | 24 | 合上地面GIS 2号进线现地控制柜交流380V进线电源开关F9.1 | |
| | 25 | 合上地面GIS 2号进线现地控制柜交流380V进线电源开关F9.2 | |
| | 26 | 合上地面GIS 2号进线现地控制柜直流220V进线电源开关F1.1 | |
| | 27 | 合上地面GIS 2号进线现地控制柜直流220V进线电源开关F1.2 | |
| | 28 | 检查500327接地刀闸三相在“分”位 | |

备注：

操作人：　　　　监护人：　　　　值班负责人（值长）：

续表

操作开始时间：　　年　月　日　时　分，操作结束时间：　　年　月　日　时　分

操作任务：500kV系统倒送电前一次设备初始状态检查

| √ | 顺序 | 操 作 项 目 | 时间 |
|---|---|---|---|
| | 29 | 检查500317接地刀闸三相在“分”位 | |
| | 30 | 检查5003127快速接地刀闸三相在“分”位 | |
| | 31 | 检查5003开关三相在“分”位 | |
| | 32 | 检查50032刀闸三相在“分”位 | |
| | 33 | 检查50031刀闸三相在“分”位 | |
| | 34 | 检查5003167接地刀闸三相在“分”位 | |
| | 35 | 检查50036刀闸三相在“分”位 | |
| | 36 | 检查500367接地刀闸三相在“合”位 | |
| | 37 | 检查500467接地刀闸三相在“分”位 | |
| | 38 | 检查50046刀闸三相在“分”位 | |
| | 39 | 检查4号机组励磁交流电源开关在“分”位 | |
| | 40 | 检查4号机组励磁交流电源开关在试验位置 | |
| | 41 | 检查4号主变压器4B低压侧44YH在检修位置 | |
| | 42 | 检查2号厂高变进线204开关在“分”位 | |
| | 43 | 检查2号厂高变进线204开关在试验位置 | |
| | 44 | 检查2号厂高变进线接地刀20417在“分”位 | |
| | 45 | 检查102开关在“分”位 | |
| | 46 | 检查102开关手车在试验位置 | |
| | 47 | 检查102开关接地刀在“分”位 | |
| | 48 | 检查SFC进线06开关在“分”位 | |
| | 49 | 检查SFC进线06开关在试验位置 | |
| | 50 | 检查SFC降压变高压侧057接地刀闸在“合”位 | |
| | 51 | 检查4号主变压器4B低压侧04617接地刀闸三相在“分”位 | |
| | 52 | 检查4号机组出口莲04开关在“分”位 | |
| | 53 | 检查4号机组出口0461、0462换相刀闸在“分”位 | |
| | 54 | 检查4号机组电制动044开关在“分”位 | |
| | 55 | 检查莲04开关出口0467接地刀闸在“合”位 | |

备注：

操作人：　　　　监护人：　　　　值班负责人（值长）：

续表

操作开始时间：　　年　月　日　时　分，操作结束时间：　　年　月　日　时　分

操作任务：500kV 系统倒送电前一次设备初始状态检查

| √ | 顺序 | 操 作 项 目 | 时间 |
|---|---|---|---|
| | 56 | 检查 4 号机组出口 047 接地刀闸在“合”位 | |
| | 57 | 检查 4 号机组拖动刀闸 042 在“分”位 | |
| | 58 | 检查 4 号机组启动刀闸 041 在“分”位 | |
| | 59 | 检查 3 号、4 号机组启动母线刀闸 072 在“分”位 | |
| | 60 | 检查 3 号、4 号机组启动母线接地刀闸 07267 在“合”位 | |
| | 61 | 在地面 GIS 1 号进线现地控制柜上挂“禁止合闸，有人工作”标示牌 | |
| | 62 | 在地面 GIS 1 号进线现地控制柜上挂“已接地”标示牌 | |
| | 63 | 在 50036 刀闸控制柜上挂“禁止合闸，有人工作”标示牌 | |
| | 64 | 在 50036 刀闸控制柜上挂“已接地”标示牌 | |
| | 65 | 在 2 号厂高变进线 204 开关上挂“禁止合闸，有人工作”标示牌 | |
| | 66 | 在 4 号机组励磁交流电源开关上挂“禁止合闸，有人工作”标示牌 | |
| | 67 | 在 4 号机组拖动刀闸 042 上挂“禁止合闸，有人工作”标示牌 | |
| | 68 | 在 4 号机组启动刀闸 041 上挂“禁止合闸，有人工作”标示牌 | |
| | | | |
| | | | |
| | | | |
| | | | |
| | | | |
| | | | |
| | | | |
| | | | |
| | | | |
| | | | |
| | | | |
| | | | |
| | | | |
| | | | |
| | | | |
| | | | |

备注：水电站 500kV 一次设备处于冷备用状态。

操作人：　　　　监护人：　　　　值班负责人（值长）：

（2）500kV线路单相受电倒闸操作票见表9－2。

**表9－2　500kV线路单相受电倒闸操作票**

操作开始时间：　年　月　日　时　分，操作结束时间：　年　月　日　时　分

操作任务：500kV单相受电

| √ | 顺序 | 操　作　项　目 | 时间 |
|---|---|---|---|
| | 1 | 检查GIS出线现地控制柜上控制方式已切至Remote位置 | |
| | 2 | 检查地面GIS出线现地控制柜直流220V进线电源开关F1.1在“合”位 | |
| | 3 | 检查地面GIS出线现地控制柜直流220V进线电源开关F1.2在“合”位 | |
| | 4 | 检查地面GIS出线现地控制柜交流380V进线电源开关F9.1在“合”位 | |
| | 5 | 检查地面GIS出线现地控制柜交流380V进线电源开关F9.2在“合”位 | |
| | 6 | 检查505167快速接地刀闸三相在“分”位 | |
| | 7 | 检查5051开关在“分”位 | |
| | 8 | 检查50512刀闸三相在“分”位 | |
| | 9 | 合上500kV莲吉线莲5051YH二次开关 | |
| | 10 | 向省调确认500kV莲吉线对侧开关A相已合上 | |
| | 11 | 检查A相避雷器对地电流正常 | |
| | 12 | 核对线路CVT A相二次电压正常 | |
| | 13 | 向省调确认500kV线对侧开关B相已合上 | |
| | 14 | 检查B相避雷器对地电流正常 | |
| | 15 | 核对线路CVT B相二次电压正常 | |
| | 16 | 向省调确认500kV线对侧开关C相已合上正常 | |
| | 17 | 检查C相避雷器对地电流正常 | |
| | 18 | 核对线路CVT C相二次电压正常 | |
| | 19 | 三相受电后检查CVT二次$3U_0$电压幅值 | |
| | | | |

备注：500kV线单相充电完成后，对侧开关由运行转为热备用，线路转为热备用。

操作人：　　　　监护人：　　　　值班负责人（值长）：

（3）500kV 线路三相受电倒闸操作票见表 9-3。

**表 9-3　　500kV 线路三相受电倒闸操作票表**

操作开始时间：　　年　月　日　时　分，操作结束时间：　　年　月　日　时　分

操作任务：500kV 线路三相线受电

| √ | 顺序 | 操作项目 | 时间 |
|---|---|---|---|
| | 1 | 检查地面 GIS 出线现地控制柜上控制方式在 Remote 位置 | |
| | 2 | 检查地面 GIS 出线现地控制柜直流 220V 进线电源开关 F1.1 在“合”位 | |
| | 3 | 检查地面 GIS 出线现地控制柜直流 220V 进线电源开关 F1.2 在“合”位 | |
| | 4 | 检查地面 GIS 出线现地控制柜交流 380V 进线电源开关 F9.1 在“合”位 | |
| | 5 | 检查地面 GIS 出线现地控制柜交流 380V 进线电源开关 F9.2 在“合”位 | |
| | 6 | 检查 505167 快速接地刀闸三相在“分”位 | |
| | 7 | 检查 5051 开关在“分”位 | |
| | 8 | 检查 50512 刀闸三相在“分”位 | |
| | 9 | 合上 500kV 5051YH 二次开关 | |
| | 10 | 向省调确认 500kV 线对侧开关已合上 | |
| | 11 | 检查 500kV 线三相电压正常 | |
| | 12 | 检查避雷器对地电流正常 | |
| | 13 | 核对线路 CVT 二次电压及相位正确 | |
| | 14 | 检查 CVT 二次 $3U_0$ 电压幅值正确 | |
| | | | |
| | | | |
| | | | |
| | | | |
| | | | |
| | | | |

备注：线路三相充电 2 次，操作时间间隔不少于 5min，第 2 次充电后，线路处于运行状态。

操作人：　　　　监护人：　　　　值班负责人（值长）：

（4）500kV 1 号母线受电倒闸操作票见表 9-4。

**表 9-4　　500kV 1 号母线受电倒闸操作票表**

操作开始时间：　　年　月　日　时　分，操作结束时间：　　年　月　日　时　分

操作任务：500kV 1 号母线受电

| √ | 顺序 | 操作项目 | 时间 |
|---|---|---|---|
| | 1 | 检查 505127 接地刀闸三相在“分”位 | |
| | 2 | 检查 505117 接地刀闸三相在“分”位 | |
| | 3 | 检查 5117 接地刀闸三相在“分”位 | |
| | 4 | 向省调确认 500kV 线对侧开关在“合”位 | |
| | 5 | 检查 500kV 线三相电压正常 | |
| | 6 | 检查 50012 刀闸三相在“分”位 | |
| | 7 | 检查 50032 刀闸三相在“分”位 | |
| | 8 | 投入 5051 断路器充电保护 | |
| | 9 | 投入 500kV 母差保护 | |
| | 10 | 检查 5051 开关在“分”位 | |
| | 11 | 合上 50512 刀闸 | |
| | 12 | 检查 50512 刀闸三相在“合”位 | |
| | 13 | 合上 50511 刀闸 | |
| | 14 | 检查 50511 刀闸三相在“合”位 | |
| | 15 | 合上 500kV1 号母线 500YH 二次开关 | |
| | 16 | 合上 5051 开关 | |
| | 17 | 检查 5051 开关三相在“合”位 | |
| | 18 | 检查 500kV 1 号母线三相电压正常并与线路 CVT 核相 | |
| | 19 | 检查 500kV 1 号母线 PT 二次回路正确 | |

备注：500kV 1 号母线充电 3 次，间隔不少于 5min。

操作人：　　　　监护人：　　　　值班负责人（值长）：

(5) 第二回 500kV 高压电缆及 500kV 3 号母线受电操作票见表 9-5。

**表 9-5　　第二回 500kV 高压电缆及 500kV 3 号母线受电操作票表**

操作开始时间：　年　月　日　时　分，操作结束时间：　年　月　日　时　分

操作任务：第二回 500kV 高压电缆及 500kV 3 号母线受电

| √ | 顺序 | 操　作　项　目 | 时间 |
|---|---|---|---|
| | 1 | 将地面 GIS 2 号进线现地控制柜上控制方式切至 Remote 位置并拔下钥匙 | |
| | 2 | 合上地面 GIS 2 号进线现地控制柜交流 380V 进线电源开关 F9.1 | |
| | 3 | 合上地面 GIS 2 号进线现地控制柜交流 380V 进线电源开关 F9.2 | |
| | 4 | 合上地面 GIS 2 号进线现地控制柜直流 220V 进线电源开关 F1.1 | |
| | 5 | 合上地面 GIS 2 号进线现地控制柜直流 220V 进线电源开关 F1.2 | |
| | 6 | 检查 500327 接地刀闸三相在“分”位 | |
| | 7 | 检查 500317 接地刀闸三相在“分”位 | |
| | 8 | 检查 5003127 快速接地刀闸三相在“分”位 | |
| | 9 | 检查 5003167 接地刀闸三相在“分”位 | |
| | 10 | 检查 50036 刀闸三相在“分”位 | |
| | 11 | 检查 50046 刀闸三相在“分”位 | |
| | 12 | 投入 5003 断路器充电保护 | |
| | 13 | 投入第二回 500kV 高压电缆差动保护 | |
| | 14 | 检查 5003 开关在“分”位 | |
| | 15 | 合上 50032 刀闸 | |
| | 16 | 检查 50032 刀闸三相在“合”位 | |
| | 17 | 合上 50031 刀闸 | |
| | 18 | 检查 50031 刀闸三相在“合”位 | |
| | 19 | 合上 5003 开关 | |
| | 20 | 检查 5003 开关三相在“合”位 | |

备注：

操作人：　　　　监护人：　　　　值班负责人（值长）：

（6）500kV 4 号主变冲击合闸操作票见表 9-6。

**表 9-6　　500kV 4 号主变冲击合闸操作票表**

操作开始时间：　年　月　日　时　分，操作结束时间：　年　月　日　时　分

操作任务：500kV 4 号主变冲击合闸

| √ | 顺序 | 操 作 项 目 | 时间 |
|---|---|---|---|
| | 1 | 检查 4 号主变压器 4B 低压侧 04617 接地刀闸三相在“分”位 | |
| | 2 | 检查 4 号机组励磁交流电源开关在“分”位 | |
| | 3 | 检查 4 号机组励磁交流电源开关在试验位置 | |
| | 4 | 检查 4 号主变压器 4B 低压侧 44YH 高压保险在装上位置 | |
| | 5 | 检查 4 号主变压器 4B 低压侧 44YH 在工作位置 | |
| | 6 | 合上 4 号主变压器 4B 低压侧 44YH 二次侧小开关 | |
| | 7 | 检查 2 号厂高变进线 204 开关在“分”位 | |
| | 8 | 检查 2 号厂高变进线 204 开关在试验位置 | |
| | 9 | 检查 SFC 进线 06 开关在“分”位 | |
| | 10 | 检查 SFC 进线 06 开关在试验位置 | |
| | 11 | 检查 4 号机组出口 04 开关在“分”位 | |
| | 12 | 检查 4 号机组出口 0461、0462 换相刀闸在“分”位 | |
| | 13 | 将地下 GIS 2 号进线现地控制柜上控制方式切至 Remote 位置并拔下钥匙 | |
| | 14 | 合上地下 GIS 2 号进线现地控制柜交流 380V 进线电源开关 F9.1 | |
| | 15 | 合上地下 GIS 2 号进线现地控制柜交流 380V 进线电源开关 F9.2 | |
| | 16 | 合上地下 GIS 2 号进线现地控制柜直流 220V 进线电源开关 F1.1 | |
| | 17 | 合上地下 GIS 2 号进线现地控制柜直流 220V 进线电源开关 F1.2 | |
| | 18 | 检查 500467 接地刀闸三相在“分”位 | |
| | 19 | 合上 4 号主变保护 1 路直流电源开关 501JD | |
| | 20 | 合上 4 号主变保护 2 路直流电源开关 502JD | |
| | 21 | 合上 4 号主变保护交流电源开关 503JD | |
| | 22 | 合上 4 号主变保护安全控制开关 504JD | |
| | 23 | 合上 4 号主变保护装置电源开关 505JD | |
| | 24 | 合上 4 号主变非电量保护电源开关 511JD | |
| | 25 | 投入 4 号主变 A 套差动保护 | |

备注：

操作人：　　　　监护人：　　　　值班负责人（值长）：

续表

操作开始时间：　　年　月　日　时　分，操作结束时间：　　年　月　日　时　分

操作任务：500kV 4号主变冲击合闸

| √ | 顺序 | 操　作　项　目 | 时间 |
|---|---|---|---|
| | 26 | 投入4号主变A套零序电流保护 | |
| | 27 | 投入4号主变A套复合电压过流保护 | |
| | 28 | 投入4号主变A套低压侧单相接地保护 | |
| | 29 | 投入4号主变A套过激磁保护 | |
| | 30 | 投入4号主变A套非电气量保护 | |
| | 31 | 投入4号主变B套零序电流保护 | |
| | 32 | 投入4号主变B套复合电压过流保护 | |
| | 33 | 投入4号主变B套低压侧单相接地保护 | |
| | 34 | 投入4号主变B套过激磁保护 | |
| | 35 | 投入4号主变冷却器电源 | |
| | 36 | 检查4号主变挡位在中间挡位 | |
| | 37 | 断开5003开关 | |
| | 38 | 检查5003开关三相在分位 | |
| | 39 | 退出5051开关充电保护 | |
| | 40 | 退出5003开关充电保护 | |
| | 41 | 合上50046刀闸 | |
| | 42 | 检查50046刀闸三相在合位 | |
| | 43 | 合上5003开关 | |
| | 44 | 检查5003开关三相在合位 | |
| | 45 | 检查4号主变运行正常 | |
| | 46 | 检查4号主变压器4B低压侧电抗器L04工作正常 | |
| | 47 | 检查4号主变压器4B低压侧避雷器工作正常 | |
| | 48 | 检查4号主变压器4B低压侧44YH二次侧电压、相序、相位正确 | |

备注：1. 主变投运前投入主变冷却水回路。
2. 主变冲击时录取主变励磁涌流波形。
3. 进行5次冲击合闸试验，每次带电运行10min，冲击时均录取励磁涌流波形。

操作人：　　　　监护人：　　　　值班负责人（值长）：

（7）4号发电电动机同期回路核相操作票见表9-7。

表9-7　　4号发电电动机同期回路核相操作票表

操作开始时间：　年　月　日　时　分，操作结束时间：　年　月　日　时　分

操作任务：4号发电电动机同期回路核相

| √ | 顺序 | 操　作　项　目 | 时间 |
| --- | --- | --- | --- |
| | 1 | 检查4号机组出口接线已解开 | |
| | 2 | 拉开04开关出口0467接地刀闸 | |
| | 3 | 检查04开关出口0467接地刀闸三相在“分”位 | |
| | 4 | 拉开4号机组出口047接地刀闸 | |
| | 5 | 检查4号机组出口047接地刀闸在“分”位 | |
| | 6 | 检查4号机组电制动044开关在“分”位 | |
| | 7 | 检查4号机组拖动刀闸042在“分”位 | |
| | 8 | 检查4号机组启动刀闸041在“分”位 | |
| | 9 | 检查4号主变压器4B低压侧44YH高压保险在装上位置 | |
| | 10 | 将4号主变压器4B低压侧44YH推至工作位置 | |
| | 11 | 检查4号机组出口电压互感器41YH、42YH、43YH高压保险在装上位置 | |
| | 12 | 将4号机组出口电压互感器41YH、42YH、43YH推至工作位置 | |
| | 13 | 检查4号机组出口莲04开关在“分”位 | |
| | 14 | 检查4号机组出口0461抽水换相刀闸在“分”位 | |
| | 15 | 合上4号机组出口0462发电换相刀闸 | |
| | 16 | 检查4号机组出口0462发电换相刀闸三相在“合”位 | |
| | 17 | 合上4号机组出口04开关 | |
| | 18 | 检查4号机组出口04开关在“合”位 | |
| | 19 | 检查4号机组出口电压互感器41YH、42YH、43YH二次侧电压、相序、相位正确 | |

备注：

操作人：　　监护人：　　值班负责人（值长）：

续表

操作开始时间：　　年　月　日　时　分，操作结束时间：　　年　月　日　时　分

操作任务：4号发电电动机同期回路核相

| √ | 顺序 | 操作项目 | 时间 |
|---|---|---|---|
| | 20 | 进行发电方向同期回路核相 | |
| | 21 | 断开4号机组出口04开关 | |
| | 22 | 检查4号机组出口04开关在“分”位 | |
| | 23 | 拉开4号机组出口0462发电换相刀闸 | |
| | 24 | 检查4号机组出口0462发电换相刀闸三相在“分”位 | |
| | 25 | 合上4号机组出口0461抽水换相刀闸 | |
| | 26 | 检查4号机组出口0461抽水换相刀闸三相在“合”位 | |
| | 27 | 合上4号机组出口04开关 | |
| | 28 | 检查4号机组出口04开关在“合”位 | |
| | 29 | 进行抽水方向同期回路核相 | |
| | | | |
| | | | |
| | | | |
| | | | |
| | | | |
| | | | |
| | | | |
| | | | |
| | | | |
| | | | |
| | | | |

备注：

操作人：　　　　监护人：　　　　值班负责人（值长）：

（8）2号厂高变冲击合闸操作票见表9－8。

**表9－8　　　　2号厂高变冲击合闸操作票表**

操作开始时间：　　年　月　日　时　分，操作结束时间：　　年　月　日　时　分

操作任务：2号厂高变冲击合闸

| √ | 顺序 | 操作项目 | 时间 |
|---|---|---|---|
| | 1 | 检查2号厂高变（12B）与202开关间连接电缆已经断开 | |
| | 2 | 检查20417接地刀闸三相在“分”位 | |
| | 3 | 投入2号厂高变（12B）保护和温控装置 | |
| | 4 | 合上2号厂高变进线开关204开关柜上的合闸电源开关 | |
| | 5 | 合上2号厂高变进线开关204开关柜上的控制电源开关 | |
| | 6 | 检查2号厂高变进线204开关在“分”位 | |
| | 7 | 将2号厂高变进线204开关手车推至工作位置 | |
| | 8 | 合上2号厂高变进线204开关 | |
| | 9 | 检查2号厂高变进线204开关在“合”位 | |
| | 10 | 检查厂用10kVⅡ段用电负荷均已转移至10kV一段 | |
| | 11 | 检查$DL_{12}$开关在“分”位 | |
| | 12 | 检查$DL_{12}$开关手车在试验位置 | |
| | 13 | 检查10kV G27柜Ⅱ段进线开关$DL_2$保护压板在加用位置 | |
| | 14 | 合上10kV G27柜Ⅱ段进线开关$DL_2$保护装置电源开关 | |
| | 15 | 合上10kV G27柜Ⅱ段进线开关$DL_2$控制回路开关 | |
| | 16 | 将10kV G27柜Ⅱ段进线开关$DL_2$二次插头插上 | |
| | 17 | 检查10kV G27柜Ⅱ段进线开关$DL_2$在“分”位 | |
| | 18 | 将10kV G27柜Ⅱ段进线开关$DL_2$手车摇至工作位置 | |
| | 19 | 检查10kV G27柜Ⅱ段进线开关$DL_2$柜上工作位置指示灯亮 | |
| | 20 | 合上10kV G27柜Ⅱ段进线开关$DL_2$动力电源开关 | |
| | 21 | 将10kV G27柜Ⅱ段进线开关$DL_2$柜上储能开关切至“开”位 | |
| | 22 | 检查10kV G27柜Ⅱ段进线开关$DL_2$已储能 | |
| | 23 | 将10kV G27柜Ⅱ段进线开关$DL_2$柜上远方就地开关切至“就地”位置 | |

备注：

操作人：　　　　监护人：　　　　值班负责人（值长）：

续表

操作开始时间：　　年　月　日　时　分，操作结束时间：　　年　月　日　时　分

操作任务：2号厂高变冲击合闸

| √ | 顺序 | 操　作　项　目 | 时间 |
| --- | --- | --- | --- |
| | 24 | 合上 10kV G27 柜Ⅱ段进线开关 $DL_2$ | |
| | 25 | 检查 10kV G27 柜Ⅱ段进线开关 $DL_2$ 在“合”位 | |
| | 26 | 检查 10kV 厂用Ⅱ段母线电压指示正常及相序正确 | |
| | 27 | 进行厂用 10kV 母线备自投试验及三段 10kV 母线 PT 核相 | |
| | | | |
| | | | |
| | | | |
| | | | |
| | | | |
| | | | |
| | | | |
| | | | |
| | | | |
| | | | |
| | | | |
| | | | |
| | | | |
| | | | |
| | | | |
| | | | |
| | | | |
| | | | |
| | | | |
| | | | |

备注：进行5次冲击合闸试验，每次带电运行10min。

操作人：　　　　　　监护人：　　　　　　值班负责人（值长）：

(9) 某水电站厂用电系统运行倒闸操作实例见表9-9。

**表9-9　　某水电站厂用电系统运行倒闸操作实例表**

编号：

操作开始时间：　　年　月　日　时　分　　　　终了时间：　　日　时　分

操作任务：1011开关带厂用电10kV　Ⅰ、Ⅱ、Ⅲ、Ⅳ段倒为1011开关带Ⅰ、Ⅱ段，1004开关带Ⅲ、Ⅳ段(400VBZT投入)

| 记号 | 顺序 | 时间 | 操作项目 |
|---|---|---|---|
| | 1 | | 将$DL_2$开关控制把手切至“现地” |
| | 2 | | 断开$DL_2$开关 |
| | 3 | | 检查$DL_2$开关在“分”位 |
| | 4 | | 将$DL_6$开关控制把手切至“现地” |
| | 5 | | 断开$DL_6$开关 |
| | 6 | | 检查$DL_6$开关在“分”位 |
| | 7 | | 将$DL_4$开关控制把手切至“现地” |
| | 8 | | 断开$DL_4$开关 |
| | 9 | | 检查$DL_4$开关在“分”位 |
| | 10 | | 将1032开关控制把手切至“现地” |
| | 11 | | 断开1032开关 |
| | 12 | | 检查1032开关在“分”位 |
| | 13 | | 将1035开关控制把手切至“现地” |
| | 14 | | 断开1035开关 |
| | 15 | | 检查1035开关在“分”位 |
| | 16 | | 检查400V 1P联络运行正常 |
| | 17 | | 检查1号机技术供水母管压力正常 |
| | 18 | | 检查400V 2P联络运行正常 |
| | 19 | | 检查400V 3P联络运行正常 |
| | 20 | | 检查1004开关在“分”位 |
| | 21 | | 检查1004开关三相带电显示正常 |

备注：

操作人：　　　　　　　　监护人：　　　　　　　　值长：

### 9.3.2 机组首次手动开停机操作票

以某水电站700MW机组为例，首次手动开停机试验操作票见表9-10。

表9-10　首次手动开停机试验操作票表

操作任务：26号机组首次手动开停机试验

| 时间 | 记号 | 序号 | 操作内容 | 操作人 | 监理 |
|---|---|---|---|---|---|
| | | 1 | 退出机坑加热器 | | |
| | | 2 | 现地开启技术供水，检查各部冷却水压力及流量正常，完成后关闭空冷总进水阀 | | |
| | | 3 | 投入主轴工作密封水（清洁水源），撤除检修密封 | | |
| | | 4 | 手动启动推力和水导外循环油泵、检查水导上油槽油位正常 | | |
| | | 5 | 手动落下风闸，检查风闸全部落下，信号反映正确 | | |
| | | 6 | 现地投高压油减载装置，检查压力正常 | | |
| | | 7 | 启动调速器液压系统，检查调速器油压正常 | | |
| | | 8 | 现地拔出接力器自动锁锭 | | |
| | | 9 | 调速器液压系统置“远方自动”、单机室电调柜置“现地手动” | | |
| | | 10 | 执行结果总结汇报，准备开机 | | |
| | | 11 | 发开机信号铃声，10s、3s、3s | | |
| | | 12 | 发调速器开机令，按电调柜开机按钮 | | |
| | | 13 | 电手动开导叶至3%～5%开度 | | |
| | | 14 | 机组启动后立即关机，机组滑行 | | |
| | | 15 | 确认转动部分与静止部分无摩擦和异常声响 | | |
| | | 16 | 如有异常，立即手动加制动闸 | | |
| | | 17 | 机组运转2圈后手动加闸 | | |
| | | 18 | 机组全停后落风闸，检查信号返回正确 | | |
| | | 19 | 确认机组各部正常，重新发开机信号铃声，在电调柜电手动开机 | | |
| | | 20 | 手动升速到10%转速 | | |
| | | 21 | 运行1min后，在单机室按事故停机按钮停机 | | |
| | | 22 | 手动加闸 | | |
| | | 23 | 全停后，撤除制动，检查信号返回正确 | | |
| | | 24 | 现地投入发电机上导、推导油雾吸收装置 | | |

续表

操作任务：26号机组首次手动开停机试验

| 时间 | 记号 | 序号 | 操 作 内 容 | 操作人 | 监理 |
|---|---|---|---|---|---|
| | | 25 | 导叶开度/转速/振动/摆度关系录波准备 | | |
| | | 26 | 发开机信号铃声，再次手动开机。机组分段升速，在50%转速下运行10min | | |
| | | 27 | 继续升速，在75%额定转速下运行10min | | |
| | | 28 | 检查无异常后，增速至100%额定转速运行 | | |
| | | 29 | 机组达到额定转速后停高压油减载装置 | | |
| | | 30 | 空冷器冷却水暂时不投入，控制在空冷器冷风不超过45℃ | | |
| | | 31 | 确认开机过程有无异常情况 | | |
| | | 32 | 记录导叶启动开度和空载开度 | | |
| | | 33 | 调速器转速表、外接频率表显示检查 | | |
| | | 34 | 记录额定转速时各轴承的油位显示 | | |
| | | 35 | 不间断监视推力瓦和导轴瓦的温度 | | |
| | | 36 | 检查记录顶盖排水情况 | | |
| | | 37 | 测量发电机残压及相序 | | |
| | | 38 | 整理开机过程各项数据，向领导汇报 | | |
| | | 39 | 推力瓦温达到80℃时，投入高压油减载装置 | | |
| | | 40 | 电调柜手动关导水叶停机 | | |
| | | 41 | 机组转速下降至15%时手动投制动，投制动粉尘吸收装置 | | |
| | | 42 | 记录停机至加闸及全停时间 | | |
| | | 43 | 机组停稳后，投入接力器锁锭，停高压油顶起系统、停油雾吸收装置、粉尘吸收装置 | | |
| | | 44 | 停技术供水，投入检修密封，停推力和水导油循环泵 | | |
| | | 45 | 停调速器液压系统；制动闸保持顶起 | | |
| | | 46 | 拆除推导冷却器油过滤器细滤网，恢复正常油路 | | |
| | | 47 | 操作完毕，汇报领导 | | |
| | | | | | |

备注：

操作批准人：

### 9.3.3 机组过速试验及检查操作票

某水电站700MW机组过速试验及检查操作票见表9-11。

**表9-11　某水电站700MW机组过速试验及检查操作票表**

操作任务：26号机组过速试验及检查

| 时间 | 记号 | 序号 | 操作内容 | 操作人 | 监理 |
|---|---|---|---|---|---|
| | | 1 | 手动开机到空转 | | |
| | | 2 | 维持额定转速运行，等机组轴瓦温度基本稳定 | | |
| | | 3 | 监测人员到位，高压油泵随时准备投入 | | |
| | | 4 | 调速器在“电气手动”方式，手动增大导叶开度，待机组升速至115%后立即返回至额定转速运行 | | |
| | | 5 | 记录过速前、过速时、过速后各部振动、摆度，校核115%转速接点整定值 | | |
| | | 6 | 确认无异常后，继续升速至158%额定转速，如果机械过速装置动作关机，则顺其关机，记录过速开关接点动作值 | | |
| | | 7 | 如转速升到158%额定转速时机械过速装置未动作，手动关导叶停机，若导叶未动作立即按紧急落门按钮落门关机 | | |
| | | 8 | 待转速降到100%$N_e$左右时，手动投高压减载装置 | | |
| | | 9 | 转速降至15%转速后投机械制动 | | |
| | | 10 | 检查导叶全关，接力器锁锭投入 | | |
| | | 11 | 手动投入机械制动，做好安全措 | | |
| | | 12 | 全面检查转子转动部分，如转子磁轭键、磁极键及磁极引线、阻尼环、磁轭压紧螺杆、转动部分的焊缝等 | | |
| | | 13 | 按首次停机后的检查项目逐项检查机组 | | |
| | | 14 | 检查发电机定子基础及发电机上机架基础有无松动 | | |
| | | 15 | 拆机组上盖板，打紧磁极键，检查确认无遗物后装回上盖板 | | |
| | | 16 | 汇报领导 | | |
| | | | | | |
| | | | | | |
| | | | | | |
| | | | | | |

操作批准人：

### 9.3.4 机组甩负荷试验操作票

某水电站机组甩负荷试验操作见表 9-12。

**表 9-12　　某水电站机组甩负荷试验操作票表**

操作任务：26 号机组甩负荷试验

| 时间 | 记号 | 序号 | 操作内容 | 操作人 | 监理 |
|---|---|---|---|---|---|
| | | 1 | 通过 8426 分闸甩负荷 | | |
| | | 2 | 甩 25%负荷，175MW/85Mvar | | |
| | | 3 | 测量机组最高转速和最低转速 | | |
| | | 4 | 监测钢管伸缩节的变形和漏水情况 | | |
| | | 5 | 记录接力器不动时间 | | |
| | | 6 | 调节时间和调节次数 | | |
| | | 7 | 记录蜗壳最大压力 | | |
| | | 8 | 最高电压/调节次数/稳定时间 | | |
| | | 9 | 甩 50%负荷，350MW/170Mvar | | |
| | | 10 | 测量机组最高转速和最低转速 | | |
| | | 11 | 监测钢管伸缩节的变形和漏水情况 | | |
| | | 12 | 调节时间和调节次数 | | |
| | | 13 | 记录蜗壳最大压力 | | |
| | | 14 | 最高电压/调节次数/稳定时间 | | |
| | | 15 | 甩当前最大负荷，550MW/265Mvar | | |
| | | 16 | 测量机组最高转速和最低转速 | | |
| | | 17 | 监测钢管伸缩节的变形和漏水情况 | | |
| | | 18 | 调节时间和调节次数 | | |
| | | 19 | 记录蜗壳最大压力 | | |
| | | 20 | 最高电压/调节次数/稳定时间 | | |
| | | 21 | 第 1～2 段关闭拐点/第 2～3 段关闭拐点 | | |
| | | 22 | 第 1 段/第 2 段/第 3 段关闭时间 | | |
| | | 23 | 当前最大负荷，模拟电气事故跳闸停机 | | |
| | | 24 | 测量机组最高转速和最低转速 | | |
| | | 25 | 监测钢管伸缩节的变形和漏水情况 | | |
| | | 26 | 通过 8426 分闸甩负荷 | | |
| | | 27 | 甩 25%负荷，175MW/85Mvar | | |
| | | 28 | 测量机组最高转速和最低转速 | | |
| | | 29 | 监测钢管伸缩节的变形和漏水情况 | | |
| | | 30 | 记录接力器不动时间 | | |
| | | 31 | 调节时间和调节次数 | | |

续表

操作任务：26号机组甩负荷试验

| 时间 | 记号 | 序号 | 操 作 内 容 | 操作人 | 监理 |
|---|---|---|---|---|---|
| | | 32 | 记录蜗壳最大压力 | | |
| | | 33 | 最高电压/调节次数/稳定时间 | | |
| | | 34 | 甩50%负荷，350MW/170Mvar | | |
| | | 35 | 测量机组最高转速和最低转速 | | |
| | | 36 | 监测钢管伸缩节的变形和漏水情况 | | |
| | | 37 | 调节时间和调节次数 | | |
| | | 38 | 记录蜗壳最大压力 | | |
| | | 39 | 最高电压/调节次数/稳定时间 | | |
| | | 40 | 甩当前最大负荷，550MW/265Mvar | | |
| | | 41 | 测量机组最高转速和最低转速 | | |
| | | 42 | 监测钢管伸缩节的变形和漏水情况 | | |
| | | 43 | 调节时间和调节次数 | | |
| | | 44 | 记录蜗壳最大压力 | | |
| | | 45 | 最高电压/调节次数/稳定时间 | | |
| | | 46 | 第1～2段关闭拐点/第2～3段关闭拐点 | | |
| | | 47 | 第1段/第2段/第3段关闭时间 | | |
| | | 48 | 当前最大负荷，模拟电气事故跳闸停机 | | |
| | | 49 | 测量机组最高转速和最低转速 | | |
| | | 50 | 监测钢管伸缩节的变形和漏水情况 | | |
| | | 51 | 记录蜗壳最大压力 | | |
| | | 52 | 低油压事故停机试验 | | |
| | | 53 | 机组带当前最大负荷，550MW/265Mvar | | |
| | | 54 | 现地与紧急停机按钮旁设专人准备落进水闸门 | | |
| | | 55 | 关闭压油罐补气回路 | | |
| | | 56 | 切除压油泵 | | |
| | | 57 | 通过压油罐卸油阀门排油 | | |
| | | 58 | 油罐压力降低至5.0MPa，事故低油压接点动作，停止排油 | | |
| | | 59 | 如低油压在4.9MPa未动作，停止排油立即按紧急停机按钮 | | |
| | | 60 | 恢复油泵自动控制方式 | | |
| | | 61 | 监视事故停机流程逻辑的正确性 | | |
| | | 62 | 汇报领导 | | |
| | | | | | |

操作批准人：

# 参 考 文 献

[1] 孙效伟. 水轮发电机组及其辅助设备运行. 北京：中国电力出版社，2010.
[2] 周统中，郑晓丹. 水电站机电运行. 郑州：黄河水利出版社，2007.

# 10 试运行监护及不正常运行处理

## 10.1 简述

试运行监护是试运行工作人员的重要内容，对及时发现问题和为机组后期正常运行积累数据是非常重要的。试运行监护除了要按照试运行指挥部要求记录相关设备试运行的参数外，还要对出现的异常情况及时汇报，试运行工作人员在监护时要注意人员和设备安全，不得进入危险区域和在没有操作指令情况下误操作运行设备。

事故处理在机组试运行期间会经常遇到。机组通过试运行会发现很多由于设计、制造、安装等各种原因引起的缺陷，会对设备后期的正常运行造成影响，必须进行处理或修复。事故处理要在试运行指挥部的统一指挥和安排下进行，要确保所有人员和设备的安全。对有些复杂问题要进行认真分析和研究或者通过试验确认后进行缺陷修复。这里收集的典型事故处理具有一定的代表性和参考作用。

## 10.2 水轮机运行的正常监护

水轮发电机组投入正常运行后，应定期或不定期对运行设备进行巡查监护，了解设备工作状态和运行情况，便于及时采取相应措施应对突发事件，保障设备安全稳定运行。

### 10.2.1 反击式水轮机运行监护

（1）水轮机运行状态监护。

1）检查尾水管进人门密封良好，无渗漏。监听尾水管无异常响声。

2）检查蜗壳进人门密封良好，无渗漏。监听蜗壳流道无异常响声。

3）检查顶盖空气阀密封良好，无渗漏。

4）检查主轴工作密封工作正常，工作密封漏水量正常。记录主轴工作密封供水水压。

5）检查顶盖水位正常，顶盖自流排水流道畅通。顶盖排水泵工作正常，记录顶盖排水泵启停时间间隔。

6）检查导叶操作机构无松动情况。

7）检查导叶接力器供排油管路、接头、阀门等无渗漏。

8）检查水导轴承油槽油位正常。水导轴承油槽无漏油现象。

9）检查水导轴承瓦温正常，记录水导轴承冷却器供排水水压和水温。测量记录水导轴承摆度。

10）检查尾水补气装置工作正常。

11）监测记录水电站上、下游水位，蜗壳水压，转轮进，出口水压，顶盖压力脉动，尾水压力脉动。

（2）调速系统运行状态监护。

1）检查调速系统油压装置回油箱油位正常，油泵电动机、止回阀等工作正常，记录油泵启停时间间隔。

2）检查调速系统油压装置压力油罐油位、油压正常，检查压力油罐补气装置工作正常。

3）检查调速系统供排油管路、接头、阀门等密封情况，应无渗漏。

4）检查调速系统电控柜指示正常。

（3）水轮机进水阀运行状态监护。

1）检查进水阀自关闭重锤锁锭投入。

2）检查进水阀伸缩节密封情况，应无渗漏。

3）检查旁通阀应处关闭位置。旁通阀操作油管路、接头、阀门等密封情况，应无渗漏。

4）检查蜗壳空气阀密封情况，应无渗漏。

5）检查进水阀油压装置回油箱油位正常，油泵电动机、止回阀等工作正常，记录油泵启停时间间隔。

6）检查进水阀油压装置压力油罐油位、油压正常。检查压力油罐补气装置工作正常。

7）检查进水阀油压装置供排油管路、接头、阀门等密封情况，应无渗漏。

8）检查进水阀油压装置电控柜指示正常。

水轮机装设圆筒阀的机组，除检查圆筒阀油压装置工作状态外，机坑内检查圆筒阀液压同步机构供排油管路、接头、阀门等密封情况，应无渗漏。记录接力器上、下腔油压。

### 10.2.2 冲击式水轮机运行监护

（1）水轮机运行状态监护。

1）检查水导轴承油槽油位正常。水导轴承油槽无漏油现象。

2）检查水导轴承瓦温正常，记录水导轴承冷却器供排水水压和水温。测量记录水导轴承摆度。

3）检查喷嘴供、排油管路、接头、阀门等无渗漏。

4）监测记录压力钢管水压和尾水水位。

（2）调速系统运行状态监护。

1）检查调速系统油压装置回油箱油位正常，油泵电动机、止回阀等工作正常，记录油泵启停时间间隔。

2）检查调速系统油压装置压力油罐油位、油压正常，检查压力油罐补气装置工作正常。

3）检查调速系统供排油管路、接头、阀门等密封情况，应无渗漏。

4）检查调速系统电控柜指示正常。

（3）水轮机进水阀运行状态监护。

1）检查进水阀自关闭重锤锁锭投入。

2）检查进水阀伸缩节密封情况，应无渗漏。

3）检查旁通阀应处关闭位置。旁通阀操作油管路、接头、阀门等密封情况，应无渗漏。

4）检查蜗壳空气阀密封情况，应无渗漏。

5）检查进水阀油压装置回油箱油位正常，油泵电动机、止回阀等工作正常，记录油泵启停时间间隔。

6）检查进水阀油压装置压力油罐油位、油压正常。检查压力油罐补气装置工作正常。

7）检查进水阀油压装置供排油管路、接头、阀门等密封情况，应无渗漏。

8）检查进水阀油压装置电控柜指示正常。

### 10.2.3 水轮机异常处理

（1）水轮机运行中有下列情况之一者应立即停机。

1）水轮机声响明显增大，内部有强烈的金属碰撞声。

2）蜗壳、尾水管进人门处严重漏水或喷水，按关闭按钮关进口闸门或关闭进口阀门停机。

3）顶盖大量喷水，致使排水装置无法及时排水。

4）大轴摆动剧烈。

5）轴承温度普遍异常升高，调整冷却水无效。

6）调速系统出现严重故障，无法控制导水机构。

（2）水轮机运行中有下列情况之一者应立即按下快速闸门或主进水阀关闭按钮。

1）机组事故时，快速闸门应动而未动。

2）导水叶剪断销剪断多个，导水叶严重失控。

3）导水叶漏水过大，机组无法停下而又必须停下时。

## 10.3 发电机运行监护

### 10.3.1 机组启、停运行

（1）正常情况下，机组的启、停操作以自动为主，手动操作为辅，操作步骤按“典型操作票”执行。机组检修后的首次启动试验，必须采用手动操作。

（2）发电机启动、升压过程中应注意以下事项。

1）定子三相电流接近于零。

2）当发电机达到额定转速时，定子电压应自动升压至额定值，同时转子电流应与空载励磁电流相等。

（3）当定子电压达额定值时，应检查发电机三相电压是否平衡，并检查转子回路绝缘情况是否良好。

（4）发电机达额定转速后、手动并列前或自动并列带负荷运行后应检查。

1）滑环上的碳刷是否有跳动，卡涩或接触不良、冒火等现象。

2）励磁变、高压厂变运行是否正常，各接头有无过热现象。

3）封闭母线运行情况是否正常，温度是否超过定值。

4）轴承油温、油位和轴瓦温度是否正常。

5）风洞各部有无漏风、漏水情况，对漏风、漏水处应作标记，待停机后处理。

（5）发电机并入电网后，即可将负荷逐步增加至额定出力或调度要求的负荷，增加的速度一般不作限制，但应平稳缓慢地进行。加负荷过程中应认真监视发电机冷热风温升、定子铁芯温度、线圈温度，各部瓦温、碳刷、励磁装置等工作情况，并按规定监视、调整、记录各运行参数。

### 10.3.2 发电机运行中检查维护

（1）运行中的发电机应加强监视，随时保持各运行参数在额定范围内运行。

（2）发电机在额定负荷的允许方式下，定子线圈温升最高不得超过80K或规定值，转子线圈温升最高不得超过90K或规定值，一般情况保持定子线圈温度在60～80℃之间运行。

（3）发电机在额定负荷下连续运行时，冷风温度不得超过35℃或规定值，最低冷风温度以空冷器不结露为准，热风温度不作规定，应监视冷热风温差，若显著增大时，应查明原因，采取措施予以解决；冷却器进水温度不超过25℃或规定值，不低于10℃或规定值；内部温度不低于20℃或规定值，以防绕组受潮。

（4）发电机机端电压在正常情况下保持在额定值±5%范围内运行，特殊情况下可在额定值±10%范围内运行。当发电机的运行电压高于额定电压时，定子电流的允许值相应减少，当低于额定电压时，定子电流可以相应的增大，但不得超过额定值的105%，同时转子电流不得超过额定值（运行中严格控制发电机机端电压在规定范围内，禁止超越规定运行）。

（5）发电机各部轴承（上导、下导、推力）温度保持在规定值范围内运行。

（6）发电机频率变动超过系统规定范围时，应及时报告中调值班调度员，采取措施，使频率恢复正常。在频率未恢复前应密切监视推力瓦温的变化。

（7）对有要求进相运行的机组，进相运行时，最大进相深度应满足机组技术特性的规定，必须监视发电机定子线圈和端部铁芯温度的变化，按运行规程的规定进行控制。

（8）发电机运行时，其中性点经消弧线圈接地，不允许中性点不接地或直接接地运行，消弧线圈采用欠补偿方式运行。

（9）机组负荷调整应避免在振动区内运行。

（10）发电机检查项目。

1）发电机风洞门及上、下盖板是否封闭严密，有无漏风、冒烟现象及异常焦臭味，下盖板是否有漏油、漏水现象。

2）发电机定子铁芯、线圈温度及冷热风、各部轴承温度、温差是否在规定值内。

3）发电机振动、摆度值是否在允许范围内，有无异常振动和金属撞击声。

4）发电机出口刀闸及中性点消弧线圈刀闸操作机构是否完好，触头接触是否良好，有无过热现象。

5）发电机出口断路器液压操作机构工作正常，$SF_6$ 气体正常，电源正常，无异常信号。定期检测 $SF_6$ 漏气情况及吊盖清洁检查。

6）封闭母线支撑是否良好，母线外壳接头、短路板等是否连接牢固，有无过热现象；母线窥视孔是否清洁完好。

7）电流互感器本体是否完好，有无过热放电迹象；二次引线是否接触良好，有无开路现象。

8）电压互感器、避雷器本体是否完好，有无放电迹象；高压侧触头插座接触是否良好。

（11）励磁系统检查项目。

1）碳刷与滑环是否接触良好，碳刷有无摆动、跳动、卡涩、冒火花甚至环火等现象，有无过度磨损情况。

2）碳刷刷瓣、刷握、刷架、弹簧等是否完好，连接是否牢固，有无过热变色现象，刷架、刷握等有无触碰滑环等情况。

3）励磁功率柜风机是否运行正常，有无异常声音及停转现象进风滤网无堵塞。

4）正常情况下励磁盘柜门应关闭严密，灭磁开关、阳极开关合闸指示灯，风机运行灯亮。

5）功率柜电流表指示是否平衡，机端电压表，励磁电流、电压表指示是否正常。

6）灭磁开关及功率柜内交、直流侧刀闸触头是否接触良好，有无过热现象，各盘内导线接头是否牢固，有无过热现象。

7）灭磁电阻、转子保护电阻、分流及限流电阻等是否完好，有无异常发热、外部短路现象。

### 10.3.3 发电机的异常运行及处理

（1）发电机过负荷。

1）现象。

A. 定子电流指示超过额定值。

B. 有、无功表指示超过额定值。

2）原因：系统发生短路故障、发电机失步运行、强行励磁等情况下，发电机的定子或转子都可能短时过负荷。

3）处理方法。

A. 系统故障，监视发电机各部分温度不超限，定子电流为额定值。

B. 系统无故障，单机过负荷，系统电压正常。

第一，减少无功功率，使定子电流降到额定值以内，定子电压不低于 0.95 倍额定电压。注意定子电流达到允许值所经过的时间，不允许超过规定值。

第二，若减少无功功率不能满足要求，则请示值长降低有功功率。

第三，加强对发电机端部、滑环和整流子的检查。如有可能加强冷却：降低发电机入口风温，发电机、变压器组增开油泵、风扇等。

第四，过负荷运行时，应密切监视定子绕组，空冷器前后的热、冷风温度、机组振动摆度，不准超过允许值，并做好详细的记录。

（2）发电机三相电流不平衡。

1）现象。

A. 定子三相电流指示互不相等，三相电流差较大，负序电流指示值也增大。

B. 当不平衡超限且超过规定运行时间时，负序信号装置发“发电机不对称过负荷”信号。

C. 造成转子的振动和发热。

2）原因。

A. 发电机绕组及其回路一相断开或断路器一相接触不良。

B. 某条送电线路非全相运行。

C. 系统单相负荷过大：如有容量巨大的单相负载。

D. 定子电流表或表计回路故障也会使定子三相电流表指示不对称。

3）处理方法。当发电机三相电流不平衡超限运行时，若判明不是表计回路故障引起，应立即降低机组的负荷，使不平衡电流降到允许值以下，然后向系统调度汇报。待三相电流平衡后，再根据调度命令增加机组负荷。水轮发电机的三相电流之差，不得超过额定电流的20%，同时任何一相的电流，不得大于其额定值。

（3）发电机温度异常。

1）现象。发电机绕组或铁芯温度比正常值明显升高或超限，发电机各轴承温度比正常值明显升高或超限。

2）原因。

A. 测量元件故障。

B. 冷却系统故障：冷却水压不够、冷却水量不足、管路堵塞、破裂或阀芯脱落。

C. 三相电流不平衡超限引起温度升高。

D. 发电机过负荷。

E. 冷却油盆油量不足或冷却水管破裂，导致冷却油盆混水。

3）处理。

A. 判断是否为表计或测点故障：是则通知维护处理，并将故障测点退出，密切监视其他测点的温度正常。若表计或测点指示正确，温度又在急剧上升，则减负荷使温度降到额定值以内。否则停机处理。

B. 检查三相电流是否平衡，不平衡电流是否超限，若超限则按三相不平衡电流进行处理。

C. 检查三相电压是否平衡，功率因数是否在正常范围以内，若不符合要求则调整至正常。

D. 判断是否为冷却水故障引起，若冷却水温升高，则应检查和调节冷却水的流量、压力在正常范围内。

E. 若为过负荷引起，按过负荷方式进行处理。

F. 若为冷却水管破裂，则关闭相应阀门，停机处理。

G. 运行中，定子铁芯部分温度普遍升高：应检查定子三相电流是否平衡、进风温度和出风的温差、空冷器的冷却水是否正常，采取相应的措施进行处理。在以上处理过程中，应控制定子铁芯温度不得超过允许值，否则减负荷停机。

H. 运行中，定子铁芯个别温度突然升高：应分析该点温度上升的趋势及与有、无功负荷的变化关系，并检查该测点是否正常。若随着铁芯温度、进出风温差显著上升，又出现“定子接地”信号时，应立即减负荷解列停机，以免铁芯烧坏。

I. 运行中，定子铁芯个别温度异常下降：应加强对发电机本体、空冷小室的检查和温度的监视，综合各种外部迹象和表计、信号进行分析以判断是否系发电机转子或定子漏水所至。

(4) 发电机仪表指示失常。

1) 现象：上位机显示各种参数突然失去指示或指示异常。

2) 原因及处理。

A. 测点故障或端子松动。

B. 上位机与 LCU 或 LCU 与 PLC 的通信故障。将机组切至现地控制，并通知维护进行处理。

C. 电压互感器二次侧断线：如有、无功定子电压、频率等表计因电压互感器二次侧断线失去指示，电能表也因此停止计量，而其他表计，如定子电流、转子电流、转子电压、励磁回路有关表计仍指示正常。此时，运行人员应根据所有表计指示情况作综合分析，判断指示失常的原因。不可因上述表计指示失常而盲目解列停机，也不能盲目调节负荷，应通过其他表计监视发电机的运行。通知维护人员进行处理。电流互感器二次开路引起表计指示失常：如一相开路，其定子电流、有、无功表均可能指示失常。具体情况和程度与电流互感器的故障相别有关。出现电流互感器二次开路后，应立即通知值班人员，不要盲目调节负荷。处理过程中，应加强对发电机运行工况的监视，并防止 TA 二次开路高压对人的伤害，必要时停机处理。

(5) 发电机进相运行。当发电机励磁系统由于 AVR 原因或故障，或人为降低发电机的励磁电流，使发电机由发出感性无功功率变为吸收系统感性无功功率，定子电流由滞后于机端电压变为超前于机端电压运行，这就是发电机的进相运行。进相运行也是现场经常提到的欠励磁运行（或低励磁运行）。此时，由于转子主磁通降低，引起发电机的励磁电势降低，使发电机无法向系统送出无功功率，进相程度取决于励磁电流的降低程度。

1) 引起发电机进相运行的原因。

A. 低谷运行时，发电机无功负荷原已处于低限，当系统电压因故突然升高或有功负荷增加时，励磁电流自动降低引起进相（有功功率增加，功率因数增大，无功功率减小使励磁电流减小）。

B. AVR 失灵或误动、励磁系统其他设备发生了故障、人为操作使励磁电流降低较多等也会引起进相运行。

2) 发电机进相运行的处理。

A. 如果由于设备原因引起进相运行，只要发电机尚未出现振荡或失步，可适当降低发电机的有功负荷，同时提高励磁电流，使发电机脱离进相状态，然后查明励磁电流降低的原因。

B. 由于设备原因不能使发电机恢复正常运行时，应及早解列。机组进相运行时，定子铁芯端部容易发热，对系统电压也有影响。

C. 制造厂允许或经过专门试验确定能进相运行的发电机，如系统需要，在不影响电网稳定运行的前提下，可将功率因数提高到1或在允许进相状态下运行。此时，应严密监视发电机运行工况，防止失步，尽早使发电机恢复正常。还应注意对高压厂用母线电压的监视，保证其安全。

## 10.4 高压配电装置与厂用电设备的正常监护

高压电气装置设备监护是试运行重要环节。通过设备监护能够及时掌握设备的运行情况，在第一时间发现设备存在的缺陷，并采取有效措施消除缺陷，确保设备的安全、稳定、持续运行。

### 10.4.1 倒闸操作

（1）送电操作。送电操作时，先从电源侧开关合闸，然后依次合到负荷侧，这样可使合闸电流最小，操作比较安全。

（2）停电操作。停电操作时，先从负荷侧开关分闸，然后依次分到电源侧，这样可使分闸电流最小，操作比较安全。

停电操作后，在有人检修的回路开关上挂“有人工作，禁止合闸”的警示牌。

（3）高压配电装置的正常监护。

1）瓷质设备：各种瓷制部件清洁、无裂纹和放电痕迹。

2）充油设备：无漏油、渗油，油位、油色正常。

3）设备导流部分及接头无过热、变色、断裂、放电和严重电晕现象，无异常声响，无外来杂物。

4）设备外壳接地良好，外壳完整。

5）母线无伤痕，无断股，电缆外皮无破损，电缆头无漏油。

6）刀闸应无变色发红现象，开关、刀闸“分”“合”位置指示正确。

7）电容器有无异常（冒烟、鼓肚）。

8）开关站夜间应进行检查，设备有无放电、电晕现象。

9）为防止巡视检查中漏检，运行人员应按要求的巡视路线进行巡视，巡视过程中，眼、耳、鼻、手并用，不放过任何微小异常现象。

### 10.4.2 变压器试运行监护

（1）试运行人员应该根据变压器的表计指示监视变压器的运行情况，并按试运行规定定时抄表。如试运行期间变压器在过负荷、冲击试验、升流试验和温升试验运行时，应投入相应的冷却装置甚至投入全部冷却装置。在过负荷时，应该设法尽快降负荷。试运行期间，应记录试验时间和温度，严密监视变压器油温、绕组温度等数值以控制试验运行时间在允许范围内。加强现场监护，对于安装在变压器本体上的温度计，应在巡视时记录其温度值。

（2）试运行人员每班应至少对变压器外部全面检查1次，其监护项目为下列几项。

1）变压器的油温、绕组温度计应正常，储油柜油位应与温度相对应，各部位无渗、漏油。

2）套管油位应正常，套管外部无破损裂纹、无严重油污、无放电痕迹及其他异常现象。

3）变压器声音正常，噪声稳定。

4）各冷却器手感应相近、风扇、油泵运转正常，油流继电器工作正常。

5）吸潮器完好，吸附剂干燥，油净化装置及油泵正常。

6）引线接头、电缆、母线应无发热迹象。

7）压力释放阀、安全气道及防爆膜应完好无损。

8）分接开关的分接位置正确。

9）气体继电器内无气体。

10）就地控制箱电源正常，无异常报警信号。各控制箱和端子箱应关严，无受潮现象。

11）干式变压器的外部表明应无积污，且变压器三相温度显示正常。

12）变压器室门、窗、照明应完好。

13）变压器外壳和箱沿应无异常发热现象。

14）试运行期间气候突变（如大风、大雾、大雪、寒潮等），雷雨季节特别雷电后应增加巡视次数。

#### 10.4.3 10kV、35kV高压开关柜试运行监护

（1）运行中的信号灯指示开关的分、合位置与当时实际运行工况相符，机械指示与运行工况相符，开关在合闸后应“已储能”。

（2）连接线接触良好，引线无松脱断股现象，接线端头无发热、松动现象。

（3）无异常响声、焦、臭味。

（4）瓷套管、瓷瓶外表应清洁，无破损裂纹及放电现象。

（5）控制回路切换开关应在“远动”位，储能电源、照明电源应投入。

（6）运行电压与负荷电流不超过允许值。

（7）检查$SF_6$断路器的气压值，气压在正常范围，无漏气现象。低于规定值应进行补气。气压过低时，严禁分合闸操作。

（8）运行的真空断路器或$SF_6$断路器应无放电弧光及异常放电声。

（9）表计、信号指示与电度表转动（正、反转）是否正常。

（10）各保护装置有无报警信号。

（11）试运行期间双路电源切换至单路电源供电时，应监护电源切换正确性，并作记录。

#### 10.4.4 封闭母线、断路器、隔离开关、电制动开关试运行监护

（1）封闭母线试运行监护。

1）所有电气连接部分接触良好，无过热发红变色现象。

2）瓷瓶及支持绝缘子外表应清洁完整，无裂纹放电现象。

3）无异常响声、焦、臭味。

4）伸缩头有无断裂或断片现象，紧固螺栓无松动现象。

5）母线外壳接地点接地紧固，地线截面符合设计要求。

6）封闭母线微正压装置工作正常，气压在正常范围内。

（2）断路器和隔离开关、电制动开关试运行监护。

1）隔离开关每相接触是否紧密，有无弯曲及烧损现象。

2）操作把手加锁位置正确，现地和远方控制开关位置符合运行相关试验的要求。

3）分合闸与实际试运行工况相符。监控画面、调速、励磁和保护显示分合闸指示应与实际相符。

4）无异常响声和放电现象。

5）标志（编号）清楚，铁件外表无锈蚀，构架接地良好、可靠。

6）$SF_6$断路器灭弧室的气压值在正常范围，无漏气现象。低于规定值应进行补气。气压过低时，严禁分合闸操作。发电机出口断路器操作机构闭锁关系投入，操作、控制电源正常，无异常信号。

7）假同期试验期间，监视隔离开关在分位，且试验的相关措施正确，避免误并列（非同期并列）。

8）对开关的正常监护，除交接班检查外，当班期间至少还应在高峰负荷期间进行一次。

9）严格监护隔离开关不得带负荷分合。

### 10.4.5 避雷器监护

（1）监护放电记录器的动作次数和电流，并做好记录工作。

（2）瓷套器外表应清洁，避雷器上、下铸铁法兰与瓷套管接触良好，无裂纹、破损及闪络放电现象。

（3）避雷器内部无异常响声。

（4）引线应完整，接头紧固，无松动或开断现象。

（5）接地及与接地网连接应焊接完好。

（6）雷雨天气严禁靠近避雷针或避雷器。避雷器应有两人同时巡视监护。

（7）电压互感器、避雷器柜体本体是否完好，内部有无放电迹象，高压侧触头插座接触是否良好，有无过热现象。

### 10.4.6 电力电缆的监护

（1）电缆终端头应无放电、闪络现象，电缆接头接触良好，无过热现象。

（2）电缆外壳接地良好，无漏油及放电现象。

（3）套管和支持绝缘子应清洁，无裂纹及放电声。

（4）电缆外皮无破损及老化现象。

（5）电缆无冒烟、着火和爆炸现象。

（6）无绝缘击穿接地放电现象。

### 10.4.7 GIS 监护

（1）试运行监护人员应在接班前后核实监控画面的设备状态指示与现场实际位置相

符，无异常报警。

(2) 监护人员还应每1～2h查视监控计算机画面，包括GIS气室画面、状态画面、电压和电流及报警画面等。如有情况及时向试运行指挥部报告。

(3) 保持GIS风机运转正常，室内温度和湿度适合要求，进出GIS保持清洁。

(4) 监护断路器、隔离开关、地刀运行中的信号灯指示开关的分、合位置与当时实际运行工况应相符，机械指示与运行工况相符，开关在合闸后应“已储能”。

(5) 认真核对工作票操作内容和安全事项，保证工作票及时、准确完成和消票。

(6) 试运行期间监护开关站应无可疑的噪声及其他异常情况。

(7) 对试运行设备上的标示牌及警示牌悬挂整齐，不用的警示牌应及时收回。

(8) 监护GIS的控制、保护、监控等电气盘柜指示、信号、运行方式与实际运行方式一致。

(9) 运行监护操作中发生疑问时，应立即停止操作并向发令人报告，待发令人再行许可后，方可进行操作。不准擅自更改操作票，不准随意解除闭锁装置。

试运行期间，高压设备的投入与退出比较频繁，且试验期间设备保护和测量的校核都与高压设备有关，运行监护是试运行安全、顺利完成的保证。

## 10.5　电气二次及控制系统的正常监护

### 10.5.1　电气二次设备的范围与作用

电气二次设备，包括继电保护装置、自动控制装置、仪用互感器、测量仪表、计量仪表、交直流电源系统、信号装置、控制电缆等。它们的任务是对一次设备进行测量、控制、监视和保护等，这些设备的正常运行是一次设备正常运行的基础，称为电气二次设备。

(1) 继电保护及自动装置。它们用以迅速反应电气故障或不正常运行情况，并根据要求进行切除故障或作相应的调节。

(2) 仪用互感器。如电压互感器和电流互感器，它们将一次电路中的电压和电流降至较低的值，供给仪表和保护装置使用。

(3) 测量、计量仪表。如电压表、电流表、功率表、功率因数表、电能表等，它们用于测量一次电路中的运行参数值。

(4) 直流设备。如直流发电机组、蓄电池、整流装置等，它们供给保护、操作、信号以及事故照明等设备的直流用电。

(5) 信号设备及控制电缆等。信号设备给出信号或显示运行状态标志，控制电缆用于连接二次设备。

### 10.5.2　电气二次电路及控制系统

由二次设备根据设计要求相互连接构成的电路，称为二次电路，或称二次接线，也称二次回路，一般包括测量回路、控制回路、信号回路、保护回路、调节回路等。二次接线虽然不是发电厂和变电所电气部分的主体，但它却是保证发电厂和变电所安全经济运行的重要因素。

控制系统，在水力发电厂具体包括继电保护系统、故障录波系统、计算机监控系统、励磁调节系统、水轮机调速器系统（含油压装置）、水轮发电机辅助设备控制系统、机组状态监测系统、机组技术供水系统、主变冷却系统、断路器操作及闭锁控制系统、全厂油、水、气系统、消防系统、通风空调系统、全厂供配电及电力拖动系统、照明系统、直流系统、工业电视系统及厂坝水工设备控制系统（含液压控制系统）等。

### 10.5.3 电气二次及控制系统的正常监护

（1）检查盘面交直流电压表指示是否正确，装置稳压电源是否正常。

（2）装置各信号灯及电源指示灯是否正常。

（3）有无故障信号。

（4）模块显示正常。

（5）开关状态正确。

（6）通信是否正常。

（7）保留异常信号，由专业人员检查确认。

（8）屏内接线是否有松动，接线端子有无松脱或锈蚀现象。

（9）检查励磁设备温度是否正常。

（10）有无异味、异常声响及异常发热现象。

（11）二次接线盘及端子箱门是否关好。

（12）屏内外清洁、干燥。

## 10.6 机械部分的典型事故处理及实例

### 10.6.1 机组振动的分析及处理

水轮发电机组的振动问题与一般动力机械的振动有一定差异，除了机组本身转动或固定部分引起的振动外，还需考虑发电机的电磁力以及作用于水轮机过流部分的流动压力对系统及其部件振动的影响。在机组运转的状态下，流体—机械—电磁三部分是相互影响的，振动是在动态过程中产生的。当水流流过水轮机时，若引起机组转动部分振动过大，在发电机转子与定子之间会导致气隙不对称变化，由此产生的磁拉力不平衡也会造成机组转动部分振动超标。而转动部分的转动状态出现某些变化后，又会对水轮机的水流流场及发电机的磁场产生影响。因此，水轮机的振动是水力、机械、电磁等多种因素引起的。

（1）水力因素。由于水轮机过流部件流态不平衡、转轮叶片开口尺寸误差大、水轮机转轮加工粗糙引起的受力不平衡，使作用在转轮的水流失去轴对称，产生一个不平衡的横向力，引起转轮振动。

（2）机械因素。机械因素主要包括基础不稳、转子质量不平衡、机组安装轴线不正、轴承间隙未调整好、主轴轴套滑动等原因。

（3）电磁因素。在水电站现场，机械和电磁不平衡因素是产生水轮发电机组振动、摆度及噪声等的主要因素，这两大因素一般都由转动部分的平衡引起。机组转动部分的平衡主要包含两个方面的内容：一是转动部分的质量平衡；二是定、转子间的磁拉力平衡。对质量平衡而言，水轮机转轮在安装前是经过静平衡试验的，所以对机组的质量平衡影响很小；而通常由于发电机转子转动惯量很大，且难以进行静平衡试验，因此是造成机组质量不平衡的主要因素。在磁拉力平衡方面，主要是由于转子的整体偏心造成转子磁拉力的不平衡。因此对机组的平衡分析主要是针对转子进行。

目前国内机组安装与调试对机组平衡问题较普遍的做法是在机组启动后，对机组进行动平衡试验，根据试验结果采取配重措施，达到消除机组质量与磁拉力不平衡的目的。但是，对机组的平衡分析，可以在机组启动前进行。其意义首先在于通过平衡分析，可以在机组启动前对机组进行平衡控制，进行静平衡配重，在机组启动后可以达到不做动平衡试验的目的，或者即使振动略有超标需要进行动平衡试验，也可以在机组过速试验后，结合机组的空载以及负荷试验，进行质量平衡与磁拉力平衡整体考虑的动平衡试验，达到加快机组调试进度，缩短调试时间的目的。

（1）机组静平衡分析与实践。对机组的静平衡分析主要针对转子进行，首先要对造成转子不平衡的因素进行力学分析，包括质量不平衡分析和电磁拉力不平衡分析。

1）质量不平衡分析。转子由于存在质量不平衡，将导致机组运行时产生不平衡离心力。造成质量不平衡的因素有很多种，例如，由于磁极引线的布置在在设计上通常是难以做到对称布置的，则产生磁极引线的质量不平衡；磁极的质量也不可能是完全一致的，尽管磁极的布置会考虑磁极质量的这些差别，但也不可能做到完全对称布置，也会存在质量不平衡；转子整体对旋转中心会由于存在整体偏心，也会产生转子偏心质量不平衡；转子磁轭在装配后会存在周向波浪度，这种波浪度会导致转子磁轭质量的分布也不平衡等。

不平衡质量在机组运行时产生的不平衡离心力按式（10-1）计算：

$$C=mr(2\pi n/60)^2 \tag{10-1}$$

式中 $C$——不平衡离心力；

$m$——不平衡质量；

$r$——不平衡质量重心对转轴中心半径；

$n$——机组额定转速。

按式（10-1）进行不平衡离心力计算也是较为繁琐的过程。计算前首先要掌握足够多的有关各质量不平衡因素的技术资料和数据；其次由于各因素不平衡质量的质量点分布是分散的，分析计算时需要将各分散的不平衡质量点产生的离心力先分解到 $x$、$y$ 轴线上（一般定义1号磁极所在方向为 $+y$ 轴线），然后进行矢量合成，即可得到各不平衡质量因素产生的不平衡离心力。对各因素的不平衡离心力进行矢量合成，即是转子运行时的整体不平衡离心力。

2）电磁拉力不平衡分析。电磁拉力不平衡是由于定子和转子存在偏心而产生偏心磁拉力。这种定子和转子的偏心由两种因素造成，产生的偏心磁拉力也是各具特性的。其一是由于机组旋转中心与定子中心存在同轴度偏差，运行中产生偏心磁拉力。这种偏心磁拉力将转子向一侧偏拉，造成导轴承受力不平衡，但一般不会造成机组运行振动。其二是由于转子自身整体偏心的存在，运行中在转子上产生偏心磁拉力，这种偏心磁拉力对机组的平衡产生重要影响，使机组产生1倍转频的振动，是机组平衡分析必须考虑的因素。

偏心磁拉力按式（10-2）计算：

$$P=[(K/K_0)/(K/K_0-1)]K_0e \tag{10-2}$$

式中　$P$——转子中部的偏心磁拉力；

$e$——定子、转子间的中心偏差，计算转子整体偏心产生的偏心磁拉力时取转子整体偏心值；

$K$——转轴的刚度；

$K_0$——磁拉力系数。

$K$ 和 $K_0$，尤其是转轴的刚度 $K$，计算过程较为复杂，在取得机组设计计算成果的情况下可以直接查用。然后根据定子、转子偏心值或转子整体偏心值可以分别计算出两种类型的偏心磁拉力。

3）静平衡配重计算。静平衡配重是根据对机组静态平衡分析计算出的转子不平衡力，采用在转子上不平衡力相反方向加配重的方案对转子不平衡力进行平衡抵消，以获得转子运行的平衡效果。按式（10-1）和式（10-2）分别计算出转子的不平衡离心力和偏心磁拉力后，经矢量合成计算得转子整体不平衡力，则可按式（10-3）计算出转子进行静平衡配重的配重质量，配重方向为转子不平衡力反向。

$$M=F/[R(2\pi n/60)^2] \tag{10-3}$$

式中　$M$——配重质量；

$F$——转子不平衡力；

$R$——配重点半径；

$n$——机组额定转速。

4）机组静平衡计算实践。对转子进行平衡分析计算的过程较为繁琐，需要采集、输入大量数据。在实际运用中可开发出计算机分析计算程序，以减小计算工作量、加快计算速度及提高计算准确性，并可方便地进行多个分析计算方案的组合与比选，更有助于对机组的平衡特性做出正确的判断。

图10-1所示为三峡水利枢纽右岸25号机组进行的转子静平衡计算与配重输出界面。该算例计算中引入的机组不平衡因素及数据包括转子引线偏重、磁极偏重、转子整体偏心产生的不平衡离心力以及由于转子整体偏心产生的偏心磁拉力。经过不平衡因素数据的录入及计算程序，对这些因素及数据进行分析计算后，得到机组的静平衡计算结果以及静平衡配重方案。

图10-1（*b*）中所示25号转子静平衡配重方案，理论最佳静平衡配重质量为469.5kg，配重分布角为$-54.7°$。配重时根据配重块规格和配重点质量在转子支臂上的实际布置，分别在两个转子支臂上布置配重块，配重后换算得实际配重质量方案为464.0kg，配重分布角为$-57.9°$。在机组启动试运行后，根据机组的实际振动与摆度状态对配重进行了调整，在每个支臂上各撤除一小块配重块。调整后机组的振动与摆度达到了更好状态，最终的转子配重为383kg，配重点为$-57.9°$。机组在调试过程中未进行专门的动平衡试验，缩

| 转子基本参数 | | | | |
|---|---|---|---|---|
| 转速 | 磁轭内半径 | 转子总重 | 磁力系数 | 转轴刚度 |
| $\omega$/Rad | $R$/mm | $M$/kg | $K_0$/(N/mm) | $K$/(N/mm) |
| 7.8540 | 8237.0 | 1811.0 | $0.48\times10^6$ | $0.311\times10^7$ |

| 转子不平衡力 | | | | |
|---|---|---|---|---|
| 不平衡因素 | $x$、$y$ 轴向分量 | | 合成 | 分布角 |
| | $F_x$/tf | $F_y$/tf | $F_r$/tf | $\alpha$/(°) |
| 转子引线 | −2.81 | 21.55 | 21.73 | 97.4 |
| 磁极偏重 | −0.95 | −0.11 | 0.96 | −173.4 |
| 转子偏心 | −1.61 | −0.38 | 1.66 | −166.8 |
| 磁力偏心 | −8.19 | −1.92 | 8.41 | −166.8 |
| 合成不平衡力 | −13.56 | 19.14 | 23.46 | 125.3 |

转子偏心力分布图

图例

◆转子引线

■磁极偏重

*转子偏心

▲磁力偏心

•合成不平衡力

(*a*) 25 号转子静平衡计算结果

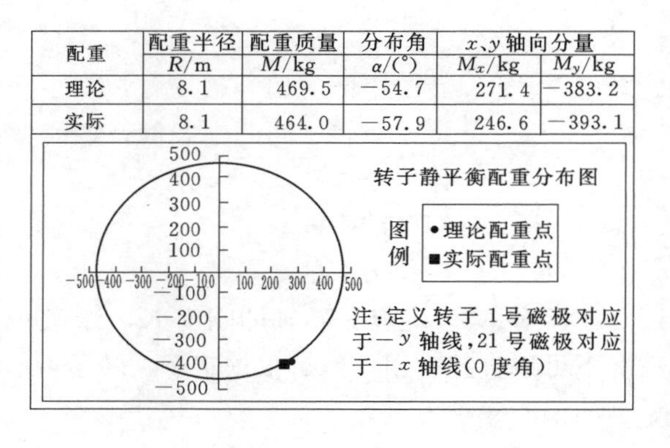

| 配重 | 配重半径 | 配重质量 | 分布角 | $x$、$y$ 轴向分量 | |
|---|---|---|---|---|---|
| | $R$/m | $M$/kg | $\alpha$/(°) | $M_x$/kg | $M_y$/kg |
| 理论 | 8.1 | 469.5 | −54.7 | 271.4 | −383.2 |
| 实际 | 8.1 | 464.0 | −57.9 | 246.6 | −393.1 |



(*b*) 25 号转子静平衡配重方案

图 10-1　转子静平衡计算与配重输出界面图

短了机组调试时间。可见对机组进行的静平衡计算与配重是比较准确与成功的。

（2）机组的动平衡分析与实践。机组动平衡分析是针对机组启动后的实际振动、摆度进行的。机组在进行静平衡配重后，在调试运行中可能发现机组的振动、摆度还没有达到最优状态，则可以根据需要对机组进行动平衡分析与配重。机组动平衡分析与配重应综合考虑机组在空转、空载以及负荷三种运行状态的振动与摆度水平，使机组达到最优的振动与摆度状态。

需要指出的是动平衡配重所能解决的问题是由于机组本身的不平衡离心力或单侧不平衡电磁拉力所产生的机组振动与摆度，这些振动与摆度的频谱特征都是 1 倍转频。因此对机组进行动平衡分析的基本数据是机组 1 倍转频的振动与摆度数据，在机组 1 倍转频的振动与摆度没有进一步改善余地的时候，进行动平衡分析与配重是不能改善机组的振动与摆度状态的。

动平衡分析与配重一般需要进行试配，以测出特定机组各部位振动与摆度对配重的响应系数。配重响应系数在不同电站机组是不一样的，但对结构相似的机组可以根据机组转速、转动惯量和已有的经验进行估算。获得机组的配重响应系数后，则可综合考虑机组各部位 1 倍转频振动与摆度的数值及相位，计算动平衡配重的重量与布置位置。对已经进行静平衡配重的机组，动平衡配重时可以与原配重综合计算。对动平衡进行计算宜编制计算机计算程序，以提高计算效率与准确性，最主要的是可以方便地进行配重方案的比选以及配重结果的模拟，有助于选定准确的动平衡配重方案。

某水电站 X 号机组所做的动平衡计算输出界面（见图 10-2）。

**17号机组动平衡计算**

**基本数据**

| 部位 | 响应系数与加权系数 | | | 振动与摆度 | | | 原有配重 | | |
|---|---|---|---|---|---|---|---|---|---|
| | 1倍转频响应系数 | | 加权系数 | 通频幅值 | 转频幅值 | 分布角 | 配重半径 | 配重质量 | 配重角度 |
| | 幅值 | 角度 | | | | | R (m) | M(kg) | α (°) |
| 上导摆度 | 1.25 | | 1.00 | | 60.0 | -40.0 | 8.1 | 132.0 | 94.5 |
| 下导摆度 | 0.75 | | 1.00 | | 170.0 | 10.0 | | | |
| 上机架- | | | | | | | | | |
| 下机架- | | | | | | | | | |
| 水导摆度 | | | | | | | | | |

**计算结果**

| 理论配重 | | | | 实际配重 | | | | 与原配重合成 | |
|---|---|---|---|---|---|---|---|---|---|
| 配重分量 | | 合成 | 分布角 | 配重分量 | | 合成 | 分布角 | 配重质量 | 配重角度 |
| Mx (kg) | My(kg) | Mr(kg) | α (°) | M.x | M.y | M.r | α | M(kg) | α (°) |
| -91.5 | 13.0 | 92.4 | 171.9 | -88.6 | 15.6 | 90.0 | 170.0 | 177.4 | 123.9 |

**配重后计算残余振摆**

| 部位 | 残余振摆 | 分布角 |
|---|---|---|
| 上导摆度 | 36.1 | -133.7 |
| 下导摆度 | 70.4 | 45.6 |
| 上机架- | | |
| 下机架- | | |
| 水导摆度 | | |

配重后振动摆度变化图

上导原摆度
上导残余摆度
下导原摆度
下导残余摆度

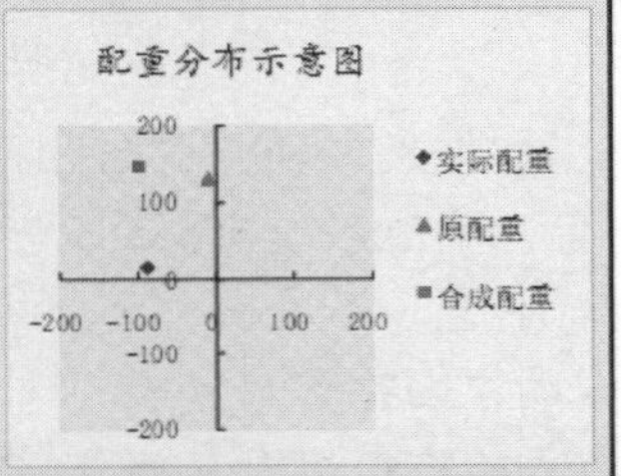

配重分布示意图

实际配重
原配重
合成配重

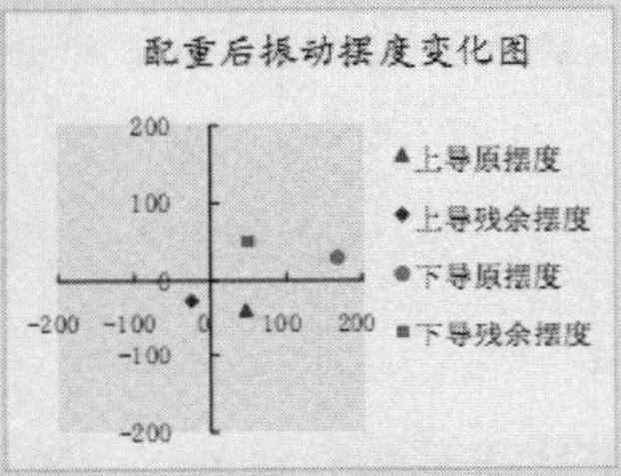

图 10-2　机组动平衡分析计算输出界面图

从动平衡计算结果显示，机组在进行动平衡配重后，按照计算上导摆度转频幅值将从原 60μm 减小为 36μm，下导摆度转频幅值将从原 170μm 减小为 70μm，配重效果将是很明显的。

按动平衡计算结果进行配重后，在相同工况下，机组的振动与摆度从机组状态监测系统（见图 10-3）。从图中可见机组振摆状态达到了很理想的状态，上导摆度转频幅值 $x$、$y$ 向监测分别为 76μm 和 91μm，下导摆度转频幅值 $x$、$y$ 向监测分别为 49μm 和 59μm，动平衡配重取得了明显效果。

（3）试运行中振动超标实例一。

1）现象。某水电站装 1 台容量 84MW 轴流转桨式水轮发电机组，机组额定水头 32.5m，最大水头 40.0m，极限最小水头 16.0m，设计定转子气隙 21mm。机组在启动试运行做动平衡试验发现机组振动摆度严重超标。

2）机组振动情况及初步分析。在低水头 17.0m 情况下，机组首次动平衡试验，进行空转变转速试验，加励磁电压试验。

测试情况表明：空转工况运行时，随转速上升，机组各部分振动摆度略有上升，虽均在规定范围内，但转频分量偏大；加励磁电压时，各测点振动频谱图上 100Hz 振动较小，可排除极频振动，但随着励磁电压升高，机组各部振动摆度的转频分量成倍增长，推力轴承处最大摆度达 2.2mm，上机架径向振动达 0.42mm，严重超标。由测试数据分析，机组有轻度的机械不平衡，存在严重的磁拉力不平衡（经计算单边磁拉力接近 100t），即由

| 通道名称 | 峰峰值 | 1X幅值 | 1X相位 | 平均工作位置 | 安装间隙 | 安装角度 | 单位 | 状态 |
|---|---|---|---|---|---|---|---|---|
| 上导X向摆度 | 94 | 76 | 133 | 1730 | -9.8v | 0 | μm | ● |
| 上导Y向摆度 | 116 | 91 | 220 | 2022 | -12.2v | -90 | μm | ● |
| 下导X向摆度 | 106 | 49 | 230 | 2212 | -13.7v | 0 | μm | ● |
| 下导Y向摆度 | 113 | 59 | 336 | 2148 | -13.2v | -90 | μm | ● |
| 水导X向摆度 | 93 | 22 | 160 | 2240 | -13.9v | 0 | μm | ● |
| 水导Y向摆度 | 78 | 19 | 255 | 2026 | -12.2v | -90 | μm | ● |
| 上机架X向水平振动 | 10 | 8 | 157 | - | - | 0 | μm | ● |
| 上机架Y向水平振动 | 11 | 8 | 252 | - | - | -90 | μm | ● |
| 上机架垂直振动 | 24 | 0 | 0 | - | - | 0 | μm | ● |
| 定子机架X向水平振动 | 42 | 9 | 248 | - | - | 0 | μm | ● |
| 定子机架Y向水平振动 | 40 | 10 | 342 | - | - | -90 | μm | ● |
| 定子机架垂直振动 | 5 | 3 | 0 | - | - | 0 | μm | ● |
| 下机架X向水平振动 | 13 | 5 | 153 | - | - | 0 | μm | ● |
| 下机架Y向水平振动 | 5 | 4 | 0 | - | - | -90 | μm | ● |
| 下机架垂直振动 | 26 | 11 | 306 | - | - | 0 | μm | ● |
| 顶盖X向水平振动 | 74 | 11 | 17 | - | - | 0 | μm | ● |

机组：17F机组　时间：2007-12-19 14:21:21　转速：75.1r/min　有功：697.7MW　励磁：2956A　水头　80.5m

图 10-3　机组状态监测系统显示的机组振摆状态图

转频振动引起电磁振动。根据计算，转子加配重 24kg 后，空转时机组各部振动和摆度明显下降，但加励磁后电磁振动仍然存在，故初步判断不平衡磁拉力是机振动摆度超标的主要原因。

3）振动原因检查及分析。

A. 首先检查机组电气部分，对励磁回路、轴电压、磁极极性、磁极电路等检查均未发现异常；然后对定子及上下机架基础、转子磁极固定情况、弹性油箱受力、连轴螺栓拉伸值、上导瓦等进行了检查处理，回装后，经动平衡试验，测试结果一致表明：振动情况略有好转，但机组振动摆度仍严重超标。

B. 机组静止时测量定转子气隙，发现 48 个磁极部分测点气隙值与平均值比较超过 $\pm10\%\delta$（$\delta$ 为设计气隙）的规范要求，且气隙偏小与气隙偏大有一定连续性和对称性，依此判断机组加励磁运行时产生单边磁拉力。

C. 采用盘车测气隙法检查定子、转子圆度及气隙测量。

定子圆度测量：出少数测点值与平均值比较超过 $\pm5\%\delta$ 的规范要求，但超标量较小，不至于引起剧烈的电磁振动。

转子圆度测量：48 个磁极有相当部分测点值与平均值比较超过 $\pm5\%\delta$ 的规范要求，且具有连续性和对称性，判断转子存在一定偏心。

D. 综上分析，判断转子圆度超标是造成磁拉力不平衡、引起机组加励磁运行时振动摆度剧烈的主要原因。

4）处理。根据分析，该电站最后采取了吊出转子，进行转子圆度校正处理。转子圆度处理采用磨削磁轭与磁极加垫相结合的方法。机组回装后盘车检查，对上端轴倾斜和主轴连接螺栓拉伸值进行了校正处理。打紧上下机架基础螺栓及斜楔、精调导轴瓦间隙、精调弹性油箱受力及镜板水平等，均可改善机组振动。

5）机组重新启动。机组重新启动做动平衡试验，在水头 33m 情况下，就 102r/min、125r/min（额定转速）空转变转速试验及 $50\%U_e$、$75\%U_e$、$100\%U_e$ 加励磁电压试验共 5 种工况进行了测试。结果表明，在各试验工况下，机组各部位振动摆度均在优良范围内，随励磁电压升高，振动摆度还略有下降。这表明对振动的分析检查是正确的，处理方法也是有效的，从根本上解决了问题，上导瓦温过高也得到了控制。

(4) 试运行中振动超标实例二。某水电站1号机首次开机至额定转速空转试运行时上机架最大径向振动值0.10mm。该机组额定转速150r/min，根据规范要求，带导轴承支架（即上机架）的水平振动值不允许超过0.09mm，因此机组的振动值超出规范要求。

经过试验和检查，在排除机械因素后，判断电磁不平衡是机组的振动值超标的原因。

### 10.6.2 机组异常响声的分析及处理

机组异常响声一般分为转动部分与固定部分摩擦或碰撞产生的异响和噪声。机组启动试运行期间根据各种异常响声需仔细判断和确认，分析产生的原因，才能准确地采取防治和处理措施。机组异常响声的分析无规律可循，一般由安装人员的施工经验和机组设计结构特点决定。

以下举例说明各种机组异常响声的分析和处理情况。

实例一：某水电站安装容量2×50MW悬吊式水轮发电机组，1号机组在115%过速试验过程中，发现机组上下机架振摆报警，风洞内异常摩擦声音，随即紧急停机，检查发现上导下密封盖铜环与密封盖点焊开裂，铜条与主轴局部已接触无间隙。经分析安装时，铜条与主轴单边最小间隙为0.20mm，过速时由于主轴瞬时摆度过大，与铜条摩擦撞击，引起上下机架振摆报警所致。随即拆除下密封盖，重新点焊固定铜条，打磨铜条内圆，使铜条与主轴最小间隙调整到单边0.50mm，再次过速115%及155%后，机组无异常声响，上导下密封防油雾效果较好。

实例二：某水电站安装容量6×225MW混流式水轮发电机组，机组启动至瓦温试验稳定、调速器扰动试验完成期间，在水车室测量噪声达到110～112dB，随即停机排水，检查转轮多个叶片有200～1100mm长度不等穿透性裂纹，之后按制造厂处理方案对叶片裂纹进行处理。现场处理方案：对叶片出水边100mm宽范围进行修型，使叶片出水边厚度有原来的13mm修薄至5mm，并圆滑过渡。重新启动机组做后续试验，监测水车室噪声满足规范要求（≤85dB），72h试运行后，排水再次检查转轮无裂纹。经分析，因转轮叶型设计原因，转轮产生卡门涡带共振，从而产生转轮裂纹。

### 10.6.3 运行部位局部温度过高

(1) 发电机出口母线局部发热分析及处理。

实例：某水电站发电机出口母线屏蔽板连接螺栓发热。

某水电站发电机出口18kV全连式离相封闭母线，采用现场装配安装方式。母线外壳尺寸为$\phi$1510mm×10mm，导体规格为$\phi$950mm×12mm，长约85m，厂变、励磁、TV等分支母线外壳尺寸为$\phi$750mm×10mm，导体规格为$\phi$170mm×12mm，单相长约22m，并配备热风保养设备一套。

1) 发生的问题。在机组试运行调试阶段，在进行发电机逐级升流试验时，分别进行5%、10%、25%、50%、75%、100%额定电流的升流试验。当试验电流升到发电机额定电流时，发现封闭母线与发电机出口软连接屏蔽罩把合螺栓温度很高（主要集中在A、C相，分布区域约为75%），导致连接螺栓发红、发亮。

停机对发电机出口封闭母线屏蔽罩、连接螺栓等部件进行检查，具体过程如下。

A. 拆除三相屏蔽罩连接螺栓，检查连接螺栓、绝缘盆及其他设备的损坏情况。

B. 经过检查，发现C相有4颗连接螺栓由于高温被烧断，A、C相各有部分螺栓被烧黑，而且A、C相绝缘盆多处螺栓孔被碳化。

经对其他机组相同部位进行监测，发现情况相似，均有少部分螺栓发热，最高温度达到180℃，而且发热部位基本一致，说明封闭母线发热存在一定的共性。

2）原因分析。离相封闭母线的外壳对于涡流和环流具有屏蔽作用，可解决钢结构发热问题；分段安装短路板，将三相外壳连接起来，可减少相间短路电动力。但在发电机出口处，设备的电磁状况比较复杂，感应电流含大量高次谐波电流分量，可能造成局部电势，通过母线外壳接地点流入大地。由于绝缘盆的绝缘作用，电流将从连接螺栓流过，由于有效接触面积小使接触点温度升高。当接触点温度超过铝或钢的温度限值时，初始接触点会因过热而断开或使接触电阻增大。而该过程又重复出现在另一些接触点，如此不断地变化使连接螺栓与屏蔽罩接触面烧黑或碳化（见图10-4）。

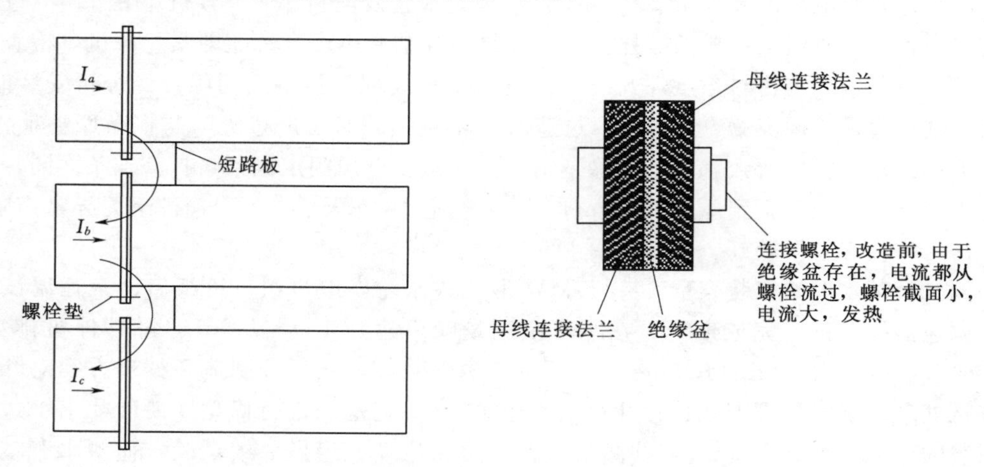


图10-4　母线分布示意图

3）处理方法。经过分析决定对封闭母线连接螺栓进行改造，让感应电流不经过螺栓直接流入母线外壳流入大地。处理方案如下。

A. 更换已经局部受损的A、C相绝缘盆及密封垫。

B. 对所有接触面进行清扫。

C. 更换所有连接螺栓，并均匀拧紧，最终利用力矩扳手进行检查。

D. 在A、B、C相中所有螺栓上增加绝缘套、绝缘垫片、铜辫子（短接线），使感应电流从铜辫子分流，以减小螺栓发热问题（见图10-5）。

E. 将螺栓把合的接触面油漆清理干净，以增大接触面积。

经过多次的改进、处理与试验，机组运行时的各项指标符合相关规定，前期出现的螺栓过热问题得到了彻底解决，其试验监测数据见表10-1。试验的各项数据表明改造方案的有效性，改造成功。按照同样的改造方案，分别对其他几台机组进行处理，处理后的结果均很理想，也进一步证明了本方案的可行性、有效性。

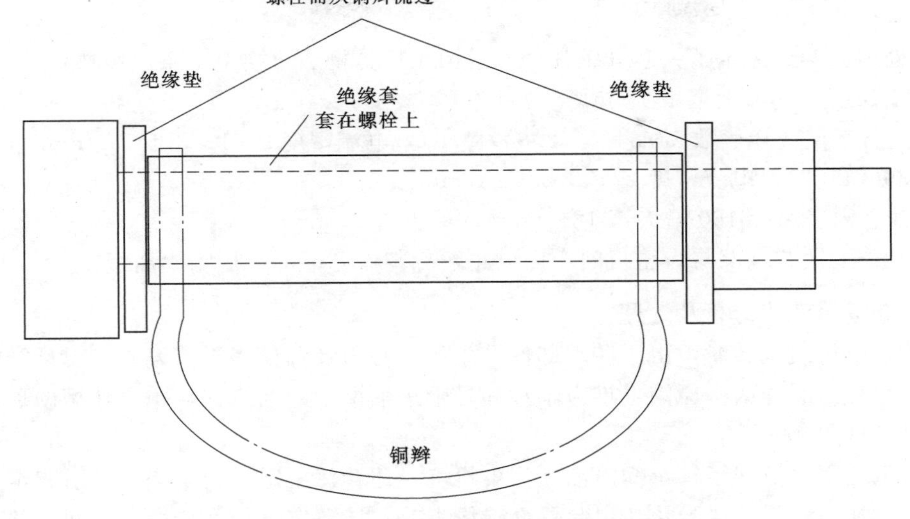


图 10－5　改进的母线连接示意图

表 10－1　　发电机升流试验监测数据表

| 升流试验电流 $I_e$/% | A相连接螺栓最高温度/℃ | B相连接螺栓最高温度/℃ | C相连接螺栓最高温度/℃ |
|---|---|---|---|
| 70 | 70 | 105 | 70 |
| 85 | 88 | 95 | 88 |
| 100 | 120 | 135 | 125 |

4）处理效果检测。发电机出口封闭母线屏蔽罩连接螺栓发热问题，是由于在发电机出口处，设备的电磁状况比较恶劣，感应电流里包含大量高次谐波电流分量，造成局部电势，电流从连接螺栓流过，导致螺栓接触点温度升高。经过使用绝缘材料绝缘连接螺栓，增加短路连接（铜辫子）达到分流目的，取得了良好的效果。

通过对此水电站封闭母线壳体局部发热问题及后期改进处理，这给设计单位、制造单位及安装单位提出了更高的要求。要求在设计时应充分考虑强磁场环境中的离相封闭母线的外壳屏蔽问题，尽量屏蔽所有的涡流和环流，防止引起屏蔽罩连接螺栓过热。还应考虑增加屏蔽罩连接螺栓导电面积或使用绝缘材料不让电流流入连接螺栓，达到分流的目的，从而避免连接螺栓发热。

（2）定子温升偏高。

1）某水电站在运行中，出现定子温升偏高现象。

铁芯最高温度为 74.2℃；

铁芯最高温升为 34.2K；

绕组测点温度为 121.6℃；

绕组测点温升为 81.6K；

绕组最高温度为 138.9℃；

绕组最高温升为98.9K。

2）原因分析：通风不善；线棒股线尺寸选择不当；换位不良；槽形高、宽比小，散热能力差。

3）处理方案。原定子铁芯硅钢片全部运回工厂扩槽、更换上、下层线棒：

A. 槽深由149增大至171mm。

B. 上、下层线棒股数38/34×（2.8×10.6），电流密度2.817/3.145A/mm² 变为56/46×(2.36×11.2)，电流密度2.152/2.62A/mm²。

C. 铁芯内径由18160增大至18166mm（单边增大3mm）。

D. 上、下铁芯端部与齿压板间增设风路，冷却铁芯端部、压指和压板。

### 10.6.4 油槽甩油的分析及处理

水轮发电机组运转时，由于转动部件产生的离心力及油槽密封盖偏心、设计结构、安装因素、运行工况等诸多原因，推力轴承和导轴承油槽中的油或油雾跑出油槽的现象，称为油槽甩油现象。

油槽甩油不仅浪费了轴承润滑油，污染机坑，还会污染定、转子绕组，引起定子温度升高，同时加速绕组绝缘老化，引起局部绝缘失效，导致定子线圈接地、相间短路，机组将无法在安全状态下运行。另外如果油槽甩油现象严重，导致运行油位下降过低，不及时采取措施，将会引起轴瓦烧毁，造成水轮发电机组被迫停机。所以，油槽甩油问题必须采取必要的措施，及时进行处理。

油槽的甩油是多种原因造成的，但是总的来说可以概括为两种现象，一种是润滑油通过转动部件内壁与挡油圈之间，甩向机组内部，油槽内侧甩油见图10－6；另一种是润滑油通过转动部件与轴承密封盖板缝隙甩向外部，油槽外侧甩油见图10－7。

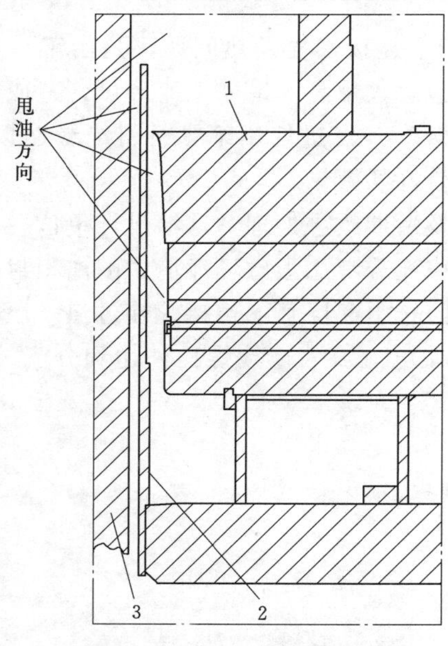


图10－6　油槽内侧甩油图

1—推力头与镜板；2—挡油圈；3—主轴

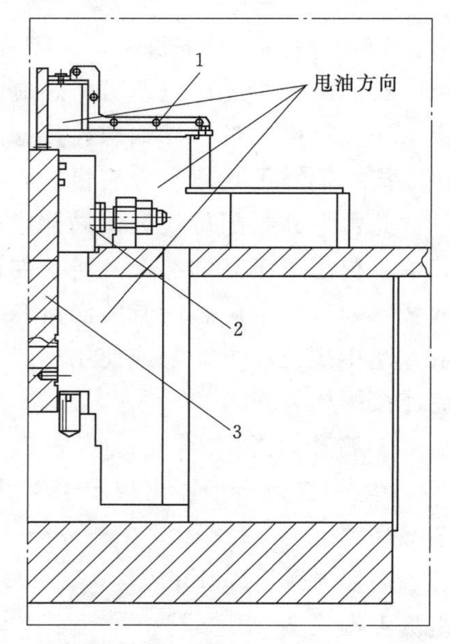


图10－7　油槽外侧甩油图

1—轴承密封盖；2—导轴承瓦；3—推力头与镜板

(1) 油槽内侧甩油。

1) 油槽内侧甩油的产生。机组在运行时，由于转子高速旋转使得机组内部形成一股气流，由于气流的作用在轴承油槽内部润滑油面之上，形成局部负压，致使油面沿着挡油圈内壁升高，进而将润滑油甩到机组内部。另外，由于在安装或制造时，挡油圈与轴承滑转子之间的间隙不均匀，造成两个部件相对偏心，这样在机组旋转时，将造成离心力，使得油槽、挡油圈、导轴承整体形成了离心泵，由此而导致油面升高，同样造成机组内部甩油。从机组内部甩油的特点来看，内部甩油多数是油和油雾一同甩出，究其原因除了上面说的负压、挡油圈偏心等因素，注油时油面过高、油温偏高也会造成机组内部甩油。

2) 油槽内部甩油的应对措施。机组内部甩油应根据甩油的原因采取应对措施，安装时准确控制正常油位高度、调整旋转部件与挡油圈间隙，保证部件同心度满足要求都是有效的措施。根据挡油圈、滑转子的结构，也可以采取如下措施。

A. 在滑转子上钻均压斜孔，按圆周等分，布置3～6个孔，使轴领内外通气平压，防止因内部负压而使油面被吸高甩油，组合式挡油结构见图10-8。

B. 加装稳油挡油环。运行时，稳油挡油环起着阻旋作用，增大了机组内部甩油的阻力。部分甩出来的油通过挡油环上环板上的小孔回到轴承槽中，挡油环与挡油筒之间呈静止状态，不会因滑转子的旋转运动而使油面波动，组合式挡油结构见图10-8。

C. 使用迷宫式挡油圈。加长阻挡甩油的通道，增大甩油的阻力，有效阻止甩油，组合式挡油结构见图10-8，由稳油挡油环与滑转子结构构成了一个简单的迷宫。

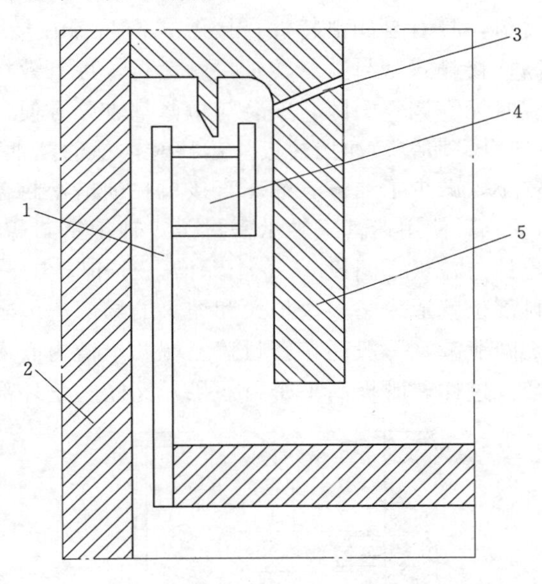


图10-8 组合式挡油结构图

1—挡油圈；2—主轴；3—均压孔；4—稳油板；5—滑转子

D. 使用反向螺旋密封挡油圈。反向螺旋密封是斜面式的，且斜面向下，在润滑油上升过程中起到阻尼作用，能够有效阻止甩油。

E. 加大滑转子内侧与挡油圈之间的间隙，使相对偏心率减小，从而降低了油面的压力脉动值，保持了油面的平衡，防上了润滑油的上窜。在某些水电站实际使用情况表明，滑转子内侧与挡油圈之间的距离增大，可使润滑油的搅动造成的甩油大幅度降低。

F. 在可能条件下，加大挡油圈顶端与油面的距离，避免运行中的润滑油在离心力作用下翻过挡油圈溢出。

(2) 油槽外侧甩油。

1) 油槽外侧甩油的产生。对于导轴承，润滑油从轴承盖板处以油珠的形式逸出形成甩油的情况很少，更多的是以油雾形式，从轴承盖板缝隙处逸出，形成油槽外部甩油。

当机组运行时，静止的润滑油由于离心力的作用沿着油槽外壁升高，一部分会因其黏性而附着在工件上；另一部分会朝另一方向弹射出去，到处飞溅，形成大量的雾状油珠。同时，由于主轴轴领的高速旋转，造成轴承油槽内油面波动加剧，从而产生许多油泡。当这些油泡破裂时，也会形成很多油雾。另外，随着轴承温度的升高，使油槽内的油和空气体积逐渐膨胀，从而产生一个内压。在内压的作用下，油槽内的油雾随气体从轴承盖板缝隙处逸出，形成机组外部甩油。

2）油槽外侧甩油的应对措施。安装时准确控制正常油位高度、调整旋转部件与挡油圈间隙，保证部件同心度满足要求都是防止和减少油槽外部甩油的有效措施。

根据挡油圈、滑转子的结构，也可以采取如下措施。

A. 采用接触式密封盖。接触式密封盖其密封齿与转动部件表面接触，实现无间隙运行；其密封齿沿圆周为多等分结构，每瓣均能与轴形成径向跟踪，径向压缩 1～2.5mm，因此在转轴偏心运行时，可以自动跟踪，实现无间隙运行；与转轴接触材料采用特种复合材料，具有自润滑特性；接触式密封盖在运行中不损伤转轴，不引起转轴振动及轴温升高；接触式密封盖与转轴接触运行，可有效控制油雾泄漏，满足运行环境的需要。且在安装时无需调整间隙，安装与检修都十分方便，接触式密封盖见图 10-9。

B. 加装稳油挡油板。运行时，稳油挡油板起着隔断作用，挡油板与滑转子之间间隙较小，减少了油雾、油珠直接甩在油槽密封盖板上，避免了直接从密封盖间隙处甩油。

C. 使用迷宫式轴承密封盖。轴承密封盖一般由合金铝铸成。为加强密封性能，在旋转件与盖板之间设 4～6 个深槽，分布于上下两端，盖板与转动件留有间隙。这样，在密封部位就形成了多次扩大和缩小的局部流体阻力，从而防止油气混合体从密封盖与旋转体之间泄漏，一般还在密封盖上端两个槽内嵌入工业毛毡，并调整好毛毡与旋转件接触的松紧。这样，既提高了密封效果，又能防止外部杂物渗入，迷宫式轴承密封盖见图 10-10。

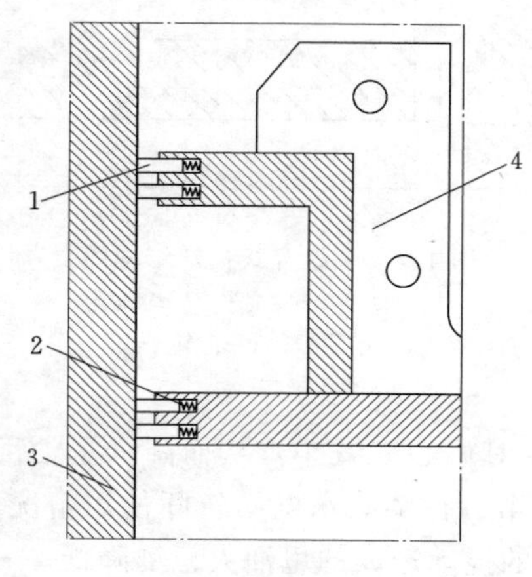


图 10-9　接触式密封盖图

1—密封条；2—压紧弹簧；3—主轴；4—密封盖

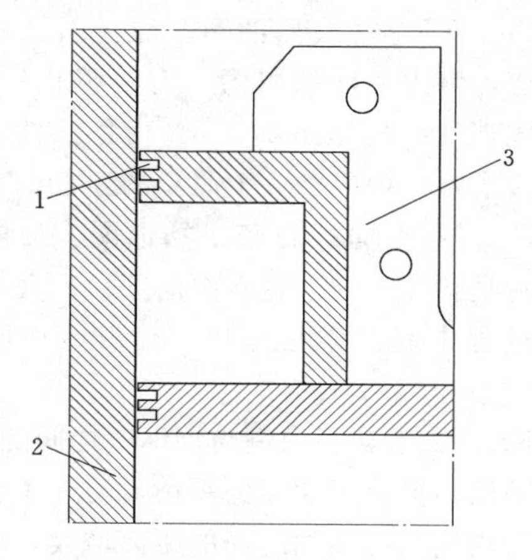


图 10-10　迷宫式轴承密封盖图

1—迷宫式密封；2—主轴；3—密封盖

D. 使用油槽呼吸装置。在油槽盖上装一形如烟囱的装置，即为呼吸器。呼吸器的作用是使油槽与厂房大气静压连通，呼吸器的上部装有防滴罩，避免杂物落入。其内有迷宫结构的隔板，当油气通过该装置时，压力减小，油气凝成油滴，流回油槽。由于呼吸器分流了大部分油气混合物，使密封盖与旋转件之间的间隙溢出的油气减少。实践证明，油槽呼吸器可提高密封效果，减少或消除甩油。

E. 气封迷宫式密封。在迷宫式密封盖的中间部分通入压力空气，使槽内产生一定的静压，从而阻止油气混合体向外泄漏。通常这个气流来自于发电机转子风扇的高压区。为了改善压力空气入口条件，管路的入口处应做成喇叭形状，并使口部对准迎风面，气封迷宫式密封见图10-11。

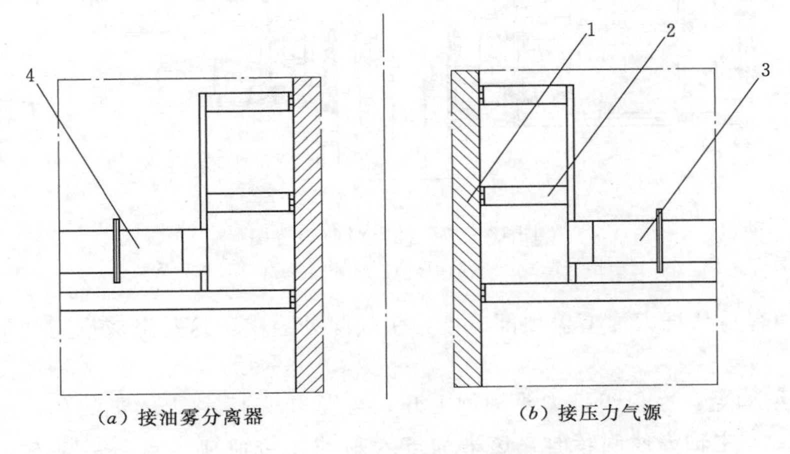


图10-11　气封迷宫式密封示意图

1—机组旋转部件；2—气封密封；3—补气管；4—油雾收集管

F. 使用油雾吸收装置，油雾吸收装置是将防止外部甩油和内部甩油合在一起的一种装置。由两部分组成。第一部分是防止外部甩油，就是防止油槽内的油由于加热而蒸发（或由于搅拌）成油雾，为此增设进出气管，一边通过管路将一定压力的气体引入密封盖上部的迷宫腔内；另一边将迷宫腔内的油气混合物通过管路引入油雾分离器，经过冷凝器将油气分离开来，气体排入大气中，经过冷凝器分离出来的油滴收集在冷凝器下面的腔内，定期用油桶收集运走。第二部分是防止内甩油，为此在挡油圈的下端增设接油槽。接油槽内圈设有锯齿型迷宫环，环槽内嵌有细毛毡，毛毡与大轴之间留有间隙，这样，从挡油管上端部甩出来的油滴及油雾无法继续往下扩散，将被收集在接油槽中的环型槽内，通过管子引出机坑外。油雾吸收装置见图10-12。

（3）油槽甩油及处理实例。

1）甩油现象。某水电站机组投产发电后，推力油槽油位注油正常，油面以下导瓦抗重螺栓中心线处为准，机组运行中，推力油槽密封盖板与推力头轴领之间的间隙处油雾外溢和密封结合面甩油情况较为严重。

A. 整个发电机风洞地面、下机架、水车室等空气中充满油雾，地面、设备积油。

B. 推力油槽油位下降，需定期对推力油槽增补透平油。

2）原因分析。

A. 机组推力油槽容积偏小：因机组下机架受运输宽度限制，油槽外圈比原设计尺寸小，因此，受推力油槽容积减小，机组在运转过程中油槽内的油流态变差，加剧运行中油

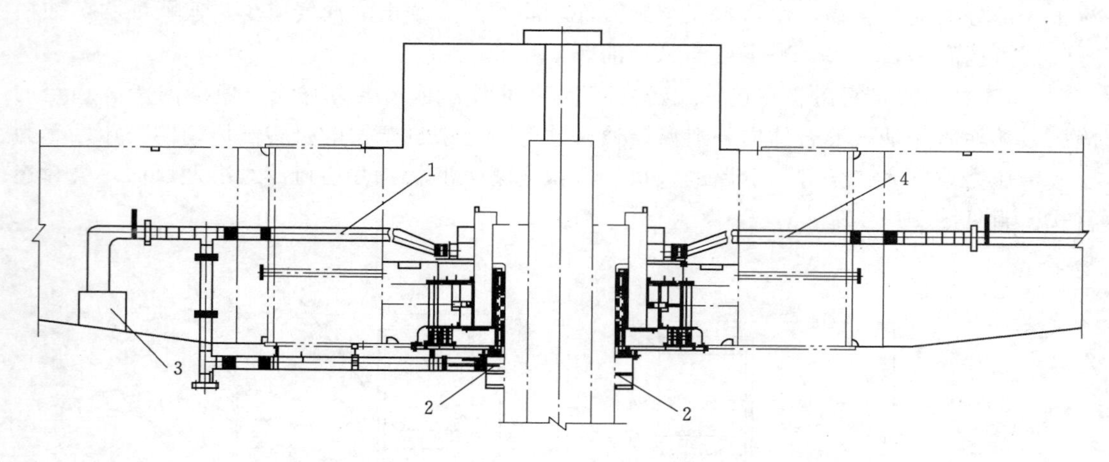


图 10-12　油雾吸收装置图

1—排气管；2—集油槽；3—油雾分离器；4—进气管

的翻滚，使油容易从推力油槽盖顶部与推力头间隙处溢出，这是造成推力油槽油雾外溢的主要原因。

B. 设备结构上：在机组推力头轴领上开有与径向成 45°往上的进油孔，推力轴承结构见图 10-13。当主轴高速旋转时，透平油进入到轴瓦与轴领之间的空隙内，由于运动的冲击，形成大量的雾状油珠。

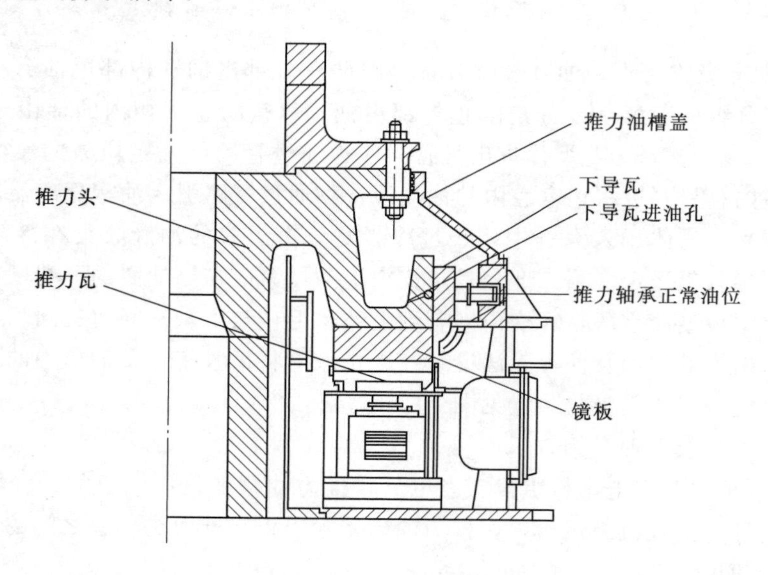


图 10-13　推力轴承结构图

C. 油槽盖底座与油槽密封、油槽盖分半结合面密封甩油。推力油槽盖为铸铁材质，推力油槽原密封盖板见图 10-14，由于运输、制造和安装等各方面原因，容易造成推力油槽盖板变形，油槽盖底座与油槽密封和油槽盖分半结合面设计为橡胶平板密封，因为油槽盖板存在变形现象，造成部分螺栓无法正常安装和紧固，致使油槽盖板与油槽底座间密封有渗油现象，机组运行后大量推力润滑油将从油槽盖密封结合面甩出。

D. 油槽盖与推力头间隙处油雾外溢。推力油槽密封盖板与机组大轴之间运行中处于一种相对高速旋转的运动关系，因此，就要求它们之间应该有足够的间隙，以防止两者发生摩擦造成设备的损坏，该机组的推力油槽密封盖板与轴领之间的设计间隙是1.0mm，间隙设置3处梳齿迷宫，间隙密封材料为5mm羊毛毡条，密封压在油槽盖顶部间隙表面。此设计间隙密封形式，当羊毛毡条磨损或吸油后，在机组运行中推力油槽密封盖板处的迷宫环密封起到的密封作用就相对较差，油槽的油雾就易通过密封盖板与大轴之间的间隙大量溢出。

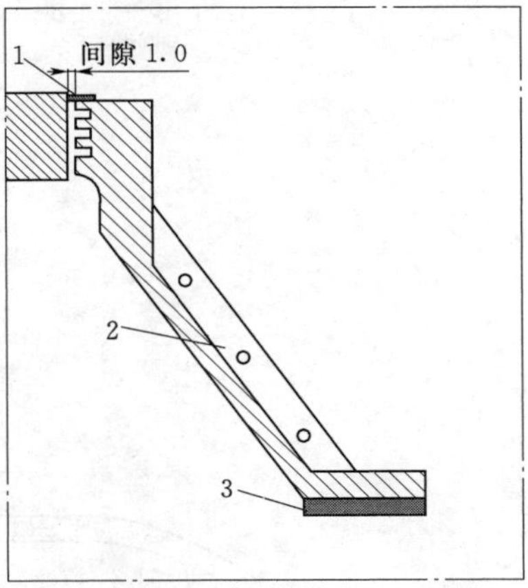

图 10-14　推力油槽原密封盖板示意图（单位：mm）

1—羊毛毡；2—密封盖（钢制）；3—橡胶平板密封

综上所述，推力油槽密封不严是产生严重油雾外溢和甩油现象的主要原因。

3）处理方案。

A. 更换一种新的接触式密封盖板，原密封盖板形式（见图 10-15）；新的推力接触式密封盖板有如下结构特点：盖板的金属部分采用高强度铝合金结构，重量轻不易变形，在密封面上开有类似梳齿迷宫环式3个齿口，在其中上下的齿口内安装有弹簧和密封齿，密封齿采用非金属耐磨特种复合密封材料，密封材料具有自润滑特性，以及独特的分子结构，吸噪声、抗静电、比重轻、绝缘性能好，极高抗滑动摩擦能力、耐高温、耐化学物质侵蚀，材料自润滑性能优于用润滑油的钢或黄铜。密封齿沿圆周分布，每瓣均能与轴形成径向跟踪，靠弹簧的作用可实现径向前进1mm和后退5mm，在轴偏摆运行时，密封齿可通过弹簧的作用自动跟踪调整其与转轴之间的间隙，实现盖板与推力头轴领之间的无间隙运行，密封盖在运行中不损伤推力头轴领，也不引起转轴振动及轴温升高，从而保证机组运行中油槽盖内油雾无法外溢和甩油现象产生。

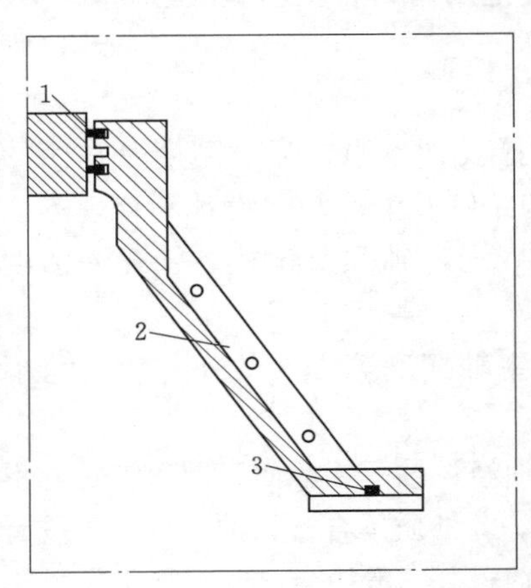


图 10-15　新油槽密封盖板示意图

1—接触式密封；2—密封盖（铝合金）；3—O形密封

B. 油槽密封盖板在圆周上仍采取6等分，盖板的金属部分采用高强度铝合金属结构，重量轻不易变形，安装方便；油槽盖底座与油槽盖密封、油槽盖分半结合面密封均改造为O形密封条结构，密封性能比橡胶平板密封优，密封安装也更简单。因此，推力油槽盖安装后能保证油槽盖各密封结合面无渗漏油，机组运行时各密封面无甩油现象发生。

C. 因为新推力油槽盖为接触密封形式，油槽与外界空气完全隔离，为保证内部空气与外部联通，在推力油槽盖面上安装两个空气呼吸器，空气呼吸器结构见图 10-16，空气呼吸器设计为折叠挡板式，油槽内部油雾经挡板过滤后成滴状，油滴重新落入油槽内，使油雾不会外溢，但外部空气能与内部联通，以防止油槽内部产生高温、高压气体。

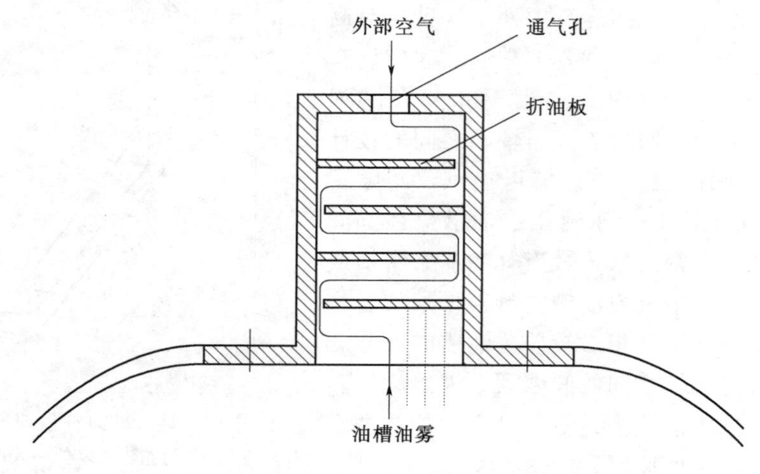


图 10-16　空气呼吸器结构示意图

### 10.6.5　轴承温度过高的分析处理

水轮发电机组运行时，其机组轴承应该在设计的温度范围内，若轴承温度过高，将会引起轴瓦烧毁，造成水轮发电机组被迫停机。

(1) 轴承温度过高的分析。

1) 设计方面的问题。如轴承瓦面积过小、轴承瓦支撑设计不当、瓦衬刚度及瓦面的材质选择不当、高压油减载装置设计不当、油的循环冷却系统及油冷却器设计不合理等。

2) 制造方面的问题。如油的循环冷却系统的通道不畅通、轴颈及镜板、轴瓦光洁度差、转动部分质量不平衡等。

3) 机组安装质量问题。轴瓦面接触点、轴瓦间隙、主轴摆度等方面的任一项工艺不符合技术要求，都能导致瓦温过高。

4) 润滑油质量问题。发电运行时润滑油溅到轴颈上，油经过轴瓦接触面又回落油箱，不停流动的油，一方面润滑轴瓦；另一方面带走轴瓦上的热量。若油质不合格、油里有变质或有杂物，将会导致轴瓦摩擦增大，瓦温升高。另外如润滑不足或过分润滑均会导致瓦温升高。

5) 冷却不够，如管路堵塞，冷却器选用不合适，冷却效果差。

6) 轴承异常，如轴承装配工艺差，轴承各部受力不均、间隙调整不符合要求。

(2) 轴承温度过高的解决方法。当轴承温度高时，应先从以下几个方面解决问题。

1) 加油量不恰当，润滑油过少或过多。应当按照设计要求注入正常油量。

2) 轴承所加润滑油不符合要求或被污染。润滑油选用不合适，不易形成均匀的润滑油膜，无法减少轴承内部摩擦及磨损，润滑不足，轴承温度升高。当不同型号的油脂混合时，可能会发生化学反应造成油变质、结块，降低润滑效果。润滑油受污染也会使轴承温度升高，加油过程中落入灰尘，造成油污染，导致油槽内部润滑油劣化破坏轴承润滑，温度升高。因此应选用合适的润滑油，对油槽进行彻底的清洗，加油管路进行检查疏通，不同型号的油脂不许混用，若更换其他型号的润滑油时，先将原来的油清理干净。

3）冷却不够。检查管路是否堵塞，进油温度及回水温度是否超标。若冷却器选用不合适，冷却果差，无法满足使用要求时，应及时进行更换或并列安装新冷却器。

冷却效果太差时，可以从以下几个方面着手。

测量油冷却器进水及出水温度，冷却器进油出油温度。

A. 冷却水温差过大时，说明冷却水量不足，应设法增大冷却水过流量，其办法如下：首先，检查油冷却器内部有无堵塞（特别是水质不好的季节尤应注意）；其次，在可能的情况下，适当增大冷却器进水压力；再次，加大冷却器进出水管直径，增加冷却器进出水流量。

B. 冷却器进油出油温差过大时，说明冷却器冷却效果不好，可以更换冷却容量较大的冷却器。或在冷却管上加装吸热片，以增加吸热面积，提高吸热量。

4）确认不存在上述问题后再检查轴承。轴承主要从以下几个方面检查。

A. 轴承的质量。解体轴承前，首先，检查润滑油脂是否有变质、结块、杂质等不良情况，这是判断轴承损坏原因的重要依据；其次，检查轴承有无咬坏和磨损。若有以上情况应更换新轴承。

B. 轴承各部配合间隙的调整。轴承间隙过小时，由于润滑油在间隙内剪力摩擦损失过大，也会引起轴承发热，同时，间隙过小时，油量会减小，来不及带走摩擦产生的热量，会进一步提高轴承的温升。因此，若间隙过小时，应调整轴承间隙。

C. 摆度检查调整。机组摆度过大时，轴承受力就会变大，因此，可检查机组摆度，调整摆度到合格范围内。

（3）处理运行时推力瓦温高的实例。某抽水蓄能水电站运行中，出现推力瓦温度偏高现象，达到80℃以上，以致推力瓦受损。

1）原因分析：制造厂对低水头大容量可逆式机组设计经验欠缺，推力轴承设计不能满足机组运行要求。

A. 推力轴承高压油减载装置油泵流量不足，机组在低转速运行时，镜板和推力瓦间的油膜厚度不够，推力瓦面易受损。

B. 推力轴承支撑结构为刚性支柱，支柱球面半径过大，受力自调节能力较差，导致瓦块摆动受限，不利于动压油膜的可靠形成。

2）处理方案。

A. 增加高压油减载装置油泵容量以提高流量。

B. 对推力瓦支撑螺杆支柱球面半径进行减小修改。

利用此方案已经在多台机组上处理了推力瓦温度高缺陷，从试验结果来看，处理后的瓦温控制在正常范围内。

### 10.6.6 其他常见故障及处理

（1）顶盖水位异常。

故障原因：工作密封损坏或供水水压不足，导致漏水量过大；顶盖自流排水管道堵塞；顶盖水位信号器工作不正常；顶盖排水泵工作不正常。

故障处理：更换主轴工作密封或调整工作密封供水水压；更换或重新整定顶盖水位信号器；顶盖自流排水管道疏通；顶盖排水泵检修、系统检漏。

（2）油压装置油泵启动频繁。

故障原因：安全阀漏损严重；调节系统不稳定，或各部漏油严重。

故障处理：重新调整整定，修复或更换安全阀；排除调节系统故障，各部漏油处理至合格。

（3）油压装置油泵运行时间明显延长。

故障原因：安全阀调整不当，或安全阀制造质量不合格；调节系统不稳定，或各部漏油严重；油泵磨损严重造成配合间隙过大，输油量减少。

故障处理：重新调整整定、修复或更换安全阀；排除调节系统故障，各部漏油处理至合格；更换油泵。

（4）油压装置压油罐油位升高。

故障原因：压油罐排气阀严重漏气；补气阀堵塞卡阻；补气阀补气不即时，造成油泵启动供油频繁。

故障处理：修复或更换排气阀；清洗补气阀，过滤或更换油压装置用油；系统检漏，解决油泵启动频繁问题。

（5）油压装置压油罐油位下降。

故障原因：油压装置供气管路漏气；回油箱油位过低或补气阀吸气管口位置过高。

故障处理：油压装置供气管路检漏修复；回油箱补油，补气阀吸气管口位置按符合补气原理的要求处理。

（6）空气压缩机不正常运行处理。

1）过电流。

现象：电动机声响异常，电动机温度过高；空压机未达额定压力运行就自动停止。

处理：立即切断空压机电源；检查空压机动力箱电源，注意检查熔丝是否烧断；检查电动机和空压机有无卡阻和异常情况；如一切正常，可复归接触器热元件，再手动启动运行，如情况良好，可继续运行；如发现试运转情况不良，则立即停止空压机运行，通知检修人员检修。

2）空压机异常响声。

原因：进排气阀故障；气缸活塞和进排气阀配合间隙不合适；活塞环松动。

处理：停机检修。

3）出风量不足或明显下降。

原因：进排气故障；进排气阀片和阀座不严密，或有沙粒和碎物；进排气阀片折断；活塞与气缸配合间隙过大；空气滤清器阻塞。

处理：检查空气滤清器阻塞情况，并进行清理；请检修人员处理。

## 10.7　电气部分的典型事故处理及实例

### 10.7.1　主变压器冷却器故障分析及处理

（1）某水电站在进行 10kV 厂用电倒闸操作过程中，其中一台主变冷却器全停，运行人员进行紧急处理，人为按下冷却器启动接触器启动冷却器，并进行检查处理，发现造成冷却器全停的原因是直流220V控制电源的保险熔断。

分析保险熔断原因是保险的容量选择偏小，遇电源中断，电源恢复时瞬时过流熔断。

（2）某水电站监控系统发出某主变冷却器故障信号，经查是冷却器油泵油流信号指示器无指示，油泵停运，继续检查发现是冷却器油泵的动力电源的交流接触器烧毁，更换后恢复正常。

分析原因是接触器的容量选择偏小，在启动时，瞬时过流所致。

### 10.7.2 发电机差动保护动作

发电机定子绕组或输出端部发生相间短路故障或相间接地短路故障，将产生很大的短路电流，大电流产生的热、电动力或电弧可能烧坏发电机绕组、定子铁芯及破坏发电机结构。

发电机差动保护包括纵差保护和横差保护。

（1）发电机差动保护动作原因分析及预防措施。

1）发电机定子绕组或输出端部故障。

2）继电保护装置及二次回路元件都有可能存在隐性故障。如TV、TA本体、保护出口压板、保护装置插件连接处、二次回路接线各端子、通道等。造成隐性故障的原因有很多，通常有以下几种情况：

A. 不正确的整定计算定值、定值的配合不合理。

B. 装置的元件老化失效、元件损坏、各插件接触不良等。

C. 二次接线端子松动，接触不良。

D. 检修人员、运行人员误碰、误动保护设备。

E. 保护装置未严格按校验规程校验。

F. 二次回路存在寄生回路。

G. 保护设备运行环境差。

H. 检修、运行人员对设备维护不到位等。

通过对上述8种情况的分析，针对性地加以预防是可行的。使用目前国内比较先进的保护设备，主保护装置具有自诊断功能，对于装置的一些异常情况都能进行在线监测。关键的问题是必须加强设备管理，严格执行规章制度，加强设备的维护，尽量降低设备隐性故障的危害，使系统和电气设备避免大规模的事故。

（2）案例及事故处理。

1）整定值不合理造成装置误动，特别是首次投产前或机组检修后，须进行真机试验，并实测发电机各种工况下的运行参数，达到校验整定值的目的。

2）外部设备选型、安装部位及运行环境，特别是温度的变化及电磁干扰造成设备本体的性能变化也是需要观察和关注的。

3）装置的动作逻辑检查及出口的联动试验不可忽略。

4）二次回路接线的正确性、紧固性检查是必需的，电缆的绝缘强度检查很重要却容易漏检或忽视。

5）电流互感器的级次、变比的区分确认在实际的现场接线中也容易混淆，其安装方向、安装相序、本体极性及连同二次回路的极性检查也必不可少；若条件许可，宜进行装置的远方通电流、加电压模拟试验，以确认相位与幅值，更能确保整体回路的正确性和完整性。

6）某水电站二号发电机在并网时差动保护动作跳闸，经查继电器三相差动动作电流、制动系数及闭锁角等其他项目均合格。保护定值进行核算也符合要求，两侧电流互感器的配置合格。排除继电器不正常动作后，判定是保护回路的接线出了问题。

对二次交流回路进行检查，发现二次回路的极性在电流互感器的二次端子处全部接反，接线改正后，故障消除，发电机并网正常。

7）某水电站发电机带满负荷运行，突然出现发电机 A 相差动保护动作，出口开关跳闸，解列停机，经查保护装置两侧电流互感器二次电流相位出现偏差，因此出现差电流，差动保护动作。

在排除机组故障的情况下，重点检查保护设备，检查两侧电流互感器，发现其中一台电流互感器直阻比另外一台同型号的电流互感器大数倍，初步判断是这台电流互感器内部线圈出现断线或接触不良，后经解体检查，发现电流互感器内部线圈出现断线接触不良，并有放电痕迹。

更换后，发电机正常并网运行。

### 10.7.3 发电机转子一点接地保护动作

（1）发电机转子接地产生的原因及危害。水轮发电机在运行中转子除了要承受电场电压作用外，还要承受机械力及电磁力的作用，因此，发生转子接地故障是发电机常见的故障之一。转子发生一点接地时，对发电机来说，并无直接危害，但这种故障将是转子回路两点接地的前奏。因发电机转子回路两点接地时，由于转子回路部分被短接，使转子磁场发生畸变，力矩不平衡，因而引起强烈的振动，对接地点的短路电流产生的电弧，可能使转子绕组及铁芯烧坏，并可能引起大轴的磁化，因此发电机都装设有一点接地信号装置和两点接地保护装置。下面对发电机转子常见的一点接地进行了实例分析，并做出了一些应急处理措施。

（2）实例分析。

1）事例 1：某发电厂一台机组进行增容改造，发电机主要改造项目有：更换发电机定子铁芯、定子线棒、转子铁芯、转子磁极线圈，但转子磁极铁芯没有更换。转子磁极到安装厂房后，磁极线圈绝缘电阻测量合格，但磁极在经过修整试装后，有部分磁极线圈绝缘电阻下降至不合格，经通电加热后线圈绝缘电阻恢复正常水平，结论是线圈绝缘受潮。机组改造完成投入运行以后，转子多次出现接地报警，但停机检查又找不出原因，测量线圈绝缘电阻又恢复正常。因里面温度相对外面来说很高，所以，运行中转子磁极线圈绝缘受潮的可能性很小，转子接地肯定另有原因。

原因分析：由于发电机改造项目中只更换了转子铁芯，而转子磁极铁芯没有更换，造成转子铁芯和磁极铁芯之间的扣合面不匹配。在设计制造过程也没有注意到这一问题的存在，此时大部分磁极无法挂装，最后制造商决定进行现场修整。修整工艺是用手提打磨机打磨转子和磁极配合面铁芯，磁极是带着线圈进行打磨，现场也没做好其他防范措施。铁芯材料属于软磁特性材料，磁化后剩磁很小，不存在吸附现象，但现场加工时打磨出来的铁粉具有磁吸附力。在打磨过程中除了有物理作用外，还有化学、高温和电场力的作用，使得打磨出来的铁芯铁粉由原来的软磁特性变成带磁性的硬磁特性。因此，打磨现场可以看到打磨处周围的铁芯表面吸附很多很难吹掉和很难抹掉的铁粉。铁粉具有磁性，且很难彻底清除，其隐蔽性又很强，导致很长一段时间无法找到原因。正是这种带有磁性的铁粉在断续地影响着转子磁极的绝缘。由于转子运行时要产生励磁磁场，铁粉在外磁场的作用下会按磁力线的方向排列，转子的振动会加速铁粉排列密度增加的速度，这是造成机组在运行中常出现接地电阻下降报警的原因。在机组停下后，励磁消失，铁粉的排列牵引力方向消失，转子在灭磁后要经过一段短暂的转动才会停下来，经各种振动后铁粉原来排好的“队伍”又散开，因此，停机后测量线圈绝缘电阻时又恢复正常。这就是转子运行时出现接地，停下来后又正常的理论原因。转子产生这种不良接地是发电机在设计制造及安装过程中考虑不周造成的。

2）事例 2：某发电厂机组安装完成后，调试期间进行发电机空载状态下的励磁调整试验时，手动跳灭磁开关 FMK 进行灭磁的过程中，发现发电机保护 A 柜转子一点接地保护告警，并显示接地位置显示为“0%”。

原因分析：由于接地位置显示为“0%”，即转子的接地点在转子本体外。通过专业人员检查核实后，确认是跳开机组灭磁开关 FMK 后灭磁电阻柜内灭磁电阻被击穿造成转子回路一点接地。当时发电机转子一点接地保护投跳闸，保护在检测到转子回路存在接地故障时及时准确地动作出口停机，使机组转子未受到任何损伤。后经及时抢修更换灭磁电阻后，转子一点接地保护报警消失，机组恢复正常调试。

3）事例 3：某发电厂一号发电机转子绕组绝缘在大修中及大修后经过试验，绝缘状况良好，绝缘电阻为 60MΩ（1000V 兆欧表）。

机组第 1 次启动前转子绝缘状态正常，未并网，在转速为额定时进行动平衡试验，同时，转子带上励磁母线，测转子绝缘为 2.0MΩ（500V 兆欧表），试验后停机。

第 2 次启动机组，在机组启动后，投入转子一点接地保护，保护出现报警信号，此时转子未加励磁电压。由于机组第 1 次启动前转子绝缘状态正常，所以误认为是转子一点接地保护误发信号，故将转子一点接地保护退出，查找转子绝缘以外的原因。同时，进行发电机大修后的空载及短路试验，发电机并网发电试验。试验完成后机组停机，对发电机转子、励磁系统绝缘、监视装置检查，无问题。机组第 3 次启动，投入转子一点接地保护，转子一点接地信号动作。检验转子一点接地保护发的信号是正确的。分析认为，转子内部可能有动态的绝缘问题。停机检查，发现转子绝缘（用万用表测）在 1Ω 左右，而随开机，机组的转速增加，绝缘阻值也在升高。当机组转速达到额定时，最高绝缘达到 1.2MΩ。由于发电机启动中，转子一点接地保护来信号，为保证机组运行安全，停机检查。

原因分析：

A. 停机后机组内部检查发现转子内有圆形锉刀断节，是处理发电机转子风扇的专用工具，工作人员在检修时遗忘在转子磁轭上。在发电机投入运行后，锉刀在电磁力的作用下，进入转子绕组端部，在发电机多次启、停的机械力打击下断成多节，进入转子绕组之间和护环绝缘瓦的内侧。

B. 由于此发电机定子绕组三相电流不是十分对称，其负序电流在转子表面产生了对应的磁场，使在转子直流磁场作用下已近于饱和状态的锉刀断节，又受到该交变负序磁场的作用。在此复合磁场所产生的磁力下，锉刀断节趋于悬浮状态（磁悬浮）或对所接触物造成较大的压力，并在此磁场作用下产生交变振动、摩擦、涡流过热等现象，从而使其周围的绝缘物、接触物损坏。

C. 因锉刀断节在周围强电场作用下，便产生较高的静电电位。锉刀断节在此高电位作用下，通过周围的绝缘物对低电位金属体（转子绕组）进行间歇性放电，破坏了转子绕组本身绝缘。

D. 被破坏的转子绝缘部位，在后期又形成转子绕组绝缘的短路电弧沟道（非纯金属短路），又加重了其损坏程度。

（3）确认接地点的测量方法。当转子报出一点接地信号后，应立即处理。一般先看是否有人在转子回路上工作。若不是，再检查转子碳刷、滑环回路上是否因碳粉太多造成接地。否则，跳开灭磁开关，停机处理。先检查励磁装置内部是否有接地现象，然后再看磁极部分，若确定是磁极部分，那么在滑环上加一电压 $U$，再分别测量正极对地电压 $U_1$ 和负极电压 $U_2$。假设发电机转子共有 $N$ 个磁极，则接地点磁极计算方法如下：每个磁极电压 $\Delta U=U/N$，从滑环正极连接的磁极算起，接地磁极号 $N_x=U_1/\Delta U$，若 $N_x=7$，则接地点可能落在 7 号、8 号磁极间的连接点间及其附近，若 $N_x=7.3$，则接地点可能落在 8 号磁极上。这样能够快速地找出接地点并尽快地修复。

（4）应急措施。当运行值班人员发现转子一点接地后，应做如下处理。

1）立即投入转子两点接地保护运行。

2）现场查看转子及励磁回路是否有明显的接地点，并密切注意发电机的励磁电压电流和振动。

3）用吸尘器吸扫集电环上碳粉、检查碳刷是否接触得松紧合适，同时注意转子一点接地信号是否消失。

4）当检查为一点金属性接地时，立即申请停运发电机组。

5）注意转子接地保护的继电器线圈是否正常，同时联系人员核对整定的定值是否恰当。

6）当判断为转子两点接地时，若保护未动作，立即停机检查。

（5）安全保障措施。

1）在发电机安装或大小修时，严格把好验收关，不留死角，真正落实质量验收。

2）进入现场的器具，要履行登记制度。竣工后清点进、出现场的工器具，不得缺失。

3）做好发电机安装、大小修现场的安全保卫工作。对进入该现场的人员要进行登记，实行持证准入制度。

4）加强工作人员的安全责任感，提高他们的安全技术素质，确保机组安全、可靠运行。

发电机转子接地保护装置动作多因某些外界因素的影响导致接地刷辫、正负极碳刷接触不良或接触电阻增大，有可能引起转子接地保护误动或拒动，直接影响到保护动作的正确率。当转子一点接地报警时，一般应先检查、清洗、紧固接地刷辫和正负极碳刷，再检查转子电压引入励磁系统、故障录波、转子接地保护屏的回路及保护装置有无异常等，排除外部回路影响后，再考虑停机检查发电机本体及励磁系统的接地故障。对于不稳定的接地，除不停机检查项目外还应加强监视，可接入录波器进行跟踪，通过接地时励磁电压、励磁电流、机组振动情况等综合判断转子接地状态。

### 10.7.4 励磁装置故障分析及处理

励磁系统是发电机重要的配套设备，对改善电力系统运行有着重要的意义，在保证电能质量、无功功率的合理分配及提高电力系统运行的可靠性方面都起十分重要的作用。近年我国水电建设突飞猛进，在建电站的水轮发电机的单机容量迅速提高，发电机的额定励磁电压和励磁电流都越来越大，励磁系统的安全性更加显得特别重要。以下根据发电机励磁装置原理、运行状况及特点，详细分析励磁装置在运行过程中可能出现的故障，以及相应处理措施。

(1) 小电流试验故障与分析。通常励磁系统主要有两种不同的同步方式：即阳极同步和TV同步。阳极同步的同步信号取自阳极电压信号。阳极同步时，励磁控制器的脉冲位置角的参考位置信号取至阳极电压信号，由于可控硅的开通和断开以及换相电抗的作用，使得阳极电压产生很大畸变，因此需要对阳极电压进行滤波等处理，使得电压为比较标准的正弦波。TV同步是同步信号取自发电机机端TV电压信号。由于发电机机端电压不容易受到可控硅开和关的影响，就不需要同步滤波处理回路。

由于不同的同步接线方式，在小电流试验中可能产生不同的故障形式。当用阳极同步时，小电流试验不用改变它们的接线，所以通常只会产生相序错误故障及可控硅触发引起的故障，这些故障比较容易判断。当采用TV同步时，由于小电流试验用阳极电源盒模拟的TV信号需要同时采用临时接线，所以除了可能发生采用阳极同步可能产生的故障以外，还可能因为接线的相位不对导致相位故障，主要表现为控制角与输出波形不对应。当然小电流试验故障还包括试验条件不满足时调节器无脉冲输出或可控硅整流桥自身的触发回路，以及可控硅触发信号的门极和阳极接线错误也会引起故障。

上述小电流试验故障为常见故障，比较容易判断，从事励磁调试的人员对这类故障已经积累丰富的经验。

(2) 电气制动失败故障分析及处理。

1) 故障现象：某大型水电厂数台机组在停机投电气制动过程中，励磁系统已经接受机组监控下达的电制动命令，励磁调节器由原来的AVR模式切换到ECR模式，调节器的给定值正确，脉冲也已经发出。励磁功率柜电制动回路的输入输出开关都已经合上，但是功率柜没有电流输出，即机组没有励磁电压和励磁电流。最后励磁调节器报制动超时，励磁系统退出制动状态，电气制动失败。

2) 故障分析：对于大型水轮发电机来说，由于巨大的转动惯量使得机组停机时间长。为了防止机组长时间低转速造成推力轴瓦受到损伤，大型机组采取电气制动技术措施：即在机组转速降到50%额定转速时，合上发电机出线侧的三相制动短路开关，合上励磁功率柜制动回路的输入输出开关，将机组厂用电引入到功率柜，励磁调节器转手动运行并发出触发脉冲，此时功率柜输出恒定的励磁电流，发电机输出恒定的短路电流，发电机产生制动力矩，使机组转速快速下降，当机组转速降到15%额定转速时，计算机监控发出电制动结束命令，励磁系统结束电制动流程。该大型机组电气制动采用柔性制动技术，即电制动的励磁装置就是正常运行中的励磁装置，只不过设立了专用的制动回路开关。励磁功率柜采用五柜并联，且采用3.5英寸晶闸管。初步分析该故障，认为大功率晶闸管擎住电流一般比较大且有一定的分散性，由于制动运行时的励磁整流柜太多，使得每个晶闸管流过的电流太小，再加上发电机转子大电感对励磁电流上升的阻碍作用，造成制动回路中电流还没达到晶闸管所需要的擎住电流值时脉冲就消失了，因此晶闸管立即关断，导致功率柜没有输出电流产生，电气制动失败。

3）故障处理：按照故障分析结论，首先进行验证试验：第一个方法，电制动前在转子两端即功率柜输出外接一个大功率线性电阻，俗称续流电阻，接着进行电气制动试验，电制动成功。可见，增加了续流电阻后，功率柜输出电流避开了转子大电感而迅速建立起来，电气制动成功；第二个方法，电制动前卸下两个功率柜的脉冲电缆即采用3个整流柜工作，此时电气制动也正常。这说明减少并联的功率柜数量，使得流过的晶闸管电流大于其擎住电流电气制动成功。通过验证试验，确认故障分析正确，解决这种制动故障的方法正确。

（3）单相可控硅击穿故障分析。

1）故障现象：某相可控硅击穿，根据励磁装置的负反馈控制原理，应尽量维持励磁电流不变，使发电机机端电压和无功恒定。而此时由于故障相可控硅全开通，即使控制角$\alpha=180°$，故障整流桥输出最小，励磁电压仍然维持较高。这样故障相可控硅一直导通，使$\alpha=180°$时调节器对励磁电流失去控制，励磁电流将大大超过额定励磁电流，并造成整流桥交流侧三相电流严重不对称，且产生较大直流分量，进而使励磁变压器激磁电流剧增，铁芯严重饱和，威胁到高压绕组的绝缘，可能烧毁设备。对发电机本身而言，三相半控桥一相可控硅击穿将导致发电机强励，发电机励磁电流、机端电压、无功电流都将异常增大。如果某相可控硅击穿时快速熔断器迅速熔断，使故障可控硅退出工作，调节器恢复对励磁电流的控制，由于调节器的自动调节作用，控制信号比原来的有所下降，即自动增大正常工作的两相可控硅开放角，使发电机励磁电流尽量维持原来数值（实际仍有所下降），此时也引起整流变压器副边三相不平衡，其中一相过载，这时可降低发电机所带的无功负载。

2）处理措施：为减少上述故障的出现，对于整流桥应选用较好的可控硅器件，并装设阻容吸收装置以限制过电压；对于功率输出电路，各整流元件均用快速熔断器作为短路保护，保证击穿时快速熔断器迅速熔断使故障元件退出工作，并装设熔断器完好性监视回路以便监测；对于励磁变压器和整流桥的选择应留有足够的裕度，确保在不对称运行时不烧坏。特别是新安装的励磁装置应用万用表对每个可控硅正反、阻容电阻等进行测量，其电阻应与出厂报告一致。

（4）TV断线造成起励失败故障处理。

1）故障现象：某大型水电机组双微机励磁调节器，自动起励后，励磁现地显示100%额定电压，起励成功，但机组保护装置发过激磁报警，机组监控显示发电机电压高于110%额定电压。逆变灭磁后再手动零起升压，发现励磁测量机端电压确实比保护和监控装置所测的电压值低，用万用表测量励磁调节器两个测量TV电压，发现缺少C相电压，进一步检查，发现这两个 TV 二次侧开关的 C 相不通。

2）故障分析：由于该机组 TV 没有装设一次侧保险，故在 TV 二次侧装有辅助位置接点的空气开关。该励磁调节器采用两种方法来判断 TV 断线：第一是判断 TV 二次侧空气开关位置，当开关处于断开位置就认为 TV 断线，于是调节器进行通道切换，当双通道的 TV 都断线，调节器不切换但控制模式转为励磁电流控制方式；第二是调节器计算发电机零序电压来判断是否有 TV 断线，当零序电压大于 20%额定电压且延时 20ms，就认为该通道 TV 断线。但当双通道同时都检测到有零序电压，就不认为是 TV 断线。正是由于两个 TV 开关的 C 相同时断线，调节器认为 TV 正常。但是由于缺一相电压，调节器计算的发电机机端电压就比正常小，于是当调节器按照 100%额定电压起励后，发电机机端电压就过压，造成机组过激磁保护动作报警。

3）故障处理：停机处理，进入发电机 TV 二次侧空气开关控制盘现场，确认励磁调节器的两个开关 C 相 TV 线压在线鼻子的绝缘护套上造成接触不良，且时好时坏。检查中还发现这两个励磁测量 TV 开关的型号都为 C32（额定电流 32A），TV 开关应采用额定电流只有 3A 的开关，经处理随后开机起励升压成功。

（5）励磁系统起励故障处理。

1）励磁系统以他励开环运行模式进行发电机短路试验，他励电源取自厂用电。发电机升速至额定，合功率整流柜交直流侧开关，合灭磁开关，调节器给定值置最小，控制角 $\alpha=90°$，投调节器脉冲。缓慢增加调节器给定，控制角由 90°逐渐减小至约 80°，可控硅不开通，励磁无输出，继续减小控制角至约 75°，可控硅突然开通，励磁电流约 400A，发电机定子电流由零阶跃性上升至约额定值。减调节器给定，控制角由 75°下降至 90°，转子电流、发电机定子电流平滑下降。励磁电流的上升过程不受控。

2）故障分析：示波器测量可控硅脉冲波形、相位正确。分灭磁开关，在可控硅整流桥直流侧加 13Ω 电阻进行小电流试验。控制角由 90°至最小 10°，再由 10°增至 90°，直流输出电压升降平稳，示波器测量输出波形光滑，升降平稳。由此判断励磁系统自身没有故障，怀疑是由于可控硅带上发电机转子大电感负载后导通不良所致。转子为一电感性负载，可控硅导通后，转子电流按指数规律上升，示波器测量脉冲宽度 800μs，如果在 800μs 时段内，转子电流上升没达到可控硅的擎住电流，则在脉冲消失后，可控硅关断，输出电流不能由小至大逐步增加。

3）故障处理：整流桥直流侧加装 1.3kΩ/150W 电阻两只，为可控硅的小电流试验改善开通条件；减小脉冲触发回路的限流电阻，增大触发功率；脉冲宽度由原 800μs 延长至 1.1ms，以保证转子电流上升至擎住电流前可控硅触发脉冲一直存在。经由上述处理后，重做短路试验，控制角由 90°逐渐减小，转子电流平稳上升，定子电流由零逐渐平滑上升，异常现象消失。

## 10.8 其他事故处理及实例

### 10.8.1 发电机出口开关事故跳闸

（1）事故现象。监控报警、光字闪、警铃蜂鸣器响；发电机主开关及励磁开关跳闸，发电机各表计指示到零；发电机主开关、励磁开关事故跳闸。

（2）处理。

1）检查励磁开关是否已跳开，发电机定子电压是否有不正常升高，如果励磁开关未跳开，应立即拉开励磁开关。

2）发—变组所有开关跳闸时，如高厂变工作分支开关未跳闸，应立即手动拉开，使备用电源开关自动投入。

3）检查保护动作情况与跳闸原因。

4）当发电机由于内部故障保护动作跳闸时，应对发电机及有关设备和所有保护区的电气回路做详细的外部检查，还应测量定子绕组的绝缘电阻，查明有无故障象征（如烟、火、响声、绝缘烧臭味、放电或烧伤痕迹等），对动作的保护装置进行检查。如发电机及其回路无明显故障，汇报值长，经同意后对发电机进行零起升压。升压时如无不正常现象，则可将发电机并入电网运行。如升压时有不正常现象，应立即停机，通知检修处理。

5）如果发电机由于电网内或升压站母线上的短路过流保护动作跳闸，同时内部故障的保护装置未动作跳闸，经外部检查发电机也未发现明显的不正常现象，则外部故障排除后，发电机可并入电网运行。

6）如确系人员误操作或误碰引起跳闸，应立即将发电机并入电网。

### 10.8.2 发电机剧烈振荡或失步

（1）产生的原因。系统突然短路，大机组或大容量线路突然断开等。

（2）现象。

1）定子电流表指示剧烈摆动，通常超过正常值。

2）发电机和高压母线电压指示剧烈摆动，通常电压降低。

3）转子电流、电压表在正常值附近摆动。

4）有、无功负荷表在全刻度盘上摆动。

5）发电机发出鸣音，其节奏与故障机组各表计摆动方向合拍。

6）强励可能动作，如动作，励磁回路的表计上升且波动较大。

（3）处理。

1）退出水电站 AGC、AVC 系统。

2）若电压调节器在手动时，应增加励磁电流，必要时降低部分有功负荷，以创造恢复同步的有利条件。

3）自动调整励磁装置投入时，须降低有功负荷。

4）如果采取上述措施仍不能恢复同期，失步保护不动时，而时间已达 2min，应请示值长解列发电机，再根据值长或上级调度命令进行处理。

5）若由于发电机失磁，造成系统振荡，失磁保护不动时，应立即解列发电机。

### 10.8.3 高压配电装置或线路断路器跳闸

（1）现象。

1）监控报警、光字闪、警铃蜂鸣器响。

2）高压配电装置或线路断路器跳闸，母线或线路表计指示到零。

3）发电机出口开关、励磁开关跳闸，机组空转或停机。

（2）处理。

1）检查高压断路器是否已跳开，母线或线路电压是否有不正常升高，检查避雷器放电计数器动作情况，检查电压互感器二次侧空气开关动作情况。

2）检查断路器、母线、电缆等保护与线路保护动作情况，查明跳闸原因。

3）若因站内故障保护动作跳闸时，应对高压配电装置及有关设备和所有保护区的电气回路做详细的外部检查，查明有无故障象征（如烟、绝缘烧臭味、放电击穿或烧伤痕迹等），对动作的保护装置进行检查。分段对高压配电装置进行故障排除，对查出的异常部件给予检修或更换处理。

4）如因线路或站外故障保护动作跳闸时，须根据调度命令，配合线路对侧或电力系统分析查找原因，待故障排除后再并入电网运行。

（3）实例。某新建水电站在进行配合系统调试试验时，发生高压配电装置一串断路器全部跳闸故障，经检查断路器保护动作、站内避雷器放电计数器动作、该串设备运行区域有绝缘烧臭味。后经分段排除，查明该段内有盆式绝缘子发生击穿，经检修更换后设备即投入正常运行。

# 参　考　文　献


[1]　王玲花，吴新，于佐东，鞠小明．水轮发电机组安装与检修．北京：中国水利水电出版社，2012.

[2]　于华平．水电站运行与管理．南京：河海大学出版社，2006.

[3]　刘洪林，肖海平．水电站运行规程与设备管理．北京：中国水利水电出版社，2005.

[4]　江小兵．三峡 700MW 水轮发电机组安装技术．北京：中国电力出版社，2006.

# 11 机组及成套设备的验收和移交

## 11.1 简述

水电站水轮发电机组及成套设备在水电站建设过程中，按工程进展的不同阶段进行相应的单元工程、分部工程、单位工程的检查验收。在机组及成套设备启动试运行阶段，水轮发电机组进行机组无水联合调试验收、机组启动前的检查验收签证、机组启动经调试及72h试运行后的交接验收、30d考核试运行后的初步验收。公用设备按系统应进行单元工程验收、分部工程验收，72h试运行后分部工程的交接验收。

机组及成套设备的验收和移交按机组投产顺序分阶段进行，电站的第一台或第一批机组（或某台机组）经过启动试运行、经72h带负荷连续试运行合格并消缺后，即进行验收和移交，由启动验收委员会同项目法人将机组及相应附属设备、公用系统设备移交生产单位，后续机组在经过启动试运行、经72h带负荷连续试运行合格并消缺后依次进行验收和移交。

机组及成套设备的验收和移交主要按照设备订货合同文件和以下标准进行（但不限于）。

《水轮发电机组安装技术规范》（GB/T 8564）；

《水轮发电机组启动试验规程》（DL/T 507）；

《水电站基本建设工程验收规程》（DL/T 5123）；

《可逆式抽水蓄能机组启动试运行规程》（GB/T 18482）；

《灯泡贯流式水轮发电机组启动试验规程》（DL/T 827）；

《建筑工程施工质量验收统一标准》（GB 50300）。

采购合同及施工合同。

## 11.2 设备启动前的验收签证

水电站机组和相应附属设备的启动前验收签证是设备启动前验收的基础。设备正式启动前须按照国家标准和有关规定对设备启动前必须具备的条件进行检查、验收、签证，以确定设备能否进入启动程序。

设备验收前，施工承包单位应按照国家标准和有关规定将验收申请、安装质量检查记录、调试大纲、验收空白表格等报启动验收小组审批，审批后启动验收小组按合同文件的规定组织相关单位进行验收签证。

## 11.3 启动前的验收申请

水电站机组和成套设备启动前，施工承包单位应已按承包合同、设计文件及相关验收规范完成设备的安装和各中间验收工作，完成单元工程质量评定和分部工程质量验收，完成分部调试或单体调试并通过验收。

施工承包单位在完成设备启动前的验收准备工作之后，应向启动验收小组提交验收申请报告。设备启动验收申请报告见表 11－1。

表 11－1　　设备启动验收申请报告表

| 工程名称 | | 建设批准文号或合同号 | | |
| --- | --- | --- | --- | --- |
| 工程项目 | | 开工日期 | | |
| 地点、部位（桩号） | | 完工日期 | | |
| 施工单位 | | 验收阶段 | | |
| 施工、验收资料准备情况： | | | | |
| 施工承包单位 | | 负责人 | | 年　月　日 |
| 监理核签意见： | | | | |
| 监理单位 | | 总监 | | 年　月　日 |
| 建设单位核签意见： | | | | |
| 建设单位 | | 项目负责人 | | 年　月　日 |

## 11.4 设备安装质量检查记录

启动验收小组收到验收申请报告后，应组织各相关单位进行启动设备的安装质量检查。安装质量检查包括对设备安装完毕后的质量验收资料检查和现场质量抽查。质量验收资料包括安装质量记录、检测、试验、测量和检查记录、试验报告、质量评定资料等，这些资料都是在安装调试过程中逐步形成的。设备启动前，施工单位应及时收集整理相关的安装质量检查记录，并提交验收小组进行检查。

## 11.5 设备启动调试大纲

启动设备安装质量检查符合要求后，经启动委员会审议，审议机组是否具备启动试运行条件，同时讨论并审议设备启动调试大纲。启动调试大纲一般由试运行指挥部组织编写，其内容应包括。

(1) 项目概况。

(2) 设备启动调试组织机构的设置、人员组成及主要职责。

(3) 设备启动调试大纲编制标准及依据。

(4) 设备启动调试前必须具备的条件。

(5) 设备启动调试的项目及措施。

(6) 设备启动调试的计划安排。

(7) 设备启动调试的安全保证措施。

(8) 设备启动调试的质量保证措施。

(9) 启动试运行记录表。

设备启动调试大纲经监理单位和建设单位组织有关单位审核，提交启动委员会审议批准后实施。机组的整组启动调试必须以启动委员会批准的整组启动调试大纲为依据进行。

## 11.6 联合验收检查

启动委员会会议批准进入启动调试后，设备可以进行启动调试，启动验收小组应组织各相关单位进行启动前的联合验收。联合验收检查前，施工承包单位应根据相关的验收规定、工程项目的实际情况和投入设备的运行特点，编制设备安装质量检查记录，检查记录一般以机组及附属设备启动前联合验收检查表的形式编制。机组及附属设备启动试运行前联合检查表的编制内容一般包括以下项目。

(1) 引水系统：包括进水口（上水库）水位、拦污栅、检修门、工作门、启闭机的安装调试；尾水（下水库）水位、闸门、启闭机的安装调试；水工测量系统；流道、蜗壳、尾水管、排水阀的安装质量；压力测量表计等。

(2) 水轮机（抽水蓄能电站为水泵水轮机）：水轮机所有部件安装调整，安装记录完整；各测压表计、示流计、流量计、限位开关、摆度、振动传感器及各种变送器安装调整，各整定值应符合要求；尾水平台已拆除，蜗壳、尾水管进人门已封闭，水车室已清理干净等。

(3) 调速系统：各部件安装调整情况，安装记录完整；油压装置油压、油位，油化结果；各部表计、阀门、自动化元件的整定；调速器、导叶开度与接力器的行程，导叶开、闭时间；机组测速装置和过速保护装置调试等。

(4) 进水阀系统：安装调试质量，安装记录完整；油压、油位情况，油化结果；各部表计、阀门、自动化元件的安装和整定；模拟手/自动开/停机操作（包括事故紧急停机）试验结果等。

(5) 发电机（抽水蓄能电站为发电电动机）：各部件及整体安装、检验试验质量情况；发电机的所有自动化元件、表计、阀门、管路等状态，与机组 LCU 的联动试验结果；机架接地质量；风洞照明；机组消防联动试验等。

(6) 励磁系统：设备安装质量；设备性能检查情况；各种保护报警、事故信号，与机组 LCU 的联动试验情况等。

(7) 电气一次设备：包括厂用电设备、主变压器及中性点设备、发电机电压回路设备、GIS 设备及敞开式开关站设备等设备的安装、检验试验质量情况；电站接地电阻测量；设备接地质量情况等。抽水蓄能电站还包括静止变频系统设备。

(8) 电气二次设备：包括与启动设备有关的保护、监控系统、交直流电源、辅助设备及全厂公用设备等的安装质量情况；回路接线检查；模拟试验、联动试验情况；供电电源可靠性等。

(9) 水力机械辅助设备：高、中、低压空气压缩系统设备安装调试情况；供排水系统设备安装调试情况；联动试验等。

(10) 火灾报警及消防系统设备：与启动机组有关的消防设备的安装质量情况；模拟试验、联动试验；消防水源；消火栓及灭火器的配置和调试；防排烟系统设备的安装调试；事故油池及排油系统设备的安装；消防验收等。

(11) 照明、暖通及空调系统设备：与启动机组有关的所有部位的照明亮度、供电电源；送排风系统设备的安装调试；空调系统设备的安装调试等。特别是对地下厂房和变压器洞内的送排风系统应满足要求。

(12) 通信系统设备：自动化信息、保护信息、电力调度电话、通信调度电话及行政电话主用通道及备用通道；各种生产通信通道。

(13) 其他有关项目：电梯的安装调试验收；孔洞沟槽等的封堵；安全警示标志；应急逃生通道等。

按照上述内容编制联合验收检查空白表格，并提交验收小组审核。验收表格经批准后，在设备正式启动前，联合验收检查小组就按照空白检查表格逐项检查验收，验收完毕，各方签署验收意见，形成验收签证。

## 11.7 主要验收项目

水电站机组验收包括单元工程、分部工程、单位工程验收，在机组启动试运行阶段主要是分部工程验收，分为启动前和试运行验收。

启动前的验收项目有以下几项。

(1) 发电（电动）机。

（2）水轮（水泵）机（包括调速器、主进水阀）。

（3）继电保护。

（4）励磁系统。

（5）计算机监控系统。

（6）机组附属设备（技术供水、高压油、制动、吸尘、自动化等系统）。

（7）发电（发电电动机）电压设备。

（8）高压配电装置（开关站、高压电缆、出线设备、主变等）。

（9）直流系统。

（10）厂用电系统。

（11）检修、渗漏排水系统。

（12）高低压气系统。

（13）透平油和绝缘油系统。

（14）防雷接地系统。

（15）照明。

（16）通信系统。

（17）静止变频启动装置 SFC。

（18）金属结构及启闭机、厂房桥机。

（19）其他需要验收的相关设备。

试运行验收主要包括：无水联合调试验收、充水启动试验前检查验收、机组调试验收、机组 72h（可逆式机组 15d）试运行后的交接验收、30d 考核试运行后的初步验收。

## 11.8 验收组织

（1）单元工程验收和评定一般由施工单位自评后，交监理单位审核评定。

（2）分部工程验收以单元工程验收为基础，一般由监理单位组织，联合验收组由监理、设计、施工和建设单位有关人员组成，由监理单位主持验收工作，分部工程联合验收组组长由监理单位总监或副总监担任。

（3）机组及其附属设备交接验收一般由建设单位或建设单位委托监理单位主持验收工作，在电站机组启动验收委员领导下工作。验收工作组组长一般由建设单位分管领导或委托的监理单位总监或副总监担任，施工、监理、设计、设备制造厂和生产运行单位为成员单位；机组交接验收成果需经电站机组启动验收委员会审议和批准。

（4）分部工程验收、机组其附属设备交接验收结果需完成的文件如下：

1）验收申请报告书。

2）分部工程验收签证书。

3）机组其附属设备交接验收工作报告。

4）机组其附属设备交接验收鉴定书。

5）机组其附属设备现场交接证书。

## 11.9 验收程序

机组及成套设备启动前的验收分为中间交工验收和单位工程验收，中间交工验收主要包括各台机组、公用系统设备的分部工程交工验收，单位工程验收主要指所有机组及成套设备安装调试完成后的整体验收。

验收程序：单元工程验收、分部工程验收、单位工程验收。

单元工程验收：按照划分的单元工程项目，由施工单位按照国家验收标准、评定标准填写单元工程评定表，并进行单元工程自评，然后交由监理工程师进行质量等级评定。

分部工程验收：在单元工程评定的基础上，由施工单位填写分部工程验收申请表，在监理、业主批准后，填写分部工程验收签证表，由监理单位组织施工单位、设计单位、监理单位、业主单位进行分部工程验收。

单位工程验收：在所有机组及成套设备安装调试完成，并已移交生产后，由施工单位填写单位工程验收申请表，填写单位工程验收签证表，在监理、业主批准后由业主单位组织施工单位、设计单位、监理单位、业主单位、主要设备生产商进行单位工程验收。

监理单位或项目法人将签发验收合格的单位工程的验收文件。验收过程中发现的工程质量问题，安装单位应按照监理单位要求和合同规定进行处理，只有在处理工作完成后才能按相应的验收程序进行重新验收。

## 11.10 验收技术文件

根据不同验收阶段，验收时安装单位应按有关要求提供相关的验收技术文件。

（1）单元工程验收：施工单位向监理单位提交单元工程质量评定表，以及该单元工程的施工和检查记录、调试报告等资料和文件。

（2）分部工程验收：施工单位应提供分部工程所包含的单元工程验收资料，以及分部工程施工报告和验收签证表。

（3）单位工程包括所有分部工程安装完毕，遗留问题已处理，施工单位应提交以下资料：

1）竣工图纸，包括设计变更部分（如果有）的实际施工图。

2）设计变更文件。

3）设备产品说明书、合格证、安装图纸及出厂试验记录等技术文件。

4）安装质量检查记录、设备检查记录等。

5）现场调试试验报告。

6）单元工程、分部工程验收资料。

7）单位工程验收资料。

8）合同规定需要提交的其他资料。

## 11.11　设备移交

水电站的设备移交中有其自身的特点，一般水电站都装有多台机组，采用分期分批投产，分期分批移交的方法进行设备移交。常规发电水电站的机组经过72h连续试运行考核合格，抽水蓄能电站的机组经过15d可靠试运行考核合格后即具备移交条件。

在电站的建设过程中，机组设备移交生产，主要内容是生产设施（包括备品备件和专用工具）、安全设施和技术资料的移交，三者的移交应同时进行。设备移交通常按系统或投产机组进行，如某台机组、500kV系统设备、厂用电系统设备、油气水公用系统设备等。先进行技术资料移交准备，然后，按系统进行设备移交。

如验收结果表明移交设备满足有关设计标准和合同规定的各种考核条件，参加验收工作的业主单位、设计单位、监理单位、安装单位和生产运行单位各方人员应共同签署验收单和验收的其他补充资料，交各方存档保留。设备移交电站生产部门（或委托）管理。

针对移交设备在安装、调试或试运行中存在的问题，应按合同或规范要求明确责任方和处理要求，并制定处理时间表以监督各责任方的工作进程。存在对人身、电网、设备运行安全有威胁的重大隐患，不能进行移交验收；有不满足合同规定要求的缺陷（如缺陷影响机组安全运行、不满足设计要求等），原则上不能通过移交验收。

备品备件、专用工器具（含专用软件）是设备运行、维护与管理的重要工作保障与物质基础，必须随同设备一起移交，验收交接组在正式移交设备前要组织各方对相关的备品备件、专用工器具逐一清点、检查确认。尤其要重点关注移交的设备在安装、调试和试运行过程中新增的部件、更新的部件、升级版本软件，以确保与生产实际所需一致。

对设备移交后遗留问题的处理，各责任单位应安排专人对遗留问题的处理工作进程进行督促、配合，使责任方对遗留问题处理工作按期顺利进行。遗留问题处理完成后，尽快向原验收主持单位组织验收。

## 11.12　竣工移交报告书的编制

验收交接组在完成合同工程竣工移交验收后，向建设单位验收领导小组提交竣工移交报告书。竣工移交报告书一般包括以下附件。

（1）合同项目工程完工验收工作报告，并附有施工报告、监理报告、设计报告、安全监测成果报告等。

（2）合同项目工程验收鉴定书，并附有各级工程验收签证、工程完工验收意见。

（3）验收领导小组的验收审议意见。

（4）合同工程竣工决算。

（5）移交工程项目一览表；未完工程项目一览表；工程缺陷及处理进度表；与技术设计不符合的工程一览表。

（6）备品备件、工器具、材料移交一览表。

（7）竣工图纸资料清单。